창조적 유전자

풍요가·만들어낸·새로운·인간

창조적 유전자

에드윈 게일 지음·노승영 옮김

How Prosperity Reshaped Humanity

문학동네

차례

일러두기

1. 이 책은 Edwin Gale, *The Species that Changed Itself* (Penguin Books, 2020)를 옮긴 것이다.
2. 원서에서 이탤릭체로 표기한 부분은 본문에서 진하게 강조했다.
3. 책의 말미에 수록된 미주는 모두 원주이다. 옮긴이 주는 본문 내에 따로 표기했다.
4. 인명, 지명 등 외래어는 국립국어원의 외래어 표기법을 따랐다. 단, 외래어표기법이 제시되지 않은 일부 단어들은 국내 매체에서 일반적으로 통용되는 표기를 참조했다.
5. 단행본과 소책자, 정기간행물은 『　』로, 논문과 단편 등은 「　」로, 예술작품은 〈　〉로 표기했다.

서문

원고를 다듬는 동안 코로나바이러스 유행이 시작되어 21세기 삶의 기본 법칙을 바꿔놓았다. 내 책에는 전염병의 전통적 원인들을 피하는 법이 나와 있지만, 이 때문에 오히려 형태를 바꾸는 바이러스에 취약해질 수도 있다는 것은 예견하지 못했다. 코로나바이러스를 막으려는 우리의 노력으로 (지금까지는) 전파가 억제되었지만, 이로 인한 경제 불황 때문에 바이러스로 인한 것보다 더 많은 인명 손실이 발생할지도 모른다.

강제 격리 조치는 많은 사람들에게 이루 말할 수 없는 고통을 야기했지만 나는 다행히도 웨일스에서 가장 아름다운 장소 중 한 곳의 강가에 묶여 있었다. 비행운과 오염물질이 하늘에서 사라지자 새소리로 가득한 묘한 적막이 내려앉았다. 삶이 기어를 한 단 내렸으며 이것은 우리가 잃어버린 세계를 다시 방문할 뜻밖의 기회였다.

전 세계 강제 봉쇄는 성찰을 위한 일생일대의 기회였다. 존 케이지의 말을 빌리자면 봉쇄는 우리 모두에게 의도로부터 벗어난 시간을 선사했다. 더 중요한 사실은 우리가 세상을 통제한다는 집단적 망상이 마침내 무너졌다는 것이다. 우리는 우리가 만든 세상이 우리의 삶을 빚어내며 독이 들었든 아니든 이 세상이야말로 다음 세대에게 물려줄 우리의 유산임을 다시 한번 깨달았다.

머리말

선지자 이사야는 환상 속에서 새 예루살렘을 보았다. 그가 말했다. "거기는 날수가 많지 못하여 죽는 어린이와 수한이 차지 못한 노인이 다시는 없을 것이라. 곧 백 세에 죽는 자를 젊은이라 하겠고 백 세가 못되어 죽는 자는 저주받은 자이리라."[1] 이사야는 인류가 스스로의 힘으로 이 행복한 상태에 도달하리라고는 상상하지 못했을 테지만, 우리는 이 환상에 점점 다가가고 있다. 죽음은 대부분 노년으로 밀려났으며 물질적 측면에서 우리는 지금껏 살았던 세대를 통틀어 가장 운좋은 세대다.

포식자가 없는 섬에 토끼를 풀어놓고서 배불리 먹이고 감염병에 걸리지 않게 하면 개체수가 기하급수적으로 증가할 것이다. 우리가 그랬듯 자연선택의 제약에서 탈출할 것이다. 우리의 탈출은 약 200년 전에 시작되었다. 그때 서유럽은 화석 에너지를 손에 넣었고, 부와 지식을 점점 많이 산출하는 공식을 발견했다. 지구과학자들은 이 시기를 인류세라고 부른다.

이론상 토끼섬은 인구 과잉에 뒤이어 인구 감소를 겪는다. 이 일이 우리에게 (아직) 일어나지 않은 것은 인구 증가를 억누르고 식량 공급을 늘릴 수 있었기 때문이다. 이 과정에서 우리는 세상을 바꿨지만 스스로도 달라졌다. 일반적인 유럽인은 200년 전보다 키가 20센티미터 가까이 크며 성인이 된 젊은 미국인은 지난 100년에 걸쳐 몸무게가 12킬로그램 늘었다. 골격 비율이 달라졌고 두개골과 얼굴도 변했다. 우리는 3~4년 일찍 성 성숙에 도달하며, 40년 오래 살다가 예전에는 드물었던 질병으로 죽는다. 삶의 경험이 달라졌고 생각도 달라졌다. 이 모든 일이 몇 세대 만에 일어났다. 나는 이것을 표현형 전환이라고 부른다. 이 책은 표현형 전환이 무엇이고 왜 일어났는지 설명한다.

• 코케인의 왕국 •

중세 전설에는 음식이 무한정 넘쳐나는 상상 속 나라가 있다. 이탈리아인들은 그곳을 '파에세 디 쿠카냐Paese di Chucagna', 즉 케이크의 나라라고 불렀으며 프랑스인들은 『코케뉴 희극과 콩트 모음 Recueil des Fabliaux et Contes de Cocaigne』이라는 13세기 발라드집에서 그곳을 찬미했다. (영국인들이 코케인 왕국이라고 부르는) 코케뉴에서는 달마다 일요일이 여섯 번, 해마다 부활절이 네 번 돌아온다. 사순절은 20년마다 돌아오며 금식은 선택 사항이다. 독일인들은 '슐라펜

그림 1 <라윌레케를란트>. 피터르 브뤼헐의 작품(1567)을 모사한 판화.

란트Schlaraffenland', 즉 먹보의 낙원이라고 불렀으며[2] 네덜란드인들은 '라윌레케를란트Luilekkerland'라고 불렀는데, 대략 "감미롭고 행복한 나라"라는 뜻이다. 피터르 브뤼헐의 그림에서는 (사회의 세 계층을 대표하는) 병사, 점원, 농부가 배불리 먹고서 잠을 잔다. 그 세상에서는 "익힌 돼지가 (썰기 쉽게) 등에 칼을 차고 돌아다니고, 구운 거위가 입으로 곧장 날아들고, 삶은 생선이 물속에서 발치로 튀어오른다. 날씨는 늘 온화하고, 포도주가 넘쳐흐르고, 언제든 잠자리를 가질 수 있고, 모든 사람이 영원한 청춘을 누린다."[3]

우리가 살고 있는 세상은 조상들이 꿈속에서나 볼 수 있던 곳이다. 이곳에 도달하기까지 우리는 세 단계를 거쳤다. 첫번째 단계는 우리와 같은 유전자를 가진 사람들이 아프리카를 떠났을 때 대략적으로 완결되었다. 두번째 단계는 우리 자신의 활동에 의해 진행되었으며 점점 빨라지는 기술 발전에 우리를 밀어넣었다. 세번째 단계는 우리가 자연선택의 손아귀에서 벗어날 탈출 속도에 도달하여 미지의 미래를 향해 질주하기 시작했을 때 찾아왔으니, 우리는 스스로를 길들이는 동물이 되었으며 세상을 자신의 편의에 맞게 뜯어고쳤다.

우리의 유전자가 스스로를 표현하는 방식은 환경에 따라 달라진다. 유전자가 표현되는 각각의 형태를 '표현형'이라고 한다. 이 용어는 1911년 덴마크의 식물학자 빌헬름 요한센이 제안했다. 그는 유전적으로 똑같은 콩이라도 토양과 빛의 조건이 다르면 다르게 자라지만—여기까지는 놀라울 게 없다—그 후손들을 같은 조건에서 심으면 크기와 형태가 다시 같아진다는 사실을 밝혀냈다. 당시의 유전학자들은 부모가 얻은 형질이 자식에게 전달될 거라 믿었지만 요한센은 유전 단위가 밀봉되어 전달되며 부모의 환경에 영향을 받지 않는다는 멘델의 믿음을 입증했다. 이 신비한 단위는 아직 이름이 없었기에 요한센은 **유전자**gene라고 부르기로 했다. 유전자는 집단이 되어 **유전형**genotype을 형성하는데, 요한센은 특정 환경에서 유전형이 표출된 것을 **표현형**phenotype이라고 불렀다.[4]

사람도 콩과 같다. 한국인은 예부터 키가 작았다. 19세기에 남성 평균 신장은 161센티미터, 여성 평균 신장은 149센티미터였다. 육이오전쟁이 끝난 뒤 한반도는 자유 시장 경제와 억압적 전체주의 체제로 양분되었다. 1950년 이전에 태어난 사람들은 삼팔선 이남에서든 이북에서든 같은 키로 성장했지만, 2002년 유엔의 조사에

12

따르면 북한의 취학 전 아동은 남한에 비해 키가 13센티미터 작고 몸무게가 7킬로그램 가벼웠다. 북한 성인의 키는 달라지지 않은 반면에 남한 여성은 20.2센티미터 증가라는 세계 기록을 달성했으며 세계에서 네번째로 긴 기대 수명을 기록했다.[5] 지도에 그은 선이 생물학적 차이로 나타난 것이다.

사람들이 유전자에 대해 이야기하면서 자신만만해하는 것을 보면 고개가 갸웃거려진다. 유전자가 정확히 무엇이고 우리에게 얼마나 많이 들어 있는지부터가 전문가들 사이에 여전히 논란거리인데 말이다. 환경이 표현형에 반영된다는 개념은 독자들에게 낯설 텐데, 우리가 표현형의 변화를 빨리 알아차리지 못하는 것은 이 때문인지도 모른다. 그렇다면 표현형이란 정확히 무엇일까? 빌헬름 요한센은 표현형이란 '유기체에서 관찰할 수 있거나 측정할 수 있는 모든 것'이라고 말했다. 콩은 관찰하거나 측정할 것이 많지 않지만 사람은 한없이 변화무쌍한 존재다.

중매 사이트가 좋은 예다. 당신은 원하는 나이, 선호하는 배경과 외모가 있을 것이다. 흡연자인지, 유머 감각이 있다고 자평하는지도 궁금할 것이다. 몇 주 뒤 마음에 드는 표현형을 레스토랑에서 만난다. 처음 눈에 들어오는 것은 중키, 불그스름한 머리카락, 늘씬한 몸매, 쾌활한 표정, 눈가의 옅은 웃음 주름 같은 외모다. 얼마 지나지 않아 당신은 대화에 빠져든다. 둘 다 비슷한 환경에서 자랐기 때문에 같은 일에 웃음을 터뜨리고 기질과 관심사도 비슷하다. 무엇보다 상대방은 다정하고 자상해 보인다. 이만하면 미래의 친구와 배우자로 고려할 만하다.

그렇다면 표현형은 무엇일까? 간단히 답하자면 표현형은 당신이 방금 만난 사람의 모든 특징이다. 표현형은 환경의 체에 걸러지고 인생 역정의 손에 빚어진 유전자의 표현이다. 눈동자 색깔 같은 표현형의 일부 요소는 고정되어 있다. 이것은 **단순 형질**simple trait이며 바꿀 수 없다. 하지만 당신이 사랑에 빠진 게 아니라면 상대방의 눈동자 색깔에 연연하진 않을 것이다. 그보다는 매력, 성격, 지성 같은 것들에 더 관심을 기울일 것이다. 이것들은 **복합 형질**complex trait 인데, 복합인 이유는 여러 유전자의 상호작용에서 생겨나기 때문이기도 하고 그 상호작용의 결과가 사람마다 다르기 때문이기도 하다. 단순 형질은 **범주적**categorical이다. 즉 눈동자는 파란색이거나 파란색이 아니거나 둘 중 하나다. 반면에 복합 형질은 정도 차가 있어서 사람들을 비교할 수 있다. 그래서 **계측적**dimensional이다.

유전자와 환경의 대화는 수정란―접합체zygote―이 모체의 자궁벽에 착상할 때 시작되어 우리가 마지막 숨을 내뱉을 때 끝난다. 중간의 여정은 사람마다 독특하게 전개된다. 당신은 어떤 사건은 겪고 어떤 사건은 겪지 않으며 어떤 길은 밟고 어떤 길은 밟지 않는다. 그러한 유전자와 우연의 조합이 마침내 이 책을 들고 있는 사람으로 수렴되었다. 시간은 우리 존재의 바탕이 되는 진정한 매질이며 표현형은 시간을 통과하는 여정의 이야기다.

· 달걀 전쟁 ·

릴리펏(소인국)을 찾은 레뮤얼 걸리버는 주민들이 중요한 신조를 놓고 이웃 나라와 전쟁을 벌이고 있음을 알게 되었다. 릴리펏 주민들은 달걀의 뾰족한 부분을 깨어서 먹어야 한다고 주장했고 적들은 둥그스름한 부분을 깨어서 먹어야 한다고 주장했다. 본성이냐 양육이냐, 유전자와 환경 중에서 무엇이 '더 중요한가'라는 논쟁의 의미는 이것에 비길 만하다(의미가 없다는 뜻―옮긴이).

으레 그렇듯 정답은 어떻게 질문하는지에 달렸다. 이를테면 실험실 생쥐를 같은 우리에서 키우면 대부분의 차이는 유전자에서 비롯할 것이다. 같은 환경에서 살아가는 사람들도 마찬가지다. 하지만 유전자는 같은데 환경이 다른 사람들은 어떻게 될까? 한국이 주목할 만한 사례다. 또다른 사례로, 1930년대의 교과서적 연구에 따르면 하와이에 이주한 일본인 2세와 3세는 체형이 본토 일본인과 사뭇 달랐다.[6]

유전자는 대체로 인구집단 내의 차이를 결정하는 반면에 환경은 인구집단 간의 차이를 결정한다. 항구에 정박한 배들을 예로 들어보자. 돛대의 상대적 높이는 설계('유전자')에 따라 다르겠지만, 밀물이 들어오면 모든 배의 높이가 올라간다. 유전자가 중요하다고 주장하는 사람들은 배를 비교하는 셈이고 환경이 중요하다고 주장하는 사람들은 물을 비교하는 셈이다.

출생 직후에 분리된 일란성 쌍둥이의 사례는 유전자의 중요성을 강조하려고 곧잘 인용되는데, 쌍둥이의 형질은 놀랍도록 일치한다. 확증 편향은 제쳐두더라도 우리는 쌍둥이가 같은 자궁을 공유했고 같은 사회에서 자랐음을 감안해야 한다. 만약 쌍둥이가 수정 후에 분리되어 서로 다른 대리모에게 착상되었다면 어떨까? 이를테면

한 명은 북한에서 자라고 다른 한 명은 남한에서 자라는 것이다. 아니면, 상상력은 한계를 모르니 한 명은 크로마뇽 시대에 자라고 다른 한 명은 현대 뉴욕에서 자란다고 해보자. 그러면 어떻게 될까? 쌍둥이의 얼굴은 같겠지만 그 밖의 중요한 측면이 다를 것인데, 이 차이가 바로 우리의 관심사다. 찰스 다윈이 말했다. "살아남는 것은 가장 힘센 종도, 가장 영리한 종도 아니요, 변화에 가장 잘 대처하는 종이다." 우리의 유전자는 변화의 동인動因일 수 있다. 이로 인한 유연성을 **표현형 가소성**phenotypic plasticity이라고 부르며 자연선택은 유전자보다는 표현형에 작용한다.

・표현형의 간략한 역사・

시간을 통과하는 우리의 여정을 이끈 것은 식량을 구하려는 노력이었다. 그런 노력은 초식 영장류이던 우리를 슈퍼마켓 진열대에 늘어선 성인용 유아식을 탐하는 존재로 변모시켰다. 식량은 성장과 발달에 영향을 미치며, 식량 생산에서 대규모 전환이 일어날 때마다 특징적 표현형이 나타났다.

종으로서 존속한 기간의 95퍼센트 동안 호모 사피엔스는 이동하는 소규모 무리로 살았으며, 비슷한 생활 방식을 따르던 20세기 수렵채집인은 흔히 마라톤 선수만큼 깡마르고 탄탄했다. 나는 이 전형적 패턴을 **구석기** 표현형이라고 부른다. 사정이 달라진 것은 약 1만 년 전으로—진화의 관점에서 보면 눈 깜박할 동안이다—이때 시작된 경작과 곡물 섭취가 지금 우리의 몸과 사회를 빚어냈다. 영세농의 앙상한 유해를 보면 그들이 고역, 질병, 주기적 기근에 시달렸음을 알 수 있으며, 예리코 성 건축 이후로 현대에 이르기까지 달라진 것이 거의 없었다. 나는 이 패턴을 **농경** 표현형이라고 부른다. 영세농은 우리에게 기록을 남기지 않았다. 역사는 그들의 노동으로 먹고산 자들에 의해 만들어지고 기록되었기 때문이다. 옛 사회의 엘리트 구성원들은 더 좋은 집에서 살고 더 잘 먹고 키도 더 컸다(사람들은 말 그대로 그들을 우러러보았다). 그들의 패턴은 **특권층** 표현형이었으며 지금의 우리와 어느 정도 비슷했다.

역병과 기근이 농업 인구를 휩쓴 탓에 출생과 사망이 오르락내리락하며 평형을 유지했다. 경제학자들은 이것을 '맬서스 함정Malthusian trap'이라고 부른다.[7] 이 함정에서의 탈출은 유럽에서 시작되었다. 이를테면 잉글랜드에서는 서기 1300년까지 번영을 구가하며 가파르게 증가하던 인구가 비극의 14세기에 역병과 기근을 겪으며 절반으로 줄었다. 인구 압박이 한풀 꺾이자 식량 생산을 혁신할 여지가 생겨 '맬서스 휴일Malthusian holiday'이 찾아왔다. 1700년 잉글랜드 인구는 400년 만에 서기 1300년 수준으로 회복되는 데 그쳤으나 우유와 밀 생산량은 50퍼센트 증가했고 소고기 생산량은 두 배로 늘었다. 경작 면적은 오히려 줄었는데도 말이다.[8]

번영이 계속되자 19세기 유럽인은 더 많은 식량, 더 나은 삶의 조건, 더 나은 건강을 얻었다. 인구가 급증했지만, 식량을 수입하고 잉여 인구를 수출하여 토끼섬 시나리오를 면할 수 있었다. 그러나 19세기 말경 전 세계 경작 면적이 한계에 다다르자 인류는 기근의 위협을 맞닥뜨렸다. 위협이 현실이 되지 않은 것은 오로지 뒤이은 농업 혁명 덕이다. 이젠 전 세계가 맬서스 휴일을 누릴 수 있게 되었다.

이 모든 것은 20세기 들머리까지만 해도 미래의 일이었다. 번영은 대체로 서구 나라들에 국한되었는데, 서양 인구가 어찌나 급증했던지 1930년에 세계 인구 세 명 중 한 명은 유럽 혈통이었다. 하지만 이 추세가 달라지기 시작했다. 유럽의 출생률이 급감한 탓에 현대 인구학자들은 '인구 문제'를 인구 감소의 문제로 여기게 되었다. 출생률 감소는 훗날 인구 변천으로 불리게 될 현상의 전조였다.

세계 경제는 1950년 이후 새로운 국면에 접어들었다. 유럽과 아시아는 전쟁으로 쑥대밭이 되었으나, 미국은 전시 생산 수요 증가에 따른 대규모 투자와 더불어 중앙집중식 계획경제를 단행하고 과학·기술 지식을 동원한 덕에 침체에서 금세 벗어날 수 있었다. 식량은 값쌌고, 에너지도 값쌌으며, 자동화로 인해 점차 필요보다는 욕구에 맞춰 생산하는 방향으로 생산성의 차원이 달라졌다. 이 새로운 모델은 급속히 보급되었으며 자본주의의 승리는 **소비자** 표현형의 등장을 선포했다. 20세기 후반 세계 인구가 급증했으나 식량 생산도 그에 맞춰 증가했다. 기근은 여전히 일어났지만 정권 몰락 같은 예방 가능한 이유로 인한 것이었다. 전 세계가 풍부한 식량, 전염병 퇴치, 좌식坐式 생활(이 책에서는 하루종일 앉아서 움직이지 않는 생활을 뜻한다—옮긴이)을 누리면서 소비자 표현형은 전 세계적 패턴이 되었다.

18

• 표현형 전환 •

유럽 혈통의 사람들이 20세기 초에 다른 인구집단 위에 우뚝 설수 있었던 것은 부가 증가하고 출생률은 감소하면서 아동의 성장이 가속화했기 때문이다. 신장과 수명의 증가는 1870년경 많은 서양 인구집단에서 나타난 특징이었으며 그 밖에도 표현형에 여러 변화가 일어났다.

생명은 어머니에서 시작되며 유전자와 환경의 상호작용은 수정과 더불어 시작된다. 높은 출산력은 자녀가 두셋 중 하나만이 살아서 후손을 낳던 시절에는 인류에게 꼭 필요한 특징이었으나, 성인기까지의 생존이 일반화된 시대에는 골칫거리가 되었다. 가족계획은 표현형 전환의 전제 조건이었으며 그 과정에서 여성의 가능성에도 변화가 일어났다.

어머니의 삶의 질은 자녀에게 반영되며, 신생아 체중은 몇 세대를 거쳐 점진적으로 증가했다. 이것은 산모가 더 건강하고 잘 먹은 탓도 있고 키가 커진 여성이 우량아를 낳은 탓도 있고 우량아가 키 큰 성인으로 자란 탓도 있다. 팔다리의 긴뼈 길이가 길어지면서 신체 비율도 달라졌다. 두개골은 높고 좁아졌으며 작은 턱에 치아가 더 빽빽하게 들어차 치과의사가 할 일이 늘었다. 몸이 커지고 근육이 붙을 여지도 커지자 근력 종목(투포환처럼 체중이 무거울수록 유리한 종목—옮긴이)들의 판도가 달라졌다. 한편 사람들이 좌식 생활을 선호하여 근육이 적어지고 지방이 많아진 탓에 체력이 저하했다.

삶이라는 여정을 밟는 것은 우리만이 아니다. 보이지 않는 무수한 생명체가 우리 몸 안팎에 산다. 구석기 표현형은 장수하는 기생충과 다음 세대에 수직으로 전파되는 전염병에 유리했다. 농경 생활로의 전환이 일어나면서 사람들은 영구적 집단을 이뤘으며 그 때문에 다양한 새 전염병이 인간 사회에 뿌리내리게 되었다. 일부는 역사책에 기록될 유행을 일으키기도 했다. 보이지 않는 생명체와의 공존 양상은 최근 다시 한번 변화를 겪었다. 유서 깊은 동반자들이 사라졌고 관계의 조건이 달라졌으며 이는 우리의 건강과 안녕에 지대한 영향을 끼쳤다. 이 모든 과정은 우리의 면역 표현형 발달에 새겨져 있다.

표현형은 시간을 통과하는 여정이며, 지난 100년간 평균 기대수명이 거의 두 배로 증가한 것은 생활 여건과 의료가 개선되었기 때문만이 아니라—이것도 중요하긴 하지만—우리가 더 느리게 나이를 먹기 때문이기도 하다. 수명 증가와 과잉 섭취가 결합되면서 우리 몸의 내부 활동이 받는 스트레스가 커졌다. 이를테면 '대사 증후군'은 비만이 점점 심해져 혈압, 혈당, 혈중 지질을 조절하는 체계가 점진적으로 기능을 상실하는 특징적 표현형이다. 우리는 이른바 노년의 '퇴행성' 질환을 질병으로 여기지만, 다른 각도에서는 노화 표현형의 자연스러운 반응으로 볼 수 있다.

표현형 전환은 우리의 신체적 삶에 많은 가시적 변화를 가져왔다. 그렇다면 우리가 볼 수 없는 변화는 어떨까? 우리는 전과 같을까, 아니면 다를까? 호메로스의 구절을 읽으면 시간이 흐르지 않는 듯한 느낌을 받을 때가 있지만 과거는 정말로 다른 나라였다. 조기 사망과 사별은 드문 일이 되었으며 아동의 사망은 예삿일이 아니라 끔찍한 비극으로 간주된다. 20세기 전반에 건강 상태를 물으면 으레 이런 대답이 돌아왔다. "다섯 낳아서 둘을 묻었어요." 당시 부모들은 요즘 사람만큼 자녀를 애도했지만, 그들의 감정이 기묘하리만치 무덤덤했던 것은 사별을 거듭거듭 겪었기 때문인지도 모르겠다.[9] 자녀의 사망을 대수롭지 않게 넘기고 살아 있는 자녀에게 폭력을 가하는 성정은 이따금 병적인 수준으로 치닫기도 했다. 기독교인의 인생 역정을 은유적으로 묘사한 존 버니언의 『천로역정』에서 주인공은 자신의 구원을 찾으려고 처자식을 운명에 맡긴다. 지금은 이 결정을 기특하다고 생각할 사람이 거의 없을 것이다.

우리는 과거의 자신과 어찌도 이렇게 다를 수 있으며, 그러면서도 같을 수 있을까? 우리의 표현형은—폭넓게 정의하면—뇌와 몸의 작동 방식, 감정 상태, 상호작용 방식, 사회적 정체성을 아우른다. 이것들이 변하면 우리도 변할 수밖에 없다. 나는 교환수가 연결해주는 유선 전화를 쓰고 진공관 라디오를 듣고 먹띠가 달린 타자기를 치던 시대에 태어났지만, 지금은 지구상의 어디에 있는 사람과도 이야기할 수 있고 어떤 정보라도 얻을 수 있는 휴대용 기기를 가지고 다닌다. 그러나—이것은 유서 깊은 역설인데—나의 젊은 자아는 신체 능력, 욕구, 기대, 지식, 경험 면에서 전혀 다른 늙은이 속에 깃들어 있다. 그는 내 안에 있지만 나는 그의 안에 있지 않다. 집단도 개인과 마찬가지다. 우리의 선조들은 우리의 경험 속에 깃들어 있다. 우리는 그들의 삶을 들여다볼 수 있지만, 과연 그들은 우리를 어떻게 생각할까?

문학평론가들이 쓰는 표현 중에 감수성sensibility이라는 것이 있는데, 이것은 소설가나 일기 작가가 주변 세상을 경험하는 방식을 묘사하는 모호한 개념이다. 감수성이 표현되고 느껴지는 방식은 지난 300년에 걸쳐 달라졌다. 심리학자 스티븐 핑커는 『우리 본성의 선한 천사』에서 (섬뜩한 반례가 많긴 해도) 사람들의 공감 능력이 훨씬 커졌다고 주장한다. 명백한 사례 하나가 떠오른다. 그것은 우리의 문해력이 훨씬 향상되었다는 것이다. 유네스코에서는 200년 전만해도 세계 인구의 약 10퍼센트만이 글을 읽을 줄 알았으나 2017년에는 90퍼센트가 읽을 줄 안다고 추산했다.[10] 이것은 표현형 전환의 어느 특징보다도 사람들이 스스로를 생각하고 느끼는 방식에 커다란 영향을 미쳤다.

자신의 사고 과정을 이해하는 것은 만만찮은 일이다. 다른 사람, 특히 전혀 다른 문화에 속한 사람의 사고 과정은 더더욱 그렇다. 그렇다면 우리의 정신을 이전 세대의 정신에 빗대는 일은 어떻게 가능할까? 지능 검사는 객관적 측정 방법 중 하나다. 교육 수준이나 문화적 배경에 영향을 받지 않고 시간, 장소, 상황과 무관하게 순수한 지적 능력을 측정한다니 말이다. 지능지수 검사는 검사 대상 집단의 평균에 맞춰 보정하는데, 평균값은 임의로 100점으로 정해진다. 1984년 심리학자 제임스 플린은 지능지수 검사 기관이 평균값을 정기적으로 상향 조정해야 한다고 말했다.[11] 그의 분석에 따르면 검사 점수는 10년마다 3~5점씩 상승하고 있었다. 우리는 더 똑똑해지고 있는 것일까―그럴 리가!―아니면 정신을 다르게 쓰고 있을 뿐일까?

토끼섬을 만든 것은 우리지만, 여기엔 우리만 사는 것이 아니다. 어떤 야생동물도 우리만큼 변하지 않은 반면에 가축은 우리보다도 빨리 변했다. 가축은 우리와 마찬가지로 더 크게 자라며 더 일찍 성숙한다. 번식기가 따로 없이 아무 때나 짝짓기를 한다. 더 오래 살고 살찐다. 뼈와 두개골이 작아지고 이빨이 더 촘촘해졌다. 서열을 받아들이며 밀집된 사육 환경에서도 지나친 폭력에 의존하지 않는다. 유사성은 명백하다. 우리는 스스로를 길들인 종일까? 톰 소여라면 이 질문에 대해 "까다롭지만 흥미롭다"고 말했을지도 모르겠다.

길들었든 아니든 우리는 사회적 동물이다. 산업사회 이전에는 인구집단의 연령 구조가 피라미드 모양이었으며 아동의 수가 노인보다 훨씬 많았다. 빠른 성장, 이른 성 성숙, 의무교육, 취업 연령 제한 등은 청소년기라는 현상을 낳았으며, 구매력은 커지고 책임은 줄어든 젊은이들이 노동 시장에 진출하면서 독자적인 청년 문화가 탄생했다. 하지만 최근 산업 기반이 약해지면서 서구에서는 불완전 고용 청년의 불안정한 인구집단이 등장했으며 나머지 세계 전역에서 잉여 인구가 폭발적으로 증가했다. 한편 노인들은 연령 스펙트럼의 반대쪽에 차곡차곡 쌓이고 있다. 수명이 늘면서 부, 소유, 책임이 한 세대에서 다음 세대로 이전되는 과정에 차질이 생겼다. 첨단 의료의 개입 때문에 죽음의 비용이 증가했으며, 부는 세대 간에 이전되는 것이 아니라 노인 돌봄에 빨려들고 있다. 가장 번창한 나라들조차 이러한 부담에 허덕이고 있다.

수명 증가의 결과 중에는 눈에 잘 띄지 않는 것들도 있다. 오늘날의 결혼은 200년 전만큼 오래 지속되지만, 사별이 아니라 이혼으로 끝난다. 커트 보니것은 한 소설에서 천생연분이지만 불멸하는 두 인간의 결합을 묘사하며 어떤 결혼도 영원히 유지될 수는 없다고 결론 내린다. 안정성이 커지면서 나타난 또다른 변화는 안전의 추구다. 역사상 가장 안전하게 살고 있는 사람들이 오히려 안전에 전전긍긍하고 있다. 놀랄 것 없다. 당신의 수명이 200년이라면 건널목을 건널 때 더 조심하는 게 좋을 테니까.

표현형이 달라지면서 사회의 얼굴도 바뀌었으며 이렇게 변한 사회는 시민의 표현형에 대해 훨씬 많은 책임을 짊어졌다. 1801년 인구 조사에 나의 조상 존 게일이 등장하는데, 불과 여섯 세대 전이지만 그는 중앙정부에 대해 아무것도 몰랐고 정부도 그의 이름밖에 몰랐다. 국가state는 19세기가 무르익을수록 더욱 조직화되었으며 국민에 대한 정보(적절하게도 '통계statistics'로 불린다)의 활용도를 점점 높여갔다. 빅토리아시대의 대담한 사람들은 도시 빈민가에서 암흑의 핵심(조지프 콘래드의 동명 소설에 빗댄 표현으로, 미개하고 열악한 상황을 상징한다―옮긴이)을 발견했고, 냉철한 고용주들은 교육 수준이 높은 직원을 물색했고, 장군들은 건강한 병사를 필요로 했고, 영국은 새로운 제국의 건설을 꿈꿨다. 국민국가는 피통치자의 삶에 더욱 관심을 가졌다(산업 대중의 경제적 영향력이 커지자 그 중요성에 걸맞은 정치적 타협을 한 것이긴 하지만). 국가보험 제도가 실시되었고 국가는 피보험자의 삶에 대해 더 큰 책임을 떠안았으며 정당은 그 책임의 범위를 놓고 논쟁을 벌였다.

• 변론 •

나는 돌고 돌아 이 책에 도달했다. 연구하는 의사로서 제1형 및 제2형 당뇨병이 왜 이토록 빠르게 증가하는지 의아했다. 질병이 왜 달라져야 하지? 정답은 일단 알고 나자 당연해 보였다. **당뇨병이 달라지는 게 아니라 우리가 달라지고 있는 것이다.** 들여다볼수록 우리가 변화중인 종이라는 사실이 더욱 분명해졌다. 하지만 이 분명한 사실이 인간 생물학 논의에서는 좀처럼 언급되지 않는다. 유전자는 한두 세대 만에 변하지 않으므로 이 변화가 유전자 자체가 아니라 유전자의 작동 방식과 관계가 있을 수밖에 없다는 사실 또한 분명해 보였다. 유전자는 우리를 빚어내지만 불변의 청사진에 대고 찍어내는 게 아니다. 그보다는 환경으로부터 주어지는 단서에 예민하게 반응하는 성장 프로그램을 실행하는 쪽에 가깝다. 그러한 반응의 유연성은 우리의 유전체에 새겨져 있다.

생물학의 역사를 보면 어느 세대나 자신의 무지를 과소평가한다는 사실을 알 수 있다. 우리도 다르지 않다. 후성유전학 등에서 우리의 가소성에 대한 이해가 생겨나고 있긴 하지만 아직 갈 길이 멀다. 따라서 내 임무는 그저 표현형의 간략한 역사를 서술하고 본격적 탐구는 다른 사람들에게 맡기는 것이다.

우선 식량을 구하려는 노력이 우리의 장기적 진화와 표현형 변화를 어떻게 빚었는지 보여줄 것이다. 이윽고 우리는 자연선택의 주된 요인들로부터 스스로를 (부분적으로나마) 해방시켰다. 토끼섬 우화에서처럼 인구 과잉과 기근이 따랐을 법하건만 운좋은 지역들에서 식량 생산이 인구 증가를 앞질러 소비자 표현형의 탄생이 촉진되었다. 다음으로는 표현형 전환을 더 자세히 서술하되, 우선 우리의 몸과 노화·질병에서 출발하여 정신의 변화로 나아갈 것이다. 나아가 달라진 표현형이 사회에 미친 영향과 사회가 우리의 표현형을 형성하는 방식을 들여다볼 것이다. 나는 필연적 질문으로 이 책을 마무리할 것이다. 이토록 달라지면서도 여전히 똑같다는 것이 과연 가능할까?

1부

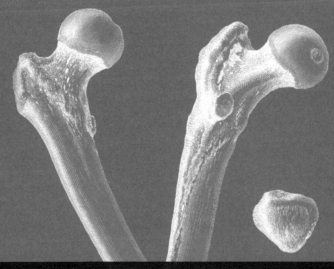

대탈주

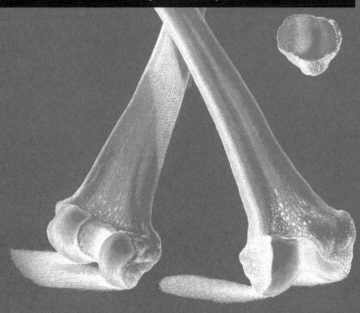

01
프로메테우스적 순간

당신이 아프리카 초원에 서서 거대한 붉은 태양이 떠오르는 광경을 보고 있다고 상상해보라. 때는 10만 년 전, 어마어마한 규모의 동물 무리들이 멀리서 서성이고 있다. 당신은 벌거벗었다. 옷도 연장도 장신구도 없다. 당신의 피부는 벌레의 공격에 속수무책이며 손발은 너무 연약해서 써먹을 수 없다. 덩이줄기 같은 먹을거리를 찾아내더라도 씹거나 소화하지 못한다. 고귀한 기관인 뇌도 별무소용이다. 당신 같은 족속이 지구를 물려받으리라고 누가 생각이나 했겠는가?

우리는 어느 모로 보나 가장 무력한 종이다. 플라톤이 전하는 프로메테우스 신화에 따르면 신들은 필멸의 존재를 창조하다가 싫증나서 미완성으로 내버려두었다. 엉성하게 빚은 형상들이 진흙 속에 가만히 누워 생명의 부름을 기다리고 있었다. 프로메테우스와 동생

에피메테우스(두 거신의 이름은 각각 선각자와 후각자를 뜻한다)가 작업을 마무리해달라는 부탁을 받았는데, 에피메테우스가 자청하고 나섰다. 그는 피조물이 야생에서 살아남아야 한다는 것을 알고서 자연의 균형에 주의하는 능력을 갖춰주었다. 이를테면 사냥하는 짐승은 굶어서는 안 되지만 먹잇감을 멸종시켜도 안 된다. 포식자는 희귀해야 하고 사냥감은 풍성해야 한다. 그는 몸을 감쌀 털, 가죽, 깃털을 나눠주었으며 발굽과 발톱을 건넸다. 이 임무에 어찌나 몰두했던지 인류 차례가 되었을 땐 능력과 소질이 하나도 남지 않았다. 뒤늦게 돌아온 프로메테우스가 사태를 파악했다. "다른 짐승들은 모든 것이 풍족하나 인간은 벌거벗고 신발도 신지 않고 이부자리도 없고 무기도 없었다. 그리고 인간이 흙 속에서 낮의 빛으로 나오기로 한 날이 이미 찾아왔다."[1] 벌거벗고 무력한 채로는 몰살할 게 뻔했다. 인간에게 연민을 느낀 프로메테우스는 하늘에서 불을 훔친 뒤 커다란 회향 줄기에 숨겨 가져다주었으며 사람들에게 문명의 기술을 가르쳐주었다. 그가 빼먹은 한 가지는 정치의 기술이었는데, 플라톤은 이것을 출발점 삼아 소크라테스와 프로타고라스의 대화를 풀어간다. 프로메테우스는 규칙을 어긴 대가로 캅카스산맥의 어느 산에 사슬로 묶였으며 독수리가 그의 간을 끊임없이 뜯어먹었다.

플라톤이 이 이야기를 다시 꺼낸 이유는 쉽게 알 수 있다. 우리가 불 없이 무력한 것은 불에 의존하도록 진화했기 때문이다. 1911년 독일 태생의 미국 인류학자 프란츠 보아스는 인류를 '익혀 먹는 종'으로 규정했다. "익혀 먹기는 보편적이다. 익혀 먹기에 의해 먹이의 성격과 소화기관의 역할이 크게 달라졌다."[2] 익혀 먹기는 불을 전제하며 호모 에렉투스는 180만 년 전부터 불을 썼을지도 모른다.[3] 이 정도 기간이면 진화가 우리의 소화기관과 해부학적 특징을 재구성하기에 충분하다. 과연 어떤 변화가 일어났는지 들여다보자.

• 먹이 사다리 •

식량 획득은 우리의 진화를 빚어냈으며 지금도 우리의 표현형을 빚어내고 있다. 1700년 1월 1일 런던왕립학회는 나이 지긋한 의사 존 윌리스와 해부학자 에드워드 타이슨(우리에게 침팬지로 잘 알려진 호모 실베스트리스*Homo sylvestris*를 해부하여 명성을 얻었다)이 주고받은 서신을 발표했다.[4] 윌리스의 의문점은 이것이었다. 우리는 애초에 고기를 먹도록 창조되었을까? 그는 우선 신학적 관점에서 아담과 이브가 채식주의자였다고 주장했다. 근거는 하느님이 아담에게 "내가 온 지면의 씨 맺는 모든 채소와 씨 가진 열매 맺는 모든 나무를 너희에게 주노니 너희의 먹을 거리가 되리라"라고 말했다는 것이었다. 이 명령이 육식으로 확대된 것은 노아에게 (아마도 짐승들이 방주에서 나온 뒤에) "모든 산 동물은 너희의 먹을 것이 될지라. 채소같이 내가 이것을 다 너희에게 주노라"라고 말했을 때였다. 윌리스는 육식이 인간의 타락 이후에 나타난 저급한 특징이라고 말했다. 우리는 변심한 채식주의자다. 하지만 윌리스는 이 논증에 난점이 하나 있음을 인정한다. 그것은 초식동물의 장이 매우 긴 데 반해 인간의 장은 육식동물처럼 짧다는 사실이다. 이 점에서 우리는 영

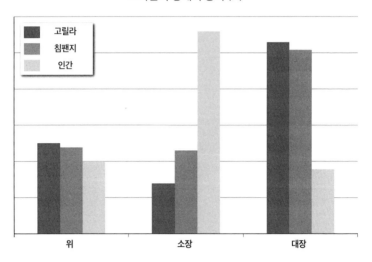

소화관의 상대적 용적 (%)

고릴라
침팬지
인간

위   소장   대장

그림 2 인간의 대장 대 소장 비율은 가장 가까운 영장류 친척들과 정반대다.[5]

장류 친척들과 극명한 차이를 나타낸다(그림 2를 보라).

식물은 햇빛의 에너지를 열매, 연료, 뼈대에 투자한다. 열매는 에너지가 집약되어 있으며 애초에 식량으로 의도되었다. 그래서 (오디세우스가 만난) 연蓮 먹는 사람들이나 (견과류 몽공고mongongo가 풍부할 때는 경작하려 들지 않는) 칼라하리사막의 부시먼처럼[6] 열매를 얼마든지 구할 수 있는 사람들은 생활 방식을 바꿀 필요성을 느끼지 않는다. 에너지는 녹말과 기름의 형태로 저장되는데, 우리가 재배하는 식물은 녹말과 기름을 듬뿍 생산한다. 나머지 에너지는 섬유소 같은 구조탄수화물structural carbohydrate에 투자한다. 이것은 포도당 분자를 화학 결합으로 연결한 치밀한 중합체로, 우리를 비롯한 동물들은 소화 효소가 없어서 소화하지 못한다. 따라서 동물이 지

32

구상에 가장 풍부한 식량 에너지원인 구조탄수화물을 소화하려면 (효소가 있는) 공생 세균과 손잡아야 한다. 되새김질하는 동물은 이런 세균을 별도의 특수한 위에 보관하며 다른 초식동물은 커다란 대장에 보관한다. 이 방법은 무척 비효율적이어서 초식 영장류는 깨어 있는 시간의 48퍼센트를 먹는 활동에 쓰는 것으로 추정된다 (우리는 4.7퍼센트다).[7]

육식동물은 장내 세균 의존도가 초식동물에 비해 훨씬 작다. 그리고 월리스 말마따나 우리의 장은 육식동물을 닮았다. 그렇다면 우리는 왜 식물성 음식물을 대량으로 소화할 수 있을까? 그것은 음식물을 익히면 화학 결합을 깨뜨릴 수 있어서 세균에 덜 의존해도 되기 때문이다. 그래도 장내 세균은 여전히 필요하지만—우리가 섭취하는 음식물 에너지의 약 10퍼센트가 이 과정을 거친다—생식生食은 무척 비효율적이어서 식물을 엄청나게 많이 먹어야 한다. 반면에 음식물은 익히면 연해지기 때문에, 식물성 음식물을 분쇄하기 위한 기존의 해부학적 구조는 필요가 없어진다. 우리는 위턱이 뒤로 물러났으며 아래턱은 작아지고 돌출했다. 얼굴이 납작해진 덕에 얼굴 근육으로 다양한 감정을 전달할 수 있게 되었으며 언어와 노래가 탄생했다. 사교술이 번식 성공의 관건이 되어 이른바 사회적 뇌의 진화를 이끌었다.

이런 특징을 갖춘 해부학적 현생 인류는 약 20만 년 전 북아프리카에서 마지막 공통 조상으로부터 갈라져나왔다. 우리는 목 아래로는 호모 에렉투스와 별반 다르지 않다(다만 현생 인류는 키가 크고 몸무게가 가벼우며 남성과 여성의 신체 크기가 비슷하다). 차이는 목위에서 두드러진다. 우리는 뇌가 크며(700~900밀리리터 대 1350밀리리터) 대뇌피질이 위로 부풀어올라 두개골이 특유의 둥근 모양으로 바뀌었다. 뇌는 우리의 기관 중에서 가장 고도로 진화했지만, 그 대신 신경막 전체에 전하를 유지하느라 에너지를 많이 필요로 한다(휴지기 인체에 필요한 전체 에너지의 약 20~25퍼센트를 뇌가 사용한다). 우리가 초대형 뇌를 가질 수 있었던 것은 음식을 익혀 먹은 덕분이다.[8]

• 구석기 표현형 •

호모 사피엔스는 약 8만 년 전, 어쩌면 그 이전에 아프리카를 떠났다. 우리 조상들이 맞닥뜨린 태곳적 세상을 꿈속에서 가볼 수는 있겠지만 옷을 따뜻하게 챙겨 입어야 한다. 그때는 지구의 세계 기온이 지금보다 6~8도 낮았기 때문이다. 북반구를 덮은 얼음산은 북아메리카로 통하는 길을 막고 오스트레일리아로 통하는 바닷길을 열었다. 호모 에렉투스와 호모 네안데르탈렌시스는 이미 아시아와 유럽에 널리 퍼져 오랫동안 우리와 공존하다 이윽고 지구상에서 사라졌다. 우리는 왜 승승장구했을까? 조상들의 능력이 출중해서라고 상상하면 기분은 좋겠지만 그런 증거는 고고학 기록에서 찾아볼 수 없다. 기술 혁신, 예술적 표현, 약자에 대한 돌봄, 망자에 대한 존경 같은 이른바 '행동 측면의 현대성behavioural modernity'에 관한 증거가 처음 나타난 것은 약 4만~5만 년 전이다. 이때 우리 조상들은 활과 화살을 발명하고 고기 잡는 법을 익히고 뼈와 돌을 조각하고 옷과 장신구를 걸치고 웅장한 동굴 벽화를 남겼다. 인류학자 리처드 클라인이 말한다. "5만 년 전에 일어난 행동 변화는 고고학자들이 지금껏 찾아낸 것 중에서 가장 극적인 행동 변화이며 설명을 필요로 한다."[9]

뇌의 대변화는 진화론자들에게 수수께끼였다. 다윈의 경쟁자 앨프리드 러셀 윌리스는 다른 짐승을 능가할 만큼 똑똑한 뇌가 탄생한 직후 진화가 중단되었음이 틀림없다고 주장했다. "자연선택이 야만인에게 부여한 뇌는 유인원보다는 몇 단계 뛰어나지만 철학자에게는 거의 뒤지지 않는다." 그는 우리가 음악을 작곡하고 성당을 건축하는 능력을 신에게 주입받았음에 틀림없다고 결론 내렸다."[10] 이 발상을 세속적으로 풀어낸 아서 C. 클라크의 소설 『2001 스페이스 오디세이』에서는 외계인이 지능 발달에 필요한 자극을 유인원의 뇌에 주입한다.

우리가 당장 필요한 것보다 훨씬 더 뛰어난 뇌를 얻게 된 것은 어찌 된 영문일까? 한 가지 설명은 **굴절적응**exaptation이다. 이것은 진화론자들이 쓰는 용어로, 특정 목적을 위해 진화한 형질이 알고 보니 다른 목적에도 유용한 것을 일컫는다. 깃털은 보온을 위해 진화했으나 비행을 가능케 했다. 혀는 우리가 말하는 법을 배우면서 새로운 쓰임새를 얻었다. 굴절적응 가설에 따르면 뇌의 대변화와 관련한 양자 도약이 일어날 수 있었던 것은 이 도약을 실행하기에 충분한 연산 능력을 우리가 이미 가지고 있었기 때문이다. 그 이유로 생각해 볼 법한 것은 우리 종 내에서 벌어진 사회적 상호작용과 경쟁이다. 이유가 무엇이든, 약 5만 년 전 우리의 행동이 급격히 달라졌으며 그로 인해 현재에 이르는 길이 놓였다는 것에는 별다른 이견이 없다.

구석기시대는 5만 년 전부터 2만 년 전까지의 전기와 2만 년 전부터 1만 년 전까지의 후기로 나뉜다. 구분 기준은 최후빙하극성기 last glacial maximum라고 불리는 마지막 빙기 말末이다. 약 2만 년 전부터 세상이 점차 따뜻해졌으며 꽃가루 흔적에서 보듯 얼음이 물러나는 자리에 울창한 숲이 생겨났다. 생명은 북쪽으로 이동했으며 마지막으로 남은 인류인 호모 사피엔스도 함께 이동했다. 수렵에는 높은 수준의 신체 능력이 필요한 반면 채집은 수렵보다 꾸준하다(힘들긴 매한가지이지만). 칼라하리사막의 쿵산족을 관찰했더니 어머니는 자녀를 생후 4년까지 약 7800킬로미터를 업고 다니며 하루 평균 7~10킬로그램의 식물성 음식물을 채집했다. 수렵채집인은 우리에 비해 지방은 덜 먹고 단백질은 더 먹었으며 식물성 섬유질을 많이 섭취했지만 염분은 훨씬 적게 섭취했다. 이렇게 양육된 사람들은 날씬하고 신체 능력이 뛰어났다. 이들의 체지방은 현대 마라톤 선수만큼 적어서 남성은 약 15~20퍼센트, 여성은 약 20~25퍼센트에 불과했다. (산소 소비량으로 추정한) 운동 능력은 같은 나이의 서양인보다 30퍼센트 뛰어났다. 심지어 어떤 사람들은 영양羚羊이 기진맥진할 때까지 달음질로 쫓아다닐 수 있었다. 그들은 우리와 달리 나이를 먹어도 몸무게가 늘지 않았고 혈압이 상승하지 않았으며 당뇨병과 심혈관계 질환을 거의 모르고 살았다.[11]

뼛조각 몇 개로 사람을 재구성하는 것은 만만한 일이 아니다. 초기 고고학자들은 초기 조상들의 키가 2미터에 달했으리라 추정했

그림 3 이탈리아 그리말디 '아이들의 동굴' 제4호에서 출토된 그라베트인 유골.

다. 뒤이어 더 현실적인 추정치가 나오긴 했지만 일부 조상들은 키가 비교적 컸다. 2만 년 전 유럽인의 평균 키는 남성 174센티미터, 여성 162센티미터였다.

또다른 '현대적' 특징은 전체 키 대비 다리 길이였다(그림 3). 이것은 이탈리아와 옛 유고슬라비아에서 매머드, 코뿔소, 순록의 뼈와 함께 발견된 유해에서 똑똑히 알 수 있다. 그라베트인은 2만~3만 년 전에 살았는데, 상당수의 키가 183센티미터 이상이었다. Y염색체(남성 후손에게 나타난다)를 연구했더니 많은 현대 유럽인이 그들의 후손이었다. 앞에서 보았듯 유전자는 상대적 키를 결정하지만 인구집단의 절대적 키는 환경에 좌우된다. 그렇다면 흥미로운 사실은 유럽인이 빙기에 키가 더 컸으며 현대에 들어서야 원래 키를 회복했다는 것이다. 그 이유는 영양營養 때문이었음이 거의 확실하다. 그라베트인은 수렵의 황금시대를 살았으니 말이다.[12]

닥치는 대로 음식물을 채집하고 물고기와 작은 사냥감으로 식단을 보충해야 했던 후손들에게는 삶이 순탄치 않았다. 충치가 증가한 것에서 보듯 식단에서 식물성 탄수화물의 비중이 커졌으며 키가 훨씬 작아졌다. 남성의 평균 키는 165.3센티미터, 여성은 154.5센티미터로, 각각 8.8센티미터, 7.3센티미터 감소했다.[13] 이것이 한때 신석기 혁명으로 불린 사건의 전주곡이었다.

• 혁명 아닌 혁명 •

처음에 선사학은 설익은 발상을 마음껏 펼쳐놓는 놀이터였다. 선입견에 사로잡힌 아마추어와 괴짜들은 훗날 전문가들에 의해 고고학, 인류학, 민족학, 언어학으로 정립될 영토를 거침없이 누볐다. 현지어를 모르는 고명한 신사들이 외국의 해안을 잠깐 방문했다가 두 권짜리 대작을 펴내곤 했다. 그들은 현지 주민의 믿음과 관습을 자신 있게 넘겨짚었으며 가죽 팔걸이의자에 앉아 수집한 유식한 지식들을 누덕누덕 기워 제임스 프레이저의 살해당하는 사제왕 같은 단편적 판타지로 엮어냈다. 그들에 따르면 선사시대 사람들의 방랑은 당대의 질서였고 생물학적 불평등은 두루 당연시되었으며 명석한 아리아인이 세상을 돌아다니며 곳곳에서 문명의 수준을 높였다. 반면에 20세기에 등장한 전문 고고학자들은 이전 사상가들의 유산을 떨쳐버리는 데 굼뜨긴 했지만 엄밀한 과학적 발굴 원칙과 사실에 기초한 신중한 추론을 도입했다.

고든 차일드(1892~1957)는 극렬 사회주의자였다. 작달막하고 깐깐하고 머리카락은 당근색이고 외모는 괴상하고 숫기가 없고 지적이었으며 어디에 데려다놔도 두드러졌다. 명성의 절정기에는 튼튼한 부츠와 짧은 반바지 차림에 빨간색 넥타이와 챙 넓은 모자를 쓰고—20년간 그 모자를 썼다—검은색 방수포 레인코트를 한쪽 어깨에 걸친 채 돌아다녔다. 유럽어를 놀랄 만큼 많이 알았지만 발음을 도외시한 탓에 그가 말하는 대부분의 언어는 알아들을 수 없었다. 그의 말을 이해하려고 골머리를 썩이는 사람들은 그가 쓰는 언어가 무엇인지부터 알아내야 했다. 차일드는 1927년 아리아인에 대한 필독서를 썼지만 나치의 저의를 알아차리고서 이 주제를 멀리했다. 현장 고고학자로서 탁월함을 발휘하기엔 너무 성말랐던 그가 후대에 남긴 업적은 방대한 양의 고고학 자료를 엮어내어 이를 바탕으로 선사시대를 역사 기록과 연결하고 역사의 빈 곳을 살아 있는 사람들로 채우는 역동적 서사를 엮어낸 것이었다.

차일드는 농경의 시작이 간석기, 토기, 흙벽돌로 만든 영구 거주지의 등장과 때를 같이한다는 사실에 주목했다. 그 시기는 약 10만 년 전이며 그는 이 사건을 묘사하기 위해 '신석기 혁명'이라는 용어를 만들었다. 토기와 정교한 인공물이 땅속에 층층이 묻혀 있는 것을 발견한 고고학자라면 이것을 혁명으로 볼 수도 있었겠지만, 급격한 변화가 일어났다는 뉘앙스에는 오해의 소지가 있었다. 경작과 관련한 최초의 뚜렷한 증거와 예리코 건설 사이에는 약 1700년의 시차가 있는 것으로 추정되기 때문이다. 이러한 발전은 비옥한 초승달 지대에서 일어났다. 이것은 서쪽으로는 팔레스타인까지 동쪽으로는 티그리스강과 유프라테스강 유역까지 뻗은 부메랑 모양 땅덩이를 일컫는다. 고든 차일드는 기후 변화 때문에 신석기인들이 산과 사막으로 둘러싸인 비옥한 좁은 땅에 정착할 수밖에 없었다고 주장했다. 마침 그곳에는 오늘날 볼 수 있는 주곡과 가축의 조상들이 서식하고 있었다. 후대의 연구에 따르면 경작은 세계 여러 지역에서 독자적으로 발전했지만, 차일드의 주장에는 농경의 기원에 대한 세 가지 중요한 설명이 담겨 있다. 그것은 기후 변화, 인구 압박, 행운이다. 하지만 (이제 살펴볼 텐데) 이것은 결코 혁명이 아니라 길고 느린 변화 과정이었다.

차일드가 '야만의 교착 상태'라 이름 붙인 것으로부터 인류가 탈출한 것은 "참여자들을 자연에 기생하는 존재가 아니라 자연의 적극적 동반자로 만든 경제적·과학적 혁명" 덕분이었다.[14] 여느 동시대인들처럼 그는 아픔과 고통을 '아픔과 고통이 더는 존재하지 않는 미래'를 위해 꼭 필요한 전주곡으로 여겼다. 고든 차일드는 은퇴 후 오스트레일리아에 가서 예순다섯번째 생일을 맞았다. 6개월간

대륙을 누비며 크나큰 존경을 받았다. 아름다운 블루산맥 여정을 마무리하기 전에 모든 친구들에게 편지를 썼다. 그러고는 평생 함께한 매킨토시 레인코트를 개켜놓고 낡은 담배 파이프와 안경을 그 위에 올려놓고는 300미터 낭떠러지 아래로 몸을 던졌다.[15]

• 경작에 이르기까지의 표류 •

옛날 옛적 누군가—아마도 배고픈 자녀를 위해 식량을 채집하는 어머니—가 산들바람에 흔들거리는 키 큰 풀 다발을 맞닥뜨렸다. 그녀는 씨앗이 수북한 풀 이삭을 뜯어 손으로 비벼 겉껍질을 벗겨내고 입김을 불어 알곡을 거뒀다. 씨앗이 너무 딱딱해서 씹을 수 없었기에 침을 뱉고 돌멩이 두 개로 갈아 그 반죽을 자녀들에게 먹였다. 아마 나중에는 반죽을 불 옆의 뜨거운 돌판에 올렸을 것이다. 곡물을 먹고사는 법을 배우게 된 것이다.

녹말 위주의 식단은 우리의 먹는 방법을 바꿨으며 이를 통해 미래의 발전 과정을 송두리째 변화시켰다. 녹말은 값싸고 풍부하며 쉽게 소화할 수 있다. 세계 어디서든 일상적 식사는 감자, 쌀, 옥수수, 카사바, 밀가루, 파스타 같은 녹말 덩어리로 시작된다. 녹말은 끈끈하고 흡수성이 커서 씹으려면 침이 많이 필요하다. 이 성질은 전 세계에서 시죄법(試罪法, 범죄자의 유죄 여부를 초자연적 개입으로 가려내는 재판 방식—옮긴이)에 활용되었다. 서아프리카 주술사는 마른 쌀 한 줌을 용의자에게 건네, 그들로 하여금 씹고 나서 다시 뱉도록 했다. 쌀이 말라 있으면 유죄였다. 앵글로색슨 시대 잉글랜드에서는 비슷한 시죄법을 '코스네드corsned'라고 불렀다. 용의자는 라틴어 기도문과 머리 위 십자가에 주눅든 채 작은 보리빵이나 제병(祭餠, 성체 성사에 쓰는, 누룩 없이 만든 둥근 빵—옮긴이)을 먹어야 했다. 빵이 목에 걸리면 유죄가 입증되었다. 두려움은 타액 분비를 방해하므로, 시제법이 효과를 발휘한 비결은 쉽게 알 수 있다. 한 미국인은 중국 여행 중 총으로 위협받았을 때의 경험을 이렇게 묘사했다. "혀가 굳고 입이 바싹 말랐다. 갈증이 치밀어 혀가 입천장에 달라붙었다."[16] 녹말은 지방이나 기름을 두르면 목구멍에서 더 쉽게 미끄러져 내려간다. 지방 함량이 30퍼센트에도 못 미치는 식사를 맛있어하는 사람은 거의 없을 것이다. 기름진 소스는 음식에 특유의 맛을 더하는 반면에 단백질은 값이 비싸서 많이 넣지 못한다. 우리가 어딜 가든 기름을 두르고 고기를 살짝 얹은 녹말 덩어리를 대접받는 것은 이런 까닭이다.

약 2만 3000년 전 소규모의 사람들이 갈릴리호 옆에 풀집 여섯 채를 지었다. 그들이 떠난 뒤 수면이 상승하여 유기물 잔해가 호수 바닥에 보존되었다. 풀집은 버드나무와 어린 참나무로 이엉을 엮었고 움푹 파인 돌바닥에 깔짚을 깔았는데, 바닥에 150여 종의 씨앗과 열매, 생선 뼈, 가젤, 다마사슴, 많은 소형 동물의 유해가 널브러져 있었다. 오른손잡이에 키가 173센티미터인 남자가 얕은 무덤 안에 누워 있었다. 풀집 사이로 커다란 현무암 돌판이 모래와 자갈에 단단히 박혀 있었다. 현미경으로 들여다보니 이 돌판은 씨앗 혼합물—그중에는 (밀의 조상인) 에머밀emmer과 야생보리, 소량의 귀리도 있었다—을 빻는 맷돌의 아랫돌이었다.[17]

이 간략한 묘사에서 보듯 곡물은 최초의 정주 집단이 생겨나기 오래전부터 중요한 식량이었다. 1만 년 넘는 세월이 흐른 뒤 나투프인이라 불리는 후손들이 예리코에 세계 최초의 도시를 건설했다. 그곳은 당신의 상상과 달리 들판으로 둘러싸인 농경 촌락이 아니었다. 수렵, 채집, 축산, 유랑 농법으로 살아가는 사람들의 요새화된 근거지였다. 예리코에는 기름진 충적토가 있었고 인근 샘에서 물이 풍부하게 공급되었다. 이 정도면 2000~3000명이 거주하기에 충분했다. 또다른 신석기 초기 정주지로 약 9500년 전 아나톨리아 중부에 건설된 차탈회위크가 있다. (적어도 우리 눈에는) 이상하게도 그곳에는 담장, 공공건물, 길거리가 전혀 없었다. 그 대신 단층 흙벽 돌 주택이 거대하게 뻗어 있었는데, 사람들은 공동 지붕에서 사다리를 타고 각자의 집으로 내려갔다.[18] 사생활은 상상도 할 수 없었으며 악취와 해충이 들끓었다. 차탈회위크는 도시의 원형이 아니라

그림 4 차탈회위크: 미술가가 재구성한 그림.

수렵인, 목축인, 채집인, 유랑 농민 집단의 필요에 따른 임시 거처였다. 그곳 사람들에게는 우리가 아는 것과 같은 도시 생활의 관념이 전무했다. 당신과 내가 갈대아 우르의 길거리를 걷는다면 사원, 궁전, 장인 거리를 알아볼 수 있을 것이며 권력 구조를 파악하고 체제가 어떻게 돌아갔는지 알 수 있을 것이다. 그런데 차탈회위크 지붕에 서면 어리둥절할 것이다. 그들의 삶을 떠받친 물리적 토대는 명백하지만, 그들의 사고방식은 애매모호했으며 도무지 요령부득이었다. 도시는 우리를 만들었고 우리는 도시의 산물이지만, 인간으로 살아가는 방법은 그것만이 아니다.

• 농경 표현형 •

초기 정주지는 걸핏하면 인근의 자원을 다 써버렸으며 그러면 주민들은 허리띠를 졸라매거나 딴 곳으로 이주해야 했다. 초기 도시는 곧잘 버려졌다. 이 초기 농경 집단의 주민들은 앞선 수렵채집인보다 키가 훨씬 작았으며 영양 결핍의 흔적이 유해에 남아 있다. 그 중에는 철분 결핍성 빈혈의 특징도 있는데, 이 질환은 십이지장충 때문에 생긴 것이 틀림없다(십이지장충은 오늘날에도 빈혈의 가장 흔한 원인이다). 정주 집단은 설치류, 파리, 흡혈 곤충, 수인성 전염병과 배설물 전파 전염병, 가축 매개 전염병이 자리잡을 안전한 피난처가 되었다. 고생물학자 마크 네이선 코언은 사람들이 경작을 자발적으로 선택한 것이 아니라 인구 압박과 자원 감소 때문에 울며 겨자 먹기로 선택했다고 주장했다. 정주형 생활 환경은 전염병이 전파되기에 용이했으며, 식량은 풍부해졌지만 훨씬 들쭉날쭉했다.[19] 이른바 신석기 혁명이 처음부터 삶의 여건을 향상시킨 것은 아니었다. 신석기 초기 정주지에서 최초의 대도시에 이르는 여정이 최초의 대도시에서 현재에 이르는 여정보다 훨씬 오래 걸린 것은 이 때문인지도 모르겠다.

당시 유럽인들은 주로 채식을 했으며 우리보다 훨씬 다양한 식물을 섭취했다. 서기 1세기 잉글랜드 북서부에서 희생 제물로 이탄 습지에 버려진 린도인Lindow man은 건강한 사람으로, 나이는 스물다섯 남짓에 키가 170센티미터이고 체구가 탄탄했다. 죽기 직전에 보리, 풀, 밀, 향초로 만든 죽을 먹었으며 돼지고기도 몇 점 곁들였을 것이다.[20] 톨룬드인Tollund man도 비슷한 시기에 덴마크에서 같은 운명을 맞았는데, 그의 장에는 보리와 아마, 양구슬냉이와 마디풀을 비롯한 약 마흔 가지의 씨앗으로 이루어진 순전한 채식의 흔적이 남아 있었다. 보리와 아마는 경작했을 테지만 나머지는 잡초였다.

그들의 후손은 타키투스가 묘사한 게르만인처럼 보리즙을 발효하여 알코올 음료를 만들었다. "그들은 매년 경작지를 바꿔가며 농사를 짓는데, 그래도 농토가 남아돈다. 땅이 기름지고 넉넉한데도 그들은 애써 과수果樹를 심거나 목초지를 둘러막거나 정원에 물을 대려 하지 않기 때문이다. 그들이 대지에 요구하는 것은 곡물이 전부이다."[21] 타키투스가 장밋빛 색안경을 끼고 있었는지도 모르지만, 게르만식 삶에는 분명한 매력이 있었다. 고단한 농사일을 야생에서의 자유로운 삶보다 좋아할 사람이 어디 있겠는가? 힘들이지 않고 숲을 태워 재 속에 씨앗을 흩뿌리면 되는데 해마다 같은 땅뙈기에서 작물을 얻으려는 사람이 어디 있겠는가?

정주 농업이 발전하면서 사람들은 곡물에 의존하게 되었는데, 곡물에 의존하려면 조직화를 해야 했다. 곡물을 수확하면서 대량의 잉여 식량이 정기적으로 산출되었으며 이 잉여 식량은 저장되고 간수되고 분배되어야 했다. 군인이 등장하고 갈취 행위가 나타났으며 얼마 안 가서 도시, 관리, 사제, 왕이 탄생했다. 애덤 스미스가 『국부론』에서 말한다. "통치 제도〔는〕 …… 실제로는 가난한 사람으로부터 부자를 지키기 위한, 또는 재산을 전혀 갖지 못한 사람으로부터 어느 정도의 재산을 가진 사람을 지키기 위한 것에 다름아니다." 문명의 토대는 노예제였다.

역사는 승자에 의해 쓰였으며 승자는 도시에서 살았다. 도시 주민과 그들을 먹여살리는 농민은 5000년 전 세계 인구의 극히 일부에 지나지 않았다. 나머지는 역사에 남지 않았다. 그들의 목소리는 아랍 역사가 이븐 할둔(1332~1406)에 의해 기록되었는데, 유럽 중심적이지 않은 그의 참신한 보편사 서술은 **무깟디마**Muqaddimah라고 불린다. 그의 견해에 따르면 인류의 원래 모습은 7세기 아랍 대침공 전의 베두인족처럼 낙타와 함께 이동하면서 낙타의 젖과 고기를 먹고사는 강인한 유목민이었다. 그들은 호리호리하고 튼튼했다. 굶주림에 익숙했으며 위험의 기미를 예리하게 알아차렸다. 끈끈한 혈연으로 단결하여 전투에서 마치 한 사람처럼 싸웠다. 이에 반해 도시 주민들은 무르고 나약한 겁쟁이였다. 정주 생활은 "문명의 최후 단계이고 문명이 무너지기 시작하는 지점"이다. 깡마르고 굶주린 전사들의 물결이 험지에서 나타나 도시의 나약하고 죄 많은 주민들

을 약탈하나, 그들 또한 호사의 덫에 걸리고 만다.[22]

땅을 파서 먹고살아야 하는 사람들은 키가 일정하게 유지되었다. 기독교 시대의 첫 1800년간 유럽 여러 지역에 매장된 9500명의 자료를 수집했더니 남성의 평균 키는 약 170센티미터, 여성은 약 162센티미터였으며 이 수치는 그 시기 내내 겨우 1센티미터 이내에서 오르락내리락했다.[23] 농경사회는 양극화되었으며 피라미드 밑바닥에 있는 침묵하는 다수는 근근이 연명했다. 1790년대 시골 교구에서 사제로 일하다 인구학자로 명성을 얻은 로버트 맬서스는 이렇게 논평했다. "시골에서 주로 사는 사람은 노동자 아들들의 발육이 저해되기 쉬우며 성숙하기까지 오랜 시간이 걸린다는 사실을 알아차리지 않을 수 없다. 열네 살이나 열다섯 살로 보이는 소년이 알고 보면 열여덟이나 열아홉 살인 경우가 흔하다."[24] 중세에 버려진 요크셔 워럼 퍼시 마을의 시골 교회 경내에서 발견된 뼈들을 분석했더니 역시 같은 결과가 나왔다. 워럼 퍼시의 열 살배기 아동들은 오늘날 같은 나이의 아동보다 20센티미터 작았으며 오늘날의 열 살배기는 중세의 열네 살배기만큼 크다.[25] 워럼 퍼시의 아동은 1833년에 측정한 잉글랜드 아동 표본에 비해 별로 작지 않았는데, 이는 신장 증가가 최근에 일어났음을 시사한다. 현대 성장 연구의 아버지 제임스 태너는 일생의 발육 부진이 두 살에 이미 결정되며 발육 부진 아동은 그때부터 건강한 아동의 성장 곡선을 뒤처진 채 따라간다고 말했다.

영세농의 몸을 빚어낸 것은 고된 노동과 기름기 없는 음식이었으며 그들의 주산물은 곡물이었다. 뼈는 쓰임에 따라 모양이 달라지고 압력에 반응해 굵어진다. 근육이 부착된 부위도 더 튀어나온다. 구석기 수렵인들은 방랑자의 다리와 던지기 적합한 억센 팔을 가졌지만 초기 신석기 여성들은 씨앗을 빻느라 팔이 튼튼해지고 무릎 꿇은 자세에서 몸을 앞뒤로 굴리느라 무릎과 발가락이 변형되었다.[26] 유럽 중부의 여성들을 연구했더니 경작의 첫 5500년에 걸쳐 위팔의 뼈밀도가 부쩍 증가했는데, 이것은 괭이질하거나 옥수수를 빻는 등 육체적으로 힘든 일을 했다는 사실과 맞아떨어진다. 심지어 케임브리지대학교 여자 조정팀조차도 그들의 상대가 되지 못했다.[27] 작업으로 인한 뼈와 관절 기형은 시골 공동묘지에서 흔히 찾아볼 수 있으며 이렇게 되기까지의 고통과 인내를 짐작게 한다. 이것이 농경 표현형이었으며 인류의 모습은 경작의 여명기부터 표현형 전환이 시작되기까지 거의 달라지지 않았다.

02

샤를마뉴의 코끼리

802년 7월 2일 지친 코끼리 한 마리가 아헨의 길거리를 터벅터벅 걸어다녀 주민들을 놀라게 했다. 아헨은 이탈리아 북부, 프랑스, 저지대 국가와 독일 일부에 걸친 제국의 수도였으며 샤를마뉴는 800년 성탄절 로마에서 신성로마제국 황제가 되었다. 그는 즉위를 기념하려고 동방에 사절을 파견했다. 한 무리는 예루살렘 족장을 만나 성묘에 제물을 바치고 존경의 징표로 성묘의 열쇠를 받았다. 사절 세 명은 바그다드의 전설적 칼리프 하룬 알 라시드(재위 786~809)를 찾아갔다.

그중에서 이삭이라는 유대인 사절 한 명만이 살아서 칼리프에게 안부를 전하고 공들여 짠 플랑드르산 옷감을 선물로 바쳤다. 하룬 알 라시드는 그를 깍듯이 대접했으며 답례로 코끼리 한 마리를 선물했다. 아불 아바스라는 이름의 이 코끼리는 이집트에서 리비아로 건너갔다가 그곳에서 제노바 남동쪽 포르토베네레에 갔다. 그러고 는 눈이 녹길 기다렸다가 알프스산맥을 넘었다. 아마도 1000년 전 한니발의 코끼리들과 같은 길을 밟았을 것이다. 그곳에서 1100킬 로미터를 걸어 아헨에 도착했으며 북구의 겨울을 여러 번 겪은 뒤 810년 북해의 해안에서 죽었다.[1]

이 모든 일은 순전히 하룬 알 라시드의 호의였다. 샤를마뉴마저 도 야만의 벽지를 확고하게 장악하지 못한 시기에 그는 문명 세계 를 다스렸다. 샤를마뉴조차도 읽기를 배우느라 애를 먹던 시절 에―성공하진 못했다―아랍의 도서관들에는 그리스·로마의 기록 문화가 보존되어 있었고 아시아에는 세련된 고대 문명이 융성했다.

아랍인들이 북아프리카와 스페인을 처음 휩쓸고 한 세기가 지난 778년, 이번에는 샤를마뉴가 피레네산맥을 넘어 무어인을 정벌하 러 나섰으나 그의 시도는 수포로 돌아갔으며 그의 후방 부대는 론 세스바예스 고개에서 바스크인에게 도륙당했다. 아랍 함대가 지중 해를 지배했으며 이븐 할둔은 기독교인들이 "더는 지중해에 널빤 지 한 장 띄우지 못한"다고 으스댔다.[2] 지중해 서해안은 바르바리 해적들에게 끊임없이 약탈당했으며 아일랜드 같은 오지에서는 주 민들이 습격당해 노예로 전락했다. 709년 그리스 병력이 비잔티움 을 아랍 함대로부터 건져냈음에도 시칠리아를 비롯한 지중해 주요 섬들은 여전히 아랍인의 수중에 있었다. 하룬 알 라시드가 아바스 왕조에 소아시아 침공을 명령했을 때 보스포루스 해협 건너편에 있 는 황금 도시가 언뜻 그의 눈에 들어왔다.

비잔티움은 주민 100만 명이 북적거리는 도시로, 그나마 남은 유럽 문명의 확고한 중심지였다. 해군력은 흑해와 에게해에 국한되었지만 육상에서는 아나톨리아, 이탈리아 남부, 발칸반도, 동유럽 대부분을 장악하고 있었다. 반면에 유럽의 나머지 지역은 야만의 시대로 돌아갔다. (타키투스가 묘사한 게르만인을 닮은) 이교도들이 띄엄띄엄 사는 끝없는 숲이 샤를마뉴 영토의 동쪽까지 뻗어 있었다. 영국은 안개와 전설의 나라로 돌아갔으며, 괴상하게 삭발한 아일랜드 수도사들은 아직 본토의 기독교 부흥에 일조하고 있지 않았다. 북쪽으로 스칸디나비아 피오르에 면한 외딴 마을들은 수수께끼 같은 유전병을 품는 것 말고는 할 줄 아는 일이 거의 없었다.

이 외딸고 야만스러운 지역은 기대할 것이 아무것도 없어 보였지만 훗날 인류세의 발상지가 된다. 그 이유를 설명하려는 여러 시도가 있었는데, 일부 이유는 분명해 보인다. 이 지역은 넓고 비옥하고 인구 밀도가 낮아서, 오늘날로 치면 북아메리카에 비길 만했다. 광물 자원도 풍부했다. 침략을 면할 만큼 멀리 떨어져 있으면서도 지중해 세계와 번성하는 중동·극동 문명과 교류할 수 있었다. 반쯤 잊힌 로마제국의 기억이 로마기독교에 스며 있었으며 공통의 언어와 문화는 고전의 재발견을 위한 길을 닦았다. 역사가 케네스 포머랜즈는 『대분기』에서 중국은 산업 생산성과 인구 면에서 서구와 대략 같은 시기에 매우 비슷한 방식으로 발전했으나 팽창의 여지가 없었기에 한정된 자원을 더욱 쥐어짜는 일에만 능숙해졌다고 지적했다. 중국의 혁명은 산업industrial 혁명이 아니라 '근면industrious' 혁명이었다.[3] 유럽만이 팽창의 여지가 있었다.

• 유럽을 먹여살리다 •

유럽 북서부는 숲이 울창했다. 토양이 비옥했는데도 인구는 희박했다. 브리튼의 경작 면적은 약 30만 헥타르로, 1914년의 1000만 헥타르에 비하면 보잘것없었다. 브리튼이 쇠락했을 때 앵글로색슨 침략자들이 맞닥뜨린 것은 웃자란 들판이었다. 5세기 성인 성 브리오크의 전기 작가는 수도원 공동체의 설립 과정을 이렇게 묘사한다. "수도승들이 …… 나무를 베고 관목을 뽑고 가시나무와 뒤엉킨 덤불을 없애 울창한 숲을 금세 넓은 개간지로 만든다. …… 어떤 이는 나무를 베어 도끼로 자르고, 어떤 이는 널빤지를 깎아 집벽을 만든다. 많은 사람이 천장과 지붕을 만들고 일부는 괭이로 풀밭을 간다."[4] 그곳은 끊임없는 육체노동의 세계였다. 짐승들은 인내심의 극한까지 채찍질을 당했으며 사람들은 밤마다 고요한 별하늘 아래 불을 피우고 모여 옹송그렸다.

샤를마뉴의 사회는 잔혹하고 팽창주의적이고 개인주의적이고 각자도생의 개척자 사회였다. 그의 제국은 얼마 안 가서 무너졌으나, 로마에서 물려받은 언어와 문화, 로마가톨릭의 사상과 조직이라는 씨앗을 뿌린 뒤였다. 교회는 칼을 앞세워 미답의 숲에 들어갔다. 숲 개간을 지휘했고 살아남은 피정복 부족을 개종시켰으며 문명화 과정의 토대를 닦았다. 안전을 확보하기 위해 무장한 전사 계층이 등장했으며 그들의 무기는 갈수록 강력해졌다. 주된 공격 수단은 중기병重騎兵이었고 주된 방어 수단은 성이었다. 성은 흙 둔덕에 나무 탑을 올린 형태에서 시작해 장갑裝甲을 갖춘 요새로 진화했다. 성은 지역 군장의 거처였고 교회를 보호했으며 고난의 시기에 고기와 곡물의 저장고 역할을 했다.

족장들은 땅을 파먹고 살았으며 식량을 필요 이상 생산하려는 동기를 거의 느끼지 않았다. 농노들은 남은 것으로 연명했으며, 마을에 모여 살았다. 숲은 늘 있었지만 공유지 너머에 있어 그림의 떡이었다. 그들의 주식은 곡물과 낙농품이었으며 이따금 고기를 먹었다. 견과류, 목초, 열매로 식단을 보완했으며 새, 물고기, 소형 동물을 잡을 수 있으면 잡았다(이 관행은 훗날 '밀렵'으로 불법화된다). 대부분의 유럽 농민들은 밭 두 곳에서 돌려짓기를 했다. 해마다 경작지의 절반만 갈고 나머지는 휴경지로 내버려두는 방법이다. 씨앗을 하나 심어 서너 개 거두는 게 고작이었기에 수확량의 상당 부분을 종자로 떼어놓아야 했다. 소출이 조금만 달라져도 풍작과 기근이 오락가락했으며 매년의 수확은 대풍 아니면 대흉이었다. 역사가 페르낭 브로델이 말한다. "농민과 밀, 다시 말해서 식량과 주민의 수가 이 시대의 운명을 결정하는 무언의 법칙이었다. …… 이것이 일상생활에서도, 100년을 통틀어서도 가장 중요한 문제였다. 그에 비하면 나머지는 거의 무의미하다."[5] 그들은 함께 농사짓고 주변 들판에서 먹거리를 채집하고 힘들 때 서로 도왔다. 공동체적 삶에는 여러 긍정적 측면이 있지만, 반목, 좌절, 사소한 이익을 위한 맹렬한 싸움으로 말할 것 같으면 전통적 농경사회는 어느 학계에도 뒤지지 않는다.

그림 5 마름의 지시에 따라 낫으로 밀을 수확하는 중세 농노들.

• 일용할 빵 •

빵은 주식이었다. '주님lord'이라는 단어는 고대 영어 '흘라포르드 hlāford'에서 왔는데, '흘라프hlāf'가 '빵loaf'을 뜻한다. 『옥스퍼드 영어 사전』에서는 이렇게 설명한다. "이 단어의 어원적 의미는 가장과 식솔의 관계를 표현한 것으로, 식솔은 '가장의 빵을 먹는 사람들'이 다." '부인lady'은 빵을 만드는 사람을 뜻하는 '흘래프디제hlǣfdige'에 서 왔다. 사람들은 일용할 빵을 달라고 기도했으나 밀은 부유층의 전유물이었다. 나머지는 호밀을 먹었으며 이따금 밀을 섞어 매슬린 빵maslin bread을 만들기도 했다. 빈곤층의 주된 대체품은 귀리였다. 새뮤얼 존슨 박사가 1755년 펴낸 『사전Dictionary』에서는 귀리에 대 해 유명한 정의를 내렸다. "잉글랜드에서는 주로 말에게 주지만 스 코틀랜드에서는 사람을 먹여살리는 곡물." 이 악담에는 일말의 진 실이 담겨 있었다. 스코틀랜드에서는 1727년에야 밀을 재배하기 시작했기 때문이다. 이에 애덤 스미스는 이렇게 논평했다. "스코틀랜드 서민들은 귀리로 만든 빵을 먹고 있는데, 그들은 밀로 만든 빵을 먹는 잉글랜드 서민들처럼 건강하지도 않고 잘생긴 것도 아니다."[6]

밀과 콩은 단백질이 풍부하며 둘을 조합하면 영양 면에서 적절한 식단이 된다. 밀은 구세계의 주요 경쟁 작물인 보리에 비해 더 기름진 토양이 필요한데, 보리와 비교할 때 중요한 이점이 몇 가지 있다. 가장 중요한 이점은 글루텐 함량이 높다는 것이다. 글루텐gluten은 단백질인데, 원래는 '풀glue'을 뜻하는 라틴어로, 여기서 '차지다glutinous'가 파생했다. 글루텐은 영양가를 높이며 반죽을 말랑말랑한 덩어리로 뭉치게 한다. 이 덩어리는 효모가 이산화탄소를 발생시킴에 따라 부피가 커진다. 보리는 글루텐이 적게 들어 있어 잘 뭉치지 않는데, 맥주를 빚는 액상 발효에 쓰이는 것은 이 때문이다. 기존의 밀은 무른밀이었으나 19세기에 북아메리카의 굳은밀 변종으로 대부분 대체되었다. 굳은밀은 글루텐 함량이 높고, 빵을 구웠을 때 더 가볍고 바삭바삭하며, 구식 맷돌을 대체한 롤러 제분기로 더 곱게 빻을 수 있다.

밀에는 녹말이 60~80퍼센트, 단백질이 8~15퍼센트 들어 있어 여느 곡물보다 영양가가 많으며 전 세계 식량 소비의 20퍼센트 이상을 책임진다. 보리, 호밀, 귀리처럼 영양소가 밀보다 적은 곡물은 더 척박한 토양이나 북쪽에 있는 토양에서 재배되었지만, 훗날 유럽의 팽창에 연료를 공급한 것은 밀이었다. 씨앗 수확물은 무게가 아니라 부피로 계량했는데, 이 계량용 됫박을 '부셸bushel'이라고 불렀다. "등불을 켜서 됫박으로 덮어둔"(마태복음 5장 15절)다는 말은 여기서 왔다. 18세기 인구 1인당 연간 밀 소비량은 1쿼터(8부셸)였는데, 이 정도면 빵 약 220킬로그램을 만들 수 있었으며 하루에 약 2000칼로리를 공급할 수 있었다.

농민들은 이로 인해 두 가지 난관을 맞닥뜨렸다. 하나는 흙을 기름지게 하는 것이었고 다른 하나는 겨울에 가축을 먹이는 것이었다. 두번째 난관은 해결 방도가 없었기에 가을이 되면 대부분의 짐승을 잡아야 했다. 고기는 겨울을 대비하여 염장하거나 훈연했다. 이듬해 봄이 되면 춘궁기가 찾아왔는데, 이것은 사순절 금식과 때를 같이했다(교회에서는 고기 대신 생선을 먹으라고 명령했다). 해마다 거듭되는 이 질곡에서 벗어나는 방법은 고통스럽게 발견되었고 느리게 실행되었으니, 그것은 토질을 개선하고 남은 수확물을 가축에게 먹이고 가축을 노동력과 두엄 공급원으로 활용하는 것이었다. 17세기에 플랑드르인은 밭 네 곳에서 돌려짓기하는 기법(밀, 순무, 보리, 토끼풀 순서)을 도입했다. 순무는 겨우내 가축을 먹였고 토끼풀은 여름 사료였다. 말의 노동력이 소를 대체했으며 암소는 젖과 고기용으로 사육되었다. 토끼풀로 질소를 고정하여 지력을 회복시켰고, 더는 밭을 놀리지 않았으며, 돌려짓기로 해충 피해를 줄일 수 있었고, 겨울을 앞두고 도축하는 짐승도 줄었다. 농사는 이문이 점점 많이 남았으며 상업농이 공유지를 차지하기 시작했다.

농사의 이익이 커진 데는 여러 이유가 있는데, 가장 큰 이유는 오래된 관습에서 벗어나 현금 경제로 전환한 것이었고 여기에 토지의 사적 소유도 한몫했다. 이로 인해 신흥 엘리트 집단이 부상했는데,

'젠트리의 부상'은 학문적 논란거리가 되기도 했다. 영국 귀족들이 자멸한 계기인 장미전쟁도 이 추세에 일조했다. 1450년에는 국왕과 교회, 서른 명 남짓한 귀족이 500만 헥타르의 농지 중 60퍼센트를 소유했으나 1700년에는 그 비율이 30퍼센트로 뚝 떨어졌다.[7] 귀족 계급의 몰락으로 인한 권력 공백을 재빨리 메운 것은 자수성가한 신흥 계급이었다. 그들은 전형적인 농업 경영인으로, 강인하고 검소하고 현실적이고 야심만만했다. "이 사람들은 가축을 방목하고 시장에 뻔질나게 드나들고 신사와 달리 하인을 놀리지 않아 막대한 부를 쌓고 있으며, 그 덕에 헤픈 신사들의 땅을 살 수 있고 실제로 매일같이 사들인다."[8] 사유지 소유자의 급선무는 땅에 울타리를 치는 것이었다. 공유지에서는 토질이나 작물, 가축을 개량하는 것이 불가능했기 때문이다. 당시의 양은 현대의 기준으로는 비쩍 말랐음에도 귀중한 환금 가축이었으며 양털 교역은 토지의 상업적 활용을 위한 첫 단계였다. 영국 대법관이 아직도 양털의자Woolsack에 앉는 것은 이런 까닭이다(실제로는 말총으로 채워져 있어서 1938년 복원가들을 놀라게 했다).

농촌에서 사람의 땅을 빼앗은 양은 현대인의 눈에는 전혀 다른 동물로 보일 것이다. 양은 고기가 아니라 털을 얻기 위해 사육되었으며 "덩치가 작고 활동적이고 억세고 먹이가 부족해도 살 수 있고 굶주림을 잘 참아 겨울에 건초를 거의 안 먹고도 버틸 수" 있었다.[9] 양은 젖 때문에도 귀한 몸이었는데, 암양 다섯 마리에서 암소 한 마리 몫의 젖을 짤 수 있었다고 한다. 하지만 고기와 낙농품은 전통적 식단에서 중요한 비중을 차지하지 않았다. 페르낭 브로델은 19세기 초 독일 빈곤층의 1인당 연평균 고기 섭취량이 20킬로그램 이하였다고 추정했다. 프랑스도 하루 50~60그램에 해당하는 23.5킬로그램에 불과했다. 1829년에 누군가 이런 목격담을 남겼다. "프랑스의 10분의 9 지역에서 빈민과 소농은 일주일에 겨우 한 번 고기를 먹으며, 그것도 소금에 절인 고기를 먹을 뿐이다."[10] 잉글랜드인은 고기를 얼마나 많이 먹었던지 프랑스인들에게 '구운 소고기Rosbif'라고 불릴 정도였지만, 그들조차도 해마다 81킬로그램을 소비하는 미국인에게는 상대가 되지 않았다. 한 프랑스인 방문객이 말한다. "아니, 무슨 이런 나라가 다 있나! 종교는 쉰 개인데 소스는 녹인 버터 달랑 하나라니!"[11]

사료와 사육 여건이 개선되자 가축의 품질도 개선되었다. 『잉글랜드 농업: 과거와 현재English Farming: Past and Present』에서 언리 경은 1710년과 1795년 런던 스미스필드 시장에서 팔린 양과 소의 평균 무게를 비교한다. 고기소의 무게는 168킬로그램에서 363킬로그램으로, 양의 무게는 13킬로그램에서 36킬로그램으로 늘었다. "순무와 토끼풀 사료가 도입되면서 같은 면적에서 사육할 수 있는 가축의 수와 무게가 두 배로 늘었다. 개량된 품종이 일찍 성숙하는 덕에 농민들은 가축을 더 효율적으로 살찌울 수 있었다."[12]

영세농은 몇백 년에 걸쳐 상업농으로 대체되었는데, 우연히도 이 기간은 잉글랜드 인구가 급감한 시기와 맞아떨어진다. 비극의 14세기 들머리에 잉글랜드 인구는 약 470만 명이었으나 역병과 기근으로 인한 인명 손실이 어찌나 컸던지 1700년까지도 520만 명으로 회복하는 데 그쳤다. 하지만 이 시기 잉글랜드는 밀, 젖, 고기를

50~100퍼센트 더 많이 생산했다. 경작 면적과 사육 두수가 줄고 대규모 경제가 발전하는 과정에 이룬 성과였다.[13] 인구 압박으로부터 오랫동안 벗어나면서 식량 생산에 혁명이 일어날 여지가 생긴 것이다.

03
토끼섬으로 가는 길

17세기 잉글랜드 같은 전前산업사회에서는 인구 1000명의 도시에서 장례식을 1년에 50건이나 볼 수 있었다. 존 던이 말한다. "종이 누구를 위해 울리는지 묻지 말라. 그대를 위해 울리는 것이니." 아들이 아버지를 묻는 광경보다 아버지가 아들을 묻는 광경을 더자주 볼 수 있었으며 조종은 매주 울렸다. 도시민의 절반 가까이가 20세 미만이었으며 60세 이상은 30~50명에 불과했다. 이런 도시가 인명 손실을 메꾸려면 해마다 50명가량이 태어나야 하는데, 가임기 기혼 여성은 약 150명이었다. 출생률에는 한계가 있었기 때문에 (한계가 없는) 사망률이 인구 규모를 결정했다. 토머스 홉스는 정부가 등장하기 이전의 삶을 "끔찍하고 잔인하고 짧다"라고 묘사했다. 홉스는 91세까지 살았지만 당시 기준으로는 예외였다.

표 1 수렵채집인과 17세기 브로츠와프 시민의 생존율

	수렵채집인	1691년 브로츠와프
15세 생존율(퍼센트)	57	62.8
15~45세 생존율(퍼센트)	64	63.2
45세 이후 생존율(평균년)	20.7	19.8

(Gurven and Kaplan 2007, Halley 1691)

천문학자 에드먼드 핼리의 분석에 따르면 수렵채집인의 생존율 (표 1)[1]은 1691년 브로츠와프 사람들과 놀랍도록 비슷했다. 두 조건 모두에서 자녀 셋 중 한 명 가까이가 열다섯 살 전에 죽었고, 생식 가능 시기에 사망률이 가장 낮았으며, 마흔다섯 살까지 살아남은 사람은 그뒤로 20년을 더 살 가능성이 있었다. 노인학자 케일럽 핀치는 크기나 수명에 상관없이 모든 포유류가 높은 새끼 사망률, 생식 가능 시기의 낮은 사망률, 그뒤의 기하급수적 사망률 증가라는 동일한 패턴을 따른다고 지적한다. "면밀히 연구된 포유류 중에서 이 추세를 따르지 않는 것은 하나도 없다."[2]

1801년에 실시된 영국 최초의 인구 조사는 영국과 프랑스가 벌인 전쟁의 짧은 휴전기에 실시되었다. 프랑스의 혁명 군대가 유럽을 휩쓸었으며 교회, 국가, 귀족의 옛 질서는 무너지기 일보 직전이었다. 당시에 일부 사람들은 프랑스혁명이 새 예루살렘을 건설하기 위한 총연습이라고 생각했으며 다른 사람들은 악귀가 풀려나온 혼돈의 전주곡이라고 생각했다. 위험한 사상들이 세간에 나돌았다.

이것은 헛여명이었을까 무한한 진보의 전주곡이었을까?

그때 사제 하나가 논쟁에 뛰어들었다. 일곱 자녀 중 여섯째인 토머스 로버트 맬서스(늘 로버트로 불렸다)는 자라면서 인자한 부재지주가 다스리는 이성적 우주의 존재를 믿게 되었다. 상상컨대 그는 제인 오스틴풍 거실에 앉아 다방면의 독서, 겸손한 성실성, 매력으로 어른들에게 칭찬받았을 것이다. 하지만 집 안 다른 곳에서는 아이들이 그의 말투를 흉내내며 웃음을 터뜨렸다. 그가 타고난 입술갈림증과 입천장갈림증 때문이다. 입술은 하나로 꿰맸고 초상화에서도 말끔히 지웠지만 입천장은 당시 의료 수준으로는 고칠 수 없었다. "그는 평생 추한 입과 불쾌한 목소리를 가지고 살았으며 알파벳 자음의 절반을 발음할 수 없었다."[3] 이 장애는 으레 그러듯 그를 아는 사람들에게는 금세 허물이 아니게 되었다. 그에게는 대화 상대를 즐겁게 하는 재주가 있었기 때문이다. 하지만 장애 때문에 야심을 마음껏 펼칠 수 없었다. 1786년 로버트는 케임브리지대학 지저스 칼리지의 학장에게 말했다. "저의 가장 큰 바람은 시골에서 은퇴자의 삶을 사는 것입니다."[4] 그래서 수학에 두각을 나타냈음에도 1793년 오크우드의 작은 시골 예배당에 보좌사제로 부임했다. 그가 이 고요하고 흠잡을 데 없는 삶을 이어가던 중에 중대 사건들이 일어났다. 당시는 국가적 위기의 시대였다. 프랑스에서는 국왕이 기요틴에 참수되었고 혁명군이 정부군을 격파했으며 옛 질서가 송두리째 물러나고 있었다. 1794년과 1795년에는 대흉년이 들어 민심이 흉흉했다. 영국의 안보를 책임진 해군에서는 최근에 반란이 일어났다. 불온한 사상의 기미가 조금이라도 보이면 자신이 흉포한

마녀사냥이 벌어졌다. 성공회 성직자라면 어디에 충성해야 할지 알았을 것이다.

『인구론』(1798)은 지금껏 쓰인 가장 효과적인 논쟁서로 손꼽힌다. 책에서 평범한 익명의 저자가 '친구'(실은 아버지)의 재촉에 (메리 셸리의 아버지 윌리엄 고드윈이 쓴) 흥미진진한 책을 읽는다. 그는 책이 제시하는 환상에 매료되었다가 치명적 결함을 간파한다. 애석하게도, 그리고 자신의 바람과는 반대로 그는 꿈이 냉혹한 현실 앞에서 무너지는 것을 본다. 그는 철학자들의 논증을 반박하거나 그들의 매력을 부정하지 않는다. 다만 그들에게 실천 능력이 없음을 꼬집는다. 토론 과정에서는 논증이 결론보다 먼저 나오는 게 일반적이지만 논쟁은 설득이 전부다. 맬서스를 쉽게 이해하는 방법 또한 결론에서 출발하여 거꾸로 읽는 것이다. 그의 결론은 현실에서의 급격한 진보는 불가능하다는 것, 빈곤은 불가피하며 인간이 개입할 수 있는 범위를 뛰어넘는다는 것, 그리고 이 모든 것은 현명하고 자애로운 신에 의해 운명 지워졌다는 것이다.

인구에 대한 그의 생각에는 새로운 것이 없었다. 애덤 스미스는 영국과 유럽의 인구가 500년에 걸쳐 두 배로 늘었다고 추산했지만, 1643년에 2만 1200명이던 뉴잉글랜드 인구는 별다른 인구 유입이 없었는데도 1760년까지 50만 명으로 급증했다. 맬서스가 지적한 대로 25년마다 두 배로 증가한 셈이었고, 노년에 이른 사람이 자녀와 손자녀를 최대 100명까지 볼 수 있다는 뜻이었다. 쇠락하는 경제에서는 사정이 사뭇 다를 것이다. "많은 사람들은 일자리를 구할 수 없어서 굶어 죽거나 걸식하거나 극악무도한 범죄 행위를 저지르게 된다. 결핍·기아·사망이 곧 이 최하층에 만연[한다]."

스미스는 아동 두 명 중 한 명이 성년에 이르기 전에 죽으며 부유층 자녀가 살아남을 확률이 더 큰 반면에 스코틀랜드 빈곤층 여성은 생존 자녀 둘을 얻으려면 스무 번 임신해야 할 것이라고 추산했다. 그는 중국에서 영아 살해를 통한 인구 조절이 하도 만연하여 "모든 대도시에는 매일 밤 몇 명의 아이들이 길거리에 버려져 있거나 물속에 개처럼 빠져 죽어 있"다고 믿었다.[5] 그는 차라리 런던을 둘러보는 게 나았을 것이다. 토머스 코럼 선장이 이스트엔드 빈민가를 종종 배회했듯 말이다. 이때의 경험으로 그는 1741년 런던보육원을 설립했다. 그의 취지는 "가난하고 불쌍한 아이들이 종종 태어나자마자 살해당하는 것을 막고 신생아를 위험한 길거리에 버리는 비인간적 악습을 막"는 것이었다.[6] 보육원은 수요가 어마어마했다. 해마다 3000~4000명의 유아가 들어왔으며 그중 70~80퍼센트가 사망했다.

맬서스는 기독교 시대 여명기의 부부 한 쌍이 자유롭게 자식을 낳았다면 50세대 만에 인구가 10해 명으로 증가했을 것이라고 추산했다. 이들을 1제곱미터당 네 명씩 세우면 태양계의 모든 행성을 채울 수 있다. 이것을 역산하면 50세대 전에 우리 조상이 10해 명이었다는 결론을 도출할 수도 있지만, 그는 이 점은 언급하지 않는다. 그가 논증의 토대로 삼는 것은 삼단논법이다. 인구는 식량 생산보다 빠르게 증가한다. 식량이 부족하면 참극이 벌어진다. 그러므로 참극은 필연적이다. 여기에 깔린 가정은 우리가 결코 출산력을 통제하지 못하리라는 것과 식량 생산이 인구를 따라잡지 못하리라는 것이다. 둘 다 틀렸다.

　로버트 맬서스의 동시대인들은 그를 좋아하고 존경했으며 그의 다정하고 친절한 성정을 글로 남겼다. 그는 가난을 몸소 체험했다. 오크우드 예배당은 조용한 시골 지역을 담당했으므로, 맬서스는 재임 중 약 스물다섯 건의 장례를 집전했을 것이며 자그마한 보따리가 묘지의 평범한 구멍에 내려지는 동안 자신의 본분에 최선을 다했을 것이다. 가난한 사람들에 대한 연민은 그의 글에도 드러나 있다. 그럼에도 진보의 가능성 또는 가난한 사람들을 도울 가능성을 배제하는 철학은 사람을 비관주의에 빠뜨릴 수 있다. 맬서스는 이렇게 결론 내린다. "도덕적 미덕을 낳으려면 도덕적 악덕이 절대적으로 필요하다."[7] 그런데 맬서스의 인구론이 암울해 보일지 몰라도 그의 윤리신학에 비하면 봄날 아침이다.

　철저한 유물론적 논증과 자포자기식 신학(현명하게도 초판 이후에 삭제했다)의 결합은 독자들에게 막대한 영향을 끼쳤다. 이토록 많은 사람들로 하여금 신앙을 버리게 한 성직자는 달리 찾아보기 힘들다. 하지만 맬서스는 찰스 다윈과 앨프리드 러셀 월리스에게 영감을 선사했다. "나는 우연히 맬서스의 『인구론』을 재미 삼아 읽었다." 다윈은 1838년을 회상하며 이렇게 썼다.

　　동식물의 습성을 오랫동안 관찰해온 덕에 생존 투쟁에 대해 공감하는 바가 커서, 이런 상황에서라면 유리한 변이는 제대로 보존될 것이며 불리한 경우 사라지고 말 것이라는 생각이 곧바로 떠올랐다. 그리고 그 결과는 새로운 종이 만들어지는 일이라고

생각했다. 이 시점에 나는 작업에 쓸 만한 이론을 하나 얻은 셈이었다.[8]

다윈은 다른 책에 이렇게 쓰기도 했다. "이것〔자연선택 이론〕은 맬서스가 말한 원리를 모든 동물계와 식물계에 적용한 것이다." 아닌 게 아니라 전능자가 개입하여 선택하기는 하지만 어떤 영혼이 자라고 어떤 영혼이 그러지 못할 것인가는 유전과 환경의 결합이 결정한다는 맬서스의 신학에는 묘한 다윈주의 냄새가 풍긴다.

• 인구 변천 •

맬서스가 암울한 산술의 근거로 삼은 것은 우리가 결코 출산을 통제하지 못하리라는 것과 식량 생산이 인구에 뒤처질 수밖에 없다는 것이었다. 처음에는 그의 예측이 들어맞는 것처럼 보였다. 영국은 19세기 초에 인구가 1050만 명이었으나, 19세기 말에는 1100만 명을 해외로 보냈음에도 3700만 명에 달했다.[9] 1871년 인구 조사에서는 날마다 1173명의 아기가 태어나고 이중 40퍼센트가 타국으로 이주할 것으로 추산되었다.[10]

서구의 이점은 기술에 있었다. 소총, 개틀링 기관총, 포탄이 증기기관, 제조업, 통신, 조직 등의 뒷받침을 받을 때 여기 맞설 수 있는 사람은 아무도 없었기 때문이다. 1800년 유럽 혈통 인구는 전 세계 인구의 23.1퍼센트였으나 1933년에는 33.6퍼센트에 이르렀다.[11] 서양인은 지구를 지배했으며 20세기 초 지구상의 거의 모든 나라를 직간접적으로 통치했다. 이것은 생물학적 우위로도 나타났다. 그들은 과거 어느 때보다 영양 상태가 좋고 덩치가 크고 건강했다. 타 대륙으로 이주한 사람들은 더욱 그랬기에, 제1차세계대전 당시 영국의 빈민가 주민들에게 미국과 오스트레일리아의 병사들은 거인처럼 보였다. 이 우위는 영양 개선과 질병 퇴치 덕분이었지만 그럴 거라 생각한 사람은 거의 없었다. 그런 상황에서도 부유한 백인 남성들은 자신들의 미래를 걱정했다. 그들이 우려한 것은 노동자 계급의 열망과 정치 권력, 여성의 발언권 확대, 비유럽 민족의 부흥이었다.

하지만 당장의 근심거리는 출생률 하락이었다. 잉글랜드와 웨일스에서 출생 신고가 시작된 1837년 1000명당 약 33명이던 평균 출생률은 1890년대까지는 약 30명으로 유지되었으나 1930년대에 15명 이하로 주저앉았다. 평균 자녀 수는 1860년대의 6명에서 1935~1939년에는 2명으로 감소했다.[12] 동시대인들은 유능한 사람들(특히, 교육받은 여성)이 자녀를 낳지 않는 것에 놀랐다. 이로부터 두 가지 전망이 도출되었다(두렵기는 둘 다 마찬가지였다). 하나는 바다를 지배하고 세계 표면적의 24퍼센트와 세계 인구의 23퍼센트를 장악한 대영제국이 인구 역성장의 소용돌이에 빠져들고 있다는 것이었다. 다른 하나는 인구집단의 하위 계층이 자녀를 나머지 계층보다 많이 낳아서 진화가 역전되리라는 믿음이었다.

1929년 워런 톰프슨은 인구 변천 개념을 논의했다.[13] 그는 러시아가 풍부한 새 토지 덕분에 성장하여 20세기 말이면 중국과 인도의 인구를 따라잡으리라고 예측했다. 나머지 세계에서는 여전히 맬서스 요인이 세계 인구의 성장을 좌우하리라는 것이 그의 생각이었다. 이를테면 인도는 기근과 유행병을 다스리지 못해 인구가 느리게 성장할 거라 보았다. 하지만 개발도상국의 엄청난 성장 잠재력이 실현된다면 미래의 과제는 현재 부자 나라들이 차지하고 있는 미이용 토지를 재분배하는 문제가 될 것이라고 그는 주장했다.

1945년 킹즐리 데이비스는 지난 300년간 유럽 혈통 인구는 일곱 배 증가한 반면에 나머지 인구는 세 배 증가하는 데 그쳤다고 지적했다.[14] 유럽은 자신들의 질서를 전 세계에 주입한 셈이었다. 유럽인의 후손들이 전 세계 상류층을 형성하고 나머지 집단은 중하류층을 배출했으니 말이다. 이 상황에는 자멸의 씨앗이 들어 있었다. 아시아에서 바글거리는 수많은 인구가 20세기 말 두 배, 세 배로 증가할 터였기 때문이다. 유럽인들은 우려했다. 우리는 100억~200억 명이 득시글거리는 '벌집 세계'를 향해 가고 있는 걸까? 서구의 발전을 뒷받침한 사회문화적 구조를 나머지 세계에 평화적으로 이전할 수 있다면 이 사태를 막을 수 있으리라는 의견도 있었지만, 지배적인 전망은 대격변이 일어나리라는 것이었다.

서구의 부상에 일조한 것은 두 번의 맬서스 휴일이었다. 첫번째 휴일은 14세기 인구 감소에서 비롯했으며 농업 생산이 새로 발전할 수 있도록 숨쉴 공간을 마련해주었다. 두번째 휴일은 해외 이주와 식량 수입으로 인구 압박을 해소했을 때 도래했다. 그럼에도 20세기 초에 나타난 기근의 조짐은 토끼섬 주민들이 맬서스 함정을 피하는 법을 익힐 때까지 그들을 위협했다.

04
세계를 먹여 살린 발명

　로버트 기펜은 1900년 10월 17일 맨체스터통계학회 강연에서 유럽 혈통 인구가 20세기 말에 15억~20억 명에 이를 것이라고 예측했다. 그러면서 "놀라운 사건들이 많이 일어나지 않는 한" 그런 경이로운 속도로 계속 증가할 수는 없을 것이라고 덧붙였다.[1] 저명한 과학자이자 초자연 현상 연구자 윌리엄 크룩스 경도 1898년 밀에 대한 영국학술협회 강연에서 같은 우려를 내비쳤다.[2] 유럽 혈통은 빵을 먹는데, 그는 이 인구가 당시 5억 1700만 명에서 1941년까지 8억 1900만 명으로 증가하리라고 추산했다. 문제는 그들을 먹이기에 충분한 빵이 있을 것인가였다. 북아메리카, 러시아 등지에서는 경작 면적이 이미 한계에 이르렀으며, 그는 1931년에 밀 공급이 달릴 것이라고 추정했다. 땅을 늘릴 수 없다면 흙의 생산성을 늘리는 수밖에 없었다.

네덜란드의 석학 판 헬몬트는 식물이 공기를 먹고산다는 사실을 입증했다. 1692년 그는 오븐에서 건조한 흙 45킬로그램을 용기에 넣고 무게 2.3킬로그램짜리 버드나무를 심었다. 정기적으로 물을 주며 5년을 키운 뒤 무게를 쟀더니 버드나무는 77킬로그램이 되었으나 흙은 57그램밖에 줄지 않았다.[3] 이 묘기가 어떻게 가능한지 이해하기까지 300년이 걸렸다.

"너는 흙이니 흙으로 돌아갈 것이니라"라는 장례식 문구는 우리 몸이 우리가 먹는 식물처럼 빛과 공기로 짜여 있음을 모르고 하는 말이다. 우리 몸은 대부분 물이지만 (몸무게 70킬로그램인 사람의 경우 16킬로그램을 차지하는) 탄소는 식물이 공기에서 뽑아낸 것이다. 여기에 질소 1킬로그램까지 감안하면 우리 몸 성분의 96퍼센트는 결국 공기와 물에서 왔다. 나머지는 대부분 무기물이다. 칼슘과 인이 2.5퍼센트이고 여기에 칼륨, 황, 나트륨, 염소, 마그네슘, 미량 원소가 더해진다.

식물은 햇빛의 에너지를 우리의 양식이 되어주는 탄소계 물질로 전환하며 우리 몸은 그 과정을 역전시켜 음식물의 복합 분자를 이산화탄소와 물로 분해한다. 태양 에너지는 끝없이 재생되지만 흙의 무기물은 (비료의 3대 성분인) 질소, 인, 칼륨의 화합물이 보충되어야 한다.

질소는 우리가 숨쉬는 공기의 80퍼센트를 차지하며 (단백질을 비롯한) 질소 화합물은 생명의 화학 작용에 꼭 필요하다. 그런데 동물과 식물은 이 풍부한 기체를 직접 이용하지 못한다. 공기 중의 질소는 원자 두 개가 결합한 형태인데, 이 삼중 결합이 얼마나 튼튼하냐면 이것을 끊을 수 있는 물리적 힘은 번개뿐일 정도다. 하지만 우리에게는 다행히도 토양 세균이 이 결합을 끊을 수 있는 효소를 진화시켰다. 분해된 질소 원자는 다른 화학물질과 게걸스럽게 결합하는데, 이것을 일컬어 질소가 '고정'되었다고 말한다. 토양 세균을 제외한 모든 생명체는 질소 고정에 절대적으로 의존한다.

윌리엄 경의 우려는 인구가 하도 빨리 증가하여 인간과 가축이 흙 속의 질산염을 뽑아내는 속도가 보충되는 속도를 능가하리라는 것이었다. 땅에서 캐낼 수 있는 질산염 비료도 있었지만 이미 바닥이 드러나고 있었다. 향후 전망으로 보건대 맬서스 파국이 불가피해 보였다. 그가 지적하듯 탈출로는 하나뿐이었다. 그것은 우리가 숨쉬는 공기에서 질소를 직접 뽑아내는 법을 알아내는 것이었다. 이것이 가능하다면 "화학자들이 나서서 기근의 날을 멀리 미뤄 우리와 자녀, 손자녀는 미래에 대해 노심초사하지 않고 평온하게 살 수 있으리라"는 것이 그의 예측이었다. 이 시간 척도에서는 그가 옳았다. 오늘날 인구 중에서 20억~30억 명은 윌리엄 경의 예측이 실현되지 않았다면 존재할 수 없었다.

다른 발견들도 20세기 농업 혁명에 한몫하긴 했지만, 공기 중의 질소를 비료로 전환하는 기술이 단연 으뜸이었다. 흙에서 뽑아낸 것은 다시 채워넣어야 하기 때문이다. 우리에게 녹색혁명을 가져다준 교잡종 작물은 질산염으로 재배되었으며 살충제를 비롯한 기술 덕분에 수확량이 늘었다. 질소 고정은 토끼섬의 주민들을 아사에서 건져내고 20세기 인구 폭발을 뒷받침하고 전 세계에 맬서스 휴일을 선사하고 소비자 표현형의 여건을 조성했다. 이것은 중요한 이야기다.

1802년 알렉산더 폰 훔볼트는 리마의 현대식 삶에 싫증이 나서 페루의 황량한 해안선을 찾았다가 사라진 문명의 잔해를 맞닥뜨렸다. 그곳은 도시와 수로가 온전히 갖춰져 있었다. 그의 말에 따르면 바다는 놀랄 만큼 차가웠지만 물고기로 바글거렸다. 훗날 그의 이름을 따서 명명된 훔볼트 해류(그는 자신이 이 해류를 처음 발견한 것이 아니었기에 이 명칭을 달가워하지 않았다)는 태평양 아래로 깊이 흐르다가 남아메리카 해안선에서 영양물질과 함께 상승하기에 이곳은 전 세계에서 가장 풍성한 어장이며 바닷새 밀도도 그만큼 빽빽하다. 페루 연안의 작은 섬들에는 구아노가마우지가 수천 년간 번식한 탓에 새똥이 수십 미터 두께로 쌓여 있었다. 그래서 섬들이 낮에는 눈 덮인 봉우리처럼 보이고 달빛을 받으면 은색으로 보

그림 6 친차제도산産 구아노를 광고하는 19세기 미국의 포스터.

였다.

　운전하는 사람은 알겠지만, 새똥은 여간해선 물에 녹지 않는다. 포유류는 질소를 (물에 녹는) 요소의 형태로 배출하지만 조류와 파충류는 수용성이 낮은 요산의 형태로 배출한다. 비가 내리면 결국 씻겨 내려가지만 남아메리카 해안선에는 좀처럼 비가 오지 않는다. 이것은 훔볼트 해류로 인한 특이한 기상 현상이다. 훔볼트가 다녀간 지 수십 년 뒤 질소가 풍부한 구아노의 가치를 드디어 사람들이 알아보았다. 구아노로 뒤덮인 섬들 옆에 상선이 늘어섰으며 노예 같은 처지의 중국인 인부들이 악취 나는 흙을 배의 화물실에 쏟아 넣었다. 배는 귀국하면서 전 세계에 지린내를 풍겼다.[4]

　구아노 무역의 호시절이 끝난 것은 인부들이 마침내 기반암을 맞닥뜨린 1890년대였다. 다행히도 질산염은 또 있었다. 페루 남쪽에 면한 아타카마사막에도 비가 전혀 내리지 않기 때문이다. 윌리엄 크룩스 경은 그곳에서 "헤아릴 수 없는 세월 동안 끊임없이 토양에 고정된 대기 중 질소가 수십억 마리의 질화 생물에 의해 천천히 질산염으로 전환되고 이 질산염이 탄산나트륨과 결합하여 결정화되"자 현지에서 '칼리체caliche'로 불리는 풍부한 질산염 혼합물(초석)이 생겨났다고 설명했다. 윌리엄 경의 설명에는 이견이 있으나 지질학자들은 초석이 쌓이는 데 약 1000만~1500만 년이 걸렸으리라 인정한다.

　당시 아타카마사막의 북부는 페루에 속했고 남부는 칠레에 속했으며 그 사이의 좁은 지대는 볼리비아가 바다로 나가기 위한 통로였다. 기업심 충만한 칠레인들은 이내 다른 두 나라의 명목상 영토에서 초석을 채굴하기 시작했으며 머지않아 칠레 정치인들은 이전까지만 해도 황무지로 취급하던 그 땅에 대해 양도 불가능한 권리를 천명했다. 뒤이어 전쟁이 일어났는데, 호기롭게도 '태평양 전쟁' (1879~1883)이라 불린 이 전쟁에서 페루와 볼리비아가 참패했다. 이제 칠레는 지구상에서 가장 풍부한 초석 매장지를 확실히 손에 넣었다. 수출량은 1850년의 2만 5000톤에서 1900년에는 145만 4000톤, 1911년에는 244만 9000톤으로 증가했다. 칠레 국민은 세금을 한 푼도 내지 않았다.

• 폭발적 조합 •

초석(질산칼륨)은 육류 방부제로 쓰였다. 그러다 유럽인들은 중국인들에게서 초석 75퍼센트, 목탄 15퍼센트, 유황 10퍼센트의 혼합물에 흥미로운 특성이 있다는 사실을 배웠다. 질소에 의한 화학 결합은 아주 단단하기 때문에 끊어질 때 엄청난 힘을 방출한다. 질산염이 모든 화학적 폭발물의 주원료인 것은 이 때문이다. 이를테면 화약은 스스로 확산하는 충격파를 발생시키는데, 이것은 음속의 30배로 이동하고 고온의 가스를 내뿜으며 원래 부피의 1200배로 팽창한다. 화약은 다루기가 무척 까다롭기 때문에 19세기 화학자들은 더 안정적인 혼합물을 찾기 위해 경쟁을 벌였다. 그 과정에서 스스로를 날려버린 사람도 많았다. 알프레드 노벨의 동생 에밀 오스카르는 1864년 노벨군수공장에서 폭발 사고로 목숨을 잃었다.

제조업자들의 목표는 안전하게 다룰 수 있는 불활성 매질에 니트로글리세린을 흡수시키는 것이었다. 알프레드 노벨을 돈방석에 앉힌 다이너마이트는 조류藻類 화석이 쌓여 이루어진 흙인 규조토에 니트로글리세린을 흡수시켜 만들었다. 규조토는 함부르크의 오지 크뤼멜에서 난다(크뤼멜에는 훗날 핵발전소가 건설되기도 했다). 노벨은 부지를 잘 골랐다. 공장이 두 번이나 폭발했기 때문이다. 1866년에는 센트럴퍼시픽철도로 향하던 다이너마이트 상자가 샌프란시스코의 웰스파고 사무실에서 폭발하여 열다섯 명의 목숨을 앗았다. 기업들은 노벨의 특허를 피할 다른 불활성 흡수제를 찾으려고 애썼지만 그는 1875년 젤리그나이트를 발명하여 또 한발 앞서 나갔다. 다이너마이트는 종종 고체 흡수제에서 불안정한 액체 니트로글리세린이 새어나오는 난점이 있지만, 젤리그나이트는 안심하고 다룰 수 있으며 기폭 장치 없이는 폭발하지 않는다. 그런데 니트로글리세린은 의약품으로서도 뜻밖의 쓰임새가 있었다. 협심증으로 인한 가슴 통증을 가라앉히는 효과가 발견된 것이다. 알프레드 노벨도 니트로글리세린을 약으로 쓸 뻔했다. 그는 이런 말을 남겼다. "내가 니트로글리세린 복용을 처방받다니 얄궂기도 하지! 그들은 화학자와 대중이 겁먹을까봐 트리니트린이라고 부른다."[5] 니트로글리세린은 지금도 협심증 응급약으로 쓰인다.

· 코끼리와 고래 ·

제1차세계대전이 일어나지 않았고 히틀러, 레닌, 스탈린이 무명으로 죽은 세상을 상상하기란 쉬운 일이 아니다. 그에 못지않게 힘든 일은 한 나라가 장거리 무역과 통행을 독점한 세상을 상상하는 것이다. 그런데 1914년 이전에는 영국이 이 행복한 (그리고 무척이나 공분을 사는) 위치에 있었다. 영국 해군은 세계 최강이었으며 독일은 세계 2위 규모의 상선 선단을 수호할 해군력이 전무하다시피했다. 영국과 맞먹는 규모의 해군을 창건하려다가는 아무 소득도 없이 영국의 적개심만 부를 게 뻔했다. 독일의 대함대는 전쟁 기간 내내 항구에 발이 묶여 있다가 어정쩡한 전투를 한 차례 벌인 것이 전부였으며 1919년 스캐퍼플로(Scapa Flow, 영국 스코틀랜드 북쪽 오크니 제도에 속한 육지로 둘러싸인 광활한 정박지—옮긴이)에서 꼴사납게 자침自沈했다.

독일 육군과 영국 해군 사이에 장차 벌어질 충돌은 코끼리와 고래의 싸움에 비유되었다. 미국 해군사가 앨프리드 세이어 머핸은 『해양력이 역사에 미치는 영향』에서 이와 비슷한 시나리오를 묘사했다. 나폴레옹 육군은 유럽 본토를 지배했지만 영국은 바다를 호령했다. 머핸의 책을 탐독한 전략가들은 다음의 유명한 문장을 강조했다. "그랑드 아르메Grande Armée(프랑스 대육군)의 눈에 결코 띄지 않은 채 저 멀리서 폭풍에 들썩이는 배들이 프랑스와 세계 지배 사이를 가로막는 유일한 걸림돌이었다." 육지를 지배했으나 바다에 무척 의존했던 20세기 독일 입장에서 이것은—요기 베라가 남긴 불멸의 명언을 빌리자면—"완전한 데자뷔"였다.

제1차세계대전은 주인공들이 무모하게 파멸을 자초하는 그리스 비극 같았다. 독일의 위력은 세계 최강 육군에 있었는데, 이것이 독일의 불운이기도 했다. 망치를 든 사람에게는 모든 문제가 못으로 보이기 때문이다. 독일 육군이 막강하기는 했지만 전투를 치르려면 질산염으로 만든 폭약이 필요했다. 문제는 질산염이 들어오는 유일한 경로인 바다가 영국의 손아귀에 있다는 것이었다. 독일은 전쟁을 오래 끌 여력이 없었기에 공세를 취하기로 마음먹었다. 선제공격 능력이 성공의 열쇠로 여겨지던 상황에서 (바넘의 서커스를 보고서 열차에 짐을 신속하게 싣는 법을 배운)[6] 독일군은 누구보다 빨리 철도 종점에 도착할 수 있었다. 유일한 걸림돌은 나폴레옹 시절처럼 말이 끄는 대포와 수레 때문에 파리까지의 행군이 지체되었다는 것이다. 독일최고사령부는 일선 부대와의 연락이 두절되었으며 독일 군대의 추진력은 마른강에서 바닥났다.

평화시에는 마당의 수탉처럼 화려하게 치장하고 다니던 장군들이 이제 어쩔 줄 몰라 허둥댔다. 키치너 장군은 외무장관에게 두 번 이상 이렇게 말했다. "뭘 해야 할지 모르겠소. 이건 **전쟁**이 아니오."[7] 독일은 전쟁 장기화를 대비한 계획이 전혀 없었던 반면에 영국은 전 세계의 자원을 움켜쥐고 있었다. 1913년에 독일은 칠레 초석의 3분의 1을 수입했지만 이제는 한 톨도 수입하지 못했다. 독일군은 6개월치 탄약을 비축하고 있었으나 그것이 예상보다 훨씬 빨리 소진되고 있었다. 1914년 가을 저명한 과학자 에밀 피셔와 저명한 기업인 발터 라테나우는 이듬해 봄에 탄약이 동날 거라고 예측했다.[8] 독일의 과학이 이 난국을 타개할 수 있으려나?

콜타르를 증류하면 벤젠, 톨루엔, 크실렌, 페놀, 크레솔, 나프탈렌, 안트라센의 일곱 가지 주요 화학물질을 얻을 수 있는데, 이것들이 공업화학의 토대다. 전부 탄소 고리 뼈대가 있어 다양한 분자가 부착될 수 있는 덕분에 우리가 염료라고 부르는 빛 포획 분자의 출발점으로 제격이다. 아욱 꽃의 프랑스어 이름을 따서 모브mauve로 명명된 최초의 합성 염료는 1856년 윌리엄 퍼킨이 발견했다. 이를 계기로 새로운 염료에 특허를 받으려는 경쟁이 시작되었으나, 장차 벌어질 상황의 윤곽이 드러난 것은 퍼킨이 꼭두서니의 빨간색 염료에 해당하는 합성 염료 알리자린에 특허를 출원한 1869년 6월 26일로, 그는 독일의 경쟁자들이 6월 25일에 이미 특허를 출원했다는 사실을 알게 되었다. 2만 헥타르에 이르는 꼭두서니 밭이 하룻밤 새 애물단지가 되었으며 퍼킨은 죽은 언어를 구사하는 신사를 양산할 뿐인 영국 교육 제도를 욕하며 1874년 은퇴했다.

독일인들은 더 큰 목표로 눈을 돌렸다. 그것은 인디고였다. 인디고는 청바지의 색깔로, 원래 청바지는 데님(원산지인 프랑스 마을 '드 님de Nîmes'의 영어식 표현)으로 만들어 제노바산 인디고로 염색했으며 '제노바의 파란색bleu de Gênes'이 '블루진blue jeans'의 어원이 되었다. 인디고는 세계에서 가장 값진 작물 중 하나였는데, 독일의 화학자 아돌프 폰 바이어(1835~1917)가 1880년 실험실에서 인디고를 합성하는 데 성공했다. 문제는 이 발견을 산업 공정으로 전환하려는 족족 실패했다는 것으로, 이 시도가 마침내 성공하게 된 과정이 우리 이야기와 관계가 있다.

바스프(바디셰아닐린운트소다제조회사)는 19세기 말 독일 유수의 염료 제조사였다. 이 회사의 경영 방침은 모든 자원을 연구에 쏟아붓고 주주들에게는 배당금을 5퍼센트 이상 지급하지 않는다는 것이었다. 1890년 회사를 인수한 하인리히 폰 브룽크는 인디고를 만들고야 말겠다는 일념으로 보수적인 동료들의 반대를 무릅쓰고 수백만 마르크를 쏟아부었다. 회사는 일찍이 누구도 상상할 수 없던 규모로 문제를 공략했다. 실험실 과학자들이 반응이 일어날 법한 조건을 발견하면 공학자들이 그 조건을 구현했으며 공장에서는 이를 제품으로 생산했다. 인디고를 향한 17년의 탐색은 마침내 성공적인 결실을 맺었다. 1885년부터 1900년까지 독일 과학자들은 1000여 건의 염료 특허를 출원한 반면에 영국은 86건에 불과했다. 제1차세계대전이 발발했을 때 독일은 전 세계 염료 및 의약품 시장의 85퍼센트를 장악하고 있었다.[9] 독일은 과학을 산업에 응용하는 분야에서 세계를 선도하고 있었으며 그로써 20세기의 향방을 바꿨다.

· 위대한 고정 ·

독일 과학자들은 칠레산 초석의 대체물을 찾기 시작한 지 몇 달 만에 맹렬한 속도로 화학공학의 놀라운 성과를 거뒀다. 정통 역사책에서는 거의 늘 이 이야기를 엉뚱하게 전하므로, 여기서 잠깐 실제로 무슨 일이 일어났는지 들여다보자.

문제는 이것이었다. 기존의 많은 산업 공정은 고정된 질소를 암모니아(NH_3)의 형태로 공급했다. 암모니아는 좋은 비료이지만—암모니아 분자가 두 개가 결합하여 요소가 되면 더욱 효과적이다—폭약을 만들 순 없다. 폭약을 만들려면 질산으로 이루어진 질산염이 필요하다. 1914년 독일은 암모니아가 얼마든지 있었지만 이것을 산업적 규모의 질산으로 전환할 방도가 없었다. 석탄에는 2억 4000만 년 전에 죽은 식물에 갇힌 질소가 들어 있다. 석탄을 용광로에서처럼 진공에서 가열하면 질소가 수소와 결합하여 암모니아가 된다($N_2 + 3H_2 = 2NH_3$). 석탄은 (철강 생산에 쓰이는) 코크스로 전환되면서 석탄가스와 암모니아를 발생시킨다. 코크스와 석회석을 함께 가열하여 탄화칼슘을 만들 수도 있는데, 이것은 섭씨 1200도에서 대기 중 질소와 결합한다. 이렇게 만들어진 사이안아마이드cyanamide는 고온의 증기가 닿으면 암모니아를 방출한다. 독일에는 석탄과 석회석이 풍부했지만 이렇게 암모니아를 생산하는 데는 에너지가 너무 많이 들었다. 다행히 더 나은 방법이 기다리고 있었다.

프리츠 하버(1868~1934)는 세속 유대인 부모에게서 태어났다. 어머니는 그를 낳다가 죽었으며 그는 평생 이성과 만족스러운 관계를 맺지 못했다. 차갑고 무뚝뚝한 아버지와도 소원했다. 첫번째 아내는 그의 군용 권총으로 자살했으며 두번째 아내와는 이혼했다. 하버는 '새 독일'의 열성 신자였으나 유대인이라는 약점이 있었다. 그는 이 보이지 않는 배제의 울타리에서 벗어나기 위해 1892년에 세례를 받았다. 독일인으로서의 자부심을 나타내려는 의도도 한몫했다. 하지만 이것으로는 충분하지 않았으며 영영 그럴 수 없었다. 발터 라테나우가 말한다. "모든 독일 유대인의 청소년기에는 평생 기억될 고통의 순간이 찾아온다. 그것은 자신이 이등 시민으로서 세상에 발을 디뎠으며 어떤 성취와 공로로도 이 상황에서 벗어날 수 없음을 처음으로 자각하는 순간이다."[10] 이 뼈아픈 논평이 하버의 삶을 한마디로 요약한다. 그는 학문적으로 늦깎이였으며 아버지와 자주 갈등을 빚었지만, 1894년 카를스루에대학교 화학과 조교로 채용되면서 앞길이 열렸다. 동료들은 그를 뻔뻔하고 이기적이고 성마른 사람으로 여겼지만—소수집단에 속한 사람들이 으레 듣는 평가다—그의 활력과 재능은 금세 모든 장애물을 뛰어넘었다. 그는 전자화학이라는 신생 분야에서 전문성을 인정받아 1902년 미국에 파견되어 신기술 동향을 본국에 보고했다. 영어가 서툴렀지만 상관없었다. 진지한 화학자라면 누구나 독일어를 배워야 했던 시절이니까. 그는 1906년 정교수가 되기 전 교과서 두 권과 학술 논문 50편을 집필했으나 중요한 과학적 발견에는 아직 이름을 올리지 못했다.

하버는 1904년에 질소에 관심을 가지기 시작했고, 1905년 한 회의에서 경쟁자에게 신랄하게 면박당한 뒤 이 분야에 본격적으로 뛰어들었다. 이제 그는 질소와 수소를 결합시키는 일에 온 에너지를 쏟아부었다. 그가 특별히 전문성을 발휘한 문제는 고압이 화학 반응에 미치는 영향이었다. 그는 이제껏 생각할 수 없었던 압력—대기압의 최대 200배—을 발생시키는 탁상형 기기를 공동으로 개발했다. 그 덕에 온도와 압력을 알맞게 조합하여 두 기체를 결합시킬 수 있었으며 이 과정을 앞당기는 수수께끼 같은 촉매를 발견했다. 바스프는 그간 그의 진척을 지켜보고 있었고, 하버는 새로운 공정을 시연하겠다며 바스프의 수석 공학자 카를 보슈를 초청했다. 1909년 7월 2일 보슈가 동료와 함께 나타났을 때 기기에서 원료가 누출되었다. 보슈는 기다리지 못하고 자리를 떴지만, 동료는 기기가 수리될 때까지 남아 있었다. 몇 시간 뒤 액체 암모니아가 흘러나오기 시작했고 바스프의 화학자는 흥분하여 하버의 손을 부여잡았다.

하버의 개념은 절묘하게 작동한다. 수소와 질소가 촉매 위에서 만나면 두 기체가 융합하면서 반응이 저절로 지속될 만큼 충분한 열이 발생한다. 이 때문에 암모니아를 추출한 뒤에도 수소와 질소를 재사용하며 공정을 끝없이 가동할 수 있다. 이 반응의 산물은 놀랍도록 순수하며 질소 고정 비용은 아크 방전의 5퍼센트, 사이안아마이드 공정의 20퍼센트에 불과했다. 이것을 산업적 규모로 확대할 수 있을까? 보슈가 돌아와 결과를 확인하더니 그럴 수 있을 거라고 퉁명스럽게 말했다.

프리츠 하버는 깊은 모순을 지닌 사람이었다. 카를 보슈는 그에 비하면 평범해 보이지만—얼마나 평범했던지 현대 전기 작가들의 관심을 전혀 끌지 못했다—세상을 바꿨다. 보슈는 화학과 더불어 금속공학을 공부한 인재로—이 조합이 매우 요긴한 것으로 드러났다—기술관료와 정력가의 완벽한 조합이었다. 그는 질소 계획을 괴물 같은 추진력으로 밀어붙였다. 바스프의 대규모 자원을 동원하여 맨해튼 계획에 비길 만큼 총력을 기울였다. 당시 그의 머릿속에 전쟁은 들어 있지 않았다. 그에게 하버·보슈법은 하나의 공법일 뿐이었다. 하버는 독가스 개발에 관여한 데 대한 격렬한 반대 여론이 있었음에도 1918년 노벨상을 수상했다. 보슈는 1931년에 노벨상을 받았는데, 기술적 업적에 대한 것으로는 최초의 수상이었다. 그는 노벨상을 받을 자격이 있었다. 어마어마한 난제들을 해결했기 때문이다. 그로 인한 성과 또한 어마어마했다. 하버의 실험 기기는 높이가 75센티미터, 너비가 15센티미터였으며 암모니아를 하루에 1~2킬로그램 생산했던 데 반해 보슈가 산업적으로 구현한 기계는 1910년에 0.3톤, 1915년에는 75톤을 생산했다.

이 발견이 1914년 독일의 당면 문제를 해결해주진 않았다. 암모니아는 군사적 가치가 없기 때문이다. 폭약에는 질산염이 필요하며 질산염은 질산으로 만든다. 그런데 독일의 화학자이자 또다른 노벨상 수상자(이자 헌신적 평화운동가)인 빌헬름 오스트발트가 이미 1902년에 암모니아와 공기를 백금망에서 혼합하면 질산을 얻을 수 있음을 밝혀냈다. 바스프는 1914년 9월 이전에는 자사의 의도가 순수하게 평화적이라고 주장하며 이 발견에 거의 주목하지 않았다. 이제 보슈는 오스트발트의 실험을 본격적인 규모로, 그것도 **당장** 구현할 수 있겠느냐는 질문을 받았다. 그는 이렇게 회상했다. "잠깐 살펴보니 할 수 있겠다는 생각이 들더군요."[11] 1915년 5월 그는 군용으로 쓸 수 있는 규모로 질산을 생산하는 데 성공했으며 포성은 잦아들지 않았다.

표 2 1913~1917년 독일의 고정 질소 생산량을
1000미국톤(1미국톤 = 907킬로그램)으로 나타낸 것[12]

	1913년	1914년	1915년	1916년	1917년
코크스	121	(?)	(?)	(?)	134
사이안아마이드	26	40	551	551	441
하버·보슈법	7	14	34	68	113
칠레산 초석	153	0	0	0	0
	307				688

역사가들은 하버·보슈법 덕에 독일이 전쟁을 계속할 수 있었다
는 이야기를 앵무새처럼 되뇌지만 이것은 사실이 아니다. 독일은
사이안아마이드에서 암모니아를 얻었으며 하버·보슈법은 결코 중
요하게 기여하지 않았다. 관건은 암모니아를 더 많이 생산하는 게
아니라 오스트발트법의 규모를 확대하여 암모니아를 질산으로 전
환하는 것이었다. 여기서도 보슈가 핵심적인 역할을 했다. 라인란
트 오파우에 있는 그의 첫 대규모 공장은 프랑스 폭격기의 사정거
리에 들었기 때문에 라이프치히 인근 로이나에 대규모 산업 단지를
새로 조성했다. 독일 전역의 연구 기술과 산업 역량이 전쟁에 동원
되었으며 국가는 산업계와 제휴하여 신기술에 자금을 쏟아부었다.
이것이 군산복합체의 탄생이자 궁극적으로는 표현형 전환의 시작
이었다.

• 굶주림의 정치 •

예부터 굶주림은 전시에 적군의 사기를 빼앗는 수단이었다. 제1
차세계대전 당시 양측은 굶주림을 활용하여 톡톡히 효과를 봤다.
1913년에 독일은 식품 열량의 20퍼센트를 수입에 의존했는데,[13]
이제 부족분을 메워야 했다. 농부들은 군에 입대했으나 여전히 배
를 채워야 했으며 질산염은 비료가 아니라 탄약을 만드는 데 쓰였
다. 육류 생산은 무척 비효율적인데다―돼지에게 공급하는 열량의
90퍼센트가 사육 과정에서 유실된다―1915년 봄 '슈바인모르트'
(돼지 학살) 때 500만여 마리의 돼지가 희생되었다. 서둘러 깡통에
넣어도 고기가 상하기 일쑤였다. 여기에서 이익을 거둔 사람들도
있었다. 스칸디나비아 주재 영국 해군무관인 콘셋 소장은 이렇게
말했다.

> 한때 코펜하겐에서는 고기도 하도 귀해서 정육점이 문을 닫아야
> 했다. 많은 덴마크인의 주식인 생선을 특수 고속 열차에 가득 싣
> 고서 독일까지 운반하느라 정작 덴마크에서는 생선을 구할 수
> 없었다. …… 커피는 스웨덴인이 즐기는 음료이지만 스웨덴에
> 서 독일로 대량 수출하는 동안에는 스웨덴 식당에서 커피를 마
> 실 수 없었다.[14]

언제나 그렇듯 굶주림의 고통은 고루 배분되지 않았다. 1915년
빵, 지방, 설탕의 배급이 실시되었으며 식품 저장고 바깥에는 여성들

이 새벽부터 오들오들 떨며 길게 줄을 섰다. 그들은 체온을 유지하려고 팔짝팔짝 뛰었는데, 이 광경을 씁쓸한 유머를 담아 '폴로네즈 춤'이라고 불렀다. 민간인 일일 에너지 배급량은 전쟁 기간 내내 1500칼로리 언저리에 머물렀으며 1917년 7월에는 최저치인 1100칼로리까지 내려갔다. 암시장이 빈틈을 메웠으며, 여력이 있는 사람은 감자를 재배했다. 하지만 1916년 감자 농사가 흉년을 맞자 '순무 겨울'(사료용 순무로 연명해야 했던 시기—옮긴이)이 찾아왔다.

한 영양학자는 공식 배급 식량만 먹고 살아봤더니 76.5킬로그램이던 몸무게가 6개월 만에 57.5킬로그램으로 줄었다. 민간인 사망자 100만 명의 4분의 3이 아사한 것으로 추산된다. 영국에서 여성 두 명이 죽을 때마다 독일에서는 세 명이 죽었으며 이런 초과 사망은 그 뒤로도 몇 년간 지속되었다.[15]

그림 7 비탄에 빠진 어머니가 굶주린 자녀 다섯 명과 함께 식탁에 둘러앉아 있다. 한 명이 빈 빵 상자를 들고 있다. 포스터에서는 이렇게 말한다. "농민들이여, 의무를 다하라! 도시가 굶주리고 있다."

굶주림은 잠수함을 총동원하는 자포자기식 도박을 촉발했다. 미국이 참전하기 전에 연합군의 항복을 받아내겠다는 것이 독일의 계획이었다. 민간인의 사기는 전쟁 기간 내내 높게 유지되었으나—독일은 1918년 초에 승리할 것처럼 보였다—봉쇄는 전쟁이 끝나고도 6개월간 이어졌다. 징벌적 의도임이 역력했으며 결코 용서받을 수 없는 조치였다.

하버·보슈법이 독일에 승전을 안겨주지는 않았을지 몰라도 대기 중 질소를 고정하고 암모니아를 질산염 비료로 전환할 수 있게 되면서 20세기에 기근에서 벗어날 실마리가 잡혔다. 세상을 구한 공로로 노벨상을 받는 꿈같은 일이 일어났으나 프리츠 하버의 말로는 행복하지 않았다. 바닷물에서 금을 채취하여 독일의 전쟁 배상금을 갚으려던 시도는 수포로 돌아갔으며 독일 사회는 점점 더 노골적으로 반反유대주의를 표방했다. 그는 자기 나라에 살면서도 추방자 신세였다. 하버는 1933년 베를린 카이저빌헬름연구소 소장직을 내려놓고 자발적으로 유배를 떠나 호텔과 요양원을 전전했다. 심지어 (독일에서 추방된 많은 유대인의 보금자리가 된) 케임브리지대학교의 교수 자리를 알아보기도 했는데, 그곳에서 귀화할 수 있는지 여부를 타진했다. 그는 영국인 친구에게 보낸 편지에 이렇게 썼다. "내 평생 가장 중요한 목표는 독일 국민으로서 죽지 않는 것이라네." 그는 협심증이 점점 심해지다가 1934년 1월 29일 스위스의 호텔 침실에서 숨을 거뒀다.[16]

한편 카를 보슈는 나날이 승승장구했다. 로이나의 공장 단지는 무사히 종전을 맞았으며 금세 칠레보다 많은 질산염을 생산했다

(대공황 시기에 생산량이 급감하기는 했다). 독일 유수의 화학·제약 기업들이 전시에 긴밀히 협력했는데, 그중 일곱 기업이 1925년 합병하여 세계 최대의 화학 기업 이게파르벤을 결성했다. 스탠더드 오일의 최고경영자는 1926년 이게파르벤을 방문하고서 숨이 멎는 줄 알았다고 기록했다. "한 번도 본 적 없는 어마어마한 규모의 연구·개발 단지였다." 그는 당장 사장을 현장으로 불렀다. 사장은 이렇게 말했다. "그곳을 보기 전에는 연구라는 게 무슨 뜻인지 몰랐다. 그들이 하는 것에 비하면 우리는 갓난애였다."[17]

카를 보슈는 이 거대한 사업을 경영했으며 1930년대에 두 가지 계획에 정력을 쏟았다. 그것은 석탄으로부터 합성 휘발유와 합성 고무를 생산하는 것이었다. 둘 다 히틀러의 또다른 전쟁 계획에 긴요했다. 보슈는 수많은 유대인 과학자들을 잃은 것에 대해 히틀러에게 항의했다가 그의 눈 밖에 났다. 히틀러는 독일 과학이 유대인 없이 굴러갈 수 없다면 독일은 과학 없이 굴러가야 할 것이라는 유명한 말로 응수했다. 보슈는 환멸을 느꼈다. 그는 은퇴하고 시칠리아로 이주했으며 히틀러가 프랑스를 침공하기 두 주 전에 사망했다. 그는 임종의 순간에 예언자적 환상을 보았다. 히틀러가 러시아를 침공하여 재난을 자초할 때까지는 모든 것이 독일에 유리하게 흘러갈 것이라고 그는 말했다. "끔찍한 일들이 보인다. 모든 것이 완전히 새카매질 것이다. 하늘이 비행기로 가득하다. 그 비행기들이 도시, 공장, 그리고 이게까지 독일을 깡그리 파괴할 것이다."[18] 보슈의 임종 환상에서 하나는 틀렸다. 1960년대까지 바스프, 바이엘, 회히스트가 이게보다도 커졌기 때문이다. 제1차세계대전이 길게 이어진 것이 하버·보슈법 때문은 아닐지라도 보슈의 천재성 때문인 것은 분명하며, 합성 석유와 합성 고무는 제2차세계대전에서 독일군의 파죽지세를 뒷받침했다. 그는 두 세계대전의 연장에 일조했다는 점에서 유일무이한 인물이었다.

•풍족과 부족•

제1차세계대전 이후 세상은 달라졌다. 옛 존경심은 사라졌고 여성이 투표권을 얻었으며 대중영합주의 정당들이 득세했다. 산업국가의 노동자들은 여전히 지금으로선 상상하기 힘든 물질적 빈곤 수준에서 연명했지만, 변화의 기운이 감돌았으며 기대가 드높았다. 사회주의적 열반에서 소비자 낙원까지 다양한 이상이 분출했다.

소비사회가 짧게나마 처음으로 꽃핀 것은 전후 미국에서였다. 컬럼비아대학교 마케팅학 교수 폴 나이스트럼은 1929년에 출간한 『소비의 경제 원리Economic Principles of Consumption』에서 이 변화를 알렸다. 그에 따르면 소비는 낯선 개념이었다. 1910년 이전에 출간된 책 중에서 '소비consumption'라는 단어가 제목에 들어간 책은 마흔 권이었는데, 그중 서른일곱 권이 결핵에 대한 것이었다('consumption'은 결핵의 과거 영어 명칭이었다―옮긴이). 나이스트럼은 일가족이 소득의 50퍼센트 이상을 식비로 지출하는지 여부를 빈곤의 기준으로 삼았다. 식비는 1796년 영국 가계 예산에서 73퍼센트를 차지했으나 1918~1919년 미국 가계 예산에서는 38.2퍼센트에 불과했다. 이즈음 전시 경제가 어찌나 호황이었던지 미국 조선 노동자들은 돈

좀 쓰게 휴가를 달라고 요구할 정도였다. 소비사회는 '사람들이 돈을 필요한 것보다 많이 가졌지만 원하는 것만큼 많이 가지지는 못한 사회'로 정의할 수 있다. 헨리 포드는 소비사회를 예언한 인물이었다. 그는 자동차를 만드는 사람들에게 급여를 두둑히 지급하면 그 사람들이 차를 살 것임을 알았다. 자동차는 보통 사람의 시대를 열었지만 서열을 강화하기도 했다. 누구나 차를 가질 수 있지만 아무나 캐딜락을 가질 수는 없다. 부는 열망을 낳고 열망은 욕망을 낳았다. 소비의 에스컬레이터는 올라가고 또 올라갔다.

임금뿐 아니라 생산성도 1899년의 1인당 2마력에서 1925년에는 1인당 4.5마력으로 증가했다. 노동일이 짧아져 여가라는 현상이 등장했다. 나이스트럼이 말한다. 기계 생산은 "우리 시대의 가장 두드러진 발전상이다. …… 기계와 기계 생산 과정이 노동 시간뿐 아니라 여가 시간까지 지배하는 것은 지극히 자연스러운 것인지도 모른다". 이제 기계는 일에서나 여가에서나 근육을 대체했다. 나이스트럼은 여기에 도덕적 판단을 덧붙인다. "무기력과 게으름이 남녀 모두에게서 뚜렷이 드러나며, 걷기보다는 차를 타려는 성향, 선수로서보다는 관중으로서 스포츠에 참여하려는 성향, 모든 형태의 책임과 노력을 회피하려는 성향이 커지는 것에서 찾아볼 수 있다."

나이스트럼은 1929년 미국의 200만 가정이 (자신의 정의에 따른) 빈곤 속에서 살고 있다고 추산했으며 그런 가정의 아기가 생후 한 살까지 살아남을 확률은 풍족한 가정의 3분의 1이라고 주장했다.[19] 그가 책을 쓰는 동안에도 상황은 더욱 악화되고 있었다. 1933년 시카고 길거리에서 사람들이 굶주림으로 쓰러졌으며 신설된 방위보건후생서비스사무국에서는 1941년 미국인 4500만 명이 "양호한 건강에 필수적인 식품을 먹을 형편이 되지 못한"다고 추산했다.

영국은 상황이 더 열악했다. 존 보이드 오어는 제1차세계대전 전에 교사 자격을 획득하여 악명 높은 글래스고 빈민가의 한 학교에 배정받았다. 그는 자신의 임무가 절망적임을 한눈에 알아보았다. 차, 빵, 버터로 식사를 대신하고 아침을 거른 채 등교하는 아이들에게는 무엇도 가르칠 수 없는 법이니까. 아이들의 머리와 옷에서는 이가 기어다녔다. 그는 출근 둘째 날 사직하고는 궁핍하기는 하나 덜 비참한 지역에서 12~14세 아동을 가르쳤다. 이 아이들은 열네 살에 육체노동의 삶을 시작할 운명이었기에 정규 교육에 치중하는 것이 무의미해 보였다. 하지만 그는 학교를 조롱하는 말에 충격받아 가장 똑똑한 학생 네 명을 따로 가르쳐 장학금 시험을 치르게 했다. 그랬더니 그 학생들이 여섯 자리 중 네 자리를 차지했다. 그는 인간 잠재력이 허비되는 현실에 신물이 나서 본인이 직접 대학교에 진학하기로 마음먹고 의학을 선택했다. 취업 전망이 가장 좋은 분야였기 때문이다. 동료 학생 하나는 채탄 막장에서 밤 근무를 하면서 의대 학비를 벌었다.

운이 따라서—또는 아직 영양학의 위상이 낮았기에—오어는 애버딘에 영양학 연구소를 설립하지 않겠느냐는 제안을 받았다. 그때 전쟁이 벌어졌고 그는 군의관으로서 무공 훈장 세 개를 받은 뒤 새 직위를 받아들였다. 연구소의 목표는 가축을 개량하는 것이었다. 같은 영양학 원리를 사람에게 적용할 수 있으리라고는 아직 생각하지 못한 듯하다. 그의 기회는 1927년에 찾아왔다. 생산 과잉으로

그림 8 학교 우유 급식(1929).

우유를 하수구에 버릴 지경이 된 것이다. 오어는 남는 우유를 학생들에게 급식하자고 제안했다. 7개월간의 시험 운영에서 효과가 확인되자 영국 학교에서 우유 급식이 정례화되었다. 1970년 마거릿 대처가 (7세 이상 아동에 대해) 폐지할 때까지는.

이제 오어는 인간 영양에 정력을 쏟았으며 1930년대에 영국인의 영양 상태를 조사할 위원회를 설립했다. 조사에 따르면 전 국민의 50퍼센트가 부실한 영양 상태에 놓여 있었다. 최대 10퍼센트는 전체적 기아―모든 영양 성분이 심각하게 결핍된 상태―였으며 40퍼센트는 특정 성분이 결핍되었다. 구루병이 만연했다. 보고서는 정치적 다이너마이트였으며, 격분한 보건부장관은 정부 정책이 빈곤을 근절했음을 납득시키려고 오어를 불러들였다. 그러나 오어는 소신을 굽히지 않았으며 의사 자격을 박탈하겠다는 협박에도 BBC

를 통해 조사 결과를 발표했다. 공저자들은 공세에 못 이겨 자취를 감췄지만 그는 끝내 보고서를 발간했다. 결국 정부는 결과를 수용했을 뿐 아니라—누가 영국 아니랄까봐—그에게 기사 작위를 수여했다! 영양은 제2차세계대전 식량 부족 기간 동안 국가적 급선무가 되었으며 그의 정책은 전시에 태어난 아기들의 미래 건강에 큰 영향을 미쳤다. 내가 그 아기들 중 하나였다. 오어는 국제연합식량농업기구 초대 사무총장이 되었으며 노벨 평화상을 수상했다.[20]

• 소비자 표현형 •

1931년 서구는 윌리엄 크룩스 경이 예언했던 밀 부족 사태를 맞지 않았다. 하지만 많은 사람들이 굶주림 또는 더 심한 일을 겪었다. 전간기戰間期에 극심한 기근이 동유럽을 휩쓸었고 끔찍했던 1921년 볼가 기근 때는 식인 행위까지 일어났으니 말이다. 로이나에 있는 독일의 거대 화학 공장은 제1차세계대전 후 군수 공장에서 비료 공장으로 전환했으며 바스프는 1922년 암모니아를 (질소를 더 편리하게 이용할 수 있는 형태인) 요소로 전환하는 산업적 공정을 개발했다. 기술 개량을 논외로 하면 오늘날의 질소 고정 및 비료 생산 방법은 100년 전과 달라진 것이 없다. 독일의 하버·보슈법 독점은 베르사유조약으로 끝났지만 다른 나라들은 이 선물을 활용할 기반 시설과 기술이 없었다. 이 방법의 온전한 잠재력이 동원되려면 또 한번 전쟁이 일어나야 했다.

제2차세계대전은 미국을 불황에서 건졌으며 미국 경제는 제1차

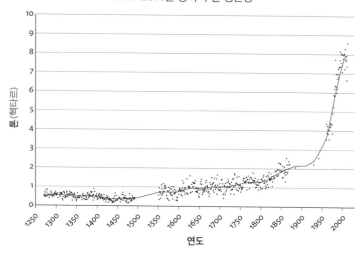

1270~2014년 영국의 밀 생산량

그림 9 영국의 사례에서 보듯 하버·보슈법 덕에 전후戰後 전 세계 밀 수확량이 급증했다. 자료 출처: https://ourworldindata.org/yields-and-land-use-in-agriculture.

세계대전 때의 독일처럼 조직화되고 간소화되고 통제되었다. 산업과 농업 둘 다 혜택을 입었으며, 밀 생산에 미친 극적인 영향은 금세 전 세계에서 나타났다(그림 9).

전 세계 질소계 비료 이용량은 1900년부터 2000년까지 125배 증가했다. 2000년에 이르면 해마다 농지 1헥타르당 50킬로그램을 투입했는데, 이는 인구 1인당 14킬로그램 꼴이었다. 질소 고정은 전체 화석 연료 소비의 1.3퍼센트를 차지하며, 우리 몸속 질소의 40퍼센트는 하버·보슈법 덕분에 그 자리에 있는 것이다. 하버·보슈법이 없었다면 세상은 60억 명이 넘는 인구는 먹여살릴 수 없었다. 다수확 품종을 재배하고 농약과 비료를 듬뿍 뿌리면서 전 세계 곡물 수확량은 1961년의 7억 4100만 톤에서 1985년에는 16억

2000만 톤으로 증가했다.[21] 질소 고정은 윌리엄 크룩스 경의 예측을 뛰어넘었지만 환경 파괴라는 막대한 대가를 치러야 했다. 신품종 작물조차 질소를 효율적으로 이용하지 못하기 때문에, 질소를 더 효율적으로 이용하게 하는 유전자를 삽입하면 환경 오염을 줄일 수 있을지도 모른다.[22]

서구 세계는 1950년부터 1980년까지 30년의 황금기를 만끽했으며 세계 경제는 20세기 후반기에 여섯 배 팽창했다. 이 시기 경제 성장률은 연평균 3.6퍼센트였는데, 1820년부터 1950년까지는 1.6퍼센트, 그전에는 0.3퍼센트였다.[23] 부가 전 세계에 퍼져나갔으며 저렴한 에너지, 부의 증가, 의료 지식, 값싼 식량이 어우러져 세계 인구가 1945년의 23억 명에서 2015년에는 72억 명으로 급증했다. 이 모든 일이 나 한 사람의 생애에서 일어났다. 소비자 표현형의 토대는 풍족한 식량이었다.

• 소비자 표현형이 동쪽으로 향하다 •

서구 역사가들은 전통적으로 아시아의 과거를 인구 과잉, 침체, 무지, 무관심, 기근의 끝없는 맬서스적 순환으로 묘사했다. 하지만 최근의 분석은 이 견해를 논박한다. 18세기 중국과 유럽은 기대 수명, 인구 증가, 영양 면에서 놀랍도록 비슷했으며 오히려 중국이 시장 주도적 농업 경제에 더 가까웠을 가능성도 있다. '대분기'는 유럽이 풍부한 화석 연료를 이용하여 자본 집약적 노선을 따른 반면에 중국은 노동 집약적 노선을 따르면서 벌어졌다. 중국은 1959~

1960년 지독한 기근을 겪었다. 마오쩌둥의 교조적 무지와 소비에 트식 집단 농경 방식 때문에 3000만 명이 사망한 것으로 추산된다. 나이스트럼의 기준(가계 소득의 50퍼센트 이상을 식비에 지출)에 따르면 대부분의 중국인은 빈곤 상태에 머물러 있었다. 1978년까지 25년간 식량이 강제로 배급되었으며 시골 가정은 소득의 67.7퍼센트를, 도시 가정은 59.2퍼센트를 식비에 지출했다.[24]

1960년대와 1970년대에는 세계 식량 위기가 임박한 듯 보였으며 1974년 로마 세계식량회의에서는 1972년의 기상 악화로 인해 제2차세계대전 이후 처음으로 세계 식량 생산량이 감소했다고 발표했다. 많은 나라들은 미국을 비롯한 식량 수출국의 비축분에 의존했는데, 이 비축분마저 고갈되어 전 세계가 1973년과 1974년의 수확분에 의존했다. 이듬해 나온 보고서는 이렇게 언급했다. "3년 연속으로 1975년에도 식량 공급의 단일 연도 생산 의존도가 위험할 정도로 컸다." 세계식량회의는 "세계 영양 결핍 인구의 대다수" 가 동남아시아, 특히 중국에 몰려 있다고도 지적했다.[25]

중국 인구는 1961년의 6억 6000만 명에서 닉슨 대통령이 방중한 1972년에는 8억 7000만 명으로 증가하여 생태 재앙을 목전에 둔 듯했다. 하지만 닉슨의 방문 덕에 중국은 세계 최대이자 최고의 암모니아·요소 생산 시설 열세 곳에 직접 투자할 수 있었으며 그뒤에 투자를 더욱 늘렸다. 1979년 중국은 질소 비료의 최대 소비국이자 수출국이었고, 인구 면에서는 한 자녀 정책이 효과를 발휘했으며, 경제 상황은 호전을 앞두고 있었다. 이번에도 하버·보슈법이 구원 투수 역할을 톡톡히 해냈다.

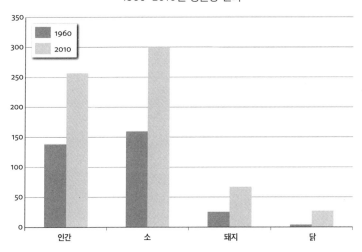

그림 10 1960년과 2010년 인간과 육류 공급원 3종의 생물량 추정치를 100만 미터톤 단위로 나타낸 것. 인간 생물량 1톤은 2005년 미국인 12명, 또는 아시아인 17명에 해당했으며 초과 체중으로 전환된 에너지는 성인 4억 7300만 명을 먹일 수 있는 분량이었다.[26]

　식량이 풍족하면 뭉뚱그려 영양 전환이라고 불리는 특징적 식습관 변화가 일어난다. 영양 전환의 특징으로는 가처분소득에서 식비 비중이 줄고 육류 같은 과거 사치재에 대한 지출 비중이 느는 것을 들 수 있다(그림 10).

　영양 전환은 소규모 현지 조달 농업에서 값싼 연료와 비료·농약을 집약적으로 이용하는 대규모 상업적 농업으로의 전환과 관계있다. 중국은 남동부의 전통적 미작 지대에서 북부의 목초지로의 전환을 겪었으며 이제 목초지에서는 가축을 대규모로 사육한다. 중국은 세계 최대의 양 생산국이 되었으며(오스트레일리아의 20배) 소고기 생산은 세계 2위, 우유 생산은 세계 4위다. 밀 생산이 극적으로 증가하여 1000년 만에 처음으로 밀 열량의 남하 흐름이 쌀 열량의 북상 흐름을 앞질렀다. 이로 인한 숨겨진 비용으로는 과도한 방목으로 인한 목초지의 훼손, 지하수 고갈, 가축 배설물에 의한 지표수와 강물의 오염 등이 있다.

어마어마하게 증가한 중국의 식량 생산량은 자국민에게 돌아가지만 환경적 부산물 중 일부는 외부로 전가되고 있다. 브라질은 중국의 가축을 먹일 콩을 재배하느라 아마존 우림을 개간했다. 언제나 그랬듯 중국의 부는 고루 분배되어 있지 않기에 2002년 세계식량기구 보고서에 따르면 1억 2000만 명이 여전히 영양 결핍 상태다. 중국은 고기를 덜 먹으면 자국의 자원으로도 얼마든지 잘 살 수 있지만, 현재는 그러지 못하여 환경의 역습을 자초하고 있다.

미래를 전망하자면, 지금의 맬서스 휴일은 오래가지 못할 것이다. 우리는 고정된 질소를 생산할 수 있지만 그것을 처리하는 문제는 아직 풀지 못했다. 인은 유한한 자원이며 채굴해야 한다. 일각의 예측에 따르면 2030년대에 '인 정점'이 찾아올 것이다. 인구와 자원의 경주는 결코 끝나지 않았다. 국제연합에서는 사하라 이남 아프리카의 인구가 2015년의 10억 명에서 2050년에는 21억 명으로 증가할 것으로 추산한다. 이 인구를 먹여살릴 방법이 있는지 심히 의심스럽다.[27] 또다른 걱정거리는 비료로 대체할 수 없는 토양의 미량 영양소가 집약 농법 때문에 고갈된다는 것이다.[28]

요약하자면 토끼섬 주민들은 지금껏 맬서스의 예측을 뛰어넘었다. 샤를마뉴의 코끼리는 하룬 알 라시드가 있던 다마스쿠스의 기준으로는 외딸고 뒤처진 세상에 들어섰지만, 그곳에서 우리는 자연선택으로부터 달아나기 시작했다. 20세기 들머리에 경작 면적이 한계에 이르렀을 때 인류는 인구 과잉과 기근의 위협을 맞닥뜨렸으나 식량 생산의 혁명이 해결사로 나섰다. 점점 많은 사람들이 맬서스 휴일을 만끽할 수 있게 되었으며 소비자 표현형이 전 세계에 퍼져나갔다.

2부

가소성

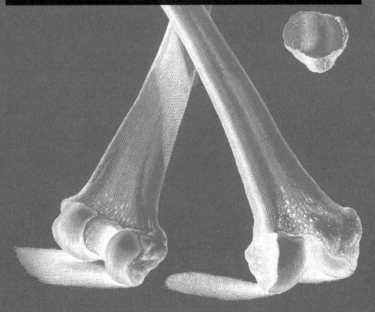

05

인간 가소성의 발견

식량 생산, 산업, 과학은 손에 손을 잡고 인간 존재의 차원을 변화시켰다. 이 책의 나머지 부분에서는 이 변화를 들여다볼 것이다. 하지만 우선 이전 세대들이 이 질문을 던진 방식을 살펴볼 것이다. 그들의 대답이 아직도 우리의 사고에 서려 있기 때문이다. 무엇보다, 우리의 미래에 대한 깊은 비관주의가 20세기 들머리의 생물학적 사고에 스며 있었던 게 의아하다. 그때 인류는 호모 사피엔스가 아프리카를 떠난 이후 가장 위대하고 전면적인 변화를 앞두고 있었는데도 말이다.

• 퇴화 •

퇴화 개념은 서구 문화에 깊이 새겨져 있다. 고전 시대 저술가들은 인류가 황금시대 이후로 쇠락했다고 믿었으며 르네상스기 이후 사상가들은 그리스와 로마의 고등 문명이 잊히다시피 한 것에 경악했다. 학질에 시달리던 남유럽 농민들은 자신의 발아래 묻힌 역사에 대해 아무것도 알지 못했으며 고대의 위풍당당한 조각상들과 닮은 점이 거의 없었다. 18세기 유럽은 재발견한 유럽의 과거를 시샘의 눈으로 바라보았으며 에드워드 기번은 문명이 이미 서기 1세기와 2세기에 정점에 도달했다고 진지하게 믿었다.

종교 교리에도 같은 가르침이 담겨 있었다. 경전들은 인류가 창조되었다고 선언했고, 신학자들은 그러한 사건이 200세대 전쯤에 일어났다고 추정했다. 18세기 생물학자들은 한 쌍의 부부에게서 나온 후손들이 어떻게 이토록 다양해졌는지 설명해야 했다.

요한 프리드리히 블루멘바흐(1752~1840)는 괴팅겐대학교 학생 시절 어찌나 두각을 나타냈던지 스물여섯의 나이에 교수가 되었다. 그는 62년간 괴팅겐대학교에 몸담았으며, 활기차고 점잖고 싹싹하고 선생으로서 사랑받고 책과 강연의 명료함과 재치로 명성을 누렸다. 아버지들은 아들과 손자를 그의 문하에 보냈다. 1795년에 결정판으로 출간된 『인류의 자연적 변이에 대하여De generis humani varietate nativa』는 그의 최고 걸작으로 손꼽힌다.[1] 그는 교회에서 창조론을 배웠지만 괴팅겐대학교의 포석鋪石은 더는 존재하지 않는 생명체가 존재했음을 증언했다(포석에 멸종한 동물의 화석이 들어 있었다—옮긴이). 따라서 생명은 적어도 한 번은 파멸 주기에서 회복한 것이 틀림없었으며, 블루멘바흐는 어떤 생성의 힘이, 과거에 작용했고 지금도 작용하는 힘이 자연에 분명히 존재한다고 결론 내렸다.

그의 출발점은 모든 동물이 완벽하게 창조되었으며—완벽한 조물주가 그러지 않았을 리 만무하니까—이 상태에서 조금이라도 벗어나는 것은 내리막일 수밖에 없다는 논리였다. 물론 내리막이긴 해도 마구잡이는 아니었다. 그가 '퇴화degeneration'라고 부른 변화는 피조물을 주위 환경에 들어맞도록 하는 것으로, 우리가 말하는 변이와 꽤 비슷했다. 가축은 그가 보기에 가장 '퇴화한' 피조물이었는데, 단지 가장 다양한 외부 조건을 맞닥뜨렸다는 이유에서였다. 그는 오소리개가 "의도적 설계 목적에 부합하도록 애초에 구상된 구조"와 놀랍도록 비슷하다고 지적했다. (우리에게 닥스훈트라는 이름으로 친숙한) '오소리개'는 오소리를 쫓아 굴 속으로 들어가도록 교배되었다. 인간은 가축과 같은 정도의 환경 변이에 노출되었으므로 우리도 가축만큼 퇴화했다. 그는 재미있는 주장을 내놓는데, 우리가 가정용 애완동물의 후손이고 우리의 주인이던 종種은 오래전에 사라졌다는 것이다!

블루멘바흐는 인류를 다섯 인종 집단으로 구분했으나 겹치는 부분이 많아 묘사에 애를 먹었다. "인류의 한 변이가 다른 변이에 아주 뚜렷하게 들어 있어 둘의 경계를 지을 수 없다." 인종이 차이를 나타내는 이유는 기후, 식단, 행동 때문이지만, 그는 이것을 우열에 대한 암시로 받아들여서는 안 된다고 강조했다. 그의 생각은 이 점에서 사뭇 현대적이었다.

종교 교리는 최초의 인간이 창조되었다고 가르친다. 그런데 어디서 창조되었을까? 블루멘바흐는 에덴동산을 찾으러 나섰다. 그의 탐색은 아담과 이브가 완벽하게 창조되었으며 인류는 그 완벽한 상태에서 퇴화했다는 가정을 토대로 삼았다. '퇴화'는 기후, 식단, 행동 때문에 일어났으므로 출발점에서 가장 멀리 이동한 인종이 가장 큰 변이를 나타낼 터였다. 반대로 가장 가까이 머문 인종은 인류의 원래 형태를 가장 닮았을 것이었다. 이 유사성을 어떻게 알아볼 수 있을까? 블루멘바흐의 논리에 따르면 완벽함은 아름다움을 의미했으며 아름다움은 두개골에서 찾아야 했다. 두개골은 우리의 고등한 능력이 담겨 있는 곳이기 때문이다. 남은 일은 가장 아름다운 두개골을 찾는 것뿐이었다.

에덴동산을 찾아 나선 것은 블루멘바흐가 처음이 아니었다. 많은 동시대인들이 같은 목표를 추구했다. 가장 인기 있는 장소는 아시아였다. 뷔퐁은 에덴을 카스피해 동해안으로 상정했으며 이마누엘 칸트는 티베트를 제안했다. 페르시아, 카슈미르, 북인도를 선택한 사람들도 있었다. 그래서 블루멘바흐도 동쪽으로 눈을 돌렸는데, 그의 잣대는 아름다움이었다. 나머지는 식은 죽 먹기였다. 흑해와 카스피해 사이에 있는 캅카스의 사람들은 유사 이래 아름답기로 유명했으며, 블루멘바흐의 방대한 수집품을 구경한 사람은 누구나 그의 가장 아름다운 두개골을 거론했던바 그것은 조지아 출신 여성의 것이었다.

블루멘바흐는 유럽인의 두개골이 이 원조와 가장 비슷하다고 여겼다. 20세기 초 이민 서류의 항목에 '코카서스'('캅카스'의 영어 이름—옮긴이)가 있는 것은 이 때문이다. 블루멘바흐가 말한다. "내가 이 변종에 캅카스산맥의 이름을 붙인 것은 가장 아름다운 인종인 조지아 인종이 그곳에서 발견되기 때문이다. 만일 인류의 발상

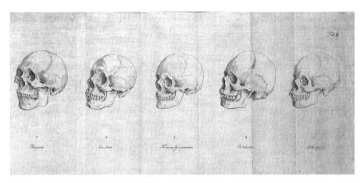

그림 11 블루멘바흐가 수집한 두개골(가운데가 그의 두개골 중에서 '가장 완벽한' 조지아 두개골이다). 이 두개골들은 으레 몽골인, 토착 아메리카인, 유럽인, 말레이인. 아프리카 흑인의 다섯 가지 주요 인종 집단을 대표한다고 알려졌으나 실은 시베리아, 카리브해, 조지아, 타히티섬, 서아프리카에서 입수한 것이었다.

지를 지목하는 것이 가능하다면, 모든 생리적 근거가 그 장소를 가리킬 것이다."[2] 이것은 정말 어리석은 생각이며 주술적 사고에 깊이 물들어 있었지만 (본의 아니게) 훗날 비극이 상연될 무대를 깔았다.

블루멘바흐의 후계자들은 그의 발상을 좇아 신화의 영역으로 더욱 파고들었다. 미국의 인류학자 W. Z. 리플리는 1899년에 이렇게 썼다. "대부분의 사람들은 이상적 인종이 히말라야 고지대에서 갈라져나와 야만적 서구로 퍼지면서 문화를 좌우로 전파했다고 학교에서 배웠다."[3] 당시 사람들은 아리아인이 열등한 혈통과 섞인 것을 참담하게 여겼다. 하지만 여전히 외모로─무엇보다 두개골로─구별할 수 있었기에 아리아인을 재구성할 여지는 남아 있었다. 훗날 나치가 시도한 것처럼 말이다. 에덴동산을 찾겠다는 블루멘바흐의 순진한 시도는 비극으로 끝났다. 경제학자 존 메이너스

케인스가 말한다. "자신은 그 어떤 지적인 영향으로부터도 완전히 벗어나 있다고 믿는 실무가들도 대개는 어떤 이미 죽은 경제학자의 노예다. 하늘의 목소리가 들린다고 하는 권좌의 광인들은 몇 년 전에 졸렬한 글을 써댄 어떤 학자로부터 자신의 광기를 뽑아내고 있는 것이다."4 히틀러의 광기는 여러 세대의 인종주의 저자들에게서 뽑아낸 것이었다.

• 역행진화 •

장 바티스트 라마르크(1744~1829)는 프랑스혁명이 벌어지는 와중에 파리자연사박물관 하등동물 교수가 되었다. 그는 연체동물 화석이 들어 있는 서랍을 하나하나 살펴보다 어떤 것들은 계통상으로 현재까지 이어지는 반면에 어떤 것들은 멸종했음을 발견했다. 멸종은 질서 정연한 우주라는 18세기 관념에 정면으로 도전했다. 무오류의 조물주가 만든 설계에 결함이 있다는 뜻이니 말이다. 라마르크는 사라진 피조물이 사멸한 게 아니라 더 고등한 형태로 **상승**했다고 주장했다. 이것은 거꾸로도 일어날 수 있었다. "환경이 일정하게 유지되고 그에 따라 제대로 먹지 못하거나 고통을 겪거나 질병에 걸린 개체의 조건이 영속화되면, 이들은 내부 조직이 궁극적으로 변형되며 이렇게 얻은 변형은 해당 개체의 번식 과정에서 보존되어 마침내 개체의 발달에 꾸준히 유리하던 것과는 사뭇 다른 종류를 낳는다."5

퇴화─역행진화─는 다윈이 정반대 방향으로 진행하는 진화를 주장하기 훨씬 전부터 빅토리아시대의 상상력에 깊숙이 새겨져 있었다. 동물 육종가들은 고등하게 교배시킨 동물이 원시적 형태로 돌아가는 '퇴행'에 익숙했다. 사람이 퇴행한 사례라면 대중소설에서 얼마든지 찾아볼 수 있었다. 소설 속 악당은 으레 체모, 두툼한 가슴, 기다란 팔, 불거진 안와상융기 아래 움푹 들어간 눈, 무시무시한 근력, 충동적이고 어수룩한 성격 등의 특징을 가졌다. 인류학자 체사레 롬브로소는 범죄자를 퇴행의 사례로 분류하여, 조련할 수는 있지만 교화할 수는 없다고 생각했다. 또한 그가 보기에 성性 노동자는 도덕을 알지 못하는 단계로 퇴행한 경우였다. 빅토리아시대는 출생률 하락, 도시 빈민의 발육 부진, 시골에서 갓 이주했을 때는 건강하던 사람들이 병약해지는 현상 등에서도 퇴화의 증거를 보았다. 동물학자이자 런던자연사박물관 관장을 지낸 레이 랭커스터는 이렇게 말했다고 전해진다.

먹이와 안전을 매우 쉽게 확보할 수 있던 동물은 새로운 조건에 처하면 대체로 퇴화한다. 이것은 건강한 사람이 횡재했을 때 쇠약해지는 것이나 로마가 고대 세계의 부를 손에 넣었을 때 퇴보한 것과 같다. 기생충의 습성은 이런 식으로 동물 조직에 작용하는 것이 분명하다. 기생충은 안전을 확보하면 다리, 턱, 눈, 귀를 버린다. 적극적이고 다재다능하던 게, 곤충, 환형동물이 영양물질을 흡수하고 알을 낳는 한낱 주머니가 되기도 한다.

자연사학자 앨프리드 러셀 월리스는 도덕적 측면을 염두에 두고서 위 문장을 인용한 뒤 이렇게 말했다. 퇴화의 가능성은 "노동과 수고, 투쟁과 고난, 불편과 고통이 모든 진보의 조건으로서 절대적으로 필요함을 우리에게 일깨운다". 그러지 않으면 랭커스터 말마따나 "무지와 미신을 동반하는 물질적 향락의 안온한 삶으로 퇴화할" 테니까.[6]

다윈의 자연선택 이론은 생물학적 변이에 바탕을 두었지만, 그는 (유전자 이론이 없는 상황이었기에) 애초에 변이가 어떻게 일어나는지 설명하느라 애를 먹었다. 그의 설명 중 어떤 것들은 명백히 라마르크적이었다. 다윈은 인간에게 꼬리가 없는 이유는 우리 조상들이 바닥에 앉느라 닳아버렸기 때문이라거나 노동자 계층이 낳은 아기의 손이 전문직 계층이 낳은 아기보다 손이 크다는 등 터무니없는 주장을 하기도 했다.[7] 다른 사람들은 변이의 요인으로 기후에 주목했다. 당시에는 피부색과 더불어 기후가 인구집단의 성격에 영향을 미치는 것으로 여겨졌기 때문이다. 비서구 유럽인이 강인하고 호전적인 이유는 쌀쌀한 기상 조건 때문이고 지중해 사람들은 온난하고 수월한 삶의 조건 때문에 관능적이고 태평스러워졌다는 것이다. 이런 성격의 진짜 토대는 말라리아였다. 미국 남부 사람들의 게으름이 십이지장충과 비타민 결핍 때문이었던 것처럼 말이다. 이런 종류의 설명이 불가능했던 초기 인류학자들은 기후의 영향을 과대평가했다. 심지어 일부는 미국에 이주한 백인이 결국 아메리카 원주민을 닮을 것이라고 믿기까지 했다.[8]

•국가적 쇠락•

20세기 들머리에 우리는 기대 수명이 40년 늘고 과거 어느 때보다 키가 크고 건강해질 채비를 갖췄다. 호모 사피엔스가 성장하고 발달할 전망이 이보다 밝은 적은 한 번도 없었다. 그런데 당대의 유수한 생물학자들은 미래에 대해 무척이나 비관적이었다. 진화적 사고를 연마하긴 했지만 그들은 자연선택이 현대사회에 더는 작용하지 않는 것과 (그들의 관점에서) 사회에서 가장 부적합한 구성원들이 나머지보다 더 빨리 번식하는 것에 낙담했다. 그들은 문명화된 행위가 진화를 거꾸로 돌렸으며 인류가 나락을 향하고 있다고 생각했다.

1903년 1월 육군 소장 프레더릭 모리스 경(1841~1912)은 『컨템퍼러리 리뷰』에 논문을 투고했다. 논문은 의학 학술지 『랜싯』으로부터 충격적이라는 평가를 받았다. 제목은 '국가적 건강: 한 군인의 연구The National Health: A Soldier's Study'였으며 대영제국이 최근 벌인 '야만적인 평화의 전쟁'(본디 앨리스터 혼의 저서 제목으로 알제리전쟁을 일컬었다—옮긴이)인 보어전쟁에 참전한 병사들의 열악한 신체 조건을 묘사했다. 이를테면 맨체스터에서는 참전 의지가 처음으로 불타오르던 시기에 1만 1000명이 자원했는데, 이중에서 1000명만이 현역 복무 적합 판정을 받았다. 맨체스터는 극단적인 사례였지만, 프레더릭 경의 추산에 따르면 입영 희망자 중에서 대영제국을 위해 싸울 신체 능력을 갖춘 사람은 40퍼센트에 불과했다.[9]

프레더릭 경의 주장을 검증하기 위해 즉각 추밀원 산하에 위원회가 설립되었다. 위원회는 증인 68명을 조사하여 영국 국민의 체격

그림 12 제1차세계대전에 자원 입대한 사람들 중 상당수는 키가 160센티미터 미만이었다. 그래서 147센티미터 이상인 병사들로 이루어진 특수 부대인 '밴텀' 부대가 창설되었다.

이 퇴행하고 있지 않다고 선언했으며 "군인이라는 직업이 예전에 입대한 계층들에게 관심을 끌지 못하고 있"다고 결론 내렸다.[10] 여기서 과거 모종의 황금기에 상위 계층이 군 복무에 자원했다는 암시는 물론 헛소리였다. 넬슨의 해군은 군대를 채우기 위해 길거리에서 사람들을 낚아채야 했으며 웰링턴은 자신의 병사들을 인간쓰레기로 묘사했다. 하지만 전직 모병 총감의 말에 따르면 모병 대상 집단이 "거의 전반적으로 저질이었"던 것은 사실이었다. 그들은 사회의 가장 불우한 계층 출신이었기 때문이다.

돌이켜보면 제국의 영광을 활짝 꽃피운 시절의 영국은 지금 기준에서는 '제3세계'로 분류될 것이다. 1900년 인구의 63퍼센트가 60

세 이전에 죽었으며 출생시 기대 수명은 남성 45세, 여성 49세였다. 런던을 방문한 사람들은 끔찍한 빈곤과 안락한 풍요가 공존하는 것에 경악했다. 오늘날 인도를 방문하는 사람들이 경악하듯 말이다. 윌리엄 새커리는 런던 빈곤층에 대한 헨리 메이휴의 초기 연구를 아래와 같이 논평했다.

이 경이와 경악은 우리가 문을 가지게 된 이후로 당신과 나의 문밖에 놓여 있었다. 100미터만 나가면 우리 눈으로 볼 수 있었지만 우리는 결코 그러지 않았다. …… 우리는 상류층이기에 지금껏 한 번도 빈곤층과 교류하지 않았다. 20년간 우리를 시중드는 하인에게 단 한 마디도 건네지 않는다.[11]

토머스 바나도 박사(1845~1905)는 런던에서 가장 궁핍한 지역인 화이트채플의 런던병원에서 의학을 공부했고 극빈자학교Ragged School를 설립하면서 주변의 빈곤에 눈뜨게 되었다. 그가 런던의 사교 모임에서 저녁을 먹고 있을 때 누군가 극빈층 아이들이 런던 길거리에서 한뎃잠을 잔다는 주장에 코웃음을 쳤다. 알코올에 대담해진 회원들은 빈민가로 나섰다. 잠든 부랑아의 맨발이 길거리 수레 아래로 튀어나와 문득 시야에 들어왔다. 이를 계기로 바나도는 집 없는 아동을 위한 쉼터를 세우기 시작했다. '당근'이라는 이름으로만 알려진 열한 살 소년은 쉼터 정원이 차서 퇴짜를 맞았다가 이틀 뒤 길거리에서 주검으로 발견되었다. 그뒤에는 누구도 퇴짜 맞지 않았다.[12] 바나도는 30세가 되기 전 학교, 여러 곳의 아동 쉼터, 아동에게 기술을 가르치는 시설, 그리고 (말할 필요도 없이) 선교 교회를 설립했다. 이후 그 밖의 많은 중산층 남녀가 도시 빈곤을 목도했으며 이 부유한 나라들의 빈민가에 (종교적 또는 세속적) 도시 선교원이 들어섰다.

모병관 앞에 늘어선 발육 부진 청년들은 이런 시설 출신으로, 총알받이로도 삼지 못할 만큼 애처로운 몰골이었다. 프레더릭 경을 전형적인 군사주의자로 치부하기란 쉬운 일이지만, 그는 신체적 퇴화에 대한 위원회의 판단이 기만적이라고 보았다. 그것은 "구성원과 대중의 마음에 설문의 주목적이 국민이 과거에 비해 신체적으로 퇴화하고 있는지 조사하는 것이라는 인상을 남겼다". 이에 반해 그의 취지는 인구집단의 적잖은 계층이 "신체적으로 비능률적이며 이 비능률은 대부분 교정 가능한 원인에서 비롯했음을 보여주"는 것이었다.

19세기 유럽의 유산 계층은 1789년과 1870년 파리 길거리에 들끓던 지저분한 군중에 대한 공포에 시달렸다. 하지만 억압은 위험한 방책이었으며, 1880년대 비스마르크가 국가사회주의를 도입하면서 시의적절한 양보가 이루어졌다. 비스마르크의 조치는 사회주의 세력의 더 솔깃한 제안들을 미연에 차단하기 위한 일련의 보험 기반 사회복지 개혁으로 시작되었다. 영국의 경우 1906년 집권한 자유당의 사회 개혁이 그와 비슷한 신중한 우려에 더 진보적인 열망을 접목했다. 시간이 지나면서 이 조치들이 효과를 발휘하기 시작했다. 프레더릭 모리스 경은 버밍엄대학교 위생학 교수의 말을 인용했다. "지금껏 단행된 모든 조치는 해마다 유아들이 끔찍하게 목숨을 잃는 무고한 생명의 사실상 학살을 줄이는 데 거의 한 일이 없다." 개혁가들은 자신들의 조치로 인해 어떤 잠재력이 실현될 것인지 거의 상상하지 못했다.

• 두개골의 불변성에 대한 신화 •

20세기 초 인간 생물학에 대한 서구적 사고에는 지구적 권력의 현실이 배어 있었다. 서구인들은 지구를 구석구석 지배했으며 여성이 남성과 동등하지 않고 인종 사이에 넘을 수 없는 유전적 격차가 있다고 철석같이 믿었다. 이 편견은 1919년 베르사유조약에서 서구 국가들이 일본이 제안한 인종 평등 조항을 거부하면서 확연히 드러났다.[13] 당시의 인종주의적 사고는 두개골 분류를 토대로 삼았으며 두개골 형태의 불변성과 유전성이 당연시되었다. 1899년 리플리는 이렇게 말했다. "머리의 전반적 비율은 기후나 식량 공급이나 경제적 지위나 생활 습관에 영향을 받지 않는 듯하다. 그러므로 두개골은 인간 종 내의 영구적인 유전적 차이에 대한 우리가 가진 가장 명백한 지표이다."[14]

인류학자 윌리엄 하우얼스는 인간 뼈대에서 머리를 제거하는 것은 형질인류학(생물로서의 인간을 생물학의 입장에서 연구하는 학문으로, 인류의 진화, 변이, 적응 따위가 중심 과제가 된다—옮긴이)을 참수하는 격이라고 말했다. 인종 차이에 대한 어떤 이론도 견갑골을 토대로 삼을 수는 없다는 뜻이었다. 두개골이 불변한다는 신화를 논파한 사람은 인류학자 프란츠 보아스(1858~1942)다. 보아스는 미국 인류학의 아버지로, 고고학, 언어학, 형질인류학, 문화인류학 이렇게 네 하위 분야를 개척했다. 세속 유대인 부모에게서 태어난 보아스는 사근사근한 인물이었으나 상대를 꿰뚫어보는 시선의 소유자였다. 그가 하이델베르크에서 공부하던 당시 모든 유대인은 모든 측면에서 독일 문화에 동화하는 모습을 보였으며 보아스 또한 결투를 벌이며 튜턴인(인도·유럽인 가운데에 게르만 민족의 하나로, 엘베강 북쪽에 살던 민족으로 지금은 독일인, 네덜란드인, 스칸디나비아인 등 북유럽 사람을 이른다―옮긴이) 자격을 드높였다. 하지만 이것으로도 충분하지 않아 결국 그는 인종주의 이념의 확고한 적수가 되었다.

유럽 이민자 자녀에 대한 그의 기념비적 연구는 인종주의에 큰 타격을 가했다. 20세기 들머리에 남유럽과 동유럽에서 미국으로 이민자가 대규모로 밀려들었는데, 많은 이들은 그들을 열등한 혈통으로 치부했다. 보아스는 이른바 '인종적' 특성에 성장 환경이 반영되는 게 아닌지 의문을 품었으며 미국 입국 절차를 거친 이민자의 자녀와 1세대 이민자의 미국 태생 자녀를 비교하기 위해 연구비를 신청했다. 연구는 1908년 시작되었으며 연구진은 (당시 기준으로는 거대한 표본이던) 12만 명을 조사하여 1912년 결과를 발표했다. 두개골 형태는 머리 길이 대 폭 비율로 측정했는데, 두장폭지수로 불리는 이 치수는 인종의 확실한 표지로 간주되었다. 하지만 보아스의 연구 결과는 이 두개골 학설이 착각임을 밝혀냈다. 이를테면 미국에서 태어난 시칠리아인 자녀의 두개골은 시칠리아에서 태어난 시칠리아인 자녀보다 눈에 띄게 넓적했다. 반대로, 유럽 유대인은

그림 13 1907년 엘리스 섬에서 수속을 밟는 미국 이민자들.

머리가 넓적했지만 미국에 이주하여 낳은 자녀는 머리가 길었다. 별개의 두 유럽 '인종'으로 간주되던 시칠리아인과 유럽 유대인이 공통의 미국인 유형을 향해 수렴하는 징후를 나타낸 것이다. 미국에서 태어난 이민자 자녀들은 유럽에서 태어난 이민자 자녀들보다 키가 컸으며 전반적으로 두개골이 길고 얼굴이 좁았다. 머리카락과 눈동자 색깔 같은 민족 지표는 달라지지 않았을지 몰라도 체형은 미국인처럼 바뀌고 있었다. 보아스는 이민 당국에 "이민자의 적응력은 우리가 마땅히 가정할 수 있는 것보다 훨씬 큰 듯하다"라고 보고했다.[15]

동시대인들은 이에 시큰둥했으며, 변호사 출신 아마추어 인류학자 매디슨 그랜트의 『위대한 인종의 쇠망The Passing of the Great Race』이 훨씬 큰 영향을 미쳤다. 1916년에 출간된 이 책은 노르드 인종이 히말라야산맥을 떠난 뒤에 밟은 경로를 보여주는 컬러판 지도까지 수록했으며 보아스에 대해서는 전혀 언급하지 않았다. 지도는 '주인 인종'이 마치 염료가 크로마토그래프(혼합물 중 각 성분이 이동상移動狀과 정지상停止狀에 분배되는 정도의 차이로 각각 분리되는 분리 분석법인 크로마토그래피에 쓰이는 장치—옮긴이)를 통과하듯 아무 흔적도 남기지 않은 채 중동과 유럽 중부를 통과했으며 심각한 오염 없이 북해 경계선에 도달했다고 암시했다. 그의 주장에 따르면 유럽 주민 4억 2000만 명 중에서 애석하게도 9000만 명만이 노르드 혈통이었으며 그 후손들은 북아메리카의 인종 용광로에서 흔적도 없이 사라질 운명처럼 보였다. 아돌프 히틀러는 이 책을 자신의 경전으로 꼽았으며 뉘른베르크 재판의 피고인들은 나치식 사고가 독일에 국한된 것이 아님을 보여주기 위해 이 책을 들먹였다. 보아스가 책을 신랄하게 비판하자 그랜트는 그를 컬럼비아대학교에서 내쫓을 방법을 물색했다.

이후 미국 이민자를 대상으로 한 많은 연구들이 보아스에게서 실마리를 얻었으며 비슷한 결과를 도출했다. 미국에서 태어난 아동은 혈통과 무관하게 다리뼈가 더 길고 엉덩이가 더 갸름하고 어깨가 더 넓은 경향이 있었다. 하버드대학교에 입학한 아버지와 아들을 비교했을 때에도 같은 특징이 나타났기에—이들은 거의 모두 오래전에 자리잡은 미국인 가문 출신이었다—미국 태생 이민자들의 변화는 전체 인구집단의 변화를 그대로 반영하는 듯했다. 그럼에도 신체적 가소성이라는 개념은 1980년대까지도 "꽤 용납할 만한" 것으로 간주되지 않았다.[16] 1980년대가 되어서야 표현형 변화의 뿌리가 태아와 아동의 초기 발달에 있음이 매우 분명해졌으며 이것이 이후 '발달 가소성'이라는 더 큰 개념으로 발전했다.[17] 이에 대해서는 이후의 장들에서 살펴보겠다.

막스 플랑크는 이렇게 말했다. "새로운 과학적 진리는 적수를 설득하여 빛을 보게 함으로써 승리하는 것이 아니라 적수들이 마침내 죽고 이 진리에 친숙한 새로운 세대가 자람으로써 승리한다."[18] 1962년 미국형질인류학회 회장 칼턴 쿤은 모든 인종의 지능이 동일하다는 안건을 대의원들이 표결에 부치고 싶어한다는 것을 알게 되었다. 그는 과학적 사실을 표결에 부치는 것은 무의미하며 인종과 지능의 문제에 대해서는 아직 결론이 나지 않았다고 주장하여 이 문제를 회피했다. 같은 해 출간된 그의 책 『인종의 기원Origin of Races』에서는 인류의 주요 가지가 호모 에렉투스로부터 저마다 다른 시기에 저마다 다른 계기로 진화하여 진화 사다리의 저마다 다른 가로대에 도달했다고 주장했다. 이 이론이 적대적 반응을 얻은 것으로 보건대 쿤은 시대에 역행한 인물이었다. 그럼에도 미국인류학회는 인종 동등성의 문제에 대해 침묵하다가 1998년에야 "모든 학회 회원이 동의하는 것은 아니다"라는 단서를 달아 견해를 밝혔다. 학회의 선언은 "20세기 말에 우리는 인간의 문화적 행동이 학습되고 출생시부터 유아에게 조건화되며 언제나 변경될 가능성이 있음을 이제 이해한다"고 확언하면서도 여전히 만장일치가 아닌 이 결론에 도달하는 데 한 세기 가까이 걸린 이유는 해명하지 않았다.[19] 보아스가 이민자를 연구한 지 86년이 지났는데도, 학회는 발달 가소성 같은 것이 존재한다는 사실에 대해 일언반구도 없었다.

06

자궁

우리는 생각보다 9개월 늙었다. 이 9개월의 준비 기간은 표현형 전환이 시작되는 때다. 미국인은 국기에 대한 맹세를 할 때 가슴에 손을 얹어 자신이 국가에 목숨을 바치겠다고 맹세하는 것임을 나타낸다. 고대 로마인들은 법정에서 선서할 때 후세의 목숨을 거는 의미로 고환testicles에 손을 얹었으니, '증언하다testify'는 말 그대로 '고환에 손을 얹다'라는 뜻이다. 남성 중심 세계는 후세가 씨앗에 들어 있으며 여성의 몸은 그 토양을 제공할 뿐이라고 믿었다. 그래서 18세기 소설 『트리스트럼 샌디』를 패러디한 어느 작품에서 주인공이 자신의 인생 이야기에서 출발점으로 삼는 때는 호문쿨루스—유전의 매체가 된다는 축소판 인간—가 아버지에게서 어머니에게로 결정적 여정을 시작하는 순간이다. "이제 남성과 여성이 **숨마 볼룹타스**(summa voluptas, 쾌락의 절정)에 도달하자 앞에서 언급한 소동물

수백만 마리가 자궁으로 곧장 분사되어 티격태격 발길질하고 물어뜯으며 나아가다 그중 하나가 운좋게도 난자 옆의 작은 구멍에 도달하여 꼬리를 통로에 붙여놓은 채 그곳에 들어간다." 이것은 생명력이 남성에게서 비롯한다는 통념을 『트리스트럼 섄디』의 원저자 로런스 스턴의 방식으로 풍자한 것이다. 오늘날 우리도 성격과 운명이 수정의 순간에 결정된다는 믿음을 주입받으며─요즘은 모체의 기여를 인정하긴 하지만─씨앗이 발아하는 토양을 너무 쉽게 잊어버린다.

삶의 기준이 개선된다는 것은 더 많은 자녀가 살아남을 가능성이 커진다는 뜻이다. 19세기 인구 급증이 그 결과였다. 아동 사망률이 낮아졌으며─잉글랜드와 웨일스에서는 1841년에 전체 사망자의 39퍼센트가 5세 미만이었던 반면에 1999년에는 1퍼센트에 불과했다─부모가 디 많은 자녀를 부양할 수 있게 되었다. 여성 출산력을 통제해야 할 필요성이 점차 커졌으며 출생률은 19세기 말 즈음 떨어지기 시작했다. 이제 자녀 하나하나에게 더 많은 돌봄과 관심을 쏟을 수 있었다. 성장 가속화, 조기 성 성숙, 신체 크기 증가, 수명 증가의 뚜렷한 증거가 처음으로 나타난 시기는 1870년경이었다. 그 기초는 여성의 몸이었다.

• 남성은 변형된 여성이다 •

인간 표현형의 내재적 가소성을 가장 잘 보여주는 것은 양성이 동일한 설계도에서 공통으로 기원한다는 사실이다. 오스트리아의 실험생물학자 오이겐 슈타이나흐는 성의 생리학에 대한 획기적 연구로 제1차세계대전 이전에 국제적 명성을 얻었으며 전쟁 후에는 노화 과정을 되돌린다는 수술로 악명을 얻었다. 그의 초기 연구는 쥐를 거세한 뒤 고환을 몸의 다른 부위에 이식함으로써 거세가 신체와 행동에 미치는 영향을 차단할 수 있음을 밝혀냈으며 이로써 고환이 성 호르몬을 혈류에 분비한다는 사실을 입증했다. 또 그는 젊은 암컷 쥐에게 고환을 이식하고 젊은 수컷 쥐에게 난소를 이식하면 둘의 신체적·행동적 특징을 뒤바꿀 수 있음을 밝혀냈다. 성전환 동물은 크기와 형태가 이성처럼 달라지고 성격도 이성처럼 소심하거나 공격적으로 변했으며 같은 성의 동물과 헛되이 짝짓기를 시도했다.[1]

수정란에 들어 있는 유전자는 두 성이 똑같다. 유일한 차이는 수컷의 경우 X 염색체가 둘이 아니라 하나라는 것뿐이다. 하나뿐인 X 염색체의 짝은 보잘것없게 생긴 Y 염색체인데, 현미경으로 보면 알파벳 Y자처럼 생겨서 이 이름이 붙었다. Y 염색체는 수컷 전환 장치로, 암컷에서 수컷으로 전환하는 스위치를 만드는 조절 요소 말고는 어떤 필수 정보도 들어 있지 않다. 기본값은 암컷이다. 수컷을 선택하는 것은 테스토스테론을 생산하고 암컷 생식계의 발달은 중단하라고 생식샘에 지시하는 Y 염색체 유전자다. 그럼에도 중력은 암컷 쪽을 향하고 있으므로 웅성은 "길고 불안하고 위태로운 시도이자 자성을 지향하는 내재적 추세에 반하는 일종의 투쟁"으로 묘사할 법하다.[2] 성은 유전자를 섞는 정교한 전략이며 남성은 주사위를 흔드는 간편한 방법이다. 여성은 완비된 정자 은행만 있으면 테스토스테론이 없는 종을 수월하게 유지할 수 있다. 마음속 깊은 곳에서는 남성도 이 사실을 안다.

• 자연 출산력 •

소설가 데이비드 로지는 문학의 주제가 자식을 낳는 것이라기보다는 주로 섹스이며 삶은 그 반대라고 말했다. 하지만 생물학적 관점에서 보면 비생산적 섹스야말로 인간의 특징이다. 우리의 큰 뇌 때문이다. 뇌는 생후 2년 뒤에야 성인 크기에 가까워지기 시작하며 성인의 능력을 발휘하려면 더 오랜 시간이 필요하다. 아동은 이 긴 기간 동안 돌봄을 필요로 하며 어머니는 자녀를 돌보는 동안 도움을 필요로 한다. 생물학적 아버지로 간주되는 인물과의 장기적 협력은 효과가 검증된 해법이며 섹스는 그 관계를 유지하는 접착제다. 이 점에서 우리는 여느 종과도 다르다. 여성은 배란이 겉으로 드러나지 않으며 임신 중에도 섹스를 할 수 있다. 남성은 여느 영장류보다 음경이 크고 생식샘은 작은데, 이 사실은 인간의 섹스가 생식보다 훨씬 큰 의미를 가진다는 사실을—마치 우리가 미처 몰랐다는 듯—알려준다.

여성의 출산력은 놀랄 만큼 유연하다. 20세기 후반에 인류학자들은 수렵채집인 집단이 자원의 양에 따라 출산력을 능숙하게 조절했음을 발견했다. 이를테면 칼라하리사막의 쿵산족 여성들은 보통 열여섯 살에 월경을 시작하여 스무 살경에 첫 아이를 낳은 뒤 2~3년 터울로 대여섯 명을 낳았으며 그중 두세 명이 성인기까지 살아

그림 14 1946년 캐나다 앨버타의 스탠드오프 지구의 후터파 공동체에 사는 여성과 아이들.

남았다.[3]

이와 대조적인 자연 출산력 패턴은 20세기 후터파에게서 관찰되었다. 이들은 16세기 초 유럽의 종교적·정치적 격변에서 살아남아 결국 북아메리카에 정착한 소규모 공동체다. 후터파는 천국에 대한 확고한 믿음을 품고서 소박하고 검소한 공동체적 삶을 살아간다. 산아 제한에는 질색하지만 현대 의약품에는 질색하지 않으며 절대다수가 결혼한다. 1880년부터 1950년까지 이혼은 단 한 건, 배우자 유기는 단 네 건 기록되었다. 일부(대부분 남성)는 공동체를 떠났지만 대체로 다시 돌아왔다. 숫자가 늘자 '분봉分蜂, swarming'이라는 야쳐 있는 이름으로 불리는 과정을 통해 새로운 공동체가 형성되었으며 그중 상당수가 캐나다에 자리잡았다.

후터파는 인구학자들의 보물이다. 자연적 번식 실험이나 마찬가

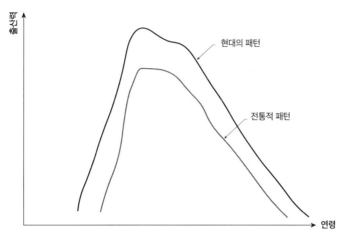

그림 15 과거에 여성의 출산력을 제한한 요인으로는 늦은 사춘기, 오랜 수유 기간, 열악한 생활 환경, 이른 폐경 등이 있었다. 자료 출처: Frisch.[5]

지이기 때문이다. 이들은 족쇄를 벗은 맬서스였다. 기근은 상호 부조 체계와 드넓은 미개간지로 이겨냈고 질병은 건강한 생활 습관과 현대 의학으로 다스렸다. 1880년에 후터파의 47퍼센트가 15세 미만이었고 2.7퍼센트만이 60세 이상이었는데, 이 비율은 1950년대까지 꽤 일정하게 유지되었다. 노인 비율이 낮은 것은 그저 출생률이 매우 높기 때문이었다. 후터파 여성들은 스무 살 무렵에 결혼했으며 97퍼센트가 자녀를 낳았다. 이는 대부분의 사회에서 10퍼센트의 여성이 불임인 것을 감안하면 매우 높은 수치다. 후터파 여성은 평균 10.4명, 최대 16명가량의 자녀를 낳았다. 후터파 여성은 이론상 손자녀 100명과 증손자녀 1000명을 거느릴 수 있었다.[4] 다만 최근 출생률이 감소한 것을 보면 산아 제한이 점차 허용되고 있는 듯하다.

쿵족과 후터파는 산아 제한을 하지 않을 경우 자연 출산력의 범위가 최저 5명에서 최대 10명까지임을 보여준다. 그런데 쿵족 쪽의 출산력이 훨씬 낮은 이유는 무엇일까? 그들의 생식 수명이 짧아진 것은 늦은 사춘기와 이른 폐경기 때문이며 이 차이는 두 명을 덜 임신하는 것에 해당하지만(그림 15), 쿵산족과 후터파의 출산력이 다른 주된 이유는 임신 간격에 있는 듯하다. 이 문제는 잠시 뒤에 다시 살펴보겠다.

다른 집단들은 이 양극단 사이에 놓인다. 연구가 많이 이루어진 또다른 집단인 베네수엘라 야노마뫼족은 총 출산률이 약 8명이다. 이들은 이렇게 높은 출산력을—바나나를 발견한 이후 영양이 개선되었기 때문일 수 있다—선택적 여아 살해로 균형을 맞춘다. 이에 반해 근대 이전 공동체나 심각한 궁핍에 시달리던 근대 공동체는 높은 유아 사망률을 보완하기 위해 출생률이 높아야 했다. 이를테면 1940년 팔레스타인 무슬림 인구집단의 출생률은 후터파에 별로 뒤지지 않지만, 후터파 아기의 9퍼센트가 일찍 죽은 반면에 팔레스타인 아기들은 43퍼센트가 일찍 죽었다.[6]

여성 출산력은 자원과 환경의 균형을 가장 효율적으로 유지하도록 자연선택에 의해 다듬어졌다. 거듭된 임신으로 피폐해진 여성은 이상적인 수의 생존 가능 자녀를 기를 수 없으며, 자연선택이 그에 따라 저울추를 옮길 것이다. 얄궂게도 여성에게 유방암과 난소암을 일으키는 것으로 악명 높은 BRCA1/2 유전자는 생식 성공률도 높이는 듯하다. 유타주 인구 데이터베이스에서 1930년 이전 출생에 이 돌연변이를 가진 여성들은 그렇지 않은 여성에 비해 자녀를 더 많이 낳고(전자는 평균 6.2명, 후자는 평균 4.2명) 출산 간격이 짧고 가임기가 길었으나 생식 가능 기간 이후의 사망률이 85퍼센트 더 컸다. 출산력이 증가한 이유는 분명하지 않지만,[7] 이 결과는 (만일 확증된다면) 치명적 유전자가 인구집단에 잔존하는 이유를 설명할 수 있을 것이며 **대항적 다표현형 발현**antagonistic pleiotropy의 사례가 될 것이다. 이 현상은 유전자가 생애 초기에는 진화적 적합도를 높이지만 후년에는 불이익을 가져다주는 것을 말한다.

환경에 맞게 생식을 조절하는 여성은 풍족한 시기에는 자녀를 많이 낳고 빈궁한 시기에는 적게 낳을 것이다. 출산력과 식량 에너지 유입량의 관계를 강조한 사람은 하버드대학교의 과학자 로즈 프리슈로, 그녀는 1970년대에 여성의 출산력과 체내 지방량의 관계를 밝혀 명성을 얻었다. 그뒤에는 월경 주기와 상호작용하는 '지방 호르몬'의 존재를 추론해냈는데, 1994년 렙틴이 발견되기 오래전이었다. 성장 기록 분석을 토대로 한 사춘기 연구에서 프리슈는 체지방이 일정 수준에 도달하면 월경이 시작된다고 주장했다. 임신을 뒷받침하기에 충분한 에너지를 저장할 때까지 배란을 미루는 것은 생물학적으로 확실히 타당하다. 이 막연한 문턱값을 규명하는 과정에서 프리슈는 고된 훈련을 하는 여성—이를테면 달리기 선수와 발레리나—의 지방 저장량이 일정 수준 아래로 내려가면 월경이 중단된다는 사실을 밝혀냈고, 이 수치를 체질량의 약 17퍼센트로 추산했다. 에스트로겐은 에너지 저장량과 생식 주기의 관계를 조율하지만, 최근 하버드대학교의 피터 엘리슨 교수는 인체가 사춘기를 촉발하는 '결정'이 지방 저장이라는 단일한 단서보다는 성장에 관

여하는 통합된 신호들과 관계있을 것으로 본다.[8] 어떤 메커니즘이
작용하든 여성의 생식력은 진화와 사회적 관습을 통해 환경에 맞춰
지며, 그 자녀의 표현형도 마찬가지다.

• 분만 •

인간 어머니에게 분만은 다른 어느 종에 비해서도 유독 위험한
일이다. 이 점에서 현대사회가 얼마나 발전했는지 보여주는 증거가
있다. 1990년대 세계보건기구 추산에 따르면 서유럽에서는 15세
여성의 분만 중 사망률이 8000명 중 한 명인 반면에 감비아에서는
8명 중 한 명이었다. 과거 수백 년간 전 세계 여성의 분만 중 사망
률은 오늘날 아프리카 빈국과 같은 수준이었다.

　　역사 기록에서는 어머니의 목소리를 찾아보기 힘들다.『모성: 일
하는 여성의 편지Maternity: Letters from Working-Women』라는 제목의 예외
적 기록을 1915년 영국 여성조합 길드에서 출간했다. 이따금 걷잡
을 수 없는 감동을 불러일으키는 이 책은 평균 20실링의 주급으로
가족을 먹여살리려고 시도한 여성들의 투쟁을 자기연민 없이 기록
한다. 한 여성이 말한다. "엄마는 무슨 낙으로 사는지 모르겠다고
말해요. 아이가 또 생기면 차라리 사산되길 바라죠." 또다른 여성
이 말한다. "두 살 반짜리 아기를 업고 열여섯 달짜리와 한 달짜리
를 무릎에 안은 채 아빠의 커다란 의자에 앉아 피로와 절망감에 흐
느낀 적이 여러 번이에요." "아이들이 (맏이를 제외하면) 고생을 심

ELEVEN CHILDREN BORN, ALL LIVING.   FATHER A FISH-HAWKER.
This family is not connected with the Women's Co-operative Guild.

FIFTEEN CHILDREN, FOUR LIVING.   FATHER AN IRON-MOULDER.
The family is not connected with the Women's Co-operative Guild.

그림 16 『모성: 일하는 여성의 편지』(1915)에 실린 삽화.
위: 사진 속 여성은 (놀랍게도) 열한 명의 자녀를 키웠으며 촬영을 위해 말쑥하게 차려입혔다.
아래: 이 어머니는 열다섯 명을 낳았는데, 그중 열한 명은 위와 같이 빈자리로 남았다.

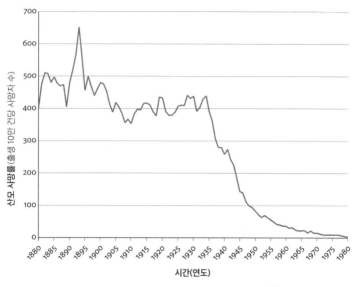

그림 17 1880~1980년 영국의 분만 중 산모 사망률.[10]

하게 했다고는 생각지 않아요. 다만 제가 잘 먹고 잘 쉴 수 있었다면 훨씬 튼튼하고 크고 훌륭하게 자랐을지도 모르죠." "굶어 죽을 지경으로 임신의 시련을 겪고서 마침내 아이를 낳았는데, 아홉 달 동안 생지옥만 겪게 하고 떠나보낸 엄마 말고는 누구도 그 의미를 이해할 수 없어요." 이 책에 편지를 수록한 348명의 어머니 중에서 42.4퍼센트는 사산이나 유산을 겪었는데, 임신의 21.5퍼센트가 이렇게 끝났다. 무사히 태어난 1396명 중 8.7퍼센트는 첫 생일까지 살지 못했다.[9]

(종종 구루병으로 인한) 난산은 빅토리아시대에 가장 두려운 임신 합병증으로 제왕절개 도입의 계기가 되었다. 구루병은 햇빛을 쬐지 못하고—과거 산업 도시에서 흔한 일이었다—식사가 부실해서 생

130

기는데, 골반뼈가 물렁물렁해져 변형되는 바람에 태아의 머리가 빠져나오지 못해 산모가 사망하는 일이 비일비재했다. 나는 대학 시절에 인간 생식의 권위자 맬컴 포츠를 지도교수로 모시는 행운을 누렸다. 그는 인도 시골의 의료 선교원에서 난산을 목격했는데, 매우 독실한 신자인 의사가 빅토리아시대에나 쓰던 케케묵은 장비로 태아의 머리를 으깨는 광경을 보고서 겁에 질렸다. 선교사는 변명조로 말했다. "비하르에서 둘째 아기가 무슨 기회를 가질 수 있겠어요?" 집게 분만과 제왕절개가 도입되면서 난산에 대한 두려움이 줄어들었다.

이 밖에 산모 사망의 '네 기사Four Horsemen'(요한계시록에서 인류 종말을 가져오는 존재―옮긴이)는 감염, 출혈, 경련, 불법 낙태였으며[11] 그림 17에서 보듯 1935년 이후 산모 사망률이 급격히 감소한 것은 효과적인 항생제와 약물이 도입되어 심한 출혈을 막을 수 있었던 것과 관계있다. 효과적인 피임법과 낙태 합법화 덕에 여성들은 뒷골목 낙태시술소의 오염된 뜨개바늘에서 벗어날 수 있었다.

• 사과 열매 •

사람들은 인간의 분만이 유난히 비효율적인 이유를 진화로 설명하려고 애썼다. 2012년에 실시된 국제 조사에 따르면 (산모와 태아 둘 다의 생존 면에서) 최상의 임신 결과는 자녀 다섯 명 중 한 명을 제왕절개로 낳는 경우였다.[12] 물론 제왕절개에는 여러 방식이 있고 난산은 제왕절개의 여러 이유 중 하나에 불과하지만, 조사에 따르면 우리는 최적의 생식 효율을 달성하지 못했다. 모든 형태의 의료 개입을 거부했던 한 미국인 집단의 참담한 임신 결과에서 보듯 (의학적 안전망이 없는 상황에서의) '자연분만'은 결코 해결책이 될 수 없다. 이 집단은 태아의 1년 이내 사망률이 세 배, 산모 사망률이 100배에 이르렀다.[13]

열악한 사회적 여건은 임신의 결과에 큰 영향을 미친다. 100년 전 런던의 노동자 계급 산모들이 그토록 고생한 것은 놀랄 일이 아니다. 부실한 식사, 발육 부진, 만성 또는 재발성 감염, 의료적 관심의 결여가 이 참상에 일조한 것은 의심할 여지가 없다. 하지만 우리는 모든 여건이 자연분만에 알맞아 보이는 오늘날에도 건강하고 영양 상태가 좋은 젊은 산모가 수술적 보조를 필요로 하는 이유는 무엇인지 물어야 한다.

성경에서는 이브가 하느님의 명령을 거역하여 벌을 받는다. 그 벌은 "내가 네게 임신하는 고통을 크게 더하리니 네가 수고하고 자식을 낳"는 것이다. 이브의 저주에 대한 통상적 설명은 '산모의 딜레마'이다. 간단히 설명하자면 인류가 직립보행을 하면서 여성의 골반이 좁아진 반면에 큰 뇌의 필요성 때문에 아기의 머리는 커졌다는 것이다. 인간의 경우 골반과 태아의 머리 사이가 어느 종보다도 빡빡하다. 분만이 가능하려면 태아의 두개골이 압력에 수축해야 하고 산모에게는 골반출구를 말랑말랑하게 하는 호르몬이 분비되어야 한다. 의료적 보조가 없을 경우 산모의 산도를 통과하지 못하는 태아는 죽을 수밖에 없다. 산모도 마찬가지다. 자연선택의 보이지 않는 손이 이런 명백한 문제를 해결하지 못한 이유는 무엇일까?

주목할 점은 인간은 (허리둘레가 얼마나 되든) 고관절의 간격부터가 손바닥 너비밖에 안 된다는 것이다. 그 덕분에 걸을 때 뒤뚱거림이 최소화되고 효율적으로 뛸 수 있다. 이에 대해 이론상 고관절 간격이 지금보다 넓어도 별로 불리하지 않을 것이라는 주장이 있다. 어차피 여성의 골반이 남성보다 넓으며, 안전하고 수월한 분만을 위해서라면 약간 뒤뚱거리는 것은 사소한 대가에 불과할 테니 말이다. 한편 뇌는 출생시에 성인 크기의 30퍼센트밖에 안 되는데, 그보다 조금만 작아져도 분만이 훨씬 수월해질 것이라고 말할 수 있다. 진화는 둘 중 어떤 해결책도 선택하지 않았으므로 우리는 딜레마 해결을 위해 탐색의 폭을 넓혀야 한다.

한 가지 대안은 벼랑 끝 모형이다.[14] 난산은 전 세계 임신의 3~6퍼센트에 해당하는데, 그 이유는 (논란의 여지가 있지만) 골반 크기는 어머니의 유전자가 결정하는 반면에 태아의 머리는 아버지의 유전자로부터 영향을 받기 때문이다. 머리가 작으면 산모가 분만에서 살아남을 가능성이 커지는 반면에 머리가 크면 태아에게 유리하므로, 잠재적 이해관계 충돌이 발생한다. 종형 곡선 두 개가 서로 가까워지는 장면을 머릿속에 그려보자. 두 곡선이 가까워질수록 아기의 생존 가능성이 커지지만 그러다 '벼랑 끝'에 도달하면 재앙이 벌어진다. 벼랑 끝 모형을 주장하는 사람들은 제왕절개의 일상화가 자연선택에 불리하게 작용할 것이며 자연분만으로 낳을 수 없는 아기의 비율이 한 세대에 10~20퍼센트씩 증가할 것이라고 주장한다.

이것은 솔깃한 발상이지만 논란의 여지가 있다. 인간 분만은 간단히 결론 내릴 수 있는 문제가 아니다. 이를테면 아기의 머리둘레

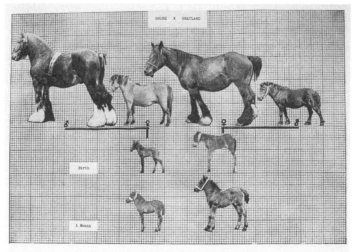

SHIRE X SHETLAND

Birth

1 Month

Parents and offspring of reciprocal Shetland-Shire crosses.

그림 18 모성 제약: 샤이어 수말과 셰틀랜드 암말을 교배하여 얻은 망아지(왼쪽)는 샤이어 암말과 셰틀랜드 수말을 교배하여 얻은 망아지(오른쪽)보다 훨씬 작다.

가 출생 후 생존의 중요한 결정자라는 증거가 어디 있나? 게다가 '모성 제약'이 작용하기 때문에 아기의 크기는 어머니의 크기와 무관하지 않다. 이것을 보여주는 유명한 실험에서 셰틀랜드 암말을 샤이어 수말과 교배하고 샤이어 암말을 셰틀랜드 수말과 교배했다. 셰틀랜드 암말에게는 다행하게도 새끼 크기가 어미 크기에 큰 영향을 받았으며 셰틀랜드 암말은 무사히 새끼를 낳았다.[15] 모성 제약은 맏이가 나머지 형제자매보다 평균 200그램 가벼운 이유와 아버지가 다른 아기들의 출생시 몸무게가 각자의 아버지보다 어머니의 몸집과 더 큰 상관관계를 나타내는 이유를 설명하는 듯하다. 마찬가지로 대리모 임신에서 출생시 몸무게는 난자를 기증한 여성보다 대리모의 크기에 더 큰 영향을 받는다.

산모의 딜레마는 해결이 요원하다. 빨리 자라야 하는 태아의 요건과 안전하게 분만해야 하는 산모의 요건은 서로 반대 방향을 향하는지도 모르지만, 둘 다에게 최상의 결과는 건강한 아기가 예정일에 태어나는 것이다. 여기에 관여하는 복잡한 상충관계를 감안하면 최적의 결과를 따라가다 벼랑 끝에서 발을 헛디디더라도 놀랄 일이 아니다. 하지만 제왕절개의 일상화가 인류의 미래 분만 능력에 영향을 미칠지도 모른다는 것은 너무 단순한 추론이며, 산모의 딜레마에 대한 모든 종류의 해결책은 인간 표현형이 급속히 변하고 있다는 사실을 참작해야 한다.

인간의 임신에 두드러지는 특징은 결과를 얻는 수단에 융통성이 있다는 것이다. 어머니들은 유사 이래 풍요의 시기에도 기근의 시기에도 무사히 아기를 낳았으며 그 과정에서 상상할 수 있는 온갖 고난을 이겨냈다. 산모는 아이가 세상에 발 디딜 수 있도록 준비시키는 것과 더불어 자신 또한 동시에 주변 여건에 적응한다. 이 능력은 표현형 가소성의 경이로운 사례다. 어떤 임신을 정상으로 판단하려면 임신이 이루어지는 환경의 맥락을 감안해야 한다. 우리가 지금 살아가는 세상은 진화로는 결코 대비할 수 없었다.

· 래칫 ·

제임스 조이스는 역사가 악몽이며 자신이 그 악몽에서 깨어나려고 발버둥질한다고 말했다. 과거에 분만은 산모와 자녀에게 틀림없이 악몽이었으며 요즘 들어서야 비교적 안전해졌다. 표현형은 우리가 살아가는 세상을 반영하는데, 산모와 자녀 둘 다 여러 세대에 걸쳐 달라졌다. 이것은 래칫 효과로 그럭저럭 설명할 수 있다. 키가 큰 산모일수록 몸집이 큰 아기를 낳고 몸집이 큰 아기일수록 자라서 키가 크기 때문이다. 현대 성장 연구의 아버지 제임스 태너는 1880년부터 1950년까지 미국과 유럽 네 나라에서 성인 평균 키가 1년마다 약 1센티미터 커졌으며 산모 신장이 5센티미터 커질 때마다 출생시 평균 몸무게가 약 200그램 증가한다는 사실을 밝혀냈다.[16] 출생시 몸무게의 증가 추세는 대개 산모의 키가 커진 것으로 설명할 수 있다.

키를 보정하면, 빅토리아시대에 영양 결핍 상태에 처한 여성들이 낳은 아기의 출생시 몸무게는 오늘날의 기준에서 정상에 가까웠다. 진화는 굶주린 산모로 하여금 가장 열악한 상황에서도 다음 세대의 기회를 극대화하도록 한 것이 분명하다. 반면에 진화는 만성적 잉여 식량이라는 상황에 대해서는 산모와 아기를 대비시키지는 못했다. 이를테면 당뇨병을 제대로 치료받지 못한 산모의 아기는 포도당 과잉 공급을 겪는데, 이런 아기는 출생시에 몸집이 클 뿐 아니라 이후에도 살이 찔 가능성이 크다. 현저히 과체중이거나 임신 중에 지나치게 살이 찌는 산모의 자녀에게서도 비슷한 영향을 관찰할 수 있다. 이에 대해 생각해볼 수 있는 이유는 태아가 영양소(당뇨병의 경우 포도당) 과잉 공급에 적응하여 이후 삶에 지속되는 소인을 만들어낸다는 것이다. 따라서 과잉 영양 상태의 산모는 달갑지 않은 래칫 효과를 통해 비만을 다음 세대에 전달하는지도 모른다.[17]

영양 상태가 좋은 산모의 자녀는 더 빨리 성장하고 더 일찍 성 성숙에 도달한다. 오슬로에서 수집한 자료에 따르면 19세기와 20세기 사이에 평균 초경 연령이 16.5세에서 12.5세로 낮아졌으며 출생 연도가 1년 경과할 때마다 초경이 일주일 빨라졌다.[18] 이 현상은 신장 증가, 사춘기의 급성장, 쉽게 알아볼 수 있는 신체 비율상의 변화와 관계있으며 청소년이라는 새로운 현상을 낳았다.

• 사춘기 •

아킬레우스는 그리스의 독보적인 영웅이었다. 그는 어릴 적에 장수와 행복을 누릴지, 요절과 불멸의 명성을 누릴지 선택할 기회가 있었다. 그가 선택한 것은 후자였다. 예언에 따르면 그리스인은 아킬레우스 없이는 트로이를 정복할 수 없을 테지만 아킬레우스 자신은 귀환하지 못할 터였다. 그의 어머니 테티스 여신은 이 운명을 피하려고 그를 여장女裝시켜 에게해 먼바다의 섬 스키로스에 있는 리코메데스 왕의 궁정에 숨겼다. 그곳에서 그는 리코메데스 왕 모르게 데이다미아 공주와 관계하여 아들을 낳았다. 오디세우스가 장사꾼으로 변장한 채 아킬레우스를 찾으러 와 시녀들이 혹할 만한 패물을 늘어놓았는데, 그 옆에 창과 방패가 아무렇지 않게 놓여 있었다. 아킬레우스만이 창과 방패에 관심을 나타냈으며, 오디세우스가 비상 나팔을 울려 진짜 여자들이 달아났을 때 그는 무기를 집어드는 바람에 정체를 들키고 말았다.

이 우화에서 생물학적으로 흥미로운 대목은 위대한 전사가 (힘은

셸지언정) 수염이 나지 않았고 목소리가 아직 갈라지지 않았다는 것이다. 신화를 너무 곧이곧대로 믿어서는 안 되지만, 그때는 사춘기가 지금보다 늦게 시작되었다. 아우구스투스 황제는 스물세 살에 처음으로 수염을 깎았으며, 로마 시민이 성인 남자가 되는 면도 의식은 대체로 스물한 살과 스물세 살 사이에 거행되었다고 한다(그전에는 턱을 거뭇거뭇하게 내버려뒀을 것이다).

여성의 얼굴뼈는 사춘기가 되면 성장을 멈추는 반면에 남성의 얼굴뼈는 계속 자라 우락부락한 이목구비와 각진 턱을 형성한다. 이에 따라 여성은 얼굴이 남성보다 작고 갸름하고 대칭적인 아이 같은(유형성숙paedomorphic) 외모를 가진다. 또 광대뼈가 더 두드러지고 눈이 더 커 보인다. 대부분의 남자아이는 사춘기가 시작될 때 예쁜 용모와는 거리가 멀지만, 눈에 띄는 예외도 있다. 셰익스피어의 연극에서는 십대 소년들이 여성 역을 연기했으며 오스카 와일드는 셰익스피어가 소네트에서 열정적으로 호명한 'W.H. 씨'가 그런 배우 중 하나라고 주장했다. 청소년은 고대 그리스에서 '에페보스'로 불렸는데, 나이 든 남성이 그들에게 낭만적 관심을 품는 것은 흠잡을 일이 아니었다.

고대 그리스인들은 남성의 삶을 일곱 시기(헤브도마스)로 나눴다. 라틴어로 번역하면 푸에룰루스*puerulus*, 푸에르*puer*, 아돌레스켄스 *adolescens*, 유베니스*juvenis*, 유니오르*junior*, 비르*vir*, 세넥스*senex*이며 셰익스피어가 언급하여 유명해졌다. 첫번째 시기는 젖니가 빠질 때 끝나고, 두번째 시기는 몽정할 때 끝나고, 아돌레스켄스는 수염이 날 때 끝난다(이 사건은 스물한번째 생일을 축하하는 풍습에 여전히 남아

138

있다). 남성은 스물여덟 살부터 결혼할 수 있고, 서른다섯 살에 판단력이 성숙하며, 마흔두 살부터 쉰여섯 살에 절정에 이르렀다가, 그뒤로는 셰익스피어 말마따나 "편한 신 질질 끄는 비쩍 마른 할아범"이 되어 몸과 마음이 연약해진다. 이 "기묘하고 기구한 이야기"는 일흔 살에 이르러 "두번째 유아기요, 완전한 망각"으로 끝난다. 이 옛 범주를 너무 진지하게 받아들여서야 곤란하겠지만, 이 범주는 성년이 지금보다 늦게 찾아오고 노년은 일찍 시작되었음을 암시한다.

지난 100년간의 성장 가속화로 인해 아동의 사춘기 진입이 최대 4년 빨라졌다. 사춘기에 분비되는 호르몬은 급격한 2차 성장을 촉발하며 이 과정은 긴뼈들의 성장판이 융합하면서 끝난다. 지난 몇백 년간 상류층 자녀들은 이 시점에 더 일찍 도달했다. 1772년부터 1794년까지 슈투트가르트 카를스슐레에 입학한 귀족 아들들은 학교에서 똑같은 음식을 먹었음에도 열다섯 살이 되었을 때 부르주아 아들들보다 7센티미터 가까이 컸다. 이 차이는 스물한 살에 학생들의 키를 다시 측정했을 땐 거의 사라졌는데, 이는 중산층 소년들이 사춘기를 늦게 시작했지만 이내 귀족들을 따라잡았음을 암시한다.[19] 19세기 초 유복한 성인들은 우리에 비해 키가 별로 작지 않았다. 제인 오스틴의 『맨스필드 파크』에 등장하는 얼간이 지주 러시워스는 여성들이 키가 175센티미터도 안 되는 남자에게 관심을 가질 이유가 어디 있겠느냐고 말한다.

이른 사춘기는 성가대 악장들에게 골칫거리가 되었다. 1740년부터 1745년까지 라이프치히에서 J. S. 바흐의 성가대에 몸담은 소년들은 대체로 열여섯에서 열일곱 살 사이에 목소리가 갈라졌다(몇몇은 열아홉이나 스무 살까지도 알토나 소프라노를 맡을 수 있었지만). 시간이 지나면서 이렇게 고도로 훈련받은 음성들은 점점 이른 나이에 상실되었으며, 1959년에는 바흐 시대보다 3.5~4년 일찍 남자아이들의 목소리가 갈라졌다.[20] 성대는 후두에 있는 주름으로, 남자아이가 사춘기를 맞으면 아담의 사과(목울대)를 이루는 물렁뼈가 커져 성대의 위치가 내려가고 길이가 늘어난다. 목소리의 높이는 성대의 길이와 장력에 좌우되므로, 테스토스테론의 영향으로 성대가 두꺼워지면 목소리가 굵어진다. 이 때문에 성대의 부피가 커지면 피아노의 베이스 현에 구리선을 감은 것처럼 공명이 증가한다.

신체 크기의 증가는 성인의 성악 발성에 영향을 미친 듯하다. 그레고리오 성가는 음높이를 테너의 음넓이에 맞추었는데, 테너는 이름에서 보듯 음을 '붙들어두는' 성부였다(영어 '테너tenor'의 라틴어 어원 '테네레tenere'가 '붙들어두다'라는 뜻이다—옮긴이). 이 유행은 유럽에 국한되지 않았다. 세계 각지의 전통 가창 양식은 고음역을 매우 강조하고 바리톤이나 베이스에는 역할을 거의 맡기지 않기 때문이다. 베이스 성부가 한 역할을 맡은 것은 플랑드르 성악 유파가 인기를 끈 1450년경부터였다. 이탈리아 궁정은 새 양식을 받아들였지만 자국의 성악가는 그 음넓이를 소화하지 못해 플랑드르 성악가를 수입해야 했다. 낮은 음역은 19세기 들어서야 널리 쓰이게 되었다. 유행이 여기에 한몫한 것은 의심할 여지가 없지만, 신체가 커지면서 남성의 후두도 커져 인간 목소리의 음넓이가 넓어진 탓도 있을 것이다.

과거의 유행은 높은 음넓이를 선호했으며 16세기 후반 여성 소프라노의 도입은 성악 역사에서 중요한 전환점이 되었다. 그럼에도 그 시대의 슈퍼스타는 카스트라토, 즉 성악 발성을 위해 사춘기 이전에 거세한 소년들이었다. 그들의 목소리는 영영 사라졌으나―20세기 들머리에 조악한 음질로 녹음되긴 했다―과거에는 음악 애호가들이 200년에 걸쳐 그들의 목소리에 환호했다. 이를테면 1776년 포를리에서 열린 파키에로티의 공연을 들 수 있다. 그의 빼어난 아리아―아버지를 위해 자신을 희생할 준비를 하는 아들의 이야기―는 청중의 눈물샘을 자극했다. 노래가 클라이맥스에 도달하려는데 관현악단이 주춤거리다 연주를 멈췄다. 발끈한 가수는 무대 앞으로 나아가 해명을 요구했는데, 알고보니 지휘자가 감정이 북받쳐 지휘를 계속할 수 없었던 것이었다.[21]

카스트라토는 대체로 일곱 살에서 열두 살 사이에 거세받았는데, 경동맥을 압박하여 기절시킨 뒤에 시술이 실시되었다. 많은 아이들이 찢어지게 가난한 집안 출신으로 명성과 부를 바라는 부모가 자청한 일이었다.

이 모든 희생은 무위로 돌아가기 일쑤였다. 그중 약 10퍼센트만이 전문 성악가가 되었기 때문이다. 진짜 성공은 가장 재능 있는 사람들에게만 돌아갔으며 그것도 끝없는 연습을 거쳐야 했다. 카스트라토는 사춘기 이전의 나긋나긋한 성대, 성인 크기의 흉곽, 정교한 호흡 조절이라는 이점을 겸비했다. 그들의 레퍼토리는 장식과 꾸밈 위주였지만 명성은 높은 음을 낼 수 있는가에 달려 있지 않았다. 중요한 것은 음넓이와 능란함, (지금은 들을 수 없는) 목소리에 그들이

그림 19 파키에로티의 유해는 학술 연구를 위해 최근 발굴되었다.
그는 키가 191센티미터였고 골다공증이 진행되었으며 호흡근이 매우 발달했다.[22]

불어넣을 수 있었던 색채와 표현이었다.

사춘기는 흔히 초경이나 몽정과 동일시되지만, 이것들은 수년에 걸쳐 완성되는 표현형의 호르몬적 재구성 과정에서 일어나는 중요 사건들에 불과하다. 이 과정은 여덟 살 즈음에 시작되고, 그전까지는 남자아이와 여자아이의 발달이 자못 비슷한 방식으로 진행된다. 그때부터는 골격 성장과 신체 구성이 부신피질에서 분비되는 성 스테로이드에 반응하여 달라진다. 이 현상을 '성증발현'이라고 한다.

급성장은 여자아이의 경우 일찍 시작되고 일찍 끝나며, 여성의 키가 남성보다 작은 것은 이 때문이다. 난소에서 에스트로겐이 분비되면서 골반이 넓어지고, 위골반문둘레는 걸을 때 몸을 기계적으로 지탱하기 위해 벌어진다. 여자아이들은 지방조직을 더 많이 저장하고 가슴이 봉긋해지며 성적 매력을 뿜낸다. 남자아이들은 성장 가속화가 늦게 시작되어 길게 이어지므로 여자보다 키가 크고 어깨가 넓고 다리가 상대적으로 길다. 또한 얼굴이 우락부락해지고 지방보다 근육이 발달하며 뇌도 (일부 견해에 따르면) 다르게 작동한다.

영세농 기반 전통사회 스물두 곳을 최근 조사했더니 사춘기에 앞선 급성장이 현대보다 훨씬 늦게 시작되었다(우리는 일반적으로 8세, 그들은 10~13.5세였다). 초경은 대체로 그로부터 4년 뒤에 시작되었다.[23] 파푸아뉴기니의 가인지족은 이 조사에서 극단적인 특징을 나타냈다. 사춘기는 열여덟 살쯤에, 첫 임신은 스무 살쯤에 찾아왔다. 이들은 키가 작았고 성장이 느렸으며 소식했다. 우리의 조상 중 상당수도 이와 비슷했을 것이다.

풍족한 사람들의 자녀는 더 일찍 성숙하는데, 이것은 영양학적 이유 때문일 것이다. 배란 주기가 안정되려면 시간이 필요하므로 십대 여자아이는 무배란 월경—배란은 되지 않고 월경만 있는 경우—이 성인보다 잦다. 피임하지 않고 성관계를 하는 현대 청소년은 월경 주기당 임신 가능성이 약 14퍼센트인 데 반해 20대 중반 여성은 약 25퍼센트다.[24] 과거 사회에서 여성이 일찍 결혼한 데는 처녀성을 보증하려는 목적도 있었는데, 사회적 지위가 높은 여성의 출산력은 오늘날 청소년과 비슷했다. 1457년 1월 28일 에드먼드

튜더의 아내 마거릿 보퍼트는 열세 살의 나이에 미래의 국왕 헨리 7세를 낳았다. 분만은 고통스러웠으며 그녀는 두 번 더 결혼했음에도 다시는 임신하지 않았다.

인간 사춘기의 이례적 특징 중 하나는 성적 특징이 가임기 이전에 나타난다는 것이다. 다른 영장류들은 임신했을 때만 젖가슴이 생긴다. 파푸아뉴기니 분디족 여성은 전통적 조건에서는 18~20세에야 초경을 했는데, 성적 특징은 일찍 나타나면서 출산력은 늦게 생기는—적어도 그렇게 믿었다—시차 때문에 분디족 소녀들은 임신 걱정을 덜 하면서 성 경험을 하고 남성 파트너와 유대를 맺을 수 있었다.[25] 온전한 출산력이 생기기 전에 성관계를 하는 것이 과거에는 드문 일이 아니었는지도 모른다.

캐서린 하워드의 비극적 사연은 이 문제에 대해 흥미로운 실마리를 던진다. 캐서린은 1520년대 초에 쇠락한 귀족 집안에서 태어났으며—생년월일이 기록되지 않을 정도로 하찮게 취급받았다—남편과 사별한 노퍽 공작부인인 할머니와 함께 살았다. 그후에는 램버스궁 기숙사에서 다른 십대 여자들과 함께 지냈다. 그들은 누구의 감시도 받지 않았으며 남성 방문객들이 뻔질나게 왕래했다. 캐서린은 열다섯 살 무렵 음악 교사와 진한 애무를 나눴고, 나중에는 프랜시스 디어럼이라는 신사가 그녀의 기숙사에 드나들었다. 그녀는 이런 기록을 남겼다. "마침내 그가 벌거벗은 채 내 곁에 누워, 남편이 아내를 수도 없이—얼마나 자주인지는 모르겠지만—어루만지듯 나를 어루만졌다." 그다음에 그녀는 왕실 생활 중에 왕의 총신인 토머스 컬페퍼에게 빠졌는데, 불운하게도 그뒤에 헨리 8세의 눈에 들고 말았다. 그녀가 (아마도) 열일곱의 나이로 헨리 8세의 다섯번째 부인이 된 1540년 7월 28일은 토머스 크롬웰이 처형된 날이기도 했다. 좋은 징조는 아니었다. 그녀는 컬페퍼와 무모한 애정 행각을 벌이다 발각되어 1542년 2월 13일 처형당했다. 늦은 사춘기와 이로 인한 생식능력 저하는 소녀들이 기숙사에서 음란한 행위를 벌이면서도 임신을 걱정하지 않은 이유인지도 모른다.

· 생식 관리의 생물학적 결과 ·

관리된 생식은 현대 생활의 핵심 특징이며 미래 세대의 표현형에 영향을 미칠 가능성도 있다. 시험관 수정은 인간이 자연선택에 개입한 극단적 사례다. 불임 여성이 자녀를 낳게 하고 성별 선택이나 유전자 조작의 가능성까지 보여주기 때문이다. 남성 불임의 치료법 중에는 정자를 난자에 직접 주입하는 것이 있는데, 해마다 250만 명의 아기가 이 기법으로 태어난다. 정자발생 장애가 있는 남성의 아들이 불임이 될 가능성이 큰 것은 놀랄 일이 아니다. 장차 실험실의 도움 없이는 번식하지 못하는 남성 혈통이 등장할지도 모른다.[26] 한편 자연적으로 임신하는 여성은 임신 시기가 늦어지고 있다. 이를테면 1968년에는 산모의 75퍼센트가 서른 살 미만이었던 반면에 2013년에는 그 비율이 40퍼센트로 낮아졌다. 자연분만을 선호하는 이들이 있다 해도 분만은 의료 시술로 취급되며 제왕절개 비율이 그중 3분의 1에 이른다. 젖먹이기는 필수가 아니라 선택이어서 유아는 열량은 풍부하나 면역계 자극이 결핍된 환경에 노출된다. 이를테면 제왕절개로 태어난 아기는 제1형 당뇨병 위험이 큰데, 이는 산도의 미생물상에 노출되지 않았기 때문일 수 있다.

과거에는 출산을 제한하는 요소가 결혼을 미루는 것 ― 맬서스가 말하는 "분별력 있는 제한" ― 뿐이었다. 그러다 사회가 번영하면서 20세기 중엽부터 사람들이 그 앞뒤 어느 시기보다 일찍 결혼할 수 있게 되었다. 그때부터 아이를 낳는 연령이 꾸준히 증가했으며, 산모의 나이가 많아질수록 유산, 조산, 저체중아 출산, 사산 등의 위험이 커졌다. 이를테면 20~24세 여성의 계획 임신 중 약 9퍼센트가 자연 유산으로 끝나는 것에 반해 35~39세는 20퍼센트, 40~44세는 41퍼센트다. 고령 어머니에게서 태어난 자녀는 알츠하이머병, 고혈압, 일부 암에 걸릴 위험이 증가한다.[27] 염색체 이상도 나이에 따라 흔한데, 다운증후군 위험이 40세부터 기하급수적으로 커져 50세에는 10퍼센트에 이른다.

남성은 정자 공장이며, 고환에서 세포 분열이 천문학적 속도로 벌어지기 때문에 복제 오류가 일어나 돌연변이로 이어질 가능성이 부쩍 커진다. 스무 살이 되면 정자는 약 150번의 생식계열 복제를 겪고 마흔 살에는 610번을 겪는다. 또한 아버지의 나이가 16.5세 증가할 때마다 새로운 돌연변이의 위험이 두 배로 커진다. 유전학자 J. B. S. 홀데인은 이 사실에 착안하여 정자에서의 유전자 돌연변이 속도가 자연선택의 동인 중 하나라고 주장했다. 아버지의 나이가 많아질 때의 악영향은 조현병, 자폐스펙트럼장애,[28] 다양한 희귀 유전 질환[29]의 위험성이 증가하는 것이다. 나이 든 남성이 건강한 자녀를 얻는 경우도 흔하므로 이 위험을 과대평가해서는 안 되

지만, 정자 은행에서는 만전을 기하기 위해 기증 후보의 나이 상한선을 40세로 둔다.[30]

고령 아버지는 새로운 현상이 아니다. 이를테면 아이슬란드에서는 1650년부터 1950년까지 임신 당시의 나이가 35세였는데, 전후戰後에 28세로 하락했다가 21세기 들어 다시 30대로 상승했다. 앞쪽의 패턴은 농촌의 현실을 반영했다. 남성은 본인 농장을 소유할 때까지는 결혼하지 않았기 때문이다. 같은 이유로 아일랜드에서도 만혼이 일반적이었다. 하지만 고령 부모가 꼭 불리한 것은 아니다. 텔로미어는 염색체 끝을 밀봉하여 DNA를 보호하는 서열로, 세포 복제가 이루어질 때마다 짧아진다. 텔로미어가 짧다는 것은 늙었다는 표시다. 분열하는 나머지 조직과 달리 정자의 텔로미어는 나이를 먹으면 길어지며 이 특징이 후손에게 전달된다. 필리핀에서 여러 세대를 연구했더니 아버지의 나이가 많을수록 자녀의 텔로미어가 길었다. 이 영향을 더욱 강화하는 것이 아버지가 태어났을 때 친할아버지의 나이다(외할아버지의 나이는 상관없다). 텔로미어 길이는 기대 수명의 증가와 후년의 동맥 질환 위험 감소와 관계있다(하지만 암 발병 위험이 커진다). 텔로미어 길이는 아버지의 나이가 많을수록 길기 때문에, 연구진은 이것을 보면 자녀가 태어날 때의 환경이 안전하고 안정되었음을 알 수 있다고 주장한다. 세대에서 세대로 전달되는 텔로미어 길이 증가는 장수 메커니즘을 제공할 잠재력이 있다.[31]

늦은 임신에는 명백한 불이익이 있지만, 인간 표현형(과 이것을 촉진하는 사회)이 하도 빨리 달라지기 때문에 노산의 연령적 이익이 산모 나이의 생물학적 불이익을 상쇄하고도 남을 수 있다. 이를테면 1980년에 스무 살의 스웨덴인 산모에게서 태어난 여아는 2000년에 마흔 살의 같은 산모에게서 태어난 여아보다 열악한 처지였을 것이다. 이 논리에 따르면 늦은 임신의 생물학적 불이익은 키, 건강, 지능, 수명이 증가하는 사회적 추세에 의해 상쇄될 것이고, 교육 기회 확대는 말할 것도 없다. 다만 이 가설적 비교에는 한계가 있다. 횡단면 분석에 따르면 매우 젊거나 매우 늙은 산모는 (충분히 예상할 수 있듯) 대개 결과가 좋지 않기 때문이다. 이득이 가장 큰 것은 30대에 출산할 경우다. 그들의 딸은 나머지 연령 집단에 비해 키가 크고 학업 성취도가 높다. 연구진은 시간이 지남에 따라 전체 인구집단에서 긍정적 추세가 나타나 산모 나이 증가의 잠재적 불이익을 상쇄했다고 결론 내렸다(단, 나이가 가장 많은 산모들은 이에 해당하지 않았다).[32]

· 폐경 ·

근대 이전에는 여성의 출산력이 스무 살 무렵 최고치에 도달했고, 20세 기혼 여성의 60퍼센트는 이미 출산 경험이 있었다. 나머지 조건이 동일하다면 그들은 30대까지 2년에 한 명씩 아이를 낳았고 마흔 살 이후에는 3년에 한 명씩 낳았으며 쉰 살부터는 거의 낳지 않았다. 왜 이래야 했을까?

여성은 평생 쓸 난자를 전부 가지고 태어난다. 나를 생산한 난자는 105년 전 우리 어머니가 우리 할머니의 자궁에 들어 있을 때 만

들어진 약 200만 개의 난자 중 하나였다. 난자는 빠르게 사멸하기 때문에 우리 어머니가 월경을 시작했을 때는 개수가 30만~40만 개로 줄었을 것이다. 가임기는 배란과 함께 끝나지만, 폐경에 앞서 무배란 월경, 에스트로겐 수치 감소, 부정 출혈 같은 생식능력 저하가 몇 년간 나타난다. 폐경의 진화적 유익은 분명해 보인다. (생물학적으로 말하자면) 20년의 가임기는 여성이 필요한 만큼 자녀를 낳는 데 충분한 기간이며 남은 시간은 그 자녀의 자녀 양육을 돕는 데 쓰는 게 낫기 때문이다.

현대 여성은 폐경 이후의 삶이 3분의 1에 달한다. 이른 폐경은 영양실조나 부실한 건강과 관계가 있으며 가난한 나라에 사는 여성들은 풍족한 환경에 처한 여성보다 폐경이 일찍 시작된다. 흡연자는 1~2년 일찍 폐경에 이르며, 이른 폐경과 열악한 사회경제적 지위 사이에는 확고한 연관성이 있다. 사회경제적 상황의 개선은 부유한 나라에서 폐경 연령이 계속 높아지고 있는 이유를 설명하는 듯하다(유럽의 연령 중위값은 54세이다).[33] 늦은 폐경은 사회적 혜택, 양호한 건강, 수명 연장, 심혈관 질환 위험 감소, 골다공증 위험 감소, 지적 능력 저하의 지연 등과 관계가 있다. 그러나 유방암, 자궁암, 난소암 위험은 커진다.

• 사회적 래칫 •

표현형 전환의 첫 단계는 1870년경부터 1950년까지였으며, 이 것은 주로 사회적으로 불우한 계층의 생활 수준 향상으로 인한 따라잡기 효과 때문이었다. 크기는 어머니의 몸을 통해 전달되는바, 골반과 태아의 크기 둘 다 꾸준히 커졌다. 번영의 시기에는 딸이 어머니보다 더 크게 자라고 더 일찍 가임기에 들어서고 더 큰 아기를 낳으며 그 아기는 자신의 어머니보다 키가 더 크고 골반이 더 넓어진다. 1998년 국제연합아동기금에서 지적했듯 래칫은 그 반대 방향으로도 작동할 수 있다. "성장 환경이 부실한 여자아이는 발육이 부진한 여성이 되어 저체중아를 낳을 가능성이 크다. 이 유아가 여아라면 성인기의 발육 부진 등 악순환이 이어질 수 있다." 산모의 몸무게도 요인으로 작용하여, 산모 몸무게가 100그램 늘 때마다 자녀 몸무게가 10~20그램 증가한다. 이 때문에 비만 유행은 한 세대에서 다음 세대로 전달되는 천형이 되었다.

이제 여성의 재생산에 대한 짧은 탐구를 마무리할 때가 되었다. 몇 가지 특징이 눈에 띈다. 하나는 일상적 발달 단계를 거치기 위해서는 복잡한 사건들이 올바른 순서로 일어나야만 한다는 것이다. 이 단계들이 구현된다는 것 자체가 놀라운 일처럼 보일 정도다. 또다른 특징은 임신이 역동적 상황이며 산모와 아기 둘 다 대단한 적응력을 발휘한다는 것이다. 여성의 재생산 과정은 산모가 어머니에게서 전달받은 세대 간 신호, 산모가 태아와 주고받는 신호, 산모 자신의 건강·영양 상태에 영향을 받을 수 있다. 사회적 혜택이나 불이익은 한 세대에서 다음 세대로 전달되며, 이 유산은 아무리 평등한 사회에서도 근절하기 힘들다는 사실이 입증되었다. 여기에 결혼 연령이나 (피임약으로 인한) 거짓임신 같은 사회적 요인이 추가로 작용한다. 여성 출산력의 조절은 양성 평등의 증진에 역사상 그 어떤 조치보다 크게 기여했으며 자연선택으로부터의 탈출에 그 어떤 조치보다 직접적으로 개입했다. 자궁은 표현형이 빚어지는 장소이며 그 영향은 평생 지속된다.

07
출생 이전의 삶

우리 삶을 통틀어 가장 역동적인 시기는 우리가 태어나면서 끝난다. 우리의 출발점인 그 한 개짜리 세포가 우리가 빛을 보기도 전에 마흔두 번만이나 분열했기 때문이다. 분열 주기가 다섯 번만 더 반복되면 이론상 성체의 모든 세포를 만들어낼 수 있다. 모든 생물은 급성장 시기에 취약하며 빅토리아시대 사람들은 산모의 건강과 행동이 아기에게 영향을 미칠 수 있음을 잘 알았다. 그들은 빈곤한 어머니가 발육 부진아를 낳고 그 아이가 사회의 최하층으로 내몰리는 빈곤의 악순환도 잘 알았다. 그들은 사회 최하층을 '찌꺼기'라고 불렀다. 최하층 사람들은 사실상 과학, 종교, 자선의 영역 밖에 있는 존재로 치부되었다. 의아하게도, 자궁 속에서의 이 결정적 시기는 20세기 들어서도 오랫동안 별다른 관심을 받지 못했다.

18세기 런던에서는 싸구려 진이 보급되면서 알코올중독이 급증

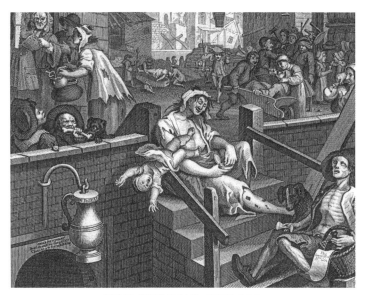

그림 20 윌리엄 호가스의 〈진 골목〉(부분).

했다. 이 현상은 윌리엄 호가스의 〈진 골목Gin Lane〉(그림 20)에 인상적으로 묘사된 바 있다. 알코올중독은 각계각층의 우려를 샀으며 1735년 미들섹스 치안판사들이 설립한 위원회에서는 이렇게 논평했다. "가련한 어머니들이 이 증류주에 맛들면 자식들은 병약하게 태어나는데, 마치 노인처럼 쪼글쪼글하고 늙어 보인다."[1] 알코올은 세대 단위 퇴화의 주요 원인으로 간주되었으며 1899년 내과의사 W. C. 설리번은 이렇게 말했다.

우리에게 친숙한 사실은 부모 중 한쪽이나 양쪽의 만성적 알코올중독이 가족의 퇴화 과정에서 종종 첫 단계로 나타난다는 것, 그리고 이러한 유기체의 인위적 쇠퇴가 후손에게 더 강력하게

전달되고 네 세대 만에 혈통의 사멸로 끝날 수 있다는 것이다.[2]

당시에 손꼽히던 권위자 존 윌리엄 밸런타인은 1904년 출판한 두 권짜리 책에서 태아의 성장과 건강에 대한 당대의 지식을 집대성했다. 그는 무엇보다 알코올, 담배, 아편, 납, 수은, 클로로포름의 해로운 효과를 나열하고 어머니에게서 아이에게로 전달될 수 있는 수많은 감염 사례도 제시했다.[3]

그간 실험 증거가 이 주장을 확증하여, 알코올이 다음 세대에 미치는 위험이 많은 생물학 교과서에서 언급된다. 올더스 헉슬리는 1932년 출간한 『멋진 신세계』에 이 지식을 접목했다. 그가 묘사한 미래에서 자연분만은 사라진 지 오래다. 난자를 자발적으로 기증하는 여자들은 두둑한 보상을 받고, 그들의 난자는 실험실에서 수정되고 처리되며, 태아는 영양소가 들어 있는 용액에서 길러진다. 사회의 낮은 계층은 수수께끼 같은 '보카노프스키 처리'에 의해 복제 배아에서 만들어지는데, 대량 생산되는 감마, 델타, 엡실론의 지능을 인위적으로 낮추는 방법이 바로 알코올을 차등적으로 주입하는 것이다. 그러니 1970년대에 태아알코올증후군이 재발견될 때까지 태아에 대한 알코올의 위험성이 대체로 간과된 것은 얼마나 기이한가!

태아 자체도 거의 외면당했다. 1936년에 출간된 슈라이오크의 권위서 『근세 서양의학사』는 산모 사망률 감소와 신생아 사망률 감소 같은 공중 보건의 성과를 나열하면서도 산모의 삶과 건강이 태아에게 영향을 미칠 가능성에 대해서는 일언반구도 없다. 슈라이오

154

크는 태아가 외부 세계로부터 안전하게 격리된 "완벽한 기생충"이 며 태반이 감염이나 독소를 걸러준다는 통념에 사로잡혀 있었던 듯 하다.

이 모든 통념은 이내 무너지게 된다. 1970년대가 되자 의료계는 감염, 알코올, 흡연, 독소, 약물, 방사능이 태아에 영향을 미칠 수 있음을 어쩔 수 없이 자각하게 되었다. 이런 위험이 발견되거나 재 발견되는 데 왜 이토록 오랜 시간이 걸렸을까? 한 가지 이유는 직 업적인 것이다. 산과는 수술을 전문으로 하게 되어 분만의 결과보 다는 분만 기법에 치중하게 되었다. 살아서 분만실을 떠나는 아기 가 점차 늘었지만 누가 그들을 돌볼 것인가? 산과의사의 책임은 분 만과 함께 끝났으며 소아과의사는 산과병원에 들어가는 일이 드물 었다. 신생아를 돌보는 일은 대부분 조산사의 몫이었다. 내 아내는 쌍둥이 중 동생이었는데, 1950년대에 약 28주 만에 900그램의 몸 무게로 태어났다. 의사가 부모를 따로 불러내어 아기를 집에 데려 가 직접 보살피면 생존 가능성이 커질 거라고 말했다. 조언은 이중 으로 다행이었다. 당시 병원에서는 조산아 치료를 위해 산소를 대 량으로 주입했는데, 이 시술은 실명을 일으킬 수 있었기 때문이다. 아내의 부모는—둘 다 화학자였다—쌍둥이를 집에 데려왔고 직접 인큐베이터를 만들어 피펫으로 영양을 공급했다. 신생아 의료는 아 직 독자적 전문 분야로 인정받지 못하고 있었으며, 50년간의 의료 공백 때문에 얼마나 많은 신생아가 희생되었는지는 추측만 할 수 있을 뿐이다.

· 각성 ·

중세 수도사 로저 베이컨은 무지의 네 가지 토대가 "부적절한 권위에 대한 신뢰, 관습의 힘, 미숙한 군중의 견해, 피상적 지식을 과시하며 자신의 무지를 숨기는 것"이라고 했다. 이에 질세라 현대과학은 두 가지를 더했는데, 그것은 잘못된 전문 지식을 훈련받는 것과 선배들의 연구를 읽지 않는 것이다. 이 실태를 가장 똑똑히 보여주는 것이 무적의 태아라는 기묘한 통념이다.

일련의 사건이 이 오판을 뒤흔들었다. 첫번째 사건은 1940년 오스트레일리아의 대규모 풍진 발병이었다. 오스트레일리아는 고립되어 보호받았기에 ─오랜 항해가 검역 조치 못지않은 효과를 발휘했다─1925년 이후로 풍진 바이러스에 노출된 적이 없었다. 그런데 전쟁에 동원된 청년들이 막사와 병영에 집결했을 때 풍진이 나라를 휩쓸었다. 1년 남짓 뒤에 안과의사 노먼 그레그는 낯선 선천성 백내장에 걸린 아기들이 자신의 외래 진료실 앞에 늘어선 것을 보았다. 환아들은 병약하고 발육이 부진했으며 지적장애도 흔했다. 그 대기실에서 임신 경험에 대해 이야기하던 두 보호자가 아기의 백내장이 산모의 풍진과 연관되었을 가능성을 제기했다. 그레그는 '무해한' 바이러스가 이런 선천성 기형을 일으킬 수 있다고 주장했는데, 이는 용기가 필요한 일이었다. 당시에는 산모의 감염이 태반을 통과할 수 없다는 것이 의료계의 통념이었기 때문이다.[4]

태아의 취약함을 보여준 또다른 사건은 1944년 네덜란드에서 벌어졌다. (암스테르담을 포함한) 네덜란드 북서부의 해방이 임박해 보였으나, 영국군이 아른험에서 다리를 확보하지 못한 탓에 점령 기간이 6개월 이상 늘어났다. 네덜란드인들이 연합군을 지원하기 위해 철도 파업을 벌이자 점령군은 식량 공급을 차단했다. 금수 조 치는 1944년 11월에 해제되었지만, 이례적으로 심각한 겨울 혹한 탓에 운하와 수로로 식량을 공급하기가 불가능했다. 식량 배급량이 일일 1800칼로리에서 1000칼로리로 급감했으며 1944년 12월에서 1945년 4월 사이에는 400~800칼로리까지 떨어졌다.

1947년에 발표된 연구는 기근중에 태어난 아기들이 출생시 몸무 게는 200그램 가벼웠지만 출생 후 금세 결손이 회복되었음을 확인 했다. 이때만 해도 장기적 영향의 가능성을 염두에 두지 않은 듯하 다.[5] 세월이 지난 뒤 미국 연구자들은 네덜란드 기근을 표본으로 태 아 영양실조가 뇌 발달에 미치는 영향을 검증할 수 있겠다고 생각 했다. 1975년 발표된 연구 결과에 따르면 열아홉 살 시점의 정신 능력은 영향을 받지 않았으나[6] 생존자가 50대에 접어들었을 때 부 정적 영향이 나타날 것으로 의심되었다. 이어진 연구에서 임신 후 반에 기근을 겪은 산모는 저체중아를 낳았으며—이후에 적절한 식 단을 섭취하면 몸무게가 회복되었다—이 아기는 후년에 비만에 시 달릴 가능성이 대조군에 비해 적었다. 반대로 임신 초반에 기아를 겪은 산모의 아기는 정상 체중이었으나 성인 비만에 취약했다. 뒤 늦게 나타나는 또다른 영향으로 당뇨병, 심장병, 조현병 등이 있 었다.

1956년 성탄절에 독일 슈톨베르크에서 귀 없는 여아가 태어났 다. 회사원인 아버지가 임신 중인 아내에게 새로운 입덧 치료약 샘

플을 건넨 탓이었다. 탈리도마이드는 처방 없이 살 수 있을 만큼 안전한 의약품으로 간주되었으나, 독일에서 3049명이 (종종 끔찍한) 선천성 장애를 지닌 채 태어난 뒤 시장에서 퇴출되었다. 탈리도마이드는 여러 장애를 일으켰는데, 특히 팔다리 발달을 저해했다. 전 세계에서 1만 명의 아동이 장애를 얻었으며 8000명은 출생 전에 죽은 것으로 추측된다. 으레 그러듯 회사는 연관성을 부인하고 불완전한 정보를 제공했으며(탈리도마이드는 독일에서 퇴출되고도 1년 동안 일본에서 안전한 수면제로 판촉되었다) 규제 당국은 머뭇거렸다. 언론에서 문제를 제기하고서야 조치가 취해졌다.[7]

한편 1735년 미들섹스 치안판사들이 언급한 태아알코올증후군이 1971년 재발견되었으며 1973년 『영국 의학 저널』은 임신 중 흡연의 유해한 영향을 "의심할 합리적 이유가 전혀 없"다고 논평했다. 임신 중 흡연의 위험으로는 성장 지연, 조숙, 출생전후기 사망, 지적 장애 등이 거론되었다. 이미 70년 전 밸런타인이 "여성 담배 노동자 자녀의 생후 유아 사망률이 매우 높다는 사실은 의심할 여지가 전혀 없어 보인다"라고 썼지만, 이 사실을 기억하는 사람은 아무도 없었다. 태아의 취약함에 대한 증거가 쌓여가자 마침내 출생 전 경험이 성인기 표현형에 영구적 영향을 미칠 가능성에 관심이 쏠렸다.

· 나의 종말은 나의 시초에 있다 ·

안데르스 포르스달은 노르웨이 최북단 핀마르크에서 지역의사의 아들로 태어나 1963년부터 1974년까지 의사로 일했다. 20세기 초 극북의 삶은 혹독했으며 유아의 14퍼센트가 생후 첫 해에 죽었다(노르웨이 나머지 지역은 7퍼센트였다). 포르스달이 청진기를 들었을 즈음엔 상황이 호전되었지만, 핀마르크의 심혈관 질환 사망률은 노르웨이의 나머지 지역보다 25퍼센트 높았다. 포르스달은 빈곤층 자녀가 이후 심장병에 더 취약하리라는 가설을 세운 뒤 둘 사이에 적잖은 통계적 상관관계가 있음을 밝혀냈다. 그에 따르면 노르웨이 북부의 과거 여건은 "재앙이라고 부를 만큼 열악했"다. 게다가 그에 못지않은 타격을 입은 이웃 나라 핀란드는 그가 논문을 쓰는 동안 대규모 관상동맥 질환 유행을 겪고 있었다. 관상동맥 질환의 위험이 어릴 적 궁핍의 유산일 가능성이 있을까? 만일 그렇다면 최근에 부유해진 나라들에서는 심장병이 급증하고 오랫동안 풍요를 누린 나라에서는 감소하리라는 것이 그의 주장이었다. 두 예측 다 충분한 근거로 확증되었다. 그럼에도 그의 견해는 이단으로 치부되었다. 당시에는 관상동맥 질환이 중산층에 주로 발병하며 업무 스트레스와 과도한 콜레스테롤 섭취가 원인이라는 것이 의료계의 통설이었기 때문이다.[8]

영국의 소아과의사 출신 전염병학자 데이비드 바커(1938~2013)가 논쟁에 뛰어들었다. 통념에 따르면 영국의 심장병은 부유한 중산층 지역에 집중되어야 했다. 실제로는 웨일스 남부, 랭커셔, 북부 등의 산업 지대처럼 오랫동안 사회적 박탈을 겪은 지역에서 주로 발병했다. 게다가 이 분포는 1907~1910년 잉글랜드와 웨일스의 신생아 사망률 지도와 거의 일치했다. 이 모든 사실은 산모의 궁핍과 심장병의 연관성을 가리켰지만 이것을 어떻게 입증할 수 있을까? 이를 위해서는 생존자가 필요했다. 출생시 저체중은 산모 궁핍의 또다른 표시이기 때문에 바커는 출생시에 저체중이었던 성인을 찾아내기로 했다. 하지만 50년 이상 거슬러올라가는 출생 기록을 어디서 찾는단 말인가? 그의 연구진은 전국의 먼지투성이 기록 보관소를 뒤지기 시작했다.

다행히도 20세기 초 영국 정부는 출생률 하락과 보어전쟁 자원 입대자의 열악한 신체 조건에서—자원 입대자 중 거의 3분의 2가 소총을 들고 90미터를 달리지 못할 정도였다—인종 쇠퇴의 증거를 보았다. 하트퍼드셔주의 보건소장이 "모든 유아의 생명을 성실히 보전하는 것은 국가적 중대사다"라고 논평했을 때 그의 곁에는 뛰어난 인재가 있었다. 그러니 그가 1911년 에설 마거릿 번사이드를 하트퍼드셔 보건·조산 감독관으로 임명한 것은 결코 우연이 아니다. 그녀는 "매우 위압적인 존재감, 날카로운 목소리, 지배적 성격"을 지닌 장신의 여성으로, 결코 허투루 대할 수 없는 인물이었다. 그녀가 재직하는 동안 산파와 방문 간호사들은 하트퍼드셔에서 태어난 모든 아기의 출생시 체중과 초기 발달 상황을 꼼꼼히 기록했다. 이 관행은 그녀가 은퇴한 1948년까지 쭉 이어졌다.

바커는 하트퍼드셔의 수석 기록 담당관을 잠깐 만난 자리에서 자신이 금광을 발견했음을 알아차렸으나, 기록에 개인 정보가 들어 있어서 이후 50년간 열람할 수 없다는 대답을 들었다. 그런데 절묘하게도 바커의 가족은 제2차세계대전 기간에 하트퍼드셔의 마을 머치해덤에 대피한 적이 있었다. 1943년 그곳에서 태어난 그의 여동생도 기록에 올라 있었다. 이 인연에 마음에 누그러진 담당관은 완벽한 보안을 갖춘 공간을 준비한다는 조건으로 기록 공개에 동의했다. 바커가 재직하는 사우샘프턴대학교에는 실제로 철통 보안을 자랑하는 보관실이 있었으며―웰링턴 공작의 문서를 보관하기 위해 건축되었다―보물은 무사히 전달되었다. 바커가 그후 몇 년간의 연구 끝에 내놓은 결론은 아래와 같다.

> 집단으로 보자면 출생시나 유아기에 체구가 작은 사람은 평생 생물학적으로 남다른 특징을 유지한다. 그들은 혈압이 높으며 제2형 당뇨병에 걸릴 가능성이 크다. 혈중 지질 패턴이 다르고, 골밀도가 낮고, 스트레스 반응이 다르고, 좌심실 벽이 두껍고, 동맥이 뻣뻣하고, 호르몬 구성이 다르며, 노화가 빠르다.[9]

산모 궁핍은 실제로 표현형에 지속적으로 영향을 미칠 수 있었다. 그 이유는 무엇일까? 포르스달과 바커는 산모의 빈곤에 집중했지만, 출생시 저체중의 이유로는 영양실조, 빈혈, 고지대 거주 등도 있다. 태반에서 혈액을 제대로 공급받지 못해도 작게 태어날 수 있다. 근본 원인이 무엇이든 저체중아들이 여러 특징을 공유한다는 사실이 금세 뚜렷해졌다. 피터 글럭먼과 마크 핸슨이 이런 연구를 방대하게 검토하여 내린 결론은 다음과 같다. "다양한 모형을 검토했음에도 성인기에 나타나는 표현형에 주목할 만한 일관성이 있다. 인슐린 저항성, 혈압 상승, 혈관내피 장애, 지질 및 탄수화물 대사 이상, 비만 성향, 근육량 부족 등이 공통으로 나타난다. 우리는 여기에 '생존 표현형'이라는 이름을 붙였다."[10]

글럭먼과 핸슨은 생존 표현형이 태아가 험난한 세상에서 살아가도록 준비시킨다고 주장하며 이것을 '예측 적응 반응predictive adaptive response'이라고 부른다. 같은 반응들이 태아의 (급선무임이 분명한) 당면한 생존에도 유익하기 때문에 예측성 여부는 논란의 여지가 있다. 이 가설을 검증하기 힘든 데는 분명한 이유들이 있지만, 아동의 42퍼센트가 열다섯 살 이전에 죽은 1751~1877년의 핀란드 인구를 후향적으로 분석했더니 풍요로운 시기에 태어난 아기들이 힘겨운 시기에 살아남을 가능성이 더 컸다.[11] 새끼들 중에서 가장 튼튼한 돼지가 꼬맹이보다 잘살며 요람에 놓인 은수저는 일반적으로 길조다.

생존 표현형이 궁핍한 환경에서 태어난 아동에게 지속적으로 유리한지는 의문의 여지가 있지만, 초기 궁핍이 전체 인생 역정에 영향을 미칠 수 있고 실제로도 미친다는 것은 의문의 여지가 전혀 없다(물론 생후의 여건들도 지속적 영향을 미칠 수 있지만). 이를테면 임신 초기에 기근을 겪은 사람들은 네덜란드의 겨울 굶주림에서 살아남은 사람들의 경우 이후에 비만 성향을 나타냈지만 레닌그라드 봉쇄를 겪은 사람들은 그러지 않았다. 이에 대해 생각해볼 만한 이유는 네덜란드 아동이 생후에 잘 먹은 반면에 러시아 아동은 생후에도 식량 배급이 부족했다는 것이다.[12] 포르스달이 주장하고 다른 연구자들이 밝혀냈듯 초기의 궁핍과 후년의 상대적 풍요는 무척 위험한 조합이다.

•유전자의 전략•

21세기 생물학의 개선 행진은 여러 중요한 이정표를 지났다. 그중 하나가 21세기 초반 유전자 이론의 발전으로, 이어 자연선택을 유전자 변이의 관점에서 이해할 수 있음이 입증되었다. 유전자 자체는 줄곧 가설적 실체였다가 1950년대에 왓슨과 크릭이 유전자의 구조를 규명했다. 뒤이은 분자생물학 혁명은 생명 자체를 큰 분자의 상호작용으로 설명할 수 있다고 주장했으며 이는 사실로 드러났다. 하지만 (이 책에서 나중에 설명하겠지만) 낱낱의 신경세포를 분석하여 뇌의 작동을 설명할 수 없듯 낱낱의 유전자를 분석하는 것으로는 복잡한 형질의 발달을 설명할 수 없다.

하지만 당시에는 그래 보이지 않았다. 분자생물학자들은 자신들이 근본 원리를 발견했으며 더는 파고들 것이 없다고 믿었다. 1990년대에 유전체 전체를 분석할 수 있으리라는 전망이 제기되었을 때만 해도 유전학의 설명력에는 한계가 없어 보였다. 제임스 왓슨은 이를 두고 "인간이라는 것의 의미를 알고 싶"다고 말했다. 어떤 강연에서 저명한 유전학자가 의사 청중 앞에서 조만간 환자들의 유전체를 바코드처럼 판독하여 질병을 사전에 진단하고 치료할 수 있으리라고 장담했던 기억이 생생하다. 이와 비슷한 유전자 결정론이 영화 〈가타카〉(영어 제목 'Gattaca'는 DNA의 뉴클레오티드 염기 네 개의 첫 글자를 조합하여 만들었다)에 영감을 주었는데, 주인공은 출생 시에 유전체 검사를 받아 자신이 심장병으로 죽을 정확한 날짜를 예고받는다.

유전체 검사가 널리 보급될수록 이에 대한 믿음은 오히려 사그라들었다. 유전체 검사는 특정 유전자와 관련된 단순 형질에 대해서는 많은 것을 알려줄 수 있지만 표현형의 더 중요한 요소들을 구성하는 복합 형질에 대해서는 알려줄 수 있는 것이 거의 없다. 유전자 분석은 당신이 다인자 질병에 걸릴 기준 확률은 알려줄 수 있지만 이 확률이 어느 정도로 실현될 것인가는 당신이 어떻게 사느냐에 달렸다. 이를테면 당신은 폐암에 유난히 취약할지도 모르지만 폐암에 걸릴 가능성은 대체로 흡연 여부에 좌우된다. 당신이 심장병이나 당뇨병에 걸릴 위험은 유전자보다는 환경과 훨씬 밀접하게 연관되어 있다. 왜 생명보험 회사에서 계약 전에 유전체 검사를 요구하지 않는지 생각해보라. 우리가 유전자의 발현인 것은 사실이지만 유전자가 어떻게 표현되는지는 환경에 달렸다.

그럼에도 21세기 초에는 유전자 결정론이 학계에서 우위를 차지했으며 건강과 질병의 발달적 기원developmental origins of health and disease('DOHaD'라는 꼴사나운 약어로 불린다)에 관심을 가진 사람들은 주류 과학의 변방에 밀려났다. 설상가상으로 DOHaD 옹호자들을 배출한 학문은 전염병학, 임상의학, 동물생리학 같은 비인기 분야였다. 그럼에도 그들은 생명의 (출생 전후) 첫 1000일이 표현형에 지속적으로 영향을 미칠 수 있음을 보여주는 증거를 축적했다.

변화하는 우리 표현형의 놀라운 특징 하나는 (내가 구석기 표현형과 농경 표현형이라고 이름 붙인 두 표현형에서 보듯) 같은 환경에서 자란 사람들이 전반적으로 뚜렷한 유사성을 나타낸다는 것이다. 유전자가 환경에 대응하면서 함께 작용한다는 것이 점차 명백해지고 있지만, 문제는 유전자가 거의 무한히 다양하다는 것이다. 그렇다면 유전자가 우리를 이토록 비슷하게 빚어내는 이유는 무엇일까?

같은 유전자가 다른 표현형을 빚어낼 수 있다는 생각의 전조는 20세기 초반 요한센의 동시대 인물 리하르트 볼테레크에게서 찾아볼 수 있다. 볼테레크는 물벼룩이라는 단세포 민물 생물을 연구했다. 그는 물벼룩을 포식자가 있는 환경에서 키우면 작은 투구가 발달한다는 사실에 주목했다. 이것은 낱낱의 유전적 변이와 무관해 보이는 종 차원의 반응이었다. 볼테레크는 일정한 변이 패턴이 같은 종의 모든 구성원에게 새겨져 있다고 결론 내렸으며 이것을 '반응 규범norm of reaction'이라고 불렀다.[13]

20세기 중엽 콘래드 워딩턴이라는 유전학자도 비슷한 발상을 떠올렸다. 그의 관심사는 찰스 다윈의 골머리를 썩였던 역설이었다. 이해하기 쉽게 설명하자면 이렇다. 자연선택은 주어진 환경에서 생존 확률을 높이는 변이를 선호하며, 따라서 가장 효율적인 유전자 변이를 선택할 것이다. 하지만 하나의 변이를 선택하는 것은 대안들을 버려 미래 변이의 가능성을 없애는 셈이다. 이 말은 자연선택이―적어도 이론적으로는―미래 진화의 가능성을 배제한다는 뜻이다. 워딩턴은 1957년에 출간한 『유전자의 전략The Strategy of the Genes』에 이 역설의 해법을 담았다.

그는 자연선택이 두 차원에서 작동하며 환경 변화에 대한 여러 지배적 반응이 유전자 돌연변이의 통상적 진화 메커니즘을 보완한다는 견해를 제시했다. 이를테면 고슴도치는 위협을 받을 때마다 몸을 공처럼 말아 반응하는데, 그는 자연선택이 우리에게도 비슷한 반사 반응을 부여했다고 주장했다. 이것은 볼테레크의 반응 규범을 닮았으며(그는 볼테레크를 인용하지 않지만), 가령 영양이 결핍된 태아가 다양한 위협에 대한 반응으로서 똑같은 '생존 표현형'을 채택하는 이유를 설명할 수 있었다. 이런 유형의 내장된 반응은 낱낱의 유전자에 달려 있지 않기 때문에, 좋은 유전자 변이를 유지하면서도 환경에 반응할 수 있으며 이로써 다윈의 딜레마가 해결된다. 이것이 (내가 이해하는) 워딩턴의 유전자 전략이었다.

워딩턴은 이런 보완적 덮어쓰기 체계에 대해 한물간 생물학 용어를 되살려 '후성유전학$_{epigenetics}$'이라는 이름을 붙였다. 표현형을 조정하는 가장 효과적인 방법은 초기 성장에 변화를 가하는 것이므로, 워딩턴은 태아의 성장이 어머니의 세계에서 전달되는 신호에 반응하여 표준적 경로로 유도될 수 있으리라—그리고 그것이 지속적으로 영향을 미칠 수 있으리라—가정했다. 후성유전학은 그뒤로 의미가 훨씬 정교해졌으나 우리는 워딩턴이 이 용어를 채택한 원래 취지를 간과해서는 안 된다. 그것은 "표현형을 구현하는 유전자와 환경의 상호작용"을 정의하기 위한 것이었다.[14]

지금까지의 논의를 요약하자면 발생학은 20세기 초반에 비교적 외면당하던 분야였으며, 무적의 태아라는 관념이 의학적 사고에 거의 기본값처럼 스며 있었다. 이 통념을 여지없이 뒤흔든 것은 바이러스, 약물, 알코올, 담배, 산모의 기아와 궁핍 등이 지속적인 영향을 미칠 수 있다는 사실이었다. '태아 기원' 가설은—처음에는 이렇게 불렸다—발달에 미치는 일련의 영향이 성인 표현형을 빚어낸다는 폭넓은 개념으로 대체되었으며, 유전자가 환경과 상호작용하

여 발달에 관여한다는 주장이 제기되기 시작했다. 이제 이 상호작
용의 결과를 들여다보자.

08

키가 커지다

당신은 가련한 18세기 병사다. 시커먼 연기의 매캐한 구름 사이로 당신 못지않게 겁에 질린 적군 병사들이 보인다. 일렬로 그들의 20미터 앞까지 행진하여 무겁고 부정확한 총을 발사한다. 떨리는 손으로 재장전하기까지 하세월이 걸린다. 진흙에 빠져 둔해진 발로 당신은 전진하여 발사하고 후퇴하여 재장전한다. 몸에 밴 제식교련과 내 뒤에 있는 사람들을 내 앞에 있는 적들보다 더 두려워해야 한다는 것을 알기에 두려움을 무릅쓰고 자리를 지킨다. 자진해서 나온 사람은 아무도 없다. 모병관은 사회에서 가장 가난하고 절망적인 계층을 공략해야 했다. 마지못해 입대한 병사들은 끊임없는 제식교련과 규율에 적당히 기가 죽어 자동인형처럼 포탄 구멍에 발을 디뎠다. 두려움이 규율을 압도하면 질서 정연한 대오가 무너져 토끼처럼 달아났으며 장군들은 분통을 터뜨렸다. 프리드리히 대왕은 그런 꼴을 보고서 외쳤다. "개새끼들아, 그런다고 영원히 살 것 같으냐?" 웰링턴 공작 말마따나 이 시기의 장군들은 휘하의 총알받이들을 조금도 존중하지 않았다. "그들은 인간쓰레기, 땅의 찌꺼기에 불과하다. 나중에 놈들에게서 뽑아낼 게 이토록 많다는 게 놀라울 따름이다."[1]

시계태엽 병사들은 무거운 머스킷총을 휴대해야 했고 꽂을대를 다룰 만큼 팔이 길어야 했으며 (1700년경에 단행된 프로이센의 혁신에 부응하여) 발맞춰 행진할 수 있어야 했다. 제식교련은 군사 훈련의 알파와 오메가였으며 표준 체구의 사람들을 필요로 했다. 사람들의 키를 최초로 체계적으로 기록한 사람이 모병관인 것은 이 때문이다. 여성의 키는 측정된 적이 거의 없었다. 18세기 병사들은 현대의 기준에 따르면 놀랍도록 작았으며, 소수정예부대의 특장점도 큰 키였다. 프리드리히 대왕의 아버지 프리드리히 빌헬름은 키 큰 남성을 근위대원으로 모집하는 데 열을 올린 것으로 유명하다. 그런 남성들이 그에게 선물로 보내졌으며 심지어 납치당하기도 했다.* 전해지는 이야기에 따르면 그가 길거리에서 유난히 키 큰 젊은 여성을 보았다고 한다. 그는 그녀가 미혼이라고 확신하여 자신의 병사 중 한 명과 결혼할 것을 명령하는 문서를 그녀에게 들려 막사를 순회하게 했다. 그녀는 가는 길에 만난 평범하고 나이 든 여성에게 문서를 넘겼다. 나폴레옹 제국근위대는 키가 약 183센티미터였

* 화이트(White, 1993)는 1767년 5월 31일 제임스 리처드슨이라는 뱃사람이 조지 3세에 보낸 편지를 인용한다. 키가 180센티미터인 리처드슨은 메멜 해변을 거닐다가 납치되어 프로이센 군에 징집되었다. 조지 왕은 그의 석방을 이끌어냈다.

는데, 그들의 뒤에 서는 습관 때문에 나폴레옹이 단신이라는 속설이 더 무성해졌는지도 모르겠다. 영국의 선전도 한몫하여 나폴레옹의 키가 157센티미터밖에 안 된다는 소문이 퍼졌으며 나폴레옹 콤플렉스, 즉 '키 작은 사람' 콤플렉스에 대한 심리학 논문들이 발표되었다. 이 가설에 찬물을 끼얹은 것은 나폴레옹의 관을 짜려고 그의 키를 잰 영국인으로, 그는 나폴레옹의 키가 171센티미터라고 기록했으며 나폴레옹을 부검한 프랑스인 의사의 측정 결과는 169센티미터였다. 나폴레옹은 당시에 51세였고 사망한 상태였으므로 젊을 때는 그보다 몇 센티미터 컸을 것이다.

18세기 육군 병사의 삶은 혹독했으나 해병은 더욱 열악했다. 새뮤얼 존슨 박사는 바다에 가느니 차라리 감옥에 가겠다고 말했다. 바다에서는 육지에 비해 키가 덜 중요했다. 배 위에서는 무게중심이 낮아도 전혀 불리하지 않았기 때문이다. 넬슨의 수병들은 길거리에서 납치되었다. 해군에서 복무할 12세 이상 런던 소년들을 모집하기 위해 18세기 중엽에 설립된 해사협회의 표적은 "부랑자로, 그들은 대부분 오물과 넝마투성이였고 춥고 굶주리고 헐벗고 병들어 죽을 위험에 시달렸"다. 이 소년들은 열네 살의 키가 현대의 아홉 살짜리만 했다.[2]

성장은 사춘기를 유발하며 사춘기는 청소년기의 급성장을 유발한다. 상류층 자제들은 나머지 계층과 달리 십대 초반에 쑥쑥 자랐으며 대체로 일생 동안 키가 더 컸다. 19세기 초반 샌드허스트 사관학교에 입학한 귀족 자제들은 열아홉 살의 평균 키가 174.4센티미터로, 20세기 말 영국인 평균보다 고작 3센티미터 작았다. 나이를 보정하여 해사협회 회원과 샌드허스트 장교 후보생의 키를 비교했더니 열여섯 살에 22센티미터 차이가 났다.[3] 영국 상류층은 미국인보다도 컸으며 독일 귀족 계급 상류층만이 그들에게 필적할 수 있었다. 특권이 표현형에 미치는 영향을 이보다 잘 보여주는 사례는 드물다. 이 시기 여성의 키에 대한 기록은 하나도 남아 있지 않지만, 남성보다 5~7센티미터 작았으리라 가정하면 노동자 계층 여성의 평균 키는 약 152센티미터였을 것이다.

키는 표현형의 역사적 탐구를 위한 왕도로 밝혀졌으며, 경제 변화의 생물학적 영향을 측정하려는 경제학자들에게 적극적으로 활용되었다. 이 장에서는 우리가 배운 몇 가지 교훈을 들여다본다.

• 사람들을 측정하다 •

루이 르네 빌레르메(1782~1863)는 파리 근교의 작은 마을에서 유복한 집안에 태어났다. 그는 의학 공부를 하던 중에 수술 보조병으로 나폴레옹 군대에 징집되었다. 그는 스페인에서 끔찍한 광경들을 목격했으며 '전장에서 기근이 건강에 미치는 영향'에 대한 논문에 에스트레마두라 작전에서 굶주림이 민간인들에게 미친 영향을 생생하게 묘사했다. 이 잔혹한 작전은 전투와 기근을 통해 스페인 사람들의 인간성을 좀먹었으며 프란시스코 고야의 동판화 〈그들은 들짐승과 같다And they are like wild beasts〉는 여자들이 가족을 지키려고 짐승처럼 맹렬하게 싸우는 장면을 표현했다. 이 경험은 빌레르메에게 오랫동안 영향을 미쳤으며 그는 민간에서 잠깐 진료 활동을 한 뒤 사회의 밑바닥에 있는 사람들—방직공, 면 방적공, 견직공, 죄수—을 탐구하는 일에 투신했다. 그는 대도시가 죽음의 함정이며 파리 시민의 사망률이 부유한 시골의 두 배에 이른다는 사실을 발견했다. 가난한 도시민의 사망률은 "유례를 찾을 수 없을 만큼" 컸다.[4] 빌레르메는 결코 급진적 사회 개혁을 주장하지 않았지만—프랑스는 그 때문에 곤욕을 치른 바 있었다—부자가 빈민에게 동정심을 보여야 마땅하다고 생각했다. 당시에 이렇게 생각하는 부자들은 많지 않았다.

그는 나폴레옹 군대에 징병된 10만 명의 키를 분석하여—평균 키는 162센티미터였다—출신 지역에 따라 키가 놀랍도록 다르다는 사실을 발견했다. 이를테면 부유한 부슈드라뢰즈 데파르트망(데파르트망은 우리나라의 도에 해당하는 행정 구역이다—옮긴이)에서는 입대자의 6.6퍼센트만이 부적격 판정을 받았는데, 2.4퍼센트는 키가 너무 작아서였고 4.2퍼센트는 건강이 나빠서였다. 이들의 평균 키는 168센티미터였다. 반면에 가난한 산악 지대인 아페냉 데파르트망에서는 평균 키가 156센티미터였으며 30퍼센트가 작은 키 때문에, 9.6퍼센트가 건강 때문에 부적격 판정을 받았다. 어디를 보든 같은 패턴이 나타났다. 키가 클수록 발병률이 낮았다. 그는 다음과 같은 종합적인 결론을 내렸다. "여타 조건이 동일하다면 사람의 키와 성장 속도는 지역이 부유하고 안락함이 보편적이고 의식주가 양호하고 유아기와 청년기의 노동, 피로, 궁핍이 덜한 정도에 비례한다." 그리고 "모든 혜택은 키 큰 사람에게 돌아간다".[5]

가난하게 자란 사람들은 다리가 짧았고 성장이 끝나기까지 시간이 더 오래 걸렸다(빌레르메의 추산에 따르면 스물세 살에야 성장이 끝났다). 빌레르메가 놓친 것으로 보이는 세부 사항 하나는 오전보다 오후에 키가 더 작다는 것이다. 몸을 세우면 척추가 눌리기 때문이다. 18세기에 노샘프턴셔 에인호의 와서 목사는—아마도 시간이 남아돌았던 듯하다—다섯 시간 이상 책상 앞에 앉아 있으면 키가 약 2센티미터 줄어든다는 사실을 발견했다. 이 정도면 모병관에게 퇴짜 맞기에 충분했다. 빌레르메는 키 차이가 오로지 영양에서 비롯했다고 생각했지만, 다르게 생각하는 사람들도 있었다. 뇌의 언어 영역을 연구하여 명성을 얻은 폴 브로카(1824~1880)는 이렇게 썼다. "프랑스인의 키는 일반적으로 볼 때 고도에도, 위도에도, 빈곤이나 부유함에도, 토양의 성질이나 영양 상태에도, 그 밖에 언급할 수 있는 그 어떤 환경 조건에도 좌우되지 않는다. 이 모든 조건을 제거해도 무방하기에, 전반적 영향을 미치는 요인은 하나만 남는다. 그것은 민족적 유전이다."[6] 이것은 기나긴 논쟁의 포문을 열었다.

빌레르메의 관찰은 프랑스 시골 주민들이 안쓰러울 정도로 발육이 부진했으며 도시 빈민은 그보다도 훨씬 열악했다는 사실을 확증한다. 농촌사회에서는 누구에게나 (밑바닥일지언정) 제자리가 있었으며 공동의 책임이라는 관념이 어느 정도 존재했다. 도시는 사정이 달랐다. 프로이트의 성격 3요소에 빗대자면 도시에서 초자아를 대표한 것은 공동체가 공언한 사회적·종교적 목표였고 자아는 자기 발전, 자기 승인, 타인 배제의 탄탄한 메커니즘을 갖추고 떠오르던 중산층이었으며 이드는 무시무시한 위험, 좌절된 희망, 용인될 수 없는 욕망이 부글거리는 가마솥인 의식의 경계선에 자리했다. 도시가 점잖은 배려, 종교 개입, 사회 개혁, 섹스 관광, 징벌적 억압에 적합한 것은 의심할 여지가 없지만, 무엇보다 도시는 낯설었다. 도시를 방문할 수는 있어도 결코 도시에 속할 수는 없었다. 도시 군중은 프랑스혁명에서 러시아혁명에 이르기까지 유럽 지배층의 상상 속에서 떠나지 않았다.

19세기 들머리까지도 유럽은 언어가 겹치는 빽빽한 모자이크였지만 점차 나름의 건국 신화와 인종 기원을 가진 민족국가로 재편되기 시작했다. 이제 사람들은 과거와 전혀 다른 방식으로, 국적으로 정의되었다. 근대 국가는 관리를 필요로 했으며 이를 위해서는 국민에 대한 정보를 끊임없이 확보해야 했다. 새로운 부는 어디서 들어올까? 세금은 어떻게 매겨야 하나? 군부는 국민개병을 고민했고 기업은 인력을 가장 효율적으로 이용하고 싶었으며 지배층은 부글거리는 대중을 통제할 방법을 알고 싶었다. 그리하여 그들은 각자 표현형에 대해 질문을 던지기 시작했다.

아돌프 케틀레는 자신의 지역이 1831~1832년 네덜란드에서 떨어져나오자 벨기에인이 되었으며, 이 새로운 질서를 누구보다 먼저 누구보다 유능하게 탐구한 사람들 중 하나였다. 그는 이렇게 썼다. "과학은 발전할수록 수학의 영역에 가까워지는 경향이 있다. 수학은 과학이 수렴하는 일종의 중심이다." 그러고는 이렇게 덧붙였다. "내가 보기에 확률 이론은 모든 과학, 특히 관찰 과학의 토대 역할을 해야 한다." 케틀레는 팔방미인으로 천문학에서 사회통계학 같은 신생 분야에 이르기까지 다양한 학문에 정통했다. 그가 어딜 들

1835년 벨기에 소년들의 키와 몸무게는 현대인의 제3백분위에 해당했다.

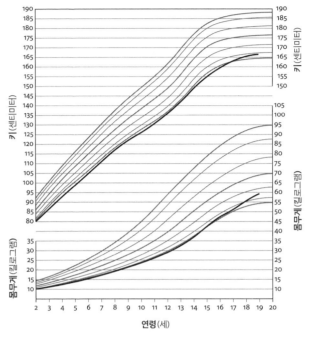

그림 21 케틀레가 조사한 아동의 키와 몸무게를 현대 성장 도표에 나타낸 것.

여다보든 확률이 핵심이었다. 이를테면 정밀과학에서 행성의 궤적을 정확히 측정하는 문제는 행성의 위치를 얼마나 정확하게 측정할 수 있는지에 의해 제한되었다. 그의 말대로 측정 오류는 무작위적이지 않다. 추정값들은 자연스럽게 정점이 있는 종형 곡선을 이루며 이것은 어떤 한 번의 측정보다 진실에 가까운 근삿값이다. 다양한 생물학적 측정에서도 비슷한 종형 곡선이 드러났으며 그 주된 쓰임새는 벨기에 남자의 키, 출생시 몸무게, 사망 나이 같은 통계 수치에서 찾을 수 있었다.[7]

케틀레와 그의 동시대인들은 측정을 넘어선 무언가를 찾고 있었다. 그것은 바로 생물학적 원형이었다. 개인은 이 이상적 수치에서 벗어날 수 있을지 몰라도 인구집단 전체는 이 수치로 수렴했다. 평균은 단순히 전체 무리의 중간이 아니었다. 무리가 무엇을 달성하려고 하는가를 보여주었다. 이 새로운 마법 지팡이로 무장한 케틀레는 어디를 들여다보든 혼돈 속에서 뜻밖의 질서가 생겨나는 것을 발견했다. 이를테면 성인의 몸무게는 출생시 몸무게의 스무 배였으며 그는 인간 성장에 대한 선구적 연구를 토대로 "몸무게는 키의 제곱에 비례하여 증가한다"라는 결론을 얻었다.[8] 이로부터 케틀레 지수라는 측정법이 탄생했는데, 1972년 앤설 키스에 의해 체질량지수(BMI)로 명칭이 바뀌었다.

· 더 커지다 ·

20세기 들머리에 미국인은 세계에서 가장 키 큰 사람들이었지만 훗날 서유럽인들에게 따라잡혔는데, 이것은 키가 작은 이민자들이 미국에 유입되었기 때문일 것이다. 영국은 제2차세계대전 직후 정점에 올랐는데, 그 위로는 스칸디나비아인과 네덜란드인에만 뒤처질 뿐이었다. 성장 가속화는 20세기 후반 극동에 이르렀다. 일본인은 전후 10년마다 약 2센티미터 커져 1960년대에 태어난 아동에서 정점에 이른 반면에 한국인은 1980년대에 태어난 아동에서 정점에 이르렀다. 중국인은 일본인을 따라잡았지만 일본인은 여전히 인도인과 방글라데시인보다 5센티미터 크며, 사하라 이남 아프리카 사람들은 50년 전보다 작아졌다.[9] 이 단면에서 보듯 키는 경제 여건을 보여주는 예민한 지표다.

머리는 신생아의 키에서는 4분의 1을 차지하지만 성인의 키에서는 7분의 1에 불과하다. 성장에는 단계가 있어서 머리가 맨 먼저 가장 빨리 성장하고 몸통과 내장이 그다음으로 성장하며 팔다리의 긴뼈가 마지막으로 자란다. 청소년기의 급성장은 주로 다리에 작용하는데, 다리가 키에 주된 영향을 미친다. 이것을 직접 확인하고 싶으면 온라인에서 남성복을 주문해보라. 키가 175센티미터 이하인 남성의 다리 안쪽 표준 길이는 키의 42~43퍼센트인 반면에 키가 190센티미터인 남성은 키의 45~47퍼센트다. 1800년부터 1970년까지 사망한 미국인의 긴뼈를 분석했더니 이 시기에 팔과 다리 둘 다 더 길게 자랐다. 다리가 팔보다 빨리 자랐으며 상대적으로 가장 많이 길어진 부분은 무릎 아래였다.[10] 이것 말고도 민족에 따른 차이도 있다. 서아프리카 태생은 유럽인에 비해 키 대비 다리 길이가 길다.

키 차별은 언어에 스며 있다. 영어에서 사람의 지위를 나타내는 표현—standing, stature, status—은 키와 관계가 있으며 사람을 기릴 때는 동상statue을 세운다. 우리는 어떤 사람들은 우러러보고 어떤 사람들은 낮잡아 본다. 키는 윤기 나는 깃털과도 같은 건강의 지표이며 지도력, 권위, 성적 선호도, 임금과도 관계있다. 키와 다리 길이는 사회적 지위의 고착된 지표이며 거의 무의식적인 차원에서 지각된다. 지배 계층의 영양 상태가 좋을 때는 이런 신체적 차이가 뚜렷이 드러났으며 귀족의 키, 품위, 세련된 품행이 농민의 땅딸막한 몸집이나 상스러운 행동거지와 대조를 이룰 수 있었다. 귀족이 언제나 키가 큰 것은 아니었기 때문에 그들은 또 스스로를 하층민과 구별하기 위해 엄격한 옷차림을 규정했다. 미셸 드 몽테뉴는 그의 성 출입구 높이가 150센티미터인 것으로 보건대 단신이었으며 이 사실을 무척이나 한탄했다. 그는 이렇게 말했다.

> 키가 작으면 넓고 둥근 이마도, 흰 피부와 부드러운 눈도, 아담한 코도, 작은 귀와 입도, 가지런하고 흰 이도, 밤 껍질처럼 갈색 나는 고르고 두터운 수염도, 풍성한 머리털도, 알맞게 둥그스름한 머리통도, 생기 있는 안색도, 호감 가는 얼굴도, 몸내 안 나는 몸도, 적정한 비율의 사지도 잘생긴 남자를 만들지 못한다.

이 귀여운 묘사에서 보듯 몽테뉴는 허영심이 없지 않았다. 그는 왕궁에 입실했다가 하인들에게 제지당하는가 하면 어느 궁정인에게 주인은 어디 계시느냐는 질문을 받고 마음이 크게 상했다.[11]

20세기에 성장과 영양 분야를 개척한 이저벨라 리치는 노벨상 수상자 아우구스트 크로그의 코펜하겐 실험실에서 일급의 연구 훈련을 받았지만 박사 학위를 받고 스코틀랜드에 돌아와서도 자리를 잡을 수 없었다. 그녀가 여성이었기 때문임은 의심할 여지가 없다. 그녀는 애버딘에 있는 보이드 오어의 연구소에 보조 사서로 취직해 곧 재능을 인정받았다. 그녀는 빈곤층의 다리가 유난히 짧다는 유서 깊은 소견에 흥미를 느꼈다. 미술가와 패션 디자이너들은 오래전부터 이 사실을 알았다. 리치는 1951년 이렇게 언급했다. "고급 패션 잡지에서는 여성의 팔다리를 극단적으로 길게 묘사하며 장식 미술에서는 남녀 모두에게 그렇게 한다. …… 미술가는 하층민을 〔익살스러운 의도로〕 표현하고 싶을 때 다리 길이를 과장스러울 만큼 짧게 그리고 몸을 뚱뚱하게 묘사한다. 낭만 문학에서 주인공은 언제나 팔다리가 길다. 여주인공이 키가 작으면 언제나 '비율이 완벽하다'라는 구절이 따라붙는다."[12] 리치는 "키에 대한 다리 길이의 비율을 아주 조금만 늘여도 외모가 놀랄 만큼 달라진다"라고 말했으며 이후의 연구에서 그녀가 옳았음이 드러났다. 그녀는 1937년 카네기재단의 지원으로 실시한 영양 상태 조사에 다리 길이 측정을 포함시켰으며 사회적 불이익이 앉은키와 선키의 비율에 뚜렷이 반영된다는 사실을 밝혀냈다. 잘 먹은 아동의 키가 더 큰 이유는 다리가 더 길기 때문이며, 이는 성인이 되었을 때의 신체 비율이 다를 것임을 의미한다. 셰릴 콜은 155센티미터로 단신일지는 몰라도 틀림없이 발육 부진은 아니다(그림 22).

패션에는 이런 추세가 반영되어 있다. 키가 163센티미터인 여성은 다리 안쪽 길이가 대개 74센티미터로, 키의 45퍼센트에 해당한다. 여성의 형상을 윤곽으로 보여주면 남녀 모두 긴 다리―78센티미터, 즉 전체 키의 48퍼센트―를 선호한다.[13]

레오나르도가 사각형과 원 안에 그린 유명한 비트루비우스적 인간은 로마 건축가 비트루비우스의 조언을 따라 몸 길이를 머리 길이의 여덟 배로 그렸다. 지금도 데생 지침서들은 초보자에게 똑바로 선 몸을 여덟 부분으로 나누어 머리 길이를 8분의 1로 정하고 사타구니를 가운데에 그리게 한다. 알브레히트 뒤러는 영웅적인 대

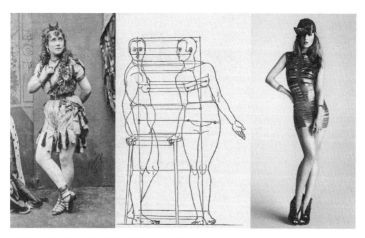

그림 22 뒤러가 소묘한 인체 비율은 1860년대에 화제를 불러일으킨 미국 미녀 에이다 멩켄과 비슷하다. 현대의 대중문화 아이콘 셰릴 콜은 155센티미터의 단신이지만 팔다리가 훨씬 길다.

그림 23 사회 계층에 따라 달라지는 뒤러의 비율. 왼쪽 판화는 <죽음에 위협받는 젊은 부부> (1498년경)이다. 오른쪽은 <춤추는 농민 부부>(1514년)이다.

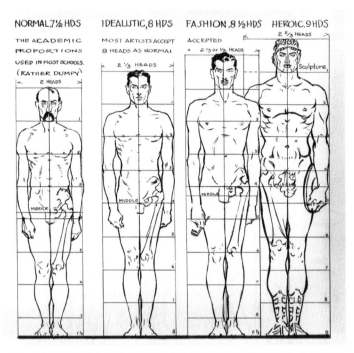

그림 24 실제 인체 비율과 과장된 인체 비율. 출처: 앤드루 루미스, 『쉽게 배우는 인체 드로잉』 (1943).

상을 그릴 땐 '8등신 규칙'을 따랐지만 농민을 표현할 땐 7등신으로 그려 땅딸막해 보이도록 했다.

각 인체 비율의 효과는 앤드루 루미스가 1943년 출간한 인기 있는 고전 데생 지침서에서도 볼 수 있다(그림 24). 루미스가 지적하듯 머리와 몸의 비율이 1:7.5인 '학술적 비율'은 사타구니가 중간 아래에 있는 땅딸막하고 볼품없는 모습이다. 우리 대부분의 모습이기도 하다. 머리 비율을 1:8로 줄이고 몸 너비를 머리 2개에서 2.3개로 키우고 다리를 늘이면 …… 당신이 닮고 싶을 만한 사람이 된다. 이 특징을 더욱 강조하면 판타지의 세계에 들어서게 된다.

긴뼈의 급성장은 청소년기에 일어나지만 최종 키는 유아기 초기의 발달에서 미리 결정된다. 빅토리아시대에 불우한 지역 아동들의 마지막 안식처이던 공동묘지에서 뼈를 발굴하여 조사했더니 오늘날 아동에 비해 긴뼈의 성장에서 뚜렷한 지체가 관찰되었다. 이 격차는 이미 생후 2~4개월부터 드러났다. 빈곤층의 다리가 짧았던 것은 놀랄 일이 아니다.[14]

· 평균의 추구 ·

19세기에 미국인은 다른 나라 사람들 눈에 거대해 보였지만, 그들 중 엘리트조차 오늘날의 기준으로는 작은 체구였다. 1888년 애머스트대학 남학생들은 평균적으로 키가 172.5센티미터, 몸무게가 61.2킬로그램, BMI가 20.6이었다. 91.2킬로그램의 몸무게 기록은 할로라는 학생이 달성했다.[15] 1869년 하버드대학교는 템스강 조정 경기에서 옥스퍼드대학교와 겨루기 위해 최고의 선수 네 명을 보냈다. 접전 끝에 옥스퍼드가 신승했다. 평균 몸무게가 78킬로그램으로 미국인의 71킬로그램보다 많이 나간 것이 유리하게 작용했다. 140년 뒤인 2009년 옥스퍼드대학교 조정 선수들의 평균 몸무게는 99.5킬로그램이었다.

미 동부의 많은 대학에서는 학생들의 몸무게와 신체 치수를 정기적으로 측정했는데, 남학생의 측정은 1860년대에, 여학생의 측정은 1880년대에 시작되었다. 측정의 동기는 불확실하지만 우생학적

그림 25 더들리 A. 사전트가 수집한 측정 결과에 기초하여 제작한 1890년대 백인 미국인 남녀 학생의 조각상. 얼굴에서 턱을 특징적으로 묘사하여 성별을 나타낸 것에 주목하라. 보스턴 피보 디박물관.

의도가 있었던 것은 사실이다. 아이비리그 학생들은 거의 예외 없이 백인에 북유럽 출신이었다. 어떤 사람들의 눈에 그들은 우생학자 매디슨 그랜트가 말한 '위대한 인종'의 최고 표현처럼 보였을 것이다.

하버드 비너스로 불리게 된 여성은 당시 유행한 개미허리 때문에 유명했다. 여학생들은 치수를 잴 때 숨을 꾹 참았을 것이다. 1856~ 1865년 하버드대학교 남학생의 평균 키는 173센티미터였고, 1906~1915년에는 178센티미터로 증가했다. 그들은 아버지보다 3.5센티미터 크고 4.5킬로그램 무거웠으며 어깨는 더 넓고 엉덩이는 더 좁았다. 여학생들은 어머니보다 1.8킬로그램 무겁고 2.9센티미터 컸으며 허리둘레는 더 굵었지만 엉덩이 너비는 더 좁았다.[16]

1916년 웰즐리대학 여학생들은 자신들의 신체 비율이 밀로의 비너스와 비슷하다는 사실에 반색했다. 하지만 완벽하게 맞아떨어지는 사람은 한 명도 없었다. 이것은 특이한 일이 아니었다. 사전트 본인도 이렇게 말했다. "학교에서 측정한 수천 명 중에서 모든 요건을 충족한 사람은 단 한 명도 없었다." 신문의 부추김으로 시작된 완벽한 비너스 찾기는 1922년 매디슨스퀘어가든에서 열린 미국 비너스 대회에서 절정에 도달했다. 최종 후보 다섯 명은 곁방에 안내되어 다섯 명의 남성 심사위원 앞에서 옷을 다 벗으라는 지시를 받았다. 한 참가자가 항의하자 심사위원장은 벌거벗은 몸이 더 아름답다고 우겼다. 나머지 네 위원도—물론 숨죽인 채—이구동성으로 말했다. "그럼요, 그렇고 말고요. 분명히 그렇답니다."[17] 하지만 유행은 이미 달라지고 있었다. 그리스의 이상적 체형은 엉덩이와 허벅지 둘레가 너무 굵다고 평가받았다. 1923년 뉴욕 타임스는 '진정한 미국의 현대판 비너스'는 키가 170센티미터에 몸무게는 결코 50킬로그램을 넘으면 안 된다고 선언했다. BMI는 17.2여야 했다. 미스 아메리카 대회에서 수영복 심사를 없애기로 결정했다는 보도가 뉴욕 타임스에 실린 2018년 6월 5일에는 사정이 달라져 있었다. 여성인 대회 위원장은 "우리는 당신을 외모로 판단하지 않을 것입니다"라고 말했으나 왠지 곧이들리지 않았다.

측정 숭배는 널리 퍼져나갔다. 1941년 미국 농무부는 미국 여성의 치수를 확인하기로 했다. 의복의 대량 생산을 지원하기 위해서였다. 보고서에서 말하듯 일상적 관찰에 따르면 여성의 "체형과 치수가 당혹스러울 만큼 다양하"기 때문이었다.[18] 18~80세 백인 여성 1만여 명이 55가지 방식으로 측정되었는데, 세로 치수보다 가

그림 26 <노마>와 <노먼>(1943). 에이브럼 벨스키와 로버트 라투 디킨슨이 젊은 백인 미국인들의 치수를 종합하여 제작한 조각상.

로 치수에서 더 큰 차이가 나타났다. 키는 평균 160센티미터에 약 38센티미터 폭의 대칭적인 종형 곡선을 그린 반면, 몸무게 분포(평균 60.5킬로그램, BMI 23.6)는 높은 값 쪽으로 치우쳤으며 36~91킬로그램으로 측정되었다.

1945년 미술가 에이브럼 벨스키와 부인과의사 로버트 디킨슨은 21~25세 남녀 1만 5000명의 치수를 종합하여—모두 백인이었다—설화석고 조각상을 제작했다. 이 조각상은 곧 노마와 노먼으로 불리게 되었다(그림 26). 두 조각상은 과거 하버드 조각상에 비해 키가 크고 다리가 길며 살집이 두툼하다. 또 나치 선전물과 심란하리만치 비슷하다. 노마는 여전히 거웃이 없었으며 더 많은 관심을 끌었다. 노마와 치수가 일치하는 여성에게 100달러의 상금이 내걸렸다. 총 3863명의 신청자 중에서 1퍼센트만이 비슷했으며 상금

은 24세의 극장 출납계원에게 돌아갔다.[19]

이 조사들의 결론은 한결같았으니, 그것은 평균이란 허구라는 것이다. 역설적으로, 통계적 평균에 가까운 사람이 통계적 변칙이다. 『평균의 종말』(2016)의 저자 토드 로즈는 1940년대 말엽 미 공군에서 설명할 수 없는 추락 사고가 빈발했다고 회상한다. 당시는 제트기가 갓 등장한 때였으며 조종사들은 기기를 조작하기 위해 몸을 최대한 뻗어야 했다. 그래서 선별된 조종사 4000명의 신체 치수 140가지를 바탕으로 조종석을 주도면밀하게 설계했다. 문제는 평균 조종사란 존재하지 않았다는 것이다. 모든 사람에게 맞게 설계된 조종석이 실은 아무에게도 맞지 않았다.[20]

신입생 신체 평가는 많은 명문대에서 여전히 입문 의식이었다. 이제 사진이 측정을 대체했으며 남녀 학생들은 전라나 반라로 포즈를 취해야 했다. 이 관행이 마침내 폐지된 것은 1960년대로, 그즈음 대학 자료실에는 존 F. 케네디에서 힐러리 로댐 클린턴에 이르는 저명한 미국인의 전라 사진이나 반라 사진이 가득했다. 마침내 이 사건이 헤드라인을 장식했을 때 대학들은 애초에 그동안 왜 학생들을 촬영했는지 이유조차 몰랐다. 미국인의 표현형을 찾는 탐구는 종결되었다.

• 당신이 맞닥뜨리는 얼굴을 맞닥뜨리는 얼굴 •

영양 상태가 좋은 아동과 청소년은 팔다리뼈가 빠르게 성장한다. 두개골도 마찬가지여서, 최근 세대들은 정수리가 더 높이 자란다.[21] 턱뼈는 할 일이 줄어서 작아졌다. 턱은 머리에서 기계적 작업을 맡는 유일한 부위이며 힘이 세다. 앞니를 앙다물어보라. 그런 다음 어금니를 앙다물어보라. 턱에 작용하는 두 가지 주요 근육은 깨물근(교근)과 관자근(측두근)이다. 깨물근은 어금니를 앙다물 때 불룩해지는 근육으로, 영화 등장인물이 힘겨운 상황에서 발휘하는 불굴의 의지를 표현한다. 관자근은 광대뼈 아래를 지나 관자놀이까지 이어지며 이 근육도 어금니를 쓸 때 느껴진다. 아래턱은 집게를 경첩 가까이 잡았을 때처럼 작용하므로, 무언가를 베어무는 동작에서 기계적으로 매우 불리하다. 그럼에도 우리의 치아는 적잖은 힘을 내는데, 성인의 어금니는 평균 77킬로그램, 최대 125킬로그램의 힘을 전달한다.[22]

턱은 기계적 작업을 수행하며 턱의 모양은 여기에 맞춰져 있다. 구석기 수렵인은 치아를 이용하여 식량을 자르고 뜯었으며 앞니를 가위처럼 놀렸다. 이에 반해 곡물을 먹고 사는 사람들은 어금니로 식량을 짓이기며 수직겹침(이를 다물었을 때 윗니가 아랫니를 덮는 것─옮긴이)이 두드러진다. 앵글로색슨인의 두개골은 어금니가 닳았는데, 이것은 원시적 제분 기법으로 빻은 거친 곡물 가루에 작은 씨앗과 맷돌 돌가루가 섞여 있었기 때문이다. 중세 역병 구덩이에 묻힌 사람들의 이틀활(이가 자리잡은 잇몸 부위로, 활처럼 생겼다─옮긴이)은 현대인보다 짧고 넓다. 1925년 아서 키스 경은 현대인이 연한 음식을 먹으면서 얼굴 모양이 달라졌다고 주장했다. "씹는 근육─깨물근과 안쪽날개근(내측익돌근)─이 잘 발달하면 뺨이 높고 튀어나오지만 우리는 뺨이 작아지고 움푹 들어가 얼굴이

폭 좁은 손도끼 모양의 달걀형으로 바뀌었다."[23] 최근 분석에서도 연한 음식이 두개골 형태에 영향을 미쳤음이 확인되었다.[24]

치과는 현대인에게 축복이지만 한편으로 현대인의 삶은 치과의사에게 일거리를 많이 만들어주었다. 고대 수렵채집인은 대체로 치아 상태가 훌륭했으며 충치가 거의 없었다. 충치는 농경과 함께 생겨났다. 입안 세균이 탄수화물을 먹고 분비하는 젖산이 치아 사기질(법랑질)을 녹이기 때문이다. 연한 음식을 먹으면서 턱이 작아지고 치아가 촘촘해졌다. 고당식을 먹으면서 치아 부식의 위험이 커졌다. 첫째 큰어금니(제1대구치)는 약 여섯 살에 나고, 둘째 큰어금니는 약 열두 살에 나며, '사랑니'라고도 하는 셋째 큰어금니는 열일곱 살에서 스물다섯 살 사이에 난다. 사랑니는 흔적기관이어서 들어설 자리가 없다. 이 때문에 억지로 끼어들다 곧잘 문제가 생긴다. 이매복(치아 매복)은 전통적 농경사회에서는 인구의 5퍼센트에서만 발견되었지만[25] 오늘날은 사랑니의 85퍼센트를 뽑아야 한다. 일부 가축은 셋째 큰어금니가 나지 않는 쪽으로 변화했는데,[26] 사람도 세 명 중 한 명은 사랑니가 나지 않으므로 우리도 같은 방향으로 진화하고 있는 듯하다. 턱의 크기와 모양도 치아 배열에 영향을 미치며, 맞물림장애(부정교합)—치아가 씹기에 알맞도록 맞물리지 못하는 것—가 더 흔해졌다. 1880년대 오스트리아 징집병들에게서 뜬 이틀모형(치열모형)과 현대 자원병들의 이틀모형을 비교했더니 현대인의 턱이 더 좁고 길며 수직겹침이 더 크고 맞물림장애 점수가 더 높았다.[27]

쓰임에 따라 턱의 모양이 달라지는 것은 놀랄 일이 아닌지도 모르지만, 쓰고 안 쓰고가 우리 눈에 영향을 미치는 현상은 설명하기가 더 어렵다. 나는 안경이 생기기 전에는 근시인들이 어떻게 살아갔는지 궁금할 때가 많았는데 정답은 안경 이전에는 근시가 거의 존재하지 않았다는 것이다. 근시는 먼 물체의 초점이 맞지 않는 데 반해 가까운 물체는 뚜렷이 보이는 현상인데, 유럽에서는 학령 아동의 20퍼센트가 근시다. 동남아시아에서도 근시가 유행하고 있다. 중국 아동의 표준 시력 검사에서는 (주로 근시로 인한) 시력 감퇴의 비율이 1985년에는 28.5퍼센트, 1995년에는 41퍼센트, 2005년에는 49.5퍼센트, 2010년에는 56.8퍼센트로 점차 증가했다. 도시 아동이 가장 큰 영향을 받는데, 그 비율이 싱가포르는 81퍼센트, 대만은 86퍼센트, 서울은 96퍼센트, 상하이는 95퍼센트에 이른다.[28] 가까운 물체를 오랫동안 보는 것이 예부터 근시의 원인으로 지목되었는데, 어릴 적에 탈무드를 공부하는 유대인 소년은 근시가 될 확률이 누나나 여동생의 네다섯 배나 된다. 학업 경쟁이 치열하면 근시가 증가하는 반면에 정기적으로 야외 활동을 하면 어느 정도 눈을 보호할 수 있다. 어쨌든 젊은 층에서 안경을 쓰는 비율이 커지고 있는데, 이것은 불가피한 현상이 아니다.

우리의 얼굴이 달라지는 문제는 뒤에서 다시 한번 살펴볼 것이다.

09

스포츠 기록

예전에는 체육에 대한 수요가 거의 없었다. 그러다 19세기 들어 군 장교들이 도시 사무직 노동자들을 전사로 탈바꿈시킬 수 있을지 우려하기 시작했으며 독일의 체육 열풍이 다른 나라로 번져나갔다. 누구나 반색한 것은 아니었다. 1826년 하버드대학교 학생들은 이렇게 불평했다. "체육 수업에서 활력을 얻기보다는 피로하고 때로는 기진맥진했으며 몇 시간 지나도 공부할 기력이 생기지 않았다." 1848년의 정치 봉기가 실패로 돌아간 뒤 독일 이민자가 미국으로 유입되면서 여러 도시에 체육 협회가 설립되었다. 1880년대에 체육은 미국의 표준 교과과정에 포함되어 있었으며 내과의사 더들리 A. 사전트(1849~1924)는 자신이 고안한 기계로 근육을 단련하는 법을 소개했는데, 무게추와 도르레를 주로 이용했다. 그는 선도적 교육 기관들에서 인체 측정 자료를 수집하는 일도 감독했다.[1]

사전트는 예일대학교에서 의사 자격을 취득한 뒤 1879년 하버드 대학교로 옮겼다. 그에게 처음으로 조언을 청한 학생들 중 한 명이 시어도어 루스벨트라는 청년이었다. 천식을 앓는 강박적 고성과자인 그는 몸무게가 61킬로그램이었으며 동시대인의 묘사에 따르면 "가슴이 얄팍하고 안경을 쓰고 성마르고 허약했"다. 그는 이에 굴하지 않고 체육관에서 운동하여 5.4킬로그램을 찌웠으며 하버드대학교 라이트급 권투 선수권 대회에서 (흠씬 두들겨맞긴 했지만) 입상했다.* 그는 1880년 진료를 받으러 사전트 박사를 방문했다가, 그가 그동안 심장을 혹사했으며 앞으로는 모든 형태의 격렬한 신체활동을 삼가야 한다는 엄중한 충고를 들었다. 젊은 아킬레우스를 염두에 둔 것이 분명한 루스벨트는 이렇게 말했다. "의사 선생님, 저는 선생님께서 하지 말라고 말씀하시는 모든 것을 할 겁니다. 선생님께서 묘사하신 그런 삶을 살아야 한다면 결코 오래 살고 싶지 않습니다."[2]

체육은 19세기 영국 유수의 학교에서 핵심 교과과정이 되었는데, 여기에는 성욕을 소진하려는 취지와 미래의 장교를 배출하려는 취지가 함께 있었다. 웰링턴 공작은 워털루전투의 승리가 이튼 칼리지의 운동장에서 얻어진 것이라고 말했다지만 조직화된 팀 스포츠가 발명된 것은 18세기 후반 들어서였다. 영국이 이튼 칼리지에서 패배한 전투가 얼마나 많은지 의문을 던진 조지 오웰이 더 현실

---

* 당시 라이트급은 63.5킬로그램 미만이었으며 현대의 기준인 61.2킬로그램은 1886년에 도입되었다.

적이었다. 하지만 영국의 사립학교들은 전 세계 많은 팀 경쟁 스포츠의 형성에 실제로 이바지했다. 이 스포츠들은 성공을 위해 너무 노골적으로 분투해서는 안 되는 아마추어 신사를 위한 것이었다. 20세기에는 사람들이 더 커지고 더 튼튼해졌으며, 변화하는 표현형은 스포츠 기록에도 반영되었다.

• 더 높이, 더 멀리, 더 빠르게 •

근대 올림픽 경기는 1896년에 시작되었는데, 고대 그리스에서 그랬듯 적대국들을 평화시에 불러 모을 수 있으리라는 희망에서였다. 유럽인의 인종적 우월성에 대한 자신감도 한몫했으니, 이것은 1908년 런던 올림픽 경기에서 영국이 금메달 56개를 획득하면서 입증된 듯했다. 신사답게 아마추어 신분을 고수하는 방침은—수십 년간의 위선 끝에 1986년 폐지되었다—특권 계층에 명백히 유리했다. 그럼에도 문은 조금이나마 열려 있었으며 재능이 결국 그 문을 활짝 열어젖혔다.

1952년, 올림픽의 원래 기풍은 잊힌 지 오래였다. 냉전 시기 올림픽은 대립하는 이념 간의 테스토스테론 가득한 맞대결로 전락했으며, 실제로 테스토스테론을 주사하는 경우도 점점 늘었다. 1964년 도쿄 올림픽이 전 세계에 텔레비전으로 방영된 뒤 올림픽 경기는 주목받는 미디어 서커스가 되었다. 노턴과 올즈는 2001년에 이렇게 말했다. "50년 전 스포츠는 주로 참여적이고 지역적이고 보편적이고 준프로적이었다. 오늘날 스포츠는 주로 방관자적이고 국제적이고 전문적이고 고액의 보수를 받는다." 두 사람은 이렇게도 지적했다. "현대 스포츠는 미디어 없이 살아남을 수 없으며 미디어는 스포츠 없이 살아남을 수 없다."[3]

운동 기록은 인간 표현형의 최고 표현이며, 기록은 지난 세기 내내 놀랍도록 향상되었다. 이유 중에는 기술의 발전도 있다. 영화 〈불의 전차〉 세대의 단거리 경주 선수들은 스타팅 블록 대신 땅에 판 구멍에 발을 걸쳤으며 경주로에 석탄재를 뿌린 탓에 빨리 달릴 수 없었다. 훈련 기법의 향상도 큰 차이를 가져왔으며, 인체의 한계(로 여겨지는 것)를 넘어설 수 있다는 인식도 한몫했다. 20세기 중엽 스포츠계를 떠들썩하게 한 에밀 자토페크는 나치가 체코 국경 지역을 합병한 1938년에 열여섯 살이었다. 7년 뒤 소련 적군赤軍은 영문 모르는 체코 국민들에게 열렬히 환영받았으며 자토페크는 달리기에 전념하기 위해 체코 군에 입대했다. 그의 달리기 방식은 오늘날에는 얼토당토않아 보인다. 팔을 흔들어대고 고개를 어깨에 축 늘어뜨리고 얼굴을 고통받는 악마처럼 찡그렸다. 그러나 한 미국인 선수 말마따나 "자토페크 이전에는 이렇게 열심히 훈련하는 것이 인간에게 가능하다는 사실을 아무도 알지 못했"다.[4] 1952년 헬싱키 올림픽에서 그는 5000미터, 1만 미터, 마라톤에서 모두 우승하는 전대미문의 위업을 달성했다. 영상에서는 그의 달리기에 관중이 열광하는 광경을 볼 수 있다. 그것은 보통 사람의 신격화였다. 자토페크는 세계 기록 열여덟 개와 올림픽 기록 세 개를 수립하고 은퇴했지만, 2016년 1만 미터에는 참가 자격조차 얻지 못했을 것이다. 결승전에서 뛰었다면 메달권보다 3분은 뒤처졌을 것이다. 애석하게도 그의 말년은 불우했다. 그는 1968년 프라하의 봄을 지지했다는 이유로 공산주의자들에게 배척당했으며, 과거에 공산당을 지지한 전력 탓에 체코 독립 영웅으로서의 자격도 박탈당했다.

후대의 경쟁자들에게 뒤처진 위대한 운동선수는 자토페크만이 아니었다. 그렇다면 남자 단거리 달리기 기록이 꾸준히 향상된 것에서 보듯 운동 기록이 꾸준히 향상되는 것은 어떻게 설명할 수 있을까?

특수화된 표현형이 운동에서의 성공을 보장하지는 않을지 몰라도 도움이 되는 것은 분명하다. 20세기 들머리에 선호된 체격은 키가 크고 마르고 근육질인 만능 체격이었다. 짐승 같은 근력은 하층민의 특징으로 치부되었다. 오늘날의 엘리트 운동선수들은 점점 좁은 범위의 신체 특징을 스스로 선택한다. 절정의 기량을 발휘하고자 할 때는 사소한 차이가 결정적으로 중요하기 때문이다. 이 현상은 운동선수의 체형 변화에서도 확인할 수 있다. 1928년과 1960년의 올림픽 참가 선수를 비교하면, 이를테면 단거리 달리기 선수들은 달라지지 않은 데 반해 400미터 달리기 선수와 높이뛰기와 멀리뛰기 선수는 키가 8~10센티미터 커지고 몸무게가 10킬로그램 늘었다. 가장 큰 차이를 나타낸 것은 던지기 선수로, 키가 8~12센티미터 커지고 몸무게가 25킬로그램 늘었다.[5] 체질량 증가에는 합성대사 스테로이드가 일조했는지도 모른다.

스포츠 경기는 '무제한' 경기—근육량이 많을수록 유리하다—와 그렇지 않은 경기로 구분할 수 있다. 던지기 경기는 무제한이며 선수들의 평균 몸무게가 빠르게 증가했다. 접촉 스포츠도 마찬가지

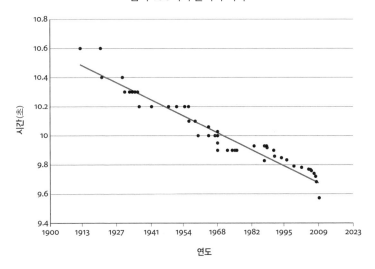

남자 100미터 달리기 기록

그림 27 20세기 초의 100미터 세계 기록 보유자는 오늘날의 학생부 우승자를 상대하는 데에도 애를 먹을 것이다.

다. 1994년 인디애나폴리스 콜츠 미식축구팀의 빌 토빈 감독은 이렇게 말했다.

> 20년 전에는 이렇게 덩치 큰 사람들이 이렇게 빨리 달릴 수 있으리라고는 생각도 하지 못했다. 얼마 전까지만 해도 113킬로그램은 라인맨 치고는 무거운 체중이었다. 하지만 지금은 이 덩치로는 경기하기에 역부족이다. 영양, 체중, 운동학, 저연령 발달 기법 등이 더 발전하면 136킬로그램이 하한선이고 159킬로그램이 표준이 될지도 모르겠다.

평균 체중은 1998년에 136킬로그램을 넘어섰다. 럭비도 같은 길을 걸었다. 2015년 월드컵에서 웨일스의 수비수는 평균 99.5킬로그램으로 1987년 뉴질랜드 공격수보다 무거웠다.[6] 근육량과 속도는 미식축구에서도 필수적이지만, 럭비 선수들은 80분 내내 움직여야 하기 때문에 지구력에 덩치와 민첩성을 겸비해야 해서 결코 미식축구 선수만큼 커질 수는 없을 것이다.

근육량이 증가하는 동시에 속도가 빨라지면 부상 위험이 커진다. 내 차량이 무게가 두 배인 차량과 충돌하면 내가 부상당할 가능성이 네 배로 커진다. 이것은 인체에도 적용된다. 덩치가 작은 사람은 신체 능력과 무관하게 다칠 가능성이 크며 부상 위험은 모든 접촉 스포츠에 도사리고 있다. 잉글랜드 럭비풋볼유니언에서는 2002년부터 부상 현황을 기록하는데, 2013~2014년 시즌 기록을 보면 (대수롭지 않은 듯한 어조에도 불구하고) 중상 횟수가 10년에 걸쳐 약 3분의 1 증가했고 경기가 열리는 1000시간마다 12.5건의 뇌진탕 사고가 발생했다. 프로 선수 23명은 부상 때문에 은퇴해야 했다. 수준이 높을수록 위험도 커지며, 2015년 럭비 월드컵 예선전에서는 24명이 부상을 입었다. 이 때문에 부상은 점점 중요하게 고려해야 할 요소가 되었다. 대중은 치열한 난투극을 보고 싶어하며, 선수가 부상을 당해도 카메라가 그의 고통에 겨운 표정을 한번 훑고 지나가면 금세 관심에서 멀어진다. 육중한 운동선수의 수요가 늘어만 감에 따라, 적합한 후보군은 점차 줄고만 있으며 약물을 쓰지 않고는 그런 덩치를 얻기가 힘들어진다.

민첩성, 근력, 지구력이 어떤 비율로 조합되었느냐에 따라 당신이 두각을 나타낼 수 있는 스포츠 종목이 달라진다. 이런 변수로는 속근 섬유와 지근 섬유의 비율, 미토콘드리아 밀도, (산소 소비, 젖산 축적, 회복 시간 같은) 대사적 결정 요인이 있다. 이 요인들은 유전에 좌우되기 때문에 스포츠 유전자를 찾으려는 열띤 탐구가 있어 왔지만, 표현형의 모든 측면이 그렇듯 개별 유전자의 영향은 제한적이다. 신문에서 이런저런 형질을 '위한' 유전자가 발견되었다고 선언하는 것은 단순히 통계적 상관관계가 밝혀졌다고 보도하는 것에 불과하다. 유전자에 따라 운동 능력이 달라지는 것은 분명하지만, 중요한 것은 유전자들의 조합이다. 유전자도 팀 플레이어이기 때문이다. 위대한 운동선수에게는 그에 걸맞은 유전자가 필요하지만, 그들이 위대해지는 것은 70억 명 중에서 자신이 최고임을 보여줄 기백과 열의가 있기 때문이다.

체격과 스포츠 기량의 관계를 가장 잘 보여주는 방법은 빼어난 스포츠맨(남성 편향적 표현을 양해해주시길)의 키와 몸무게를 일반인과 비교하는 것이다. 이를테면 프로 축구 선수는 자아가 비대한 것을 제외하면 여느 젊은이와 별반 다르지 않다. 올림픽 경기에서는 다리 길이의 중요성이 더 크다. 1928년에도, 1960년에도 신장 대비 다리 길이가 가장 긴 것은 높이뛰기와 멀리뛰기 선수였으며 그다음으로는 장거리 달리기 선수, 중거리 달리기 선수 순이었다. 400미터 달리기 선수의 키가 가장 컸지만 단거리 달리기에서 키는 결정적 요소가 아니었다. 근육량으로 더 많은 가속을 낼 수 있으며 짧은 보폭을 어느 정도 상쇄할 수 있기 때문이다.[7]

달리는 것은 몸을 앞으로 내던지는 것이다. 단거리 달리기 선수들이 출발할 때 스타팅 블록에서 몸을 밀어내는 것을 보면 잘 알 수 있다. 우리의 무게중심은 몸의 중점 바로 위 골반에 있는데 달리기 선수는 자신의 무게중심을 쫓으며 달린다. 다리가 길고 무게중심이 높을수록 보폭이 넓어지며, 다리를 같은 속도로 움직인다고 가정하면 보폭이 넓은 선수가 승리한다. 현재 세계에서 가장 빠른 인간인 우사인 볼트는 키가 195센티미터, 몸무게가 94킬로그램이다(BMI 는 24.7). 그의 달리기 최고 속도는 시속 45킬로미터로, 100미터 전력 질주에서 그의 발은 땅을 마흔한 번 디딘다.

저마다 다른 민족들은 인간 유전자 풀의 (서로 겹치는) 표본들을 나타내는데, 이로 인한 표현형 차이의 극단적 한계는 운동 능력에서 나타난다. 유럽 혈통은 20세기 초반 몇십 년간 신장 면에서 우위에 있었으며 이 덕에—운동 시설 보급도 한몫하여—스포츠계를 지배할 수 있었다. 그다음으로 아프리카계 미국인 운동선수들이 단거리 달리기에서 두각을 나타냈다. 올림픽 100미터 경주에서 우승한 최초의 아프리카계 미국인은 1932년 출전한 에디 톨런이었으며 1936년 베를린 올림픽에 출전한 제시 오언스가 뒤를 이었다(100미터 달리기 말고도 금메달을 세 개 더 획득했다). 아프리카계 미국인은 대체로 서아프리카 혈통이다. 1932년 이후 올림픽 단거리 달리기 우승자 열네 명과 세계 기록 달성자 스물다섯 명이 모두 서아프리카계이다. 2007년까지의 최고 기록 보유자 500명 중 494명도 같은 배경을 타고났다.[8] 묘하게도 서아프리카에서 실제로 태어나고 자란 올림픽 우승자는 한 명도 없다.

아프리카 혈통은 유럽 혈통에 비해 평균적으로 다리가 길고 골반이 좁고 무게중심이 3퍼센트 높다. 당신이 더 빨리 달리고 싶다면 인체를 딱 이렇게 개조하면 된다. 이렇게 하면 속도가 1.5퍼센트 빨라질 것으로 추산된다. 반대로 올림픽 100미터 자유형 수영을 지배해온 것은 유럽 혈통이었다. (영화에서 타잔을 연기하여 더 유명한) 조니 와이즈뮬러는 1922년 하와이의 수영 선수 겸 서핑 선구자 듀크 카하나모쿠의 이전 세계 기록을 갈아치웠다. 그뒤로 기록 달성자는 한결같이 유럽 혈통 백인이었다. 여기에 사회적 차별이 작용하는지도 모르지만, 인체 치수를 분석해보면 그게 전부가 아님을 알 수 있다. 수영 선수는 달리기 선수와 마찬가지로 앞으로 쓰러짐으로써 추진력을 얻는다. 유럽 혈통은 아프리카 혈통에 비해 무게중심이 3퍼센트 낮은데, 이것은 작지만 중요한 이점이다.[9] 이를테면 올림픽 수영 종목에서 스물두 개의 메달을 획득한 마이클 펠프스를 우사인 볼트 옆에 세우면(그림 28) 두 사람의 키와 BMI가 거의 비슷한 것을 알 수 있다(키는 1.93미터와 1.95미터, BMI는 23.7과 24.7). 하지만 달리기 선수에게 중요한 것은 다리이고 수영 선수에게 중요한 것은 몸통과 팔이다. 펠프스의 팔은 노와 같다. 양팔 벌린 길이가 208센티미터이고(일반인의 양팔 길이는 자신의 키와 같다), 발 길이는 355밀리미터로 오리발 수준이며, 몸통이 길어 물의 저항을 최소화할 수 있다.

민족과 관계없이 키는 수영 선수와 달리기 선수의 핵심 전제 조건이다. 1981년 이후 100미터 자유형 기록 보유자 중에서 190센티미터 미만은 한 명도 없다. 단거리 달리기도 거의 비슷하여, 최근 기록 보유자 중에서 180센티미터 미만은 모리스 그린(1999년, 175

그림 28 단거리 달리기 선수와 수영 선수: 우사인 볼트와 마이클 펠프스. 몸통 길이의 차이에 주목하라.

센티미터)과 톰 몽고메리(2002년, 179센티미터) 둘 뿐이다.[10]

장거리 달리기는 사정이 다르다. 1968년 이후 케냐는 올림픽 장거리 달리기에서 63개의 메달을 획득했고, 그중 21개가 금메달이다. 대부분의 케냐 선수가 해발 2100미터의 고지대에서 사는 부족인 칼렌진족이며 그중에서도 난디힐스 출신이 많다. 한편 대륙 전체가 시상대와 인연이 없는 경우도 있다. 상하이 태생으로 키가 189센티미터(몸무게 85킬로그램, BMI 23.8)인 류샹이 2004년 아테네 올림픽 장애물 달리기에서 금메달을 거머쥐었을 때 그는 올림픽 육상 경기에서 우승한 최초의 아시아인이 되었다. 하지만 앞으로는 사정이 달라질 것이다. 일상적 관찰만으로도 아시아인의 표현형이 빠르게 변하고 있음을 알 수 있기 때문이다.

운동선수의 신체와 사무직 노동자의 신체는 점차 양극화되었다. 사무직 노동자는 활동량이 어느 때보다 적으며 지방 대비 근육량이 감소했다. 운동선수의 영역에서는 표현형이 잠재력을 좌우하며 생리적 한계를 약물로 극복하는 경우가 빠르게 증가하고 있다.

10

설계자 표현형

루스 핸들러는 1950년대 말에 자신의 딸이 인형에게 어른 역할을 시키며 노는 광경을 보았다. 여기에 착안하여 만들어진 바비 인형은—소문에 의하면 독일제 섹스 토이에서 영감을 얻었다고 한다—지금까지 10억 개 이상 판매되었다. 바비 인형의 성공은 여성 신체를 정확하게 묘사했는지 여부와는 별로 관계가 없었고, 장난감이 대상을 꼭 닮을 필요도 없다. 그러나 장난감의 왜곡을 보면 대상이 어떻게 욕망되거나 인식되는지 알 수 있다. 바비 인형은 소비자 표현형에서 매우 높이 평가되는 두 가지 특징을 지니고 있다. 그것은 큰 키와 긴 다리 길이다. 이 둘을 합치면 사람들이 갈망하는 또 다른 특징인 극단적 날씬함이 된다. 그녀는 월경을 하지 않을 정도로 깡말랐으며—인형은 월경을 안 해도 된다—다리가 팔보다 최대 50퍼센트 길다. 실제 성인 여성은 20퍼센트다.[1]

그림 29 이게 가능하다니! 캔디스 스워너풀은 살아 있는 바비 인형이다.

바비의 성공에는 수수께끼 같은 면이 있다. 그녀는 성장기 소녀들에게 중요한 무언가를—소년을 대상으로 하는 우락부락한 슈퍼히어로들이 결코 달성하지 못하는 방식으로—포착한 것이 분명하다. 그것은 그녀의 몸가짐과 관계가 있는 듯하다. 바비 인형은 평온하고 침착하고 미소 짓고 자율적이고 자제력이 있고 (성인인데도) 거의 무성적인 존재다. 켄(바비의 남자친구 인형—옮긴이)은 일종의 액세서리이며, 좀처럼 진열장 밖으로 나오지 못한다. 패션업계는 긴 다리가 부의 상징임을 본능적으로 깨달았고 그 결과는 십대들의 망아지 같은 다리가 도심을 활보하기 훨씬 전에 런웨이에서 볼 수 있었다. 패션모델은 다리가 터무니없이 길고 성적 매력은 적다. 미국의 국내 모델, 국제 모델, 슈퍼 모델의 키와 몸무게를 18~34세 미국 여성과 비교 분석했더니 모델은 예상대로 키가 크고 날씬한 구간에 몰렸으며 특히 슈퍼모델 열한 명은―이들의 1999년 연평균소득은 500만 달러가 넘었다―스펙트럼의 극단에 위치했다. 미국 여성 200명 중에서 신체 비율이 슈퍼모델과 맞먹는 사람은―외모는 논외로 하고―단 한 명이었다.[2]

살은 과시적 소비의 전형적 표지다. 식량이 부족할 때 잉여 체중은 여성에게는 욕망의 대상이고 남성에게는 지위의 상징이다. 반대로 모든 사람이 너무 많이 먹고 너무 적게 운동할 때 패션의 요건은 여성의 경우 깡마른 것이고 남성의 경우 근육이 우락부락한 것이다. 몇십 년에 걸친 『플레이보이』 특집 화보를 분석했더니 모델들이 점차 깡말라졌다. 신체 비율은 그대로 유지되었으나 예전에 선호되던 풍만한 곡선은 사라졌다. 한편 남성은 덩치가 커졌다. 문학평론가 클라이브 제임스는 아널드 슈워제네거를 절묘하게 표현했는데, 호두로 채운 콘돔에 비유한 것이었다. 남녀 모두의 경우에서 사람들이 욕망하는 표현형은 인구집단의 표준에서 점진적으로, 또 두드러지게 이탈했다. 날씬한 여성과 근육이 울퉁불퉁한 남성은 각각 이성에게 매력적으로 보이지만 여기에는 한계가 있다. 피골이 상접한 여성과 근육이 과하게 부푼 남성은 성적 매력이 감소하는 것을 넘어서 혐오감을 불러일으키기까지 한다. 그럼에도 어떤 사람들은 자아상의 판타지를 자기 파괴의 수준까지 추구하기도 한다.

• 표현형의 재설계 •

1980년대에 키 크고 깡마르고 자의식 강한 한 젊은 남자가 케임브리지대학교에 입학했다. 놀랍고 기쁘게도 그의 몸은 학교 조정부에 들어갈 수 있을 정도로 불었다. 의대생이었던 그는 옥스퍼드대학교로 진학했으며 그의 체격은 이쪽의 조정부에 가입하기에도 충분했다. 케임브리지대학교에 입학할 때 185센티미터였던 키가 196센티미터까지 자랐고 몸무게는 14킬로그램 늘었다. 그는 이렇게 말했다. "나는 키만 껑충하고 빼빼 마른 학부생에서 떡 벌어진 몸집, 넓은 어깨, 두툼한 팔, 굵은 다리와 큼지막한 손발, 수많은 여자친구로 타의 추종을 불허하는 사내가 되었다." 소수 정예 조정부에 속해 있었기에 주변에 늘 여자들이 있었다. 그러나 옥스퍼드 대 케임브리지 조정 대결에 참가한다는 야심은 실현하지 못했다.

복수의 여신이 찾아온 것은 몇 년 뒤 그가 수술실에 들어가려고 손을 씻을 때였다. 이젠 특대형 수술 장갑조차 그의 손에 맞지 않던 것이다. 그는 당혹스러운 시선을 선배 집도의와 주고받았다. 이튿날 아침에는 그 자신이 수술대에 누워 성장 호르몬을 혈류로 펌프질하고 있던 뇌하수체 종양의 제거 수술을 받았다. 그는 운이 좋았다. 성장 호르몬이 더 일찍 분출했다면 그는 213센티미터의 약골이 되었을 것이다. 반대로 이 현상이 성장기 이후에 일어났다면 서서히 커지는 뇌하수체 종양은 그에게 단지 근심거리였을 것이다. 옥스퍼드에서 정형외과 의사가 된 밥 샤프는 뒤를 돌아보면 후회는 하나도 없다고 말한다.

그는 이렇게 썼다. "스포츠를 위해 몸을 키우고 싶다면 성장 호르몬은 환상적인 약물이다."

내 삶, 내 경력, 내 친구, 내 인생 전망은 전적으로 이 시기에 형성되었으며 나는 이 여분의 약물이 내게 선사한 기회를 만끽했다. 앞으로 그 대가를 치러야겠지만 말이다. 내가 학문에 뜻이 없고 운동에 꽤 소질이 있는 열다섯 살짜리 학생이고, 햄버거를 뒤집으면서 살 것인가 아니면 성장 호르몬을 투약하고 세계적 운동선수로서 짧지만 빛나는 경력을 누릴 것인가 하는 선택의 기로에 선다면 …… 나는 망설이지 않고 후자를 택할 것이다.[3]

우리의 표현형은 진정 자신의 것이라고 부를 수 있는 유일한 특징이며 우리는 자신의 표현형에 대해 만족에서 좌절에 이르는 다양한 감정을 느낀다. 자신의 몸에 완전히 만족하는 사람은 거의 없으며 당신은 아마도 그런 사람을 만나고 싶지 않을 것이다. 대부분의 사람들은 더 젊어지거나 날씬해지거나 탄탄해지고 싶어할 것이며 덜 먹거나 헬스장에 다니려고 이따금 노력한다. 일이 잘 풀리면 우리는 근육이 단단해지고 허리가 가늘어지는 것을 뿌듯하게 바라본다. 하지만 알약 하나로 그렇게 될 수 있다면? 지방이 분해되고 근육이 팽창하는 것을 보면 흡족하지 않겠는가? 이것은 설계자 표현형이라는 세이렌의 노래다. 유전공학은 아직 뉴스에나 나올지 몰라도 표현형 공학은 이미 우리 곁에 있다.

우리 몸의 성장과 유지를 감독하는 것은 신호 분자의 복잡한 그물망이다. 여기에는 호르몬, 성장 인자, 그 밖에 다양한 화학적 신호가 포함된다. 이것들이 엮는 패턴에 사소한 변화만 생겨도 같은 유전형이 다른 표현형으로 나타날 수 있다. 초기 발달의 변화로 인한 효과가 더 오래가긴 하지만, 살아가는 동안 몸은 끊임없이 스스로를 리모델링하며 화학 작용제는 여기에 극적인 영향을 미칠 수 있다.

근육을 키우는 합성 스테로이드는 미국에서 오래전부터 고기소에 투여되었으며 운동선수들은 1950년대부터 쓰기 시작했다. 지방을 줄이거나 근육을 키우는 것은 패션모델과 운동선수에게 직업상 꼭 필요한 일이며 다른 많은 사람들도 여기에 집착하게 되었다. 이들이 닮고자 하는 대상은 극단적으로 예외적인 표현형이거나 약물 조작의 산물이기에, 다이어트와 운동이라는 전통적 접근법으로는 이제 역부족이다. 이것이야말로—끝없이 웅얼거리며 부정하는 사람들이 있긴 하지만—최근 올림픽 경기에서 터져나온 추문에서 보듯 일부 스포츠에서 약물이 거의 필수가 된 이유다. 내가 이 책을 쓰는 지금, 런던의 '팻버그fatberg'(하수구를 막는 끔찍한 기름 덩어리)를 화학적으로 분석했더니 환각에 빠지려고 투약하는 불법 약물보다 몸을 가꾸려고 투약하는 불법 약물이 더 많다는 사실이 드러났다.[4] 더욱 우려되는 것은 많은 화학 오염물질이 호르몬과 비슷한 작용을 하며 인간 표현형에 영구적 영향을 일으킬 가능성이 있다는 것이다. 이런 성분은 우리 몸을 개조한다. 이 장에서는 그중 몇 가지 방식을 살펴볼 것이다.

• 몸을 개조하다 •

당신의 욕실 찬장에 있는 베타 차단제, 스타틴, ACE 억제제(고혈압 치료제) 등의 약물은 억제제 아니면 길항제다. 이런 약물은 무언가를 차단함으로써 효과를 낸다. 마치 마법 탄환처럼 필요한 곳만 공략하도록 설계되었다(성공률은 제각각이다). 이에 반해 호르몬은 작용제로서, 유전자를 켜서 작용이 일어나게 한다. 그 효과는 연못의 물결처럼 퍼져나간다. 호르몬은 표적 조직의 수용체에 달라붙어 효과를 발휘한다. 인슐린 수용체는 인자의 범위가 매우 좁다. 자물쇠에 들어맞아 스위치를 켜는 열쇠가 하나뿐이다. 스테로이드 호르몬 수용체는 반대쪽 극단에 있다. 스테로이드는 지용성 분자로, 세포 외막을 통해 스며들어 핵막의 수용체에 도달한다. 이 수용체는 우리 몸의 구성에 영향을 미치는 유전자 위에 발을 올려놓고 있는 셈이다. 스테로이드 수용체는 매우 다양한 신호에 반응하며 시쳇말로 매우 문란하다. 예전 교과서에는 이렇게 나와 있다. "이 화합물의 두드러진 특징 중 하나는 미세한 구조 차이가 만들어내는 생리 활동의 이례적 차이다." 이 특징 덕에 스테로이드 분자는 다방면에 활용될 수 있다.

우리가 성 스테로이드에 대해 알게 된 첫 계기는 거세였다. 남성 생식샘은 서늘한 바람을 쐬어야 해서 보란듯 드러나 있기 때문이다. 기원전 4세기의 아리스토텔레스도 거세의 효과를 잘 알았다. "남성을 소년기에 거세하면 체모가 나지 않고 목소리가 전혀 변하지 않아 고음으로 유지된다. …… 고자는 대머리가 되는 법이 없다. …… 모든 동물은 어릴 적에 거세하면 그러지 않은 동물보다 더 크고 잘생겨진다."

중동에서 동남아시아에 이르기까지 왕궁에서는 환관을 두었다. 그들은 불임이었기에 후궁을 관리하기에 적격이었으며 왕권에 대한 야심이 없었기에 충성심이 확고했다. 일부 환관은 궁중의 고위직에 오르기도 했다. 1920년대 초 이스탄불 톱카프 궁전에는 약 200명의 환관이 있었으며 중국의 황궁에는 약 2000명이 있었다(1923년 마지막 황제 푸이에 의해 쫓겨나긴 했지만). 중국의 환관들은 음경과 고환을 다 절단했으며 지린내를 풍기는 것으로 유명했다. 잘라낸 부위는 유리병에 보관했다가 환관이 죽으면 내세에 다시 결합하도록 껴묻었다. 이보다 더 기이한 사례는 18세기 러시아 종파 스콥치로, "천국을 위하여 스스로 된 고자도 있도다"(마태복음 19장 12절)라는 성경 구절에서 영감을 얻었다. 창시자 콘드라티 셀리바노프는 본인이 직접 시술했으며 그의 추종자들은 14만 4000명이 그를 따라 거세해야 천국이 오리라고 믿었다. 그들이 이 목표에 얼마나 다가갔는지는 아무도 모르지만, 1000~2000명이 스탈린 시대까지 살아남은 것으로 추정된다.

더 악랄한 관행은 정신 장애인에 대한 의학적 거세였다. 이것은 우생학적 이유 때문이거나 그들을 더 온순하게 만들기 위한 것이었다. 미국, 오스트레일리아, 한국을 비롯한 여러 나라에서는 여전히 성 범죄자가 감형받는 대신 화학적 거세를 선택할 수 있다.[5] 1890년부터 1931년 사이에 태어나 미국 시설에 수감된 사람들을 대상으로 한 연구에서는 수술로 고자가 된 297명을 비거세인 남성 735명

및 여성 883명과 비교했다. 그랬더니 거세인은 비거세인 남성보다 유의미하게 오래 살았으며(전자는 69.3년, 후자는 55.7년) 사춘기 이전의 거세와 장수 사이에 상관관계가 있었다. 조선왕조(1392~1910) 환관 81명의 기록에 따르면 이들의 평균 수명은 70세였으며 비교 집단은 51~56세였다. 환관 세 명은 100세를 넘겼는데, 이렇게 작은 표본에서 이런 결과가 나올 확률은 천문학적으로 낮다. 중성화한 고양이는 비중성화 고양이보다 오래 살며 심지어 연어도 생식샘이 없으면 수명이 늘어난다.[6]

사춘기 전에 거세받은 사람들은 다리가 더 긴데, 이는 뼈의 성장판이 호르몬의 '중단' 신호를 받지 못하기 때문이다. 또한 남성 호르몬이 없어서 지방이 많고 근육이 적다. 나이 든 고자는 다리가 길고 머리통이 작고 얼굴은 수염이 없는 매끈한 모습으로 묘사되었다. 그들은 나이를 먹으면서 뼈가 가늘어져 골다공증의 특징인 척추 만곡이 나타난다. 상당수는 비만이었으며 뺨이 늘어지고 가슴이 부풀고 골반이 커졌으며 늙은 여자처럼 보였다. 특징적인 고음의 목소리도 그런 인상에 한몫했다.

불깐 짐승은 더 크고 유순하게 자란다. 거세는 가축화를 향한 중요한 단계였다. 불깐 짐승은 지방이 많이 축적되어 에너지 함량이 커서 옛 사람들에게 귀한 취급을 받았다. 돼지는 많은 나라에서 일상적으로 거세된다. 비거세 수컷의 고기에서 나는 '웅취'를 싫어하는 사람들이 있기 때문이다. 난소 절제는 복부를 절개해야 해서 더 고난도다. 놀랍게도 아리스토텔레스 시대부터 암퇘지가 거세되었으며 오늘날에도 건염법(乾鹽法, 식품 저장법의 하나로, 날식품에 직접 소금을 뿌려서 저장한다―옮긴이) 업계에서 이 시술을 시행한다. 17세기 런던에서 암돼지는 길거리의 쓰레기를 먹어치우는 요긴한 역할을 맡았으며, 거세 암돼지는 겨울맞이를 위해 살이 더 쪘기 때문에 런던 길거리에서 암돼지 거세꾼을 흔히 볼 수 있었다(그림 30).

1730년 8월 22일 브리지워터 순회재판소에서는 아내를 거세하려 한 남성을 신문했다. "여러 명의 유부남이 암돼지 거세꾼과 함께 에일을 마시며 아내의 다산多産 때문에 부담이 늘어나는 것을 불평하다 짐승에게 하듯 자신들의 아내에게 해줄 수 없겠느냐고 묻자 그는 해줄 수 있다고 말했다." 거세꾼은 호언장담하고는 부리나케 집에 가서 아내에게 재갈을 물리고 식탁에 묶은 뒤 배를 갈랐다.

그림 30 암돼지 거세꾼. 출처: 『실물을 모사하여 그린 런던의 행상인들The Cryes of London Drawne after the Life』(1688).

하지만 우왕좌왕하며 가련한 여인에게 크나큰 고통을 가한 뒤에 이성 있는 짐승과 이성 없는 짐승의 신체 부위 사정에 차이가 있음을 알아차렸다. 그래서 상처를 봉합하고 실험을 그만둘 수밖에 없었다. 여자는 처음 고통을 겪을 때는 완강히 저항했으나 회복되어 재판정에 섰을 때는 그를 용서할 만큼 너그러워져서 선처를 빌었다.[7]

• 설계자 표현형 •

근육과 지방의 상대적 비율에 영향을 미치는 약물은 식품업계에서 분할 작용제로 불린다. 몸을 바꾸고 싶은 사람들이 금세 이 약물의 잠재력을 탐구하기 시작했다. 남성 스테로이드는 뭉뚱그려 합성대사·남성화 스테로이드anabolic-androgenic steroid라고 불리는데, 이는 2차 성징에 주로 작용하는 안드로겐, 근육 부피를 늘리는 합성대사 스테로이드와 같은 효과를 발휘하기 때문이다. 테스토스테론은 1930년대 독일에서 처음 분리되고 분석되었다. 히틀러가 병사들의 공격성을 키우기 위해 테스토스테론을 쓰고 싶어했다는 얘기는 사실일 수도 있고 아닐 수도 있지만—양편의 군대가 암페타민에 취한 채 전투를 벌인 것은 분명하다—이 부류의 약물은 뉴욕 경찰국의 경찰견이나 이라크 민간 보안 업체의 군견처럼 사람을 공격하는 개에 일상적으로 쓰인다.

스테로이드 분자를 합성한 약물은 금세 출시되었다. 현대 소비자들은 살코기를 무척 선호하며, 그렇기에 식품의 단백질 전환 효율을 증가시키는 약물은 축산업계의 지대한 관심사였다. 1938년 처음 생산된 합성 에스트로겐 스틸베스트롤을 고단백 사료와 함께 소에게 먹이면 살코기가 많아진다. 이 호르몬이 함유된 환약을 소의 귀에 주입하고, 도살할 때는 사체가 오염되지 않도록 귀를 잘라낸다. 실베스트롤은 유럽에서는 금지되었지만 미국에서는 수십 년간 쓰여왔으며, 1974년에는 이 약물을 투여한 뒤 동일한 양의 단백질 사료를 먹이고서 1억 3500만 킬로그램의 동물성 단백질을 추가 생산한 것으로 추산된다.

러시아 역도 선수들은 1954년까지 합성대사 스테로이드를 투약했으며 1960년대까지도 금지 조치가 없었다. 그뒤에는 미국 올림픽위원회가 처벌 면제를 조건으로 비공개 혈액 검사를 실시했더니 선수 중 50퍼센트가 합성대사 스테로이드를 투약하고 있었다. 실제로 근력 종목에서 이 약물을 쓰지 않고 최고 기량을 발휘하는 것은 사실상 불가능하다. 예를 하나만 들자면 여자 투포환 기록은 1980년대에 수립되었는데, 이때는 확실한 스테로이드 검사법이 도입되기 전이었다. 여자 투포환 선수들이 달성한 거리는 그뒤로 꾸준히 하락했으며 2008년 베이징 올림픽 우승 기록은 1980년대였다면 결승전에 오르지도 못했을 정도였다.[8]

현재 많은 최상급 운동선수들이 약물을 교묘히 이용하여 표현형을 조작하고 있다는 것은 놀랄 일이 아니다. 보상이 너무 크고 대안은 너무 암담하기 때문이다. 최근 러시아의 운동선수들이 중징계를 받았지만, 이것은 스포츠 윤리의 실종이라기보다는 약물 이용 기술의 미흡함을 보여주는 사례일 수도 있다. 확실한 규제는 불가능하며 프로 단체들에서는 마지못해 검사를 실시하는 형편이다. 그들은 현실을 정확하게 인식하고 있다. 스포츠에서 약물 사용을 공식적으로 인정하고 합법화하지 않는 것은 오로지 위선("위선은 악덕이 덕에 바치는 경의다") 때문이다.

비단 스포츠가 아니더라도 합성대사 스테로이드는 거대 산업이다. 100만 명 이상의 미국인이 이 약물을 써봤으며 세계 시장은 수십억 달러 규모에 육박한다. 합성대사 스테로이드는 온라인으로 쉽게 구할 수 있다. 몇 해 전 Buysteroidsuk.com에 문의했더니 테스토스테론 에난데이트 250밀리그램이 들어 있는 1밀리리터 앰풀이 8유로였다. 권장 투약량은 일주일에 1회였지만 사이트에서는 일부 이용자가 매일 500~1000밀리그램을 주사한다고 귀띔했다(비용은 한 달에 최대 1000유로로 달했다). 이것은 자연이 의도한 것보다 천문학적으로 많은 양이다. 웹사이트에는 중증 여드름과 뼈 성장점의 조기 폐쇄 같은 부작용이 언급되어 있다. 청소년이 빨리 남자다워지려고 스테로이드를 투약했다가는 발달이 영구적으로 지체될 수 있는 것이다.

웹사이트에서는 스테로이드의 남성 피임 효과를 언급하지만(스테이로이드는 테스토스테론 생산을 억제한다) 충분히 규명된 부작용인 심장 문제, 공격적이거나 범죄적인 행동, 살인과 자살은 언급하지 않는다. '로이드 난폭roid rage'은 일부 스포츠에서 스테로이드를 극단적으로 다량 투약할 때 나타나는 문제다. 2014년 비시즌에 NFL(미국 프로미식축구연맹) 선수 28명이 형사범으로 기소당했는데, 그중에는 살인이 한 건, 살인 미수가 한 건, 폭행이 여섯 건이었으며 주로 여자친구들이 피해를 입었다.[9] 합성대사·남성화 스테로이드는 1990년에 제정된 미국 합성대사물관리법에서 스케줄 III 관리 성분(영국의 클래스 C에 해당)으로 재지정되었음에도 합법적으로 구입할 수 있고 법률을 위반해도 처벌이 미온적이며 짧짤한 경범죄에서 점차 정치적으로 용인되는 행위로 바뀌는 추세다.

늘리는 비용이 많이 들고 버리는 비용은 더 많이 드는 지방은 소비자 표현형의 저주다. 보디빌더는 근육을 키우면서도—그러려면 먹어야 한다—근육을 가리는 피하지방은 줄여야 하는 이중의 도전에 직면한다. 그래서 의약품 연구의 성배는 지방을 녹이는 작용제를 개발하는 것이다. 자연이 쓰는 방법은 에너지를 방출하는 데 지방을 동원하는 부신피질 호르몬을 분비하는 것인데, 합성 아드레날린 변종들도 비슷한 효과를 낸다. 지방세포가 활성화되면 국소 체온을 올리기에 충분한 에너지가 발생하므로 이런 약물은 '지방 연소제fat burner'로 불릴 만도 하다. 오래전부터 한약재로 쓰인 에페드린은 약한 지방 연소 성질이 있으며 카페인도 마찬가지다. 둘 다 인터넷에서 구입할 수 있는 합법적인 지방 연소 약물 칵테일에 쓰인다. 아드레날린처럼 작용하며 지방 연소 성질이 더 강력한 화합물로는 암페타민(1947년 체중 감량 목적으로 식품의약국 승인을 얻었으나 나중에 금지되었다) 및 여러 관련 화합물이 있다. 하지만 전반적으로 보자면, 제약업계의 지대한 관심에도 불구하고 체중 감량 의약품의 역사는 한결같이 재앙이었다. 효과가 있는 약물은 독성이 있으며 독성이 없는 약물은 효과가 없다.

불법 지방 연소 화학물질은 훨씬 강력하지만 훨씬 위험하다. 가

그림 31 보디빌더는 근육 선명도를 향상시키려고 디니트로페놀을 투약한다.

장 악명 높은 것은 디니트로페놀(DNP)로, 이 짝풀림 작용제는 차량 엔진을 공회전시키듯 지방세포에 작용한다. 지방이 분해되면 열이 발생하므로 이 약물을 과다 복용하면 특징적인 증상으로 고열이 나타나며 초고열 때문에 사망할 수도 있다.

이 현상은 제1차세계대전 때 군수업계의 관심을 끌었다. 당시에는 안전 조치를 거의 취하지 않은 채 폭약을 대량으로 생산하고 있었다. 앞에서 보았듯 폭약에는 질산염이 들어 있다. 영국은 TNT를 이용했는데, 영국 군수공장에서 TNT를 다루던 여성들이 피부가 연노랗게 변해 카나리아라고 불렸다. 프랑스는 질산염이 함유된 피크르산으로 폭약을 제조했으며 세네갈을 비롯한 식민지 주민을 생산 공정에 투입했다. 노동자들의 사망률이 높다는 사실은 금세 분명해졌지만, 얼마나 높았는지는 영영 알 수 없을 것이다. 이주 노동자들은 이름이 아니라 번호로 불렸으며 한 사람이 죽으면 다음 사람이 번호를 넘겨받았기 때문이다.[10] 1933년 디니트로페놀은 미국에서 안전한 체중 감량 약물로 권장되었으며 처방 없이도 구입할 수 있었으나 1938년 식품의약국에 의해 "인간이 섭취하기에 부적합"하다는 판정을 받았다. 보디빌딩 열풍은 20세기 후반에도 사망 사태를 낳았다. 디니트로페놀은 여전히 인터넷에서 쉽게 구할 수 있으며 비극은 여전히 일어나고 있다.

• 얼마나 커야 충분할까? •

호르몬은 사춘기 이전에 성장을 촉진하며 성장이 언제 중단되어야 하는지 인체에 알려준다. 건강한 인구집단의 키는 종형 분포를 이루는데, 이는 95퍼센트가 약 25센티미터 범위 안에 속한다는 뜻이다. 이 범위 바깥은 내분비계 이상이나 유전 이상의 가능성이 있다. 키가 매우 작은 아동은 주로 두 집단에 속한다. 하나는 건강한 인구집단의 통계적 변칙이고 다른 하나는 성장 호르몬이 결핍된 집단이다. 성장 호르몬 주사가 이 결핍증을 치료할 수 있으며 지난 몇십 년간 일상적으로 시술되었다. 하지만 키가 작되 나머지 모든 면에서 정상인 아동도 성장 호르몬을 주입받아야 할까? 유럽 규제 당국들은 이런 시술을 금지하지만, 미국에서는 100명 중 한 명이 이런 치료를 받는다.

건강하지만 키가 작은 아동에게 호르몬 치료를 할 것인가의 논쟁은 여러 윤리적 사안을 가로지른다. 아동은 정보에 입각한 동의를 할 수 없기 때문에 치료는 부모의 소관이다. 어떤 사람들은 단신을 심각한 불이익으로 보고 또 어떤 사람들은 자신이 진료하는 아동에게 무조건적으로 치료를 승인한다. 이 때문에 '미용 약물학자' 노릇을 하고 싶지 않은 소아과의사는 난감한 처지에 놓일 수 있다. 미래의 사회적 차별 가능성을 질병으로 간주하여 치료해야 할까? 그렇다면 위험과 편익은 무엇일까? 한 조사에서는 건강한 단신 아동이 2500회 주사로 3~5센티미터가 커졌다고 결론 내렸다. 1센티미터당 1만 8000달러(1999년 화폐 가치)가 든 셈이다. 치료가 심리적 유익을 가져다주었다는 증거는 거의 또는 전혀 없었다. 우리가 말할 수 있는 것은 작은 키를 매우 속상해하는 아동도 있고 그렇지 않은 아동도 있다는 것뿐이다. 그러니 누군가에게는 유익할 수도 있고 누군가에게는 그렇지 않을 수도 있다. 치료는 부모가 아니라 아동에게 최대한 초점을 맞춰야 한다.

단신은 남아에게 더 큰 불이익으로 간주되는 한편 예전에는 키가 매우 큰 여아는 결혼하기 힘들다는 통념이 있었다. 성장은 사춘기의 호르몬 신호에 반응하여 종료되는데, 1960년대에 오스트레일리아 등지에서는 키 큰 여아의 성장을 제한하기 위해 '종료' 신호를 흉내내는 디에틸스틸베스트롤을 투약했다. 여기에는 불확실한 구석이 많았다. 자연적 사춘기의 종료 시점을 예측하기가 결코 쉽지 않고 키의 평균 감소량이 약 3.8센티미터에 불과했기 때문이다. 한 가련한 소녀는 이 때문에 모델이 될 기회를 놓치고 말았다. 그러다 1971년 청천벽력이 떨어졌다. 임신 중 디에틸스틸베스트롤을 처방받은 산모의 자녀에게서 매우 희귀한 암인 질샘암종이 나타난 것이다. 자연 유산을 예방하려고 이 약물을 투약한 임산부가 최대 500만 명에 이르렀으니 한 세대의 치료가 다음 세대에 암을 일으킬지도 모른다는 가능성은 심각한 우려를 자아냈다. 아동기의 표현형 개조 역사는 행복한 역사가 아니었으며 수전 코언과 크리스틴 코스그로브가 『무슨 수를 써서라도 정상이 되어야 해Normal at Any Cost』 (2009)에서 성실하고 동정적으로 논의하고 있다.

표현형에 작용하는 약물은 사라지지 않을 것이며 사회적 수용의 한계는 계속해서 도전받을 것이다. 합성대사 스테로이드는 1950년대 이후 대부분의 접촉 종목이나 근력 종목에서 쓰였으며, 헬스광들이 자신의 몸매에 감탄하고 경쟁 스포츠가 엔터테인먼트 산업의 일부로 남는 한 계속해서 쓰일 것이다. 운동선수와 보디빌더는 약물에 결부된 위험을 받아들이며, 일부는 정보에 입각한 선택을 내릴 위치에 있는 약학 전문가가 되었다. 하지만 과체중인 사람들은 그 수준에 미치지 못한 채, 절망에 빠져 무모한 해결책을 찾는다. 변형 호르몬은 비만 치료에 널리 보급되었으며 그보다도 훨씬 강력한 (그리고 훨씬 치명적일 수 있는) 약물도 인터넷에서 입수할 수 있다. 다시 말하지만 의학적으로 용인되는 작용제와 불법 작용제의 구분은 흐릿하다. 강력한 근육 확대 약물은 불법인 반면에 똑같이 위험한 약물이 비만 치료제로 처방된다. 비만이 의료 문제로 간주되기 때문이다. 한편 의약품 암시장Black Pharma─규제를 전혀 받지 않은 채 인터넷에서 버젓이 상품을 판촉한다─이 계속해서 성장하고 번성하고 있다. 보디빌딩이나 (주장에 따르면) 항노화를 위한 성장 호르몬 불법 시장의 규모는 연간 약 20억 달러에 이르는 것으로

추산된다.[11]

• 우리는 멸종할까? •

2017년 7월 25일 BBC 뉴스는 "정자 수가 감소하여 '인류가 멸종'할 수도 있다"라고 경고했다. 종말론적 선언은 언론의 일상적 수법이며 이번 기사도 반짝 관심에 그쳤다. 기사의 참고 자료인 포괄적 메타분석에 따르면 1973년부터 2011년 사이에 유럽, 오스트레일리아, 북아메리카에서 정자 수가 평균 52퍼센트 감소했다. 아프리카, 아시아, 남아메리카에서는 이 정도의 감소세가 관찰되지 않았다.[12] 저자들이 언급했듯 이 추세와 더불어 남성 생식 발달의 손상을 보여주는 다른 지표들도 증가했다.

더 깊이 파고들기 전에 우리가 학계의 지뢰밭에 들어서고 있음을 언급해둬야겠다. 정자는 수백만 마리에 이르고, 정상 범위가 어마어마하며(제5백분위에서는 밀리리터당 900만 마리, 제95백분위에서는 1억 9200만 마리에 이른다), 마릿수를 헤아리는 기법이 달라졌고, 조사 대상이 일반적 인구집단을 대표하지 않을 수도 있다. 정자 수는 기증자의 나이, 금욕 기간, 표본에 따라 달라진다.[13] 이런 단서가 있긴 하지만 많은 인구집단에서 정자 수가 감소하고 있다는 데는 연구자들이 대체로 동의한다.

이것은 무엇을 의미할까? 여기서도 우리는 조심스럽게 발을 디뎌야 한다. 무엇보다 정자 수로는 출산력을 확실하게 추정할 수 없다(최근 여러 연구에서 건강한 젊은 남성의 20~30퍼센트에서 농도가 밀리리터당 4000만 마리 이하로 감소했다고 보고되긴 했다).[14] 정자의 질도 중요하며 마릿수 감소는 부동不動 정자와 비정상적 형태를 가진 정자의 비율 증가와 연관성이 있다. 하지만 출산력의 최종 기준은 임신이며 정자의 질은 여러 관련 요인 중 하나에 불과하다. 전체 출산력은 제2차세계대전 이후 절정에 도달했다가 20세기 말까지 여러 부자 나라에서 대체 출산율(현재의 인구 규모를 유지하는 데 필요한 출산율―옮긴이) 아래로 떨어졌다. 피임이 주원인이었지만, 산모 고령화도 출산력을 감소시킨다. 이런 배경에서 보면 남성 출산력이 실제로 줄고 있는지 판단하기란 쉬운 일이 아니다. 자녀를 낳고 싶어하는 부부를 대상으로 한 전향적 연구에서는 약 12~18퍼센트가 1년 이상 불임 문제를 겪었다. 인간 정자를 50개국에 수출하는 덴마크에서는 성공한 임신의 약 8퍼센트가 보조 생식술의 도움을 받는다.

이 현상은 가장 막연하고 기술적으로 까다롭고 감정적으로 강렬하고 정치적으로 민감하고 궁극적으로 무시무시한 질문으로 이어진다. 우리가 무심코 주변 환경에 배출하는 화학물질이 인간 생식계에 장기적 영향을 미칠 가능성이 있을까? 우선 수많은 살충제, 플라스틱, 여타 화학적 부산물이 우리 몸에 쌓이고 이것들이 피해를 일으킬 수 있다는 데는 의심의 여지가 전혀 없다. 많은 화학물질이 호르몬 신호를 흉내내거나 차단할 가능성이 확실히 있으며 이것이 남성의 생식 건강에 영향을 미치리라는 것은 더더욱 확실하다. 남성성은 인간 표현형에 스멀스멀 기어드는 위협을 경고하는 일종의 '탄광의 카나리아'인지도 모르겠다.

배아의 관점에서 남성은 변형된 여성이며 이 전환이 이루어지려면 복잡한 화학 작용이 연쇄적으로 일어나야 한다. 이 과정은 임신 7~15주에 일어나기 때문에, 이 기간이 남성성을 가장 위협하는 시기다. 30년 전 권위 있는 전문가 집단이 화학물질 오염의 영향을 조목조목 읊었다. "조류, 어류, 패류, 포유류의 출산력이 감소하고 부화 성공률이 감소하고 조류, 어류, 거북류가 심각한 선천적 기형을 겪고 어류 및 조류 암컷이 탈자성화 및 웅성화되고 조류와 포유류의 면역계가 손상되었다."[15] 2015년 미국내분비학회도 이와 비슷한 결과를 확인했다. 그사이에 수많은 실험에서도 내분비계 교란이 동물의 생식과 성장에 치명적 영향을 미칠 수 있음이 밝혀졌다. 그중에는 미래 세대에 전달될 수 있는 영구적 유전자 변화도 있다.[16]

따라서 이제 남은 것은 화학물질이 인구집단에 직접적 영향을 미친다는 결정적 증거다. 많은 지표가 있음에도 증거는 여전히 파편적이며 서로 모순된다. 이유는 멀리 있지 않다. 호르몬적으로 활성인 성분은 거의 검출되지 않는 농도에서 영향을 미칠 수 있으며 잠재적으로 유해한 영향은 노출량, 발달 단계, 호르몬적으로 활성인 다른 성분의 유무에 따라 달라질 수 있기 때문이다. 역학이나 독성학 조사의 표준적 방법은 여러 요인의 복잡한 상호작용으로 인한 영향을 평가하도록 설계되지 않았다. 내분비계 교란 물질에 대한 동물 조사가 인간에게도 해당할 것임은 거의 확실하지만 이를 직접 입증할 수는 없다. 이로 인한 교착 상태는 환경 운동가들에게 친숙한 상황이다. 막연한 위협의 증거가 결정적으로 확인되었을 때는 이미 늦었을 테니 말이다. 그 위험은 부정할 수 없다.

11
뚱보 세상

• 최초의 비너스 •

유럽 조각상에서 여성 비만을 묘사하는 전통은 구석기 수렵인의 황금시대인 2만~3만 년 전으로 거슬러올라간다. 고도 비만을 한 번도 보지 않고서 상상하는 것은 불가능할 테니 이 조각상을 깎은 사람들은 이런 체형에 친숙했음이 분명하다(그림 32). 이 조각상의 의미는 알려져 있지 않다. 풍요와 다산을 표현한 것이 아닐까 추측할 뿐이다. 한 가지 단서는 젊은 여성을 결혼 전에 살찌우는 풍습이 한때 널리 퍼져 있었다는 것이다. 이를테면 20세기 전반기에 나이지리아 아낭족은 혼기가 찬 처녀를 '살찌우는 방'에 보내어 결혼을 준비시켰다. 살찌우는 방은 "단순히 살을 찌우기 위한 곳이었다. 처녀를 살찌고 아름답게 만들고, 신붓감으로 알맞게 만들고, 이렇게 곱고 살찐 처녀를 만들어낼 수 있는 가문의 부를 온 마을 사람들에게 과시하는 것이 목적이었다". 처녀는 격리되어 지내면서 배불리 먹고 여자로서 알아야 할 것들을 배웠다. 몇 달 뒤에는 구슬, 깃털, 종으로 꾸미고 벌거벗은 채 마을을 누볐다.[1] 비슷한 풍습이 말라위와 태평양 섬 나우루에서도 관찰되었다. 과체중 신부는 자산을 예금한 셈이었다. 임신의 에너지 비용이 지방 10킬로그램과 맞먹고 1년간 젖을 먹이는 데는 그 두 배가 필요하기 때문이다. 살찌우는 방에서 나온 처녀는 살찐 채로 오래 있지 않았다.

수렵채집사회에서 장기적 비만은 예외적 현상이었을 테지만, 단기적 지방 축적은 계절 조건에 따라 매우 요긴할 수 있다. 유럽 농민들은 겨우내 먹일 수 없는 짐승을 잡았으며, 성탄절에 흥청망청 배를 불린 다음 봄 사순절에 의무적으로 금식했다. 식량이 풍족할 때 지방을 쌓아둘 수 있는 사람은 식량이 부족할 때 남보다 잘 버틸 수 있었으며 근대 이전의 농민들은 예비 신부의 풍만함이 겨울을 위한 보험이요, 출산 능력의 보증이요, 결핵에 걸리지 않았다는 지표임을 알았다. 최근 사하라 이남 아프리카에서는 HIV에 감염되지 않았다는 의미이기도 했다.

몸무게는 과시적 소비의 전형적 지표다. 잉글랜드의 헨리 8세를 위해 제작된 갑옷은 허리둘레가 137센티미터였고, 그의 먹성은 전설적이었으며, 후년에 그가 위층에 올라가려면 시종들이 밧줄과 도르래로 끌어올려야 했다. 그는 비만 때문에 만성 다리 궤양도 앓았다. 18세기에는 철학자 데이비드 흄과 역사가 에드워드 기번이 과체중으로 유명했으며 통풍에 걸린 많은 귀족도 마찬가지였다. 통풍

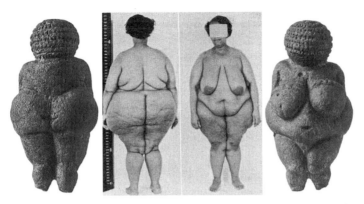

그림 32 빌렌도르프 비너스를 조각한 장인은 고도 비만이 어떤 모습인지 알았다. 그의 모델은 교과서의 표본보다 어려 보이지만 말이다.

의 원인은 납 중독이었는데, 이것은 달콤한 포도주를 좋아한 탓이었다. 포도주 보관 용기 안쪽이 납으로 되어 있었기 때문이다. 바이런 경은 1806년 케임브리지대학교 학부생이던 열여덟 살에 몸무게가 88킬로그램이었다. BMI가 29로 당시 유행하던 낭만주의 시인의 핼쑥한 외모와 거리가 멀었기에, 그는 최초의 유명인 다이어터가 되어 음식을 식초에 담그는 방법으로 5년 만에 57킬로그램으로 감량했다. 우리가 이 사실을 아는 것은 과체중 귀족들이 런던의 인기 포도주상 베리 브로스 앤드 러드에서 저울에 몸무게를 달았기 때문이다. 정치인들은 외모에 덜 신경 썼지만, 다혈질의 오토 폰 비스마르크(111킬로그램, BMI 30.9)조차도 1883년에 다이어트의 필요성을 느껴 27킬로그램을 뺐다. 미국의 27대 대통령 윌리엄 하워드 태프트는 1909년 취임 당시 몸무게가 161킬로그램이었으며 백악관 욕조에 몸이 끼었다는 소문이 있다. 19세기 프랑스 부르주아들은 비만을 '앙봉푸앵embonpoint'(원래는 '상태가 좋다'라는 뜻—옮긴이)이라고 일컬었는데, 이것은 여성의 가슴이나 남성의 배가 볼록하게 튀어나온 것을 긍정적으로 일컫는 말이었다.

만성 비만은 부유층을 제외하면 비교적 드물었다.[2] 수렵인과 채집인은 20대에 최대 체중에 근접하여 50대까지 그 수준을 유지하다가 만년에 체중이 줄었다. 아돌프 케틀레는 19세기 전반기 벨기에인들에게서 이 패턴을 발견했으며 20세기 전반기 일본인들에게서도 같은 특징이 나타났다.[3] 즉, 이것이 근대 이전 사회의 일반적 패턴이었다.

이 전통적 패턴으로부터의 이탈이 과거 특권층 표현형과 오늘날 소비자 표현형의 특징이다. 현대적 추세의 최초 증거는 생명보험 업계에서 나타났다. 1912년에 발표된 『의학·계리학적 사망률 조사 Medico-Actuarial Mortality Investigation』의 토대는 1885년부터 1900년까지 미국 남성이 가입한 보험 22만 1819건과 더 긴 기간 동안 여성이 가입한 13만 6504건에 대한 분석이었다.[4] 당시 보험에 가입한 미국인은 거의 다 백인이었고 소득이 평균 이상이었으며 전체 평균보다 키가 컸다. 그림 33에서는 1830년대에 케틀레가 조사한 벨기에인, 1885년부터 1900년까지 보험에 가입한 미국인, 21세기 초 미국 남성 등의 조사 표본을 대상으로 남성의 나이와 몸무게를 비교하고 있다.

그림에서 보듯 케틀레가 조사한 남성들이 열다섯 살에 21세기 미국 남성보다 27킬로그램 가벼웠는데, 한 가지 이유는 그들이 아직 사춘기 급성장을 겪지 않았기 때문이다. 또한 이들은 30대 이후

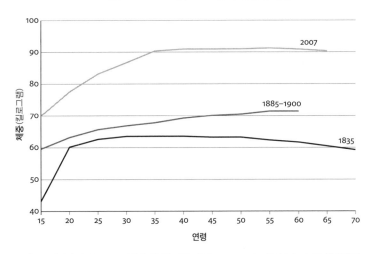

1835년, 1885~1900년, 2007년의 연령과 체중

그림 33 벨기에 남성(1835), 보험에 가입한 미국 남성(1885~1900), 미국 보건 조사에 참여한 남성(2007~2010)의 연령에 따른 체중 변화 추세. 자료 출처: Quetelet (1835), *Medico-Actuarial Mortality Investigation* (1912), NHANES.

에 체중 증가가 없었다. 19세기 말 보험에 가입한 젊은 미국인은 우리의 기준에서는 현저히 날씬했지만(남성과 여성의 BMI가 각각 23.2와 22.7이었다) 중년에 체중이 6킬로그램 증가했다. 그 사이 30년을 평균하면 하루에 0.65그램씩 찐 셈이다.

비만의 사회사를 연구하는 힐렐 슈워츠에 따르면 20세기 초 의사들이 식단 조절을 처방한 목적은 대체로 투병 이후에 체중을 늘리기 위해서였다.[5] 하지만 1920년대가 되자 과체중은 여성 잡지의 단골 주제였으며 오늘날에는 매 호 관련 기사가 등장한다. 그렇지만 비만이 정말로 흔해진 것은 20세기 후반 들어서였다.

그림 34는 20세기 미국에서 20대 여성의 BMI와 50대 여성의

1913~2010년 20~29세 연령 집단과 50~59세 연령 집단의 BMI 차이(여성)

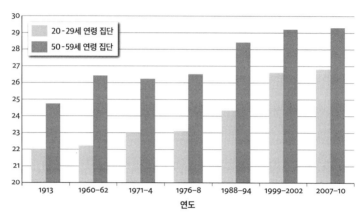

그림 34 1913~2010년 20대 미국 여성과 50대 미국 여성의 체질량 지수 비교. 1976~1978년 젊은 여성의 표본이 2007~2010년 중년 여성의 표본과 동일 집단임에 유의하라.

BMI를 시기별로 비교한다. 가장 눈에 띄는 변화는 1980년 이후 20~29세 연령 집단에서 BMI가 급증했다는 것이다. 20대 여성과 50대 여성의 BMI 차이가 달라지지 않은 것처럼 보이는 것에 속지 말라. 1976~1978년 20대 표본이 2007~2010년에 50대 표본이 된 것이니까. 이것은 그들이 20대와 50대 사이에 몸무게가 16.7킬로 그램 늘었다는 뜻이다(남성은 15.2킬로그램 늘었다). 하루 평균 약 1.5그램씩 찐 셈이다.

젊은 여성의 체중 증가는 비만 유행이 임박했다는 첫 징조였다. 미국 아동을 대상으로 한 장기간 전향적 연구 세 건이 1930년대에 시작되었는데, 한 가지 계기는 대공황이 미래 세대에 미칠 영향에 대한 우려였다. 오하이오에 근거를 두고 현재까지 계속되고 있는 펠스 연구는 1960년 이후 태어난 아동에서 BMI의 꾸준한 상승세

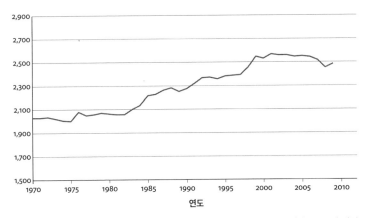

1970~2010년 미국의 1인당 열량 소비량

그림 35 미국의 1인당 식품 가용량(폐기량 보정). 식품 열량 가용량은 1980년과 2000년 사이에 1인당 500칼로리 증가했다. 출처: 미국 농무부

를 관찰했다. 여아의 BMI 증가가 전적으로 지방량 증가 때문이었던 반면에 남아는 이에 더해 (아마도) 활동량 감소로 인한 근육 감소도 나타냈다.[6] 펠스가 연구한 아동은 대부분 유럽 혈통이었는데, 흑인 아동과 라틴계 아동은 체중이 더욱 빠르게 증가한 것으로 보인다.

아동 비만의 증가는 값싼 열량의 물결을 타고 도래했다. 미국인의 1인당 음식 섭취량이 1980년과 2000년 사이에 20퍼센트 증가했기 때문이다(그림 35). 이것은 에너지 밀도가 높은 가공식품의 섭취 증가 및 덜 활동적인 생활 방식과 관계있었다. 아동은 점점 뚱뚱해졌으며 비만은 전 세계에 퍼져나갔다.

• 비만의 세계화 •

비만 유행은 전후戰後 미국의 전례 없는 번영이 남긴 유산이었다. 농민들은 화석 에너지를 식량 생산에 쏟아부으면서 식량으로 얻는 것보다 많은 열량을 투입했다.[7] 이 모든 부정적 함의에도 불구하고 화석 에너지, 기계화, 비료, 교잡종 작물, 살충제 덕에 20세기 말 30억 명의 인구를 더 먹여살릴 수 있었으며 전 세계 식량 생산이 인구 증가를 계속 앞서갈 수 있었다. 다국적 기업들이 미국을 대신해 원료 농산물 공급업자로 나섰으며 외국에 직접 투자하며 전 세계 식량 생산·가공업의 이해 당사자가 되었다. 이것을 뒷받침한 것은 엄청난 부와—때로는 투자 대상국의 부와 맞먹을 정도였다—관세 장벽을 뛰어넘는 능력이었다. 공격적 자유무역 정책은 코카콜로니제이션(coca-colonization, '코카 콜라'와 '식민지화colonization'를 합친 말로, 미국식 식품이 세계를 점령한 것을 일컫는다—옮긴이)의 특징이었다.[8]

일부 식품 가공 방식은 열량을 제외한 거의 모든 것을 제거하여 에너지 함량이 높고, 혈류와 지방세포에 쉽게 흡수되는 식품과 음료를 만들어낸다. 이런 제품들은 포장이 근사하고 운송 및 보관이 용이하며 중독적인 맛과 저렴한 가격을 자랑한다. 성인용 유아식은 전통적이고 영양학적으로 균형 잡힌 식단을 대부분 대체했으며 그 결과는 전 세계 BMI 증가로 나타났다. 127개국을 분석했더니 평균 BMI가 1980년의 23에서 2008년에는 25로 증가했다.[9] 키가 170센티미터인 남성의 경우 체중이 6킬로그램 증가한 셈이다.

미국 중앙정보국의 팩트북Factbook에는 191개국의 비만(BMI 30 초과로 정의된다) 분포도가 실려 있다. 태평양 섬들이 명단의 수위를 차지하며 규모 있는 국가 중에서 가장 먼저 등장하는 것은 이집트와 미국으로, 둘 다 비만율이 33퍼센트다. 영국, 스페인, 러시아 등 일부 유럽 국가들은 33~26퍼센트인 반면에 이탈리아, 네덜란드, 스웨덴, 프랑스, 덴마크, 스위스 같은 나라들은 20퍼센트 이하다. 한국, 싱가포르, 일본 같은 나라는 10퍼센트를 한참 밑돈다. 이 성적표에서 보듯 비만은 결코 부의 필연적 결과가 아니다. 그럼에도 일반적으로는 부자 나라의 빈곤층과 가난한 나라의 부유층이 비만에 시달린다. 세계보건기구의 조사에 따르면 높은 교육 수준과 낮은 BMI 사이에 상관관계가 있으며—특히 여성의 경우—소득이 증가함에 따라 낮은 사회 계층의 비만율이 높아지는데, 1인당 GDP가 약 2500달러인 지점에서 역전 현상이 일어나 저소득층의 비만율이 고소득층을 능가한다.[10] 부유한 사회에서 초과 체중은 낙인이 되었다. 낮은 사회적 지위, 낮은 결혼 전망, 낮은 고용 기회, 낮은 소득 역량 등의 유력한 지표가 된 것이다.[11] 사회적 배제도 비만과 연관되었다. 부자는 부유해지고 빈자는 비만해진다.

· 소비자 표현형의 부상 ·

사키가 말했듯이, 1온스의 부정확성이 1톤의 사실만큼 가치 있을 때가 있다. 내가 지금 제시하는 논증도 같은 맥락이다. 그것은 우리가 모두 과체중이라는 것이다. 이 논점은 강조할 필요가 있다.

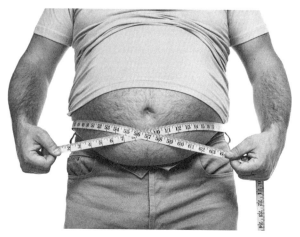

그림 36 과잉 섭취는 복부 비만, 고혈압, 고콜레스테롤, 고혈당, 동맥 질환, 체중 관련 암의 다양한 조합과 관계가 있다.

우리는 종종 비만이 다른 사람의 문제이며 과잉 섭취는 남들보다 더 과잉 섭취하는 사람들에게만 해롭다는 말을 듣기 때문이다. 실은 그렇지 않다. 몸의 내부 사정을 조절하는 것은 자기 조절계의 정교한 그물망인데, 이것이 주목받는 것은 무언가 잘못되었을 때뿐이다. 이 그물망을 구성하는 체중, 혈압, 혈당, 혈중 지질이 전통사회에서는 사람의 일생 동안 안정된 균형을 유지했다. 이 평형이 대규모로 교란되었음을 알리는 첫 징조는 사람들이 성인이 되어 체중이 늘기 시작했다는 것이었다. 이어 혈압과 혈당 같은 내부 조절 표지가 상승하기 시작했고, 몸무게와 수명이 증가하면서 그 추세가 더 심해졌다. 내부 조절이 잘 이루어지지 않는다는 것은 표현형이 스트레스를 받는다는 신호이며, 신체의 내부 활동을 제대로 조절하지 못하는 표현형은 양호한 상태에 있지 않은 것이 분명하다.

비만, 특히 복부 비만은 고혈압, 당뇨병, 고지혈증과 확실한 상관관계가 있다. 이로 인한 (다양한 형태, 크기, 정의로 나타나는) 표현형을 대사증후군이라고 부른다. 우리 중 절반가량은 일생의 어느 단계에 대사증후군을 겪는다. 대사증후군이 생기면 심혈관계 질환의 위험이 커지고 체중 관련 암의 발병 가능성이 증가한다. 대사증후군의 특징 하나하나가 식품 과잉 섭취와 관계있다. 모든 특징이 식품 섭취량 감소에 반응하며 식사량을 줄이면 모든 관련 위험이 줄어든다. 그렇기에 대사증후군은 소비자 표현형의 극단적 형태를 보여준다(그림 36).

모두가 과잉 섭취를 하고 있다면 남보다 많이 섭취하는 사람을 비난하는 것은 부당하다. 그 결과는 우리 모두에게 영향을 미치기 때문이다. 이 관계가 가장 뚜렷이 드러나는 경우가 전체 인구집단이 불가피하게 식품 섭취량을 줄여야 할 때다. 이를테면 독일은 제1차세계대전 때 기근을 겪었는데, 베를린 주민의 당뇨병 사망률—열량 섭취의 민감한 지표—이 50퍼센트 감소했다. 제2차세계대전 기간에 독일에 점령된 노르웨이에서도 당뇨병과 심장병으로 인한 사망이 극적으로 감소했다.[12] 영국은 전시에 강제 식량 배급을 실시했는데, 당뇨병으로 인한 사망률이 절반으로 줄었으며 전쟁이 끝난 뒤에도 10년간 낮게 유지되었다.[13]

쿠바에서 더 최근 사례를 볼 수 있다. 쿠바는 카스트로 정권에서 미국의 오랜 무역 제재에서 살아남기 위해 소련에 설탕을 수출하고 석유를 수입했다. 1990년 러시아 경제가 붕괴하자 쿠바는 어려움을 겪었다. 이때 일일 식품 열량 섭취량이 2900칼로리에서 1860칼

로리로 낮아졌으며 성인 체중이 4~5킬로그램 감소했다(5~6퍼센트
에 해당). 1997년과 2002년 사이에 전체 사망률이 18퍼센트 감소
했는데, 당뇨병으로 인한 사망은 51퍼센트, 관상동맥 심장병으로
인한 사망은 35퍼센트, 뇌졸중으로 인한 사망은 20퍼센트 감소했
다.[14] 여기에서 보듯 실제 비만 인구의 비율이 매우 낮은 경우에도
열량을 제한하면 전체 인구의 건강이 개선된다.

만성적 과잉 섭취는 새로운 현상이다. 그 특징은 체중이 성인기
에 점진적으로 증가하는 것과 표현형이 스트레스를 받는다는 증거
가 많아지는 것이다. 우리는 비만과 그 합병증을 질병으로 정의하
지만—그럼으로써 나머지 인구로부터 편리한 심리적 거리를 두지
만—문제는 생활 양식에 있는 것이지 그에 대한 반응에 있는 것이
아니다. 그건 그렇고 우리는 왜 생활 양식에 저마다 다르게 반응하
는 것일까?

• 진화적 관점에서 들여다본 비만 •

우리는 진화 과정에서 지금처럼 많이 먹는 상황에 대비하지 못했
다. 우리의 반응이 이토록 다양한 것을 이것으로 설명할 수 있을지
도 모른다. 비만에는 수백 가지 유전자가 관련되지만, 이것들을 '비
만 유전자'라고 부르려는 유혹에 빠지면 안 된다. 이 유전자를 우리
에게 물려준 조상들은 거의 또는 전혀 비만하지 않았으니까. 이 유
전자들이 존재하는 데는 타당한 이유들이 있으나 우리를 뚱뚱하게
만드는 것은 그런 이유에 해당하지 않는다. 한 가지 눈에 띄는 (누

구나 아는 바를 입증하는) 사실은 어떤 사람들이 다른 사람들보다 훨씬 쉽게 살찐다는 것이다. 예를 들면 20세기 말에 키가 162.6센티미터이고 BMI가 제10백분위인 아프리카계 미국인 여성은 20대 중반과 50대 중반 사이에 5킬로그램이 증가할 것으로 예상되었다. 같은 조건이면서 BMI가 제90백분위인 여성은 같은 기간에 58킬로그램이 늘었다.[15] 지방을 축적하는 성향은 사람마다 사뭇 다르다.

이것은 또다른 질문으로 이어진다. 우리 몸은 얼마나 무거워져야 하는지를 어떻게 알까? 대부분의 사람들은 식품을 무한정 사 먹을 수 있는데도 놀랄 만큼 정확하게 필요한 만큼만 섭취한다. 전형적인 36세 백인 미국인 남성은 몸무게가 86킬로그램이며 1년에 자기 몸무게의 열 배인 907킬로그램의 식품을 섭취한다. 그의 일일 열량 섭취량은 약 2700칼로리로, 연간 100만 칼로리를 약간 밑돈다.[16] 그는 의식적인 노력을 거의 또는 전혀 기울이지 않고도 연간 에너지 재고(유입 열량 대 유출 열량)의 균형을 연초 시작점의 0.63퍼센트 이내로 유지한다. 이것이 어떻게 가능한지 비만 전문가에게 물어보면 답변에서 많은 것을 배울 수 있다.

요점은 위의 백인 남성이 약간 초과된 체중 균형을 유지하리라는 것이다. 온도 조절 장치가 실내 온도를 시작점으로 정확히 되돌리는 것과 달리 평균 씨는 체중을 살짝 높게 리셋하도록 프로그래밍되어 있다. 이 증가량은 연간 약 550그램, 또는 54세까지 10킬로그램이 증가하는 것에 해당한다. 그의 체중 조절은 사전 대비 방식이어서 기준이 해마다 조금씩 상승한다. 이것은 표현형 전환의 특징인 **알로스타시스**allostasis의 사례다.

유전자는 체중에 영향을 미치지만 식품은 이보다 우선하는 요인이다. 과체중 개에게는 과체중 주인이 있으며 이것은 결코 유전으로 설명할 수 없다.

• 절약 유전자 •

1962년 유전학자 제임스(짐) V. 닐(1915~2000)은 굶주림에 대응하여 진화한 유전자가 비만의 원인이라고 주장했다. 당시 유전학자들은 '당뇨병 유전자'가 있다고 생각했다. 이 사본이 한 벌 있으면 당뇨병이 늦게 발병하고 두 벌 있으면 일찍 발병한다는 것이다. 인슐린이 보급되기 전까지만 해도 후자의 당뇨병은 예외 없이 치명적이었으므로 이론상으로 '당뇨병 유전자'는 시간이 흐르면서 제거되어야 마땅한데도, 당뇨병은 놀랍도록 흔하다. 이에 닐은 낫적혈구병을 떠올렸다. 이 병에서는 비정상 유전자가 한 벌 있으면 말라리아 저항성을 만들어내지만 두 벌 있으면 치명적 질병을 일으킨다. 이 유전자가 부모 중 누구에게도 없으면 말라리아를 막을 방법이 없고, 부모 둘 다에게 있으면 자녀 넷 중 한 명이 낫적혈구병으로 사망할 것이다. 그러므로 최적의 결과는 보인자(保因者, 유전병이 겉으로 드러나지 않고 있지만 그 인자를 가지고 있는 사람으로, 후대에 유전병이 나타날 수 있다—옮긴이)와 비보인자 사이에 평형이 이루어지는 것이다. 유전학자들은 이것을 **평형다형성**balanced polymorphism이라고 부른다. 닐은 가설적 당뇨병 유전자 한 벌이 기아에서 살아남는 데 유리할 수도 있고, 근근이 먹고사는 사람들에게는 당뇨병의 이득 대비 위험이 무시할 수준이라고 추측했다. 하지만 풍요의 시대에는 사정이 달라진다. 당신이 굶주릴 때 도움이 되던 유전자가 지금은 당신에게 당뇨병을 일으킨다. "'절약' 유전형이 '진보'에 의해 해로워지"는 셈이다.[17]

생물학자 T. H. 헉슬리에 따르면 과학의 크나큰 비극은 "아름다운 가설을 추한 사실로 난도질하는 것"이다. 닐의 아름다운 가설 또한 이내 난도질당했다. 단일한 당뇨병 유전자는 없었으며, 제안된 작용 기전은 반박되었다. 하지만 강조점이 당뇨병에서 비만으로 옮아가면서 그의 발상은 "유전역학에서 가장 영향력 있는 가설 중 하나"로 살아남았다. 그런데 정작 닐은 절약 유전자에 대해 지나가듯 관심을 가진 게 전부였으며 자신의 이름을 사람들에게 각인시킨 이 발상에 대해서는 그의 두꺼운 자서전에서 한 문단조차 할애하지 않았다.[18]

'절약 유전자'는 어떻게 당신이 기아에서 살아남게 해줄까? 두 가지 주된 가능성이 있다. 하나는 이 유전자가 에너지 대사의 효율을 높여 당신이 덜 먹고도 살아남을 수 있게 한다는 것이다. 다른 하나는 당신으로 하여금 더 많이 먹고 지방을 저장하도록 유도한다는 것이다. 일부 사람들이 남들보다 더 효율적인 대사 작용을 한다는 가설은 사람을 굶기는 실험으로 검증할 수 있다.

당신이 방금 곡기를 끊었다고 상상해보자. 앞으로 두 달간 물만이 당신 입술을 통과할 것이다. 처음에는 별 변화가 없이, 다음번 밥때에 익숙한 시장기가 느껴지는 게 고작일 것이다. 이것은 조건화된 반응이다. 물을 좀 마시고 잠자리에 들면 공복감은 가라앉을 것이다. 24시간 뒤에는 시장기가 더 오래 지속될 것이다. 당신은 뚜렷한 불편함을 느끼고 쇠약하거나 지친 느낌을 받기 시작할 것이다. 당신이 단식을 시작했을 때 키는 170센티미터이고 몸무게는 75킬로그램이었다. 몸무게가 벌써 1킬로그램 가까이 줄었다. 이는 주로 탄수화물이 분해되면서 수분이 빠져나갔기 때문이다. 약 1.5킬로그램으로 전체 몸무게의 2퍼센트인 뇌는 에너지 소비량의 4분의 1 가까이를 차지한다. 그래서 인체의 나머지 부분은 에너지 절약 체제로 전환하며 간은 굶주린 뇌에 필요한 포도당을 생산하려고 동분서주한다. 한편 다른 조직들은 포도당을 아끼려고 지방을 태우며 케톤(지방 대사의 분해 산물)이 혈류에 쌓인다. 48시간쯤 지나면 뇌는 이미 케톤 체제로 전환했으며 당신의 숨에서 저장 사과 비슷한 독특한 냄새가 난다. 케톤 체제로의 전환은 남성보다 여성에게, 살찐 사람보다 마른 사람에게 더 빨리 일어난다. 당신은 불필요한 활동에 대한 욕구가 점차 사라지며, 힘을 쓰면 어지럽다. 섹스에 대한 관심이 사그라들고, 먹는 것 이외의 현실 문제는 남 일처럼 느껴진다. 종교적 이유로 단식할 때처럼 은은한 행복감을 경험할지도 모르는데, 이것은 케톤 폭증이나 내인성 오피오이드(아편을 함유하고 있거나 아편 유도체의 치료약, 또는 수면을 유지하는 물질의 총칭—옮긴이) 분비와 관계있는 듯하다.

이제 단식 일주일째다. 몸무게는 6킬로그램 이상 빠졌지만, 대부분은 체액 유실 때문이어서 다시 먹기 시작하면 금세 회복될 것이다. 3주차가 되면 18킬로그램이 줄어드는데, 그뒤로는 감량 속도가 느려져 하루에 3분의 1킬로그램씩 빠진다. 장은 이제 소화액을 만드는 일에 에너지를 허비하지 않는다. 근육량이 감소하여 체력이 약해진다. 정신은 여전히 초롱초롱하지만, 안정기 맥박 수가 분당 40회 아래로 떨어지고, 서 있으면 혈압이 낮아져 일부 참가자는 실험을 포기한다. 심부 체온이 낮아져 몸이 산소를 덜 소비하게 된다. 상황은 심각하지만 아직 절체절명은 아니다. 단식을 시작했을 때 영양 상태가 좋았기 때문에 몸에 저장해둔 15킬로그램의 지방과 6킬로그램의 단백질을 쓸 수 있다. 이것은 16만 칼로리 이상과 맞먹으며 두 달 넘게 버티기에 충분하다. 하지만 시간이 얼마 남지 않았다.

기아는 실험실에서 집중적으로 연구되었는데, 여기서 밝혀진 사실은 모든 사람의 반응이 거의 비슷하다는 것이다. 이것은 자연선택이 우리 모두에게 효율적 유전자를 심어놓아 대사 효율 면에서 사람들 간에 차이가 거의 없다는 뜻이다. 따라서 비만의 기원은 다른 곳에서 찾아야 한다.

1849년 아일랜드 대기근을 목격한 사람은 이렇게 기록했다. "지금껏 누구도 설명하진 못했지만, 성인 남성과 소년이 여성보다 일찍 쇠약해진다. 지금도 마찬가지다. 어딜 가든 모든 공무원이 그렇다고 말할 것이다."[19] 설명은 간단하다. 여성은 지방 비율이 높으며 지방 1킬로그램의 에너지는 생명을 며칠이나 유지할 수 있다. 중요한 비만 관련 유전자가 (성별과 무관하게) 뇌에서 발현되는 이유가 여기에 있을지도 모른다. 그런 유전자 중 하나가 FTO로, 본디 이이름은 근친 교배한 생쥐의 발가락이 붙는 현상fused toes에서 유래했으며 당시에는 이 유전자의 다른 효과가 전혀 알려지지 않았다. 그 효과는 훗날 당뇨병과 관련한 유전자 자리를 찾는 과정에서 확인되었다. FTO는 사람들로 하여금 지방을 저장하도록 유도함으로써 당뇨병에 간접적으로 영향을 미친다. 지방이 증가하면 당뇨병 위험이 커지기 때문이다. 이 유전자가 한 벌 있는 사람─전 세계적으로 10억 명─은 이 유전자가 없는 사람에 비해 1.5킬로그램 더 무거우며 두 벌 있는 사람들은 3킬로그램 더 무겁다. 맹검을 실시했더니 이 유전자를 보유한 사람은 중립적 변이를 가진 사람에 비해 더 많이 먹고, 열량이 더 풍부한 식품을 선택하며, 포만감을 더 늦게 느낀다. 이 유전자는 유럽 인구의 약 50퍼센트에서 발견되는데, 이는 계절적 굶주림이라는 조건에서 유난히 요긴할 수 있음을 암시한다.[20] 이 유전자는 효과가 비교적 온건하지만, 다른 어떤 비만 관련 유전자보다 3~6배 강하다. 다른 복합 형질과 마찬가지로 비만을 결정하는 것은 사소한 효과를 내는 많은 유전자의 집단적 작용이다.

· 절약 표현형 ·

안데르스 포르스달과 데이비드 바커는 앞에서 만나본 적이 있다. 바커는 출생시 저체중이면 나중에 고혈압, 당뇨병, 고지혈을 겪을 가능성이 커진다는 사실을 밝혀냈다(저체중아가 후년에 과체중이면 가능성이 더더욱 커진다). 바커는 생화학자 닉 헤일스와 손잡고 인슐린의 핵심 역할을 부각했다. 인슐린은 다른 유사 분자들과 함께 태아 발달의 필수 요소이기 때문이다. 태아에서 이 신호가 달라지면 신체 구성에 지속적 영향을 미칠 수 있다. 헤일스와 바커에 따르면 태아의 영양 섭취가 부족하면 희소 자원을 뇌 같은 필수 장기에 보내기 위해 다른 조직들이 인슐린에 덜 민감해진다. 그 결과, 영양실조에 걸린 아기는 풍요로운 환경에서 장애를 겪는 방향으로 프로그래밍될 수 있다. 헤일스와 바커는 닐에게 경의를 표하기 위해 이 가설을 절약 표현형 가설이라고 불렀다.[21] 이름에서 보듯 이것은 흔한 환경적 어려움에 대응하는 공통의 패턴이며 개별 유전자의 변이와는 대체로 무관하다.

영양이 부족할 때 아기가 작아지는 경향이 있다면 영양이 과잉일 때는 아기가 커지는 경향이 있다. 후자는 산모에게 당뇨병이 있을 때 일어난다. 산모의 포도당은 태반을 자유롭게 들락날락하지만 그녀의 인슐린(또는 그녀가 주입받는 인슐린)은 그러지 못한다. 태아가 포도당을 과잉 흡수하면 인슐린 생성 세포가 과도하게 활동한다. 이로 인해 아기는 발그레한 얼굴로 태어나고 몸무게가 예상보다 최대 1킬로그램 더 나가며 만찬에서 배불리 먹은 꼬마 시장처럼 보인다. 당뇨병이 없는 산모에게서 태어난 아기에 비해 후년에 체중이 증가할 가능성도 크다. 애리조나 피마족은 당뇨병이 유난히 흔하며 산모가 당뇨병을 앓기 전에 낳은 아기는 이후에 낳은 아기보다 작다. 이는 출생시 체중 차이가 산모의 유전자보다는 포도당 공급량 증가로 인한 것임을 시사한다. 과체중 산모(임신 중에 과도하게 체중이 증가한 경우도 포함)도 큰 아기를 낳으며 이 아기도 후년에 체중이 증가하는 경향이 있다. 아기는 태어나기 전부터 훗날 체중이 증가하도록 프로그래밍될 수 있기 때문에, 이런 프로그래밍을 거꾸로 돌릴 수 있다고 가정하는 것이 논리적이다. 에든버러에서는 과체중 산모에게 메트포르민(임산부에게 안전하다고 알려진 당뇨병 치료제)과 위약을 복용시키는 이중맹검 임상시험을 실시했다. 예상되는 결과는 활성 약물이 태아에게 흘러드는 영양소를 조절하면 태아가 성인이 되었을 때 더 날씬하리라는 것이었다. 결과적으로 출생시 체중에는 변화가 없었지만, 이 임상시험은 태어나지 않은 세대의 표현형을 개조하려는 시도라는 점에서 주목할 만하다.[22]

그렇다면 절약 유전자와 절약 표현형은 어떤 관계일까? 유전자 변이는 인구집단('간'이 아니라) 내 비만 변이의 약 65퍼센트를 설명하지만, 지금까지 확인된 개별 비만 성향 유전자로 설명되는 변이는 7퍼센트에 불과하다. 왜 이렇게 적을까? 한 가지 가능성은 이 유전자들의 상호작용이 개별적 효과를 훌쩍 뛰어넘는 뜻밖의 결과(종종 '창발적 성질'이라고 부른다)를 낳는다는 것이다.

• 비만: 질병인가 표현형인가? •

미국 당국이 비만의 건강 측면에 처음으로 관심을 가진 것은 20세기 중엽이다. 비만의 위험을 추정한 최초의 근거는 보험 회사에서 제공한 신장 대비 체중 표였다. '바람직한' 체중은 1935년과 1954년 사이 생명보험 가입자 중에서 사망률이 가장 낮은 사람들을 기준으로 삼았다. BMI는 더 대략적인 기준이지만 활용하기 간편하여 표준이 되었다. 1985년 국립보건원 위원회는 어느 정도의 체중이 '과잉'인지 결정하는 임무를 맡았다. 그들은 남성의 BMI

한계를 27.3으로, 여성의 BMI 한계를 27.8로 정했는데, 이는 최신 조사에서 20~29세 연령 집단의 제85백분위에 해당했다. 그들은 다가올 폭풍을 알아차리지 못했다. 10년이 채 지나지 않아 남성의 33.3퍼센트와 여성의 36.4퍼센트가 이 문턱값을 넘어섰으니 말이다.[23]

돌이켜보면 불가피해 보일지도 모르겠지만, 20세기 후반의 비만 유행은 전문가들조차 놀랄 정도였다.[24] 단도직입적으로 표현하자면 그들은 식품 섭취가 대폭 증가하여 사람들이 뚱뚱해질 거라 예견하지 못했다. 옷이 커졌고 항공기 좌석이 넓어졌지만 인구학자와 전염병학자들은 추세를 포착하는 데 굼떴다. 비만 유행이 **실제로** 일어났다는 생각이 대중의 의식에 파고든 건 1990년대 들어서였다. 그와 더불어 암울한 예측의 북소리가 울려퍼졌다. 2008년 전염병학자 폴 지멋은 비만이 21세기 최대의 공중 보건 과제이며 "지구 온난화나 조류독감만큼 커다란 위협"이라고 말했다. 이것은 흥미로운 비유로, 영국 보건장관 앨런 존슨이 기후 변화와의 비교를 차용하기도 했다. 비만 유행을 예견하지 못했던 전문가들은 이제 그 결과를 과장하기 시작했으며 최상급 표현에다 신뢰할 수 없는 사실들을 고명처럼 곁들였다. 몇 가지 예를 들자면 미국은 가장 비만한 나라로 알려져 있다(사실이 아니다). 해마다 40만 명의 미국인이 비만으로 사망한다(논쟁의 여지가 있다). 비만은 심장병 유행으로 이어질 것이다(심장병은 빠르게 감소했다). 비만이 증가하면 기대 수명이 역전될 것이다(기대 수명은 최근까지도 여전히 증가하고 있다). 과식은 전 세계 보건에 대해 기아보다 더 큰 위협이다(**당신**이라면 어느 쪽을 택하겠는가?). 비만 유행 비관론자들은 심장병이 대규모로 증가하고 기대 수명이 감소할 것이라고 장담했다. 매콜리(영국의 정치인·역사가—옮긴이)라면 이렇게 말했을지도 모르겠다. 전면적인 공중 보건 로비만큼 우스꽝스러운 것은 없다.

몇 해 전 비만을 질병으로 분류해야 하는지 결정하기 위해 국제적 전문가 패널이 소집되었다. 열띤 토론이 벌어지고 저명한 철학자들이 거명된 뒤에 그들은 다음과 같은 단순한 삼단논법을 토대로 결론을 내렸다. 질병에 걸리면 아프다. 비만하면 아프다. 따라서 비만은 질병이다. 과도한 비만이 지독한 고통이라는 사실은 누구도 부정할 수 없으며 비만을 앓는 사람은 최대한 배려와 지원을 받아 마땅하다. 그러나 비만을 질병으로 정의하는 것은 비생산적이다. 질병은 (정의상) 비정상이며, 이 이름을 비만에 적용하는 것은 자의적 한계를 넘은 모든 사람이 병에 걸렸고 특별한 치료를 받아야 한다고 규정하는 셈이다. 역으로 이것은 한계를 넘지 않은 사람들을 건강하다고 규정하면서 책임을 피해자에게 묻는 격이다. 이런 사정은 달라지지 않을 것이다. 소비사회는 소비가 언제까지나 증가하리라는 전제를 토대로 삼기 때문에, 유의미한 정치적 대응을 기대해봐야 소용없다. 우리에게 담배와 알코올을 건넨 자들에게, 사람들의 뇌를 스캔하여 광고에 대한 반응을 측정하는 자들에게 도움을 청하는 것도 헛수고다. 그들은 과도한 열량 섭취가 체중 감량 수요를 창출하며 결코 충족할 수 없는 수요야말로 마케터의 꿈임을 알고 있다. 다이어트 서적과 다이어트 알약은 희망을 선사하지만 그게 전부다. 비만에 대한 문화적 낙인이 어찌나 강력한지 비만인은 자신의 곤경을 고분고분 받아들인다. 비만을 의료 문제로서 치료하는 것은 비만과 단절하는 셈이다. '의학적 문제'에는 의학적 원인과 의학적 해법이 있다고 가정되기 때문이다. 비만 수술은 과체중이 심각한 사람들에게는 분명히 도움이 되지만 (성공 사례로 칭송받는 한편으로) 실패를 궁극적으로 인정하는 것이기도 하다.

비만은 표현형이며 이 표현형은 우리 생활 양식의 직접적 결과다. 우리가 기르는 개와 고양이조차 비만에 시달린다.[25] 나날이 증가하는 소비로 인해 나날이 증가하는 생산은 도무지 합리적이거나 달성 가능한 목표가 아닌데도 우리는 많게든 적게든 모두 이 사태에 동참하고 있다. 텔레비전을 보거나 슈퍼마켓에 가서 포장 식품을 차에 한가득 실을 때마다 메시지가 강화된다. 질병은 치료할 수 있지만 표현형은 치료할 수 없다.

비만을 표현형이 아닌 의료 문제로 여기는 것은 사태를 지나치게 단순화하는 것이다. 비만 표현형에는 여러 가지가 있으며 BMI는 이를 정의하기에는 턱없이 부족한 방법이다. 2001년 스물일곱의 나이에 BMI가 아슬아슬하게 '초고도' 비만을 면한 39.6인 저메인 메이베리를 보면 알 수 있다. 그가 치료 목적의 수술을 받아야 했을까? 메이베리는 키가 193센티미터이고 몸무게가 148킬로그램이었으며 필라델피아 이글스에서 미식축구 선수로 활약했다.[26] 그는 뚱뚱하지 않았다.

우리는 건강상의 위험을 판단하기 위해 BMI를 이용하지만 여성은 BMI가 같은 남성에 비해 지방조직이 많지만 건강상의 위험은 절반에 불과하다. 말라깽이에서 심한 과체중까지 모든 수준에서 그렇다. 여성은 지방을 엉덩이와 허벅지에 저장하고 남성은 복부에 저장한다. 여성적 패턴을 조절하는 것은 에스트로겐으로, 폐경 이후 지방이 복부로 이동하는 것은 이 때문이다. 민족 집단 간에도 큰 차이가 있다. 인도인은 BMI 수준과 무관하게 유럽인에 비해 지방을 많이 저장하고(그림 37) 유럽인은 아프리카인이나 폴리네시아인보다 지방을 많이 저장한다.

지방은 언제부터 건강을 위협할까? 역학적 접근법에서는 인구집단 내의 위험 요인을 측정한 뒤 장기적인 건강 변화를 추적한다. 이렇게 하면 (이를테면) 유의미한 뇌졸중 위험으로 이어지는 혈압 수준이나 당뇨병성 안과 질환과 연관된 혈당 수치를 판단할 수 있다. 하지만 비만은 이렇게 접근하기가 쉽지 않은데, 주된 이유는 비만의

체질량 지수

22.3   22.3

체지방

9.1   21.2

그림 37 저자의 두 친구 존 어드킨과 란잔 야지니크는 BMI가 같지만 (마라톤 선수 출신인) 존은 지방이 9.1퍼센트이고 ("주로 하는 운동은 승강기 타러 뛰어가는 것"인) 란잔은 21.2퍼센트다.

결과가 여러 가지이기 때문이다. 이 한계에 직면한 세계보건기구는 1997년에 실행 기준을 채택했다(외우기 쉬운 숫자를 선택하는 '끝수 선호'의 혐의가 짙긴 하지만). 정상 BMI의 상한선은 25, 과체중은 30, 1단계 비만은 35, 2단계("매우 심각한") 비만은 40, 3단계 '초고도' 비만은 40 초과로 정해졌다. 자의적이지만 암기하기는 쉬웠다. 한 전문가는 이렇게 논평했다. "지난 30~40년간 미국에서는 체중의 기준과 정의라는 운동장을 완전히 한 바퀴 돌다시피 했다."[27]

성별과 민족을 논외로 하더라도 몸속 지방의 양은 나이와 운동에 따라 달라진다. 열심히 운동하면 근육이 지방을 대체하는데, 헬스장에 죽치고 있는 사람들이 기대만큼 체중을 감량하지 못하는 것은 이 때문이다. 역으로, 나이를 먹을수록 지방이 근육을 대체한다. 건강의 관점에서 중요한 것은 지방의 총량보다는 지방이 어디에 있는지, 그곳에 얼마나 오래 있었는지, 무엇을 하는지다.

비만이 건강에 미치는 영향은 역학적인 것과 대사적인 것으로 분류할 수 있다. 초고도 비만은 관절 마모, 호흡 곤란, 이동 불편 같은 역학적 문제를 일으킨다. 이것들을 뭉뚱그려 '지방량 질병fat mass disease'이라고 부른다. 경도 비만―현재 서구사회의 표준―이 잠재적으로 해로운 이유는 당뇨병, 고혈압, 고지혈, 심장병과 관계가 있기 때문이다. 경도 비만의 위험으로는 간과 근육의 지방 침윤, 일부 흔한 암의 발병 가능성 증가 등이 있다. 하지만 비만과 대사 합병증 사이에 단순한 관계를 찾을 수는 없다. 이 합병증을 앓으면서도 딱히 과체중이 아닌 사람이 많기 때문이다. 이와 반대로 이른바 '대사적으로 양호한' 비만(전체의 10~30퍼센트로 추정)인 사람은 관상동맥 심장병의 위험이 낮아서 체중 감량의 효과도 낮다.[28] 과잉 체중을 하나의 의료 문제로 여기고 이를 매우 부적절하게 정의하면 이 모든 미묘한 복잡성을 보지 못하게 된다. 사회적 강박은 건강상의 위험을 가중할 뿐이다.

질병은 결과이지만 표현형은 과정이요, 그것도 유연하면서도 상호적인 과정이다. 우리의 표현형이 달라지고 있기 때문이다. 비만을 겪는 나이가 점점 젊어지고 있으며 그들의 복부 지방 비율이 BMI에 비해 증가하고 있다. 지방 축적이 일찍 일어난다는 것은 잠재적으로 해로운 영향에 더 오랫동안 노출된다는 뜻이다. 그럼에도 과체중인의 기대 수명은 증가하고 있는데, 주된 이유는 비만 유행과 때를 같이하여 심장병으로 인한 사망이 놀랍게도 대폭 감소하고 있기 때문이다. 미국에서는 1973년부터 2008년까지 심장병 사망이 남성의 경우 73퍼센트, 여성의 경우 75퍼센트 감소했다. 심장병은 비만과 당뇨병 둘 다에서 주요 사망 요인이기 때문에 비만과 당뇨병 또한 더 안전해졌다(그림 38).

세계보건기구가 38개국에서 조사한 바에 따르면 BMI 증가와 연관된 관상동맥 위험은 예상과 반대로 감소하고 있었다.[30] 같은 맥락에서 40년에 걸친 미국의 국가 조사를 분석했더니 고콜레스테롤이나 고혈압을 앓는 인구와 흡연 인구도(각각 12퍼센트, 18퍼센트, 12퍼센트) 감소했다. 어디까지가 의학적 개입 덕분인지는 불확실하며 저자들은 이렇게 논평한다. "이 현상들의 최종 결과는, 어떤 인구 집단이 더 비만하고 당뇨병과 관절염에 시달리고 장애를 겪고 투약을 하면서도 역설적이게도 전반적 심혈관계 위험은 더 낮아졌다는

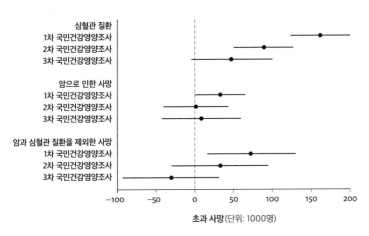

심혈관 질환
1차 국민건강영양조사
2차 국민건강영양조사
3차 국민건강영양조사

암으로 인한 사망
1차 국민건강영양조사
2차 국민건강영양조사
3차 국민건강영양조사

암과 심혈관 질환을 제외한 사망
1차 국민건강영양조사
2차 국민건강영양조사
3차 국민건강영양조사

−100   −50   0   50   100   150   200

초과 사망(단위: 1000명)

그림 38 미국에서 실시된 세 건의 조사—1차 국민건강영양조사(1971~1975), 2차 국민건강영양조사(1976~1980), 3차 국민건강영양조사(1988~1994)—에서 파악된 비만 관련 초과 사망. 위에서 나타나는 감소 추세는 심혈관 질환으로 인한 사망의 대폭 감소, 암으로 인한 초과 사망의 소폭 감소, 그 밖의 원인으로 인한 초과 사망의 전반적 감소 등과 관계가 있다.[29]

것이다."[31]

40년 전, 지방은 열량을 저장하는 붙박이 찬장으로 치부되었다. 하지만 그뒤에 생명을 부여받았으며 지방세포는 이제 대사 활동이 활발히 이루어지는 벌집으로 묘사된다. (일부 사람들이 주장하는 것만큼 심각한 것은 아니지만) 과잉 지방이 인류의 진화사에서 처음으로 중요한 건강 문제가 되었다. 사람들에게 지방을 생기게 하는 산업이 번창하여 짭짤한 수익을 거두고 있는가 하면 지방을 없애준다며 값비싼 수단을 제공하는 산업도 그에 못지않게 번창하고 있다. 값비싼 비용을 치르고 얻은 날씬함은 새로운 형태의 과시적 소비이며, 초과 체중은 사회적 배척, 해로운 행동, 우울, 빈곤으로 인한 온갖 고통을 비롯한 복잡한 장애 그물망의 한 가닥이다. 비만만을 따로 떼어 고려할 수 없으며 그래서도 안 된다. 자연선택은 우리에게 만성적 과잉 섭취에 대처할 능력을 부여하지 않았으며 사람마다 대처 능력이 천차만별이다. 출산 전 영향, 가족의 영향, 사회적 영향, 문화적 영향 같은 그 밖의 요인들도 지방 증가와 더불어 우리의 변화에 영향을 미친다. 비만은 숙명이 아닐지 몰라도 십중팔구 우리의 운명이 된다.

비만의 증가는 표현형에 내재한 문화이지만, 이 표현형은 상호적이다. 그 결과 우리는 지방에 대해 과거보다 더 적응한 것처럼 보인다. 나이 면에서 "예순은 새로운 쉰이다"라는 말이 회자되는데, 몸무게 면에서 80킬로그램은 '새로운 70킬로그램'이 된 듯하다. 비만 유행이 예견된 건강 재앙으로 막을 내리지 않은 것은 이 때문인지도 모른다. 그렇지 않다면 동맥 질환의 감소, 비만으로 인한 악영향의 변화, 노년의 영역 확장을 어떻게 설명하겠는가? 우리의 건강 전망이 호전된 것은 대개 향상된 의료의 덕으로 평가된다. 우리 자신이 달라지고 있을 가능성은 좀처럼 고려되지 않는다. 그러나 우리는 정말로 달라지고 있다.

3부

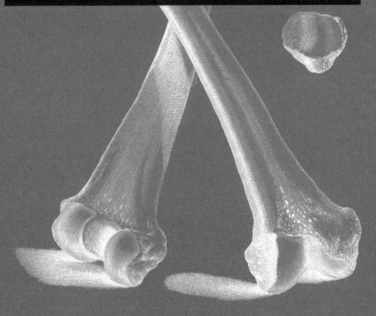

삶의 여정

12
다중우주, 제2의 보금자리

우리 몸의 크기, 형태, 구성이 표현형 전환 과정에서 달라진 것과 마찬가지로 우리 몸의 삶을 공유하는 무수한 생명체와의 관계도 달라졌다. 우리의 면역계는 그들의 존재를 감지하여 대응 방법을 정하며 이 상호작용이 우리의 면역 표현형을 이룬다.

지구의 진짜 주인은 너무 작거나 하찮아서 우리 눈에 보이지 않는다. 몇몇은 햇빛을 수확하고 다른 몇몇은 무기물에서 주요 광물을 추출하는데, 나머지 모든 생명이 그들에게 기생한다. 이 보이지 않는 다중우주의 존재를 처음으로 추측한 사람은 네덜란드의 포목상 겸 아마추어 과학자 안톤 판 레이우엔훅(1632~1723)이었다. 그는 남는 시간에 유리구슬로 현미경 렌즈를 만들었는데, 성능이 어찌나 좋았던지 여지껏 아무도 보지 못한 것을 볼 수 있었다. 치아 사이의 흰 물질을 긁어내어 관찰했더니 "놀랍게도 앞에서 말한 물질에 살아 있는 미소 동물이 매우 많이 들어 있다는 것을 알게 되었다. 이것들은 무척 활발하게 움직였다. 움직임이 단호하고 민첩하여, 전쟁이나 창꼬치가 물살을 가르듯 쏜살같이 물이나 침을 헤치고 나아갔다."[1]

레이우엔훅이 식초로 입안을 헹궜더니 치아 사이 흰 물질의 표면에 있는 미소 동물은 죽일 수 있었지만 안에 깊숙이 들어 있는 것은 죽일 수 없었다. 눈에 보이지 않는 이 세계를 처음 보는 일은 세균학자 시어도어 로즈버리의 사례에서 보듯 난감할 수도 있다. 그는 의대에서 수업을 개강할 때면 레이우엔훅이 그랬던 것처럼 치아 사이의 생명을 보여주곤 했으며 효과를 극대화하기 위해 대체로 주변에서 가장 열악한 입을 골랐다. 한번은 지나가는 청소부를 불러 현미경을 들여다보게 했다. 그녀는 현미경 속 광경에 어찌나 충격을 받았던지 치과를 찾아가 치아를 모조리 뽑아버렸다.[2]

몸에 대한 우리의 지식은 여러 학문 분야를 통해 걸러지는데, 이 분야들은 서로의 영역을 시샘한다. 하지만 진화는 그렇게 깐깐하게 구별하지 않으며 진화의 해결책은 학문의 경계를 넘나든다. 이를테면 우리의 뇌, 장, 호르몬, 면역세포는 성장 과정에서 긴밀히 상호작용하기에, 무균 환경에서 사육된 동물에서는 정상적인 뇌, 장, 면역 반응이 발달하지 못한다.[3] 대장의 세균 군집은 우리가 세상과 관계를 맺는 기본 요소이기 때문에 성장의 다른 요소들이 여기에 맞춰 조정된다. 일부 생명체는 우리 몸에 하도 오랫동안 단골손님으로 머물러서 우리의 면역계가 그들의 존재를 전제하기에 그들이 없으면 오히려 문제가 생길 수 있다. 이런 까닭에 미생물학자 그레이엄 룩은 그들을 '오래된 친구'라고 불렀다.[4] 하지만 그들이 늘 우호적인 것은 아니므로 나는 그들을 우리의 **동료 여행자**라고 일컬을 것이다.

우리는 다른 생명체와 공존하도록 진화했으며 그들도 우리와 공존하도록 진화했다. 다중우주의 모든 생명체는 우리와 똑같은 핵산을 이용하고, 비슷한 유전자를 보유하고, 같은 아미노산으로 단백질을 만든다. 우리 사이에 뚜렷한 경계는 전혀 찾아볼 수 없다. 이 불안정한 접촉을 조율하는 것은 우리의 면역계다. 이 장에서는 면역계가 환경 변화에 어떻게 적응했는지 살펴본다.

· **면역의 세 가지 시대** ·

역학자 압델 옴란은 삶과 죽음의 균형이 어떻게 달라졌는지에 대해 유명한 설명을 남겼다. 우리의 출생률을 제한하는 요인은 가임 여성의 수인데, 그는 이 요인이 근대 이전에 최대치에 근접했으며 한편 (한계가 없는) 사망률이 과거 인구집단의 크기를 결정했다고 지목했다. 근대 이전까지만 해도 인구는 역병이나 기근에 휘둘려 오르락내리락했는데, 옴란은 이를 **역병과 기근의 시대**라고 불렀다. 그런 다음 근대 초기 **유행병 퇴조의 시대**가 이어졌고 그뒤에는 **퇴행성 질환과 인류가 자초한 질병의 시대**였다. 그는 이 세 '시대'가 '역학적 변천'을 구성한다고 보았다.[5]

옴란의 체계는 요긴하긴 하지만, 우리가 지구상에 존재한 기간의 95퍼센트 동안 수렵채집인 집단으로 드문드문 흩어져 살았다는 사실과 '역병과 기근의 시대'가 실제로는 농경 시대에만 해당한다는 사실을 간과하고 있다. 우리가 몸 안팎의 생명체와 맺는 관계는 그 시대를 거치며 적잖이 달라졌으며, 이렇게 달라지는 면역 패턴은 구석기 표현형, 농경 표현형, 소비자 표현형의 관점에서 서술하는 편이 더 타당하다. 우리는 잘 알려진 동료 여행자의 여정을 따라가 며 이 변천 과정을 추적할 것이다.

농경 시대 이전 우리 조상의 전형적 인구 밀도는 1제곱킬로미터 당 약 1명이었다. 이런 조건에서는 유행병이 전파될 수 없었을 것 인 데 반해 세대 간에 수직으로 전파되는 감염병이나 기생충은 살 아남을 가능성이 더 높았을 것이다. 이 패턴은 띄엄띄엄 떨어져 사 는 다른 종에서도 관찰된다. 이 관계는 장기적으로 유지되며 숙주 에게 심각한 피해를 일으키는 동료 여행자는 숙주와 함께 죽으므로 일종의 잠정 협정이 체결되었다. 이에 따라 승객과 주인 사이의 평 형 상태가 우리의 면역 표현형 중 구석기 단계의 특징이 되었으며, 이 상태는 우리가 정주 집단을 이루어 우리 자신의 폐기물, 해충, 가축과 함께 살아가기 시작하면서 비로소 달라졌다. 분자 연대 측 정법에 따르면 바로 이즈음에 여러 새로운 감염병이 인류에게 들어 왔으며 그러기 위해 종 사이를 넘나드는 일도 많았다. 새로운 감염 병들은 사람 사이에 쉽게 전달되었으므로 숙주의 생존 여부에 구애 받지 않았다. 맹독성 감염병이 빠르게 퍼졌고 처음으로 전염병 대 유행이 나타났다.

옴란은 자신이 규정한 '역병과 기근의 시대'가 인류의 자연적 조 건을 대표한다고 가정한 듯하지만, 인류의 역사에서 농경 단계는 사실 1만 년을 겨우 넘는 비교적 짧은 막간이었다. 인간이 만든 환경에서 변화가 일어나자 인구집단에 새로운 감염병이 들어왔고, 그 뒤에 일어난 변화들은 이 감염병을 몰아내기에 충분했다(항생제가 도입되기도 전에 많은 감염병이 완전히 물러간 것은 이 때문이다). 역설적이게도 우리의 가장 오래된 동료 여행자 중 일부는 환경 변화에 놀랍도록 굳세게 저항했으며 기생충, 말라리아, 결핵은 오늘날에도 지구적 골칫거리로 남아 있다. 그 밖의 동료 여행자들은 면역 레이더에서 사라지면서 뜻밖의 결과를 낳았다. 이를테면 기생충 박멸 운동이 벌어지자 천식과 알레르기가 발생했다. 어쩌면 현대인의 자가면역질환 중 일부는 기생충이 사라진 탓인지도 모른다. 이렇듯 우리의 면역 표현형 중 소비자 단계를 특징짓는 것으로는 수평 감염의 퇴조, 오래된 동료 여행자의 존속, 공진화 동반자의 상실과 연관된 새로운 의료 문제의 부상 등을 들 수 있다.

• 면역의 과거사 •

'기생충parasite'(문자 그대로는 '음식 옆'이라는 뜻)이라는 낱말은 "그의 빵을 먹고 그를 찬미한다"라는 표현에서 보듯 본디 주인에게 알랑거려 밥을 얻어먹는 무일푼 손님을 경멸적으로 일컫는 그리스어였다. 의학 용어로 기생충은 다른 생물의 속이나 겉에 살면서 숙주에게 해를 끼치는 생물이다. 해를 끼치는 생물과 그러지 않는 생물의 구분은 다소 유동적이기에 전문가 두 명은 최근 이렇게 결론 내렸다. "유일하게 분명한 정의에 따르면 기생충은 기생충학자를 자처하는 사람들이 연구하는 생물이다."[6] 이렇게 정의된 기생충학자는 대개 기생충과 무는 곤충에 이르는 커다란 다세포 생물에 집중한다. 이런 생물은 얼마든지 있다. 한 교과서에서는 이렇게 지적한다. "많은 사람이 모르고 있지만, 세상에는 비기생 생물보다 기생 생물의 종류가 훨씬 많다. 100여 종의 편모충, 아메바, 섬모충, 벌레, 이, 벼룩, 진드기가 우리에게 빌붙어 살도록 진화했다."[7] 인체 기생충의 최신 명단은 437종을 헤아린다. 야생에서 인간 아닌 영장류에 붙어 사는 기생충은 여덟 종 미만이지만 일부 영장류에서는 40종이 넘기도 한다. 기생충이 많은 영장류일수록 몸집이 크고 수명이 길고 서식 밀도가 높은 경향이 있다.[8]

기생충은 많은 독자들에게 별 관심사가 아닐지도 모르겠지만 과거에는 누구에게나 있었다. 현대의 수렵채집인이 인류의 원시적 조건에 대한 신뢰할 만한 길잡이는 아니지만, 숲에 사는 수렵채집인 집단 열다섯 곳의 기생충 감염 실태를 조사했더니 십이지장충 감염률 중위값은 74퍼센트, 회충은 57퍼센트였다(다만 집단 간에 격차가 크게 나타났다).[9] 기생충학자 노먼 스톨은 1947년에 북아메리카인의 31퍼센트와 유럽인의 36퍼센트가 기생충에 감염되었다고 추산했으며 대다수가 일생의 어느 단계에서는 감염되었을 거라고 주장했다.[10] 유럽과 북아메리카의 아동 40~60퍼센트는 요충에 감염되었는데, 이조차도 낮잡은 수치일 가능성이 있다. 50년 뒤에는 10억명이 기생충에 감염되었으며 세계 감염 인구의 비율은 달라지지 않았다고 한다.[11]

기생충은 장내 세균을 먹고 살기 때문에 거의 무해하지만, 피는

258

훨씬 짭짤한 영양분이다. 십이지장충은 길이가 약 1센티미터에 통통한 쉼표 모양 생물로, 두 변종이 역사에서 중요한 역할을 했다. 둘 다 구대륙에서 생겨났는데, 네카토르 아메리카누스_Necator americanus_는 아프리카인 노예의 몸속에서 대서양을 건넌 것으로 추정된다. 네카토르는 우기와 건기가 반복되는 무더운 기후를 좋아하며 적도 근처에서 가장 잘 산다. 자매종 안킬로스토마 두오데날레 _Ancylostoma duodenale_는 주로 남유럽과 북아프리카에서 중동을 지나 인도와 중국에 이르는 좁은 지역에 집중되어 있다. 십이지장충은 소장에서 성숙하여 짝짓기를 하며 창자벽에 구멍을 파 피를 빨아 먹는다. 암컷은 해마다 40억~100억 개의 알을 낳으며 부화한 작디작은 애벌레는 오염된 토양을 먹고 산다. 여건이 양호해지면 지표로 이동한다. 거기서 우연히 맨발을 만나면 피부 각질 사이로 미끄러져 들어가 혈관이나 림프관에 구멍을 파고서 혈류를 따라 폐의 모세혈관으로 이동한다. 그곳에 닿으면 기도에 침입하여 파도타기 응원을 하듯 호흡 섬모에서 호흡 섬모로 전달되며 위로 떠올라 식도에 도달한 뒤에 아래로 내려가 장에서 결혼식을 올린다.

십이지장충은 이렇게 우리 몸을 휘젓고 다니면서도 좀처럼 발각되지 않는다. 네카토르가 25마리 미만이라면 아무 이상도 느껴지지 않고, 25~100마리이면 가벼운 증상을 겪으며, 100~500마리이면 몸이 성치 않고, 500마리 이상이면 골치 아프며, 1000마리에 가까워지면 끝이 머지않았다. 안킬로스토마는 먹성이 더 좋아서 한 마리가 하루에 혈액 0.26밀리리터를 빨아 먹는다. 100마리면 열아흐레마다 0.5리터씩 먹어치울 수 있다. 그러면 건강한 성인조차 곧

철분 결핍성 빈혈이 생기며, 영양실조나 말라리아에 시달리는 사람은 말할 것도 없다. 십이지장충은 오늘날 전 세계에서 철분 결핍성 빈혈의 가장 흔한 원인이다. 만성 빈혈은 특징적인 골격 변화를 일으키는데, 이 현상은 정주 집단에서 처음으로 나타났다.

아프리카의 병원에서 일해본 사람이라면 혈액 속 철분이 90퍼센트까지 유실되어도 목숨을 부지할 수 있다는 사실을 알 것이다. 또한 철분 결핍성 빈혈에 걸린 사람들의 눈에 어린 표정을 잊지 못할 것이다. 허클베리 핀은 맨발로 다녔으니 틀림없이 기생충에 감염되었을 것이다. 20세기 들머리에 미국 남부에 살던 가난한 사람들은 거의 전부 그랬을 것이다. 마크 트웨인 본인도 이런 문구를 인용한 적이 있다. "십이지장충은 한 번도 질병으로 의심된 적이 없다. 십이지장충이 있는 사람은 단지 게으른 것으로 치부되었으며, 그렇기에 동정받아야 마땅한 때에 경멸당하고 조롱당했다."[12] 십이지장충에 대량으로 감염되는 가장 확실한 방법은 대변에 오염된 흙을 맨발로 밟는 것이며, 오늘날 5억 명 이상의 사람들이 신발만 신으면 예방할 수 있는 문제로 고통받는다.

기생충 중에서 말라리아만큼 큰 진화압을 가한 것도 드물다. 말라리아 원충 가운데 네 변종이 우리와 공진화했다. 분자 연대 측정법으로 야생 종을 조사했더니 네 종 모두 아프리카에서 기원했다. 이중에서 플라스모디움 말라리아이*Plasmodium malariae*는 소규모로 방랑하는 무리의 삶에 가장 잘 적응한 듯하다. 몸속에서 오랫동안 생존하며 비교적 무해하기 때문이다. 이 변종의 주된 특징은 72시간마다 반복되는 고열로, 이 때문에 '사일열말라리아'라는 이름이 붙었다. 한때 유럽 북서부에 널리 퍼졌으며 '에이규ague'라고 불렸다. 영국의 소택지의 농민들은 고지대의 젊고 건강한 신부와 결혼하는 풍습이 있었는데, 신부는 새로운 환경에서 병들어 죽었다. 또다른 변종은 플라스모디움 비박스Plasmodium vivax였다. 이 변종은 아프리카에서 기원했음에도, 이제 사하라 이남 아프리카 사람들은 거의 모두 면역력이 있다. 이 기생충은 혈액형이 더피Duffy(더피 항원을 가진 희귀 혈액형—옮긴이)형인 혈액세포에만 침투할 수 있고 자연선택은 이 혈액형을 아프리카에서 제거한 것처럼 보이기 때문이다. 플라스모디움 팔키파룸Plasmodium falciparum은 고릴라에 감염하는 종과 근연종이며 신석기시대 들어서야 인체에 안정적으로 자리잡은 듯하다. 이 변종은 장차 인류의 가장 무시무시한 적이 된다.[13]

다른 기생충들은 인체 표면에 산다. 1170년 12월 29일 밤 토머스 아 베켓 주교의 시신이 캔터베리 대성당 관대에 누워 매장을 기다리고 있었다. 그는 그날 살해되었으며 (장차 성인이 될) 그의 몸이 식어가자 표면에 살던 동료 여행자들이 어찌나 놀랐던지 "해충들이 끓는 가마솥의 물처럼 부글거렸으며 조문객들은 울다가 웃음을 터뜨리다가 했다".[14]

신생아의 피부는 피지, 분비물, 죽어가는 세포 등을 먹고 사는 미생물에 금세 점령된다. 죽은 피부는 양탄자에 사는 집먼지진드기의 먹이가 된다. 벼룩, 이, 빈대, 진드기를 비롯한 많은 기생충이 피를 좋아한다. 학명이 프티루스 푸비스Pthirus pubis인 사면발니는 굵고 무성한 털을 좋아한다. 사면발니의 가장 가까운 친척은 고릴라에 감염하는데, 신기하게도 고릴라는 온몸이 털로 빽빽하되 음부만 맨살이다. 사면발니는 수염에서도 잘 살지만 자연 서식처는 사타구니다. 그래서 사타구니를 접촉하는 횟수만큼 전파되었다.

우리 조상들의 몸에서 털이 사라지자 또다른 이가 머리의 덤불에 자리잡았다. 미국 질병통제센터의 최근 추산에 따르면 현재 미국인 600만~1200만 명의 머리에 이 이가 살고 있다고 한다. 머릿니는 "군도群島에 거주하면서 활발하게 교류하는 집단"처럼 가족이나 교실 안에서 이동하며 아동에게서 번성한다. 성인의 머리카락은 (특히 남성의 경우) 무척 성겨서 머릿니가 살기에 최적의 환경은 아니다. 머릿니는 머리카락 밑동에 알을 붙인다. 두피에서 몇 밀리미터 위쪽의 온도가 알이 자라기에 최적이다. 7일 뒤 유충이 알껍데기의 뚜껑을 열고 밀려드는 공기의 힘으로 밖으로 튀어나온다. 흰색으로 바뀐 텅 빈 알껍데기는 서캐의 확실한 흔적이다. 아리스토텔레스는

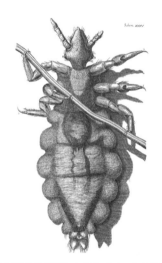

그림 39 머리카락에 달라붙은 이. 출처: 로버트 훅, 『작은 도면들』(1665).

이의 알이 결코 부화하지 않는다고 착각했으며 여러 세대의 엄마들은 빈 알껍데기에 에너지를 낭비했다. 수정란은 색깔이 짙어서 눈에 잘 띄지 않는다.

머릿니는 하루에 다섯 번 피를 빤다. 한 조사관은 이렇게 말했다.

갓 부화한 이는 핼쑥하고 거의 투명하며 무력한 작은 생물이다. 한 마리를 손등에 올려놓고 좋은 돋보기로 관찰해보라. 놈은 잠시 가만히 온기로 몸을 데우다 고개를 푹 떨군다. 그 순간 아무것도 느껴지지 않더라도 놈의 이빨이 피부를 파고든 것이다! 몸통 앞부분이 어렴풋이 들썩거리기 시작하면 가슴에 자리잡은 거대한 침샘이 상처에 타액을 뿜어내기 시작했음을 알 수 있다. …… 그러다 조금씩 장이 채워져 부푼다. 빛이 그곳을 통과하여 반짝거리면 조그만 이는 다리 달린 루비처럼 보인다.[15]

몸니는 우리가 옷을 입기 시작한 뒤에야 나타났다. 뼈바늘을 기준으로 삼자면 이 시기는 5만 년 전으로 거슬러올라간다. 18세기 뱃사람들은 "선〔적도〕을 건너면" 몸니는 죽고 머릿니는 계속 살아남는다는 것을 알고 있었다.[16] 이것은 뱃사람들이 열대의 더위에 옷을 벗으면 갓 부화한 몸니 유충이 먹을 게 하나도 없었기 때문이다. 의학사가 J. W. 몬더가 말한다.

옷니는 극빈자의 이다. 옷니는 옷이 한 벌뿐인 사람들의 두드러진 특징이다. 또한 단벌을 좀처럼 벗지 않는 추운 지방에서 가

장 창궐한다. 옷니는 피난민의 이, 못난이의 이, 비참하고 절망
적인 사람의 이, 전쟁이나 기근이나 자연재해에 시달리는 사람
의 이다.[17]

새뮤얼 존슨 박사는 "이와 벼룩 중 어느 쪽이 먼저인지 판단하는
것은 불가능하다"라고 주장했으며 분류학자들은 페디쿨루스 카피
티스*Pediculus capitis*(머릿니)와 페디쿨루스 코르포리스*Pediculus corporis*(몸
니)를 뭉뚱그려 페디쿨루스 후마누스*Pediculus humanus*(사람니)로 묶는
다. 하지만 둘 사이에는 중요한 차이점이 있다. 질병통제센터에서
는 머릿니를 무해한 것으로 간주하는 반면에 몸니는 역사상 모든
전투에서 사망한 수보다 더 많은 사람의 목숨을 앗았기 때문이다.
  몸니는 처음에는 무해했지만 나중에 질병을 획득했는데, 농경 전
환 과정에서 그랬을 가능성이 크다. 티푸스는 이의 감염병이며 인
체는 티푸스가 이에서 이로 전파되는 간편한 수단일 뿐이다. 프랑
스의 세균학자 샤를 니콜(1866~1936)이 1903년 튀니지 파스퇴르
연구소 소장이 되었을 때 해마다 발병하는 티푸스가 그해에도 그
연구소의 의사를 세 명 중 한 명꼴로 죽였다. 병이 창궐할 때는 병
원 앞 길거리가 치료를 기다리는 환자로 가득했는데, 니콜이 보니
접수 담당 직원들은 걸핏하면 티푸스에 걸린 반면에 씻기고 소독한
환자를 병동에서 맞이하는 직원들은 걸리지 않았다. 그는 이가 티
푸스의 빠진 고리라고 추측했다. 이후 연구에 따르면 이도 티푸스
를 앓았다. 빈사지경에 이른 이의 장은 티푸스균으로 가득하며, 혈
액을 소화하지 못해 붉어진다. 그러면 감염된 이의 대변이 피부에

묻었다가 인간 희생자가 몸을 긁을 때 피부 속으로 침투한다. 또한 니콜은 티푸스를 이기고 살아남거나 경미하게 앓는 사람이 병을 남들에게 전파할 수 있음을 밝혀냈으며 이것을 자신의 가장 중요한 발견으로 여겼다. 인간은 이 감염의 병원소(병원체가 생활하고 증식하며, 생존을 계속하여 인간에 전파될 수 있는 상태로서 저장되는 장소—옮긴이)였다.

이는 제1차세계대전 참호에 만연했으며 칼날로 옷에서 긁어낼 수 있었다. 훗날 희곡 『여행의 끝』을 쓴 로버트 셰리프 소위는 공격을 지휘하기에 앞서 부대원을 소집했다. 그는 이렇게 기록했다. "병사 몇 명은 지독히 아파 보였다. 새벽의 수척한 잿빛 얼굴은 면도를 하지 않았으며 깨끗한 물이 전혀 없어서 꼬질꼬질했다. 그들은 어깨를 움츠려 특유의 자세를 취했는데, 내게 무척 친숙한 모습이었다. 몇 주째 옷을 갈아입지 못해 셔츠에 이가 득시글거렸다."[18] 이를 죽이는 방법은 초에 불을 붙여 셔츠 솔기에 갖다 대는 것이었다. 후방으로 교대한 부대는 으레 이 구제소에 가서 목욕을 하고 옷을 증기로 소독했다.

샤를 니콜은 1928년 노벨상 수상 연설에서 이렇게 말했다.

만일 1914년에 우리가 티푸스의 전파 방식을 몰랐다면, 만일 감염한 이가 유럽에 유입되었다면 전쟁은 피비린내 나는 승리로 끝나지 않았을 것입니다. 인류 역사상 가장 끔찍한 전대미문의 재앙으로 끝났을 것입니다. 전방의 병사, 예비군, 포로, 민간인, 심지어 중립국 국민까지 온 인류가 고통을 겪었을 것입니다. 러

그림 40 제1차세계대전 당시 참호에서 이를 잡는 병사들.

시아가 겪은 불운처럼 수백만 명이 몰살했을 것입니다.

　　동유럽에서는 최대 3000만 명이 감염되었으며 300만 명이 사망한 것으로 추산된다(실제 수치는 아무도 모른다). 티푸스는 서부 전선에 도달하지 않았다. 그랬다면 당시의 의료 체계는 붕괴하고도 남았을 것이다. 하지만 서부 전선의 이도 참호열로 불리는 경미한 감염병의 매개체였다. J. R. R. 톨킨 소위가 참호열 때문에 1917년 본국으로 송환되지 않았다면 『반지의 제왕』은 결코 탄생하지 못했을지도 모르니, 이는 전쟁이 인간 잠재력을 얼마나 지독히 파괴했는가를 보여주는 소소한 예다. 니콜은 노벨상 수상 연설을 이렇게 마무리했다. "인간은 피부에 이라는 기생충을 달고 삽니다. 문명은 이를 제거합니다. 인간이 퇴보한다면, 미개한 짐승 수준으로 전락한다면 이가 다시 증식하기 시작하여 인간을 마땅히 대해야 하는 대로, 즉 야만적 짐승으로 대할 것입니다." 오래전 근절된 줄 알았던 티푸스 유행이 1996년 부룬디에서 다시 발생했다. 경미한 사촌인 참호열은 바르토넬라 퀸타나*Bartonella quintana* 때문에 발병하는데, 이 생물이 나폴레옹의 그랑드 아르메에서는 티푸스를 무색게 했으며 제1차세계대전 서부 전선에서는 병사 다섯 명 중 한 명에게 감염했다. 최근 샌프란시스코 노숙자 138명에게 건강 검진을 실시했더니 서른세 명(24퍼센트)에게서 이가 발견되었다. 바르토넬라가 있으면 세 명에 한 명 꼴로 몸니가 있었고 네 명에 한 명 꼴로 머릿니가 있었다.[19] 분명히 말하겠는데, 이는 당신 근처 어딘가에서 때를 기다리고 있을 뿐이다.

결핵이 고대의 감염병 목록에 추가된 것은 뜻밖의 사건이었다. 결핵은 신석기시대에 소에게서 인간에게 전파되었다고 오랫동안 알려져 있었기 때문이다. 그런데 분자 측정법으로 조사했더니 사람과*hominid*와 결핵이 260만~280만 년간 공존했을지도 모른다는 결과가 나왔다. (논란의 여지가 있지만) 뼈 흔적을 보면 50만 년 전 호모 에렉투스도 결핵을 앓았던 것 같다. 미코박테리움 투베르쿨로시스*Mycobacterium tuberculosis*(결핵균)는 형태가 다양하며 원산지는 아프리카다. 두 '고대' 변종이 서아프리카에 남아 있는데, 전염력은 크지 않은 것으로 드러났다. 또다른 고대 계통은 필리핀과 인도양 주변 지역에서 발견된다. 세 '현대' 변종은 약 8만 년 전 인류가 대이동할 때 아프리카를 떠나 각각 인도(동아프리카에 거점을 두었다), 동아시아, 유럽으로 향한 듯하다. 이 변종들은 전염력이 더 강하고,

뚜렷한 질병으로 더 빠르게 진행한다. 이런 공격적 특징은 이후의 전파에 유리하게 작용했으며 현대에 결핵이 아프리카로 역류하게 했다. 유럽인들은 결핵을 아메리카 대륙에 전파하여 콜럼버스 이전 인구집단을 괴멸했지만, 덜 독한 변종이 이미 그곳에 있었을 가능성도 있다.[20]

결핵의 자연사에는 두 단계가 있다. 1차 결핵으로 불리는 최초 감염은 누군가(대개는 아동)가 결핵균을 흡입하면서 시작된다. 결핵균은 즉시 면역세포에 에워싸이며 경보가 울려 더 많은 면역세포가 현장에 몰려든다. 하지만 면역세포들이 도착할 즈음이면 결핵균은 자신을 발견한 세포 안에 고이 들어앉는다. 뒤늦게 도착한 면역세포들은 공격이 실패한 것에 분통을 터뜨리며 감염 세포 주위에 방어벽을 쳐 작은 덩어리—결절tubercle—를 만드는데, '결핵'의 영어 이름 'tuberculosis'가 여기서 왔다. 어린 아동의 경우 감염된 세포가 혈류에 침투할 수도 있지만, 대개는 폐 상부의 원발병터(몸의 한 부분에 생긴 병변病變이 다른 부분에도 번지는 경우, 처음으로 생긴 병변 부위를 이르는 말—옮긴이)에 들어가 스스로 밀봉한다.

결핵은 잠꾸러기다. 꼭꼭 틀어박힌 채 면역계에 자신의 존재를 알려 벽을 세우게 한 뒤 평생 빈둥거린다. 그러다 우리와 함께 죽을 수도 있지만, 숙주의 저항력이 약해지면 무덤에서 일어나 증식한다. 그러면 다른 면역세포들이 현장에 몰려들어 결핵균을 먹어치운 뒤 죽으며, 치즈 같은 고름이 뭉쳤다가 터져 폐에 스며든다. 이때 피가 섞인 가래가 만들어지는데—시인 키츠는 이것을 보고 스스로 병을 진단했다—이것이 2차 결핵(폐결핵)의 징후다. 환자는 살아 있는 동안 기침으로 결핵균을 주변 공기에 뿜어내어 다른 사람들에게 퍼뜨린다.

결핵에 대한 공진화적 설명은 결핵이 우리의 먼 조상들에게 접근하는 방법을 찾아냈다는 것이다. 공격적 변종은 숙주를 죽이고 자기도 죽었으며, 유전적으로 취약한 숙주는 저항력이 강한 숙주로 대체되었다. 결핵균을 간직한 채 꽤 건강하게 살아가는 경우도 많았다. 하지만 면역계가 약해지면 죄수가 탈출하여 증식한다. 이를 통해 결핵은 숙주 인구집단의 부적격 구성원—고령, 영양실조, 여타 질병으로 쇠약해진 사람들—을 제거할 수 있었으며, 한편으로는 건강한 사람들에게 퍼져 후대에 전달될 수 있었다.

인류와 결핵의 공존은 생활 여건과 밀접한 관계가 있었다. 결핵은 빈곤, 병약, 영양 부실, 알코올 남용, 고령, (최근의 예를 들자면 HIV 같은) 다른 질병 등이 있을 때 번성한다. 결핵 전파의 두 가지 조건인 대량 노출과 숙주 반응 감소는 빈곤 상황에서 충족되며 빈곤은 문명의 자식이다. 폐결핵은 도시에서 새로운 국면에 접어들 수 있었는데, 이는 수평 전파가 전염력이 강한 변종에 유리했기 때문이다. 히포크라테스는 마른 사람이 결핵에 걸린다며 원인과 결과를 혼동했다. 몸을 쇠약하게 하는 것—'결핵'의 또다른 영어 이름이 '소모consumption'다—은 결핵의 주요 증상이기 때문이다. 히포크라테스는 결핵을 가족 간에 퍼지는 흔하고 예외 없이 치명적인 병으로 여겼다. 결핵은 17세기 잉글랜드에도 널리 퍼졌는데, 존 버니언은 이 병에 "저승사자 두목"이라는 이름을 붙였다. 결핵은 19세기 신흥 산업 도시의 북적거리는 빈민가에서 기승을 부렸는데, 이것은 빈곤, 영양실조, 인구 과밀, 대량 노출, 취약한 농촌 인구의 유입이 어우러진 결과였다. 결핵은 하층민과의 접촉을 피할 수 없던 중류층과 상류층도 휩쓸었다. 노출과 유전적 감수성은 서로 얽혀 작용했으며, 결핵이 주로 가족 간에 전파되었고 유전병으로 여겨진 것은 이 때문일 것이다.

결핵은 낭만주의 운동에도 흔적을 남겼다. 분별 있는 농부는 발그레한 볼을 가진 통통한 신부를 선택하겠지만, 상류사회의 숙녀들은 소설 여주인공을 닮으려고 굶었다. 소설 속 여인들은 한결같이 깡마르고 기운이 없었으며 파리하고 투명한 피부가 인상적이었다. 눈은 기이할 정도로 반짝거리고 강렬했으며 가장 행복한 순간에도 슬픔이 서려 있었다. 이 천상의 아름다움은 어김없이 가장 가슴 미어지는 장면에서 스러졌다. 이름난 시인, 작가, 음악가들도 마찬가지였다. 결핵이 천재성을 북돋운다는 말이 돌 정도였다. 더 현실적인 관점에서 보자면, 그들은 임박한 죽음을 자각하면서 삶의 덧없음과 파멸적 아름다움을 표현하려는 충동을 느꼈는지도 모르겠다. 낭만주의와 결핵은 손을 맞잡고 걸었다.

결핵은 다른 계층에서는 썩 매력적이지 않았다. 빅토리아시대 영국에서는 인구의 100퍼센트가 결핵에 노출되었는데, 적어도 80퍼센트가 감염되었고 감염자의 최대 20퍼센트가 사망했다. 1851년부터 1901년까지 결핵은 잉글랜드와 웨일스에서 400만 명의 목숨을 앗았으며 15~34세 사망의 3분의 1을 차지했다. 그러다 조류가 바뀌기 시작했다. 미국에서는 1830년 뉴욕, 보스턴, 필라델피아의 연간 결핵 사망률이 10만 명당 약 400명이었으나 1950년에는 26

명으로 떨어졌다. 효과적 치료법이 등장하려면 아직 멀었을 때였다.[21] 여기에는 생활 여건과 영양 상태의 개선이 큰 역할을 했으며, 1940년대 후반 항생제 스트렙토마이신의 도입이 빈사지경의 질병에 종지부를 찍은 것으로 보였다. 그러나 이것은 애석하게도 착각으로 드러난다.

13

감염병의 퇴조

런던 중심부의 옛 중앙우체국 바로 맞은편에는 '우체부 공원'이라는 작은 정원이 있다. 이곳에는 평범한 사람들의 위대한 행동을 기리는 감동적인 기념물이 세워져 있다. 물에 빠진 아이를 구하려고 얼음장 같은 강물에 뛰어든 남성이나 불난 집에서 의식을 잃은 사람을 끌어낸 여성을 기념하는 타일이 벽에 붙어 있는 것이다. 새뮤얼 래버스 박사는 디프테리아에 걸린 아이를 구하려다 목숨을 잃었다. 디프테리아균이 만드는 독소는 목구멍에 달걀흰자처럼 생긴 막을 형성하여 질식을 일으킨다. 이런 죽음은 눈 뜨고 볼 수 없는 참극이었으며 어떤 사람은 보다 못해 유리관으로 막을 빨아들이려 하기도 했다. 새뮤얼 래버스는 체호프의 등장인물처럼 자신이 구하려던 아이와 같은 운명을 맞았다.

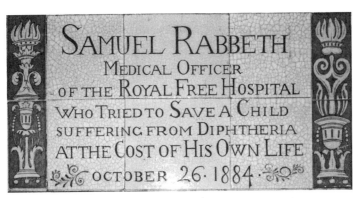

그림 41 런던 우체부 공원에 있는 새뮤얼 래버스 박사 기념 명판.

19세기 의사들은 효과적인 치료법을 거의 몰랐지만 제 목숨을 바칠 각오가 되어 있었다. 미국인 외과의사 존 피니는 디프테리아 기관절개술을 개척했는데, 깜박이는 등잔불 아래서 필사적으로 몸부림치는 아이를 홀로 수술한 적도 많았다. 그는 이렇게 회상했다. "환자가 살 수 있을지 어떨지도 모르는 채 수술을 시작한 적도 많았다."[1] 디프테리아는 잇따라 아동 인구를 휩쓸었으며, 19세기 후반 독일에서만 해마다 약 5만 명의 아동이 디프테리아로 목숨을 잃었다. 이 모든 일은 잊힌 지 오래이며 디프테리아와 싸운 의사들도 마찬가지다.

그들은 대개 속수무책이었다. 1897년 프레더릭 게이츠라는 침례교 목사는 1892년 출간된 오슬러의 권위서 『의료의 이론과 실제 Principles and Practice of Medicine』를 읽고 간담이 서늘했다. 알고 보니 근대 의학이 치료할 수 있는 병은 네다섯 가지에 불과했다. "치료를 하는 것은 의사가 아니라 자연이었으며 대부분의 경우 자연은 어떤 도움도 받지 않았다. 1897년까지도 의사가 할 수 있는 것이라고는 환자를 돌보고 고통을 그럭저럭 경감하는 것이 전부였다."[2] 존 D. 록펠러는 1901년 첫 손주가 성홍열로 죽었을 때 의료진이 치료법은 고사하고 원인조차 전혀 모르는 데 경악했다. 그는 자신의 자선 사업을 자문하던 게이츠에게 도움을 청했으며 같은 해 록펠러의과대학교를 설립했다.

이때가 연구의학investigative medicine의 영웅 시대였다. 치명적 감염병이 하나하나 실험실에서 추적되고 분리되었다. 한편 영국에서는 감염병으로 인한 사망률이 1911년의 24.6퍼센트에서 1991년에는 0.6퍼센트로 떨어졌다.[3] 의료 개입은 여기에 어느 정도 기여했을까? 버밍엄대학교 사회의학 교수 토머스 매키언(1912~1988)에 따르면 결핵, 티푸스, 장티푸스, 디프테리아, 성홍열, 폐렴 등의 감염병은 효과적인 치료법이 도입되기 전에 완전히 퇴조했다. 이 현상은 '사회이론Social Theory'으로 알려졌으며 토머스 매키언은 이 이론의 사도였다.[4]

매키언은 현대 의료가 결핵 감소와 거의 무관하다는 사실을 다소 짓궂게 꼬집었다(그림 42). 이어 그는 감염병의 퇴조가 영양 상태와 생활 여건의 개선 때문이었고 첨단 의술의 눈부신 발전은 별로 중요하지 않았으며 인류 보건의 미래는 환경의 효과적 관리에 달렸다고 주장했다. 그의 연구가 격렬한 분노를 산 한 가지 이유는 그가 대체로 옳았기 때문이지만—이것은 용서하기 힘든 죄악이다—또 다른 이유는 그가 적수를 매장하는 것과 무덤 위에서 팔짝팔짝 뛰는 것의 차이에 언제나 유의하지는 않았기 때문이다. 사실상 그는

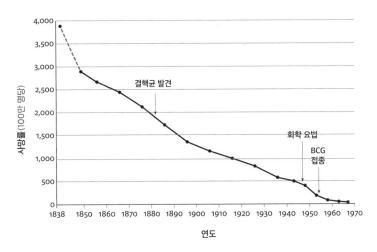

그림 42 1838~1970년 영국의 결핵 사망률. 출처: T. McKeown, 『의료의 역할: 꿈인가 신기루인가 응보인가』(Blackwell, 1979).

의학을 이솝 우화의 파리에 비유했다. 우화에서 파리는 빠르게 내달리는 전차에 앉은 채 자욱하게 일어나는 흙먼지를 자기가 일으킨 줄 알고 으스댄다. 파리는 호응을 얻지 못했다.

감염병은 항생제가 발견되기 전에 이미 퇴조하고 있었다. 항생제가 발견되자 영광스러운 한 찰나 동안이나마 완전한 승리가 눈앞에 있는 듯했다. 1962년 오스트레일리아의 위대한 면역학자 맥팔레인 버넷은 만족스러운 표정으로 자리에 앉아 『감염병의 자연사Natural History of Infectious Disease』 제3판 머리말을 쓰고 있었다. 그는 이렇게 회상했다. "이따금 감염병에 대해 쓰는 것은 역사 속으로 사라져간 것에 대해 쓰는 것 같은 느낌이 든다." 1971년 J. R. 빅널은 발병 신고율 하락세에 어찌나 감명받았던지 2010년이면 결핵이 "오로지 의학사 연구자의 관심사가 될 것"이라고 예견했다.[5] 그러자 '자만의 법칙'이 작용하여 많은 연구소가 1970년대에 결핵 연구를 중단했다. 하지만 휴식기는 오래가지 않았다. 첫번째 반동은 에이즈 유행으로 인구집단 내 건강한 구성원들에게 결핵이 퍼진 것이었다. 임상적 결핵으로 진단받은 환자의 수는 1980년과 1990년 사이에 세 배로 늘었으나 이중에서 HIV 보균자는 20퍼센트에 불과했다.

결핵과의 접촉이 이토록 흔한데 감염은 이토록 드문 이유가 무엇일까? 결핵균이 더 유순해졌다는 증거는 전혀 없으므로, 질문의 답은 영양 상태가 좋아진 인체가 결핵에 더 효과적으로 맞선다는 것일 수밖에 없다. 조슈아 레더버그가 새롭거나 재창궐하는 질병의 위험을 언급하며 말했듯 우리는 "100년 전과 사뭇 다른 종"이다. 결핵은 생활 여건을 알려주는 바로미터로, 사람들이 교도소나 포로 수용소나 군 막사에 집단으로 수용될 때마다 창궐한다. 양차 세계 대전에서도 결핵 때문에 전역한 미군 병사의 수가 다른 어떤 의료 문제로 전역한 수보다 많았다. 벨젠 집단 수용소에서 살아남은 사람들 중 88퍼센트가 활동성 결핵 환자였다.[6] 양차 세계대전 동안 결핵이 급증했으며, 1990년대에 공산주의 체제가 무너졌을 때에도 쿠바와 동유럽에서 같은 일이 벌어졌다.

현재 서구 세계는 결핵에 관심을 거의 기울이지 않지만, 발밑에서 균열이 일어나고 있다. 그곳은 성도착자, 정신 장애인, 범죄자, 알코올 중독자, 무능력자, 단지 불운한 사람, 로버트 맬서스 말마따나 "삶의 잔치에 낄 자리가 없는 사람"으로 이루어진 제4세계다. 교도소는 그들이 모여 있는 장소 중 하나다. 뉴욕주 수감자 9만 명을 조사했더니 과거에 결핵에 노출된 증거가 전혀 없는 사람들의

30퍼센트가 수감 2년 안에 피부 검사에서 양성 반응을 보였다. 적어도 스물세 곳의 교도소에서 수감자들의 결핵균이 최대 일곱 종류의 표준 약물 요법에 내성을 나타냈다. 런던 길거리에서 한뎃잠을 자는 사람들의 5퍼센트는 다제내성(多劑耐性, 여러 가지 약물에 대하여 내성을 보이는 성질—옮긴이) 결핵균을 비롯한 활동성 결핵균 보균자인 듯하다.[7] 우리의 미래에 품는 중요한 희망은 결핵을 박멸하는 것이 아니라 억제하는 것인데, 지금 우리가 화산 위에서 잠자고 있음을 알고 있는 사람은 거의 없는 듯하다.

말라리아와 결핵이 우리의 가장 효과적인 화학무기에 내성을 진화시킨 것은 결코 우연이 아니다. 약물로 진화와 전투를 벌이려다가는 패하기 십상이기 때문이다. 이 전쟁에서는 약물보다 억제가 효과적이며, 이것은 빈곤과 무지를 상대로 전쟁을 벌여 승리해야 한다는 것을 의미한다(애석하게도 전망이 희박하다). 2020년 코로나바이러스 유행은 주로 노인과 취약 계층에 치명적이었던 것으로 드러났다. 여기에 광범위한 경제 침체까지 뒤따르면—지금으로서는 그럴 것 같다—우리를 맨 먼저 발견하는 질병들이 우리를 정복할 것이다. 그들은 우리를 너무 잘 아니까.

· 진화의 유령 ·

고대의 동료 여행자 중 어떤 것들은 사라짐으로써 문제를 일으키기도 한다. 19세기 의사들은 위궤양에 친숙했지만 십이지장궤양에 대해서는 아는 게 없었다. 십이지장궤양은 20세기 초 부유층 사이에서 처음 생겨나 사회 계층 아래쪽으로 번졌다. 위궤양이 위산 분비 부족 때문에 생기고 암 발생 위험이 큰 데 반해 십이지장궤양은 위산 분비 과다 때문에 생기고 암 발생 위험이 작다. 거듭되는 통증과 고충은 논외로 하더라도 두 궤양 다 치명적 출혈을 일으키거나 복강에 천공을 뚫을 수 있다. 위궤양과 십이지장궤양은 20세기 대부분의 기간 동안 대표적인 응급 수술 원인이었지만 오늘날에는 접할 일이 거의 없다. 전염병학자들은 1870년과 1900년 사이 영국에서 태어난 사람들이 십이지장궤양 유행에 가장 큰 타격을 입었다는 사실에 주목했다(진료를 받기 시작한 나이와는 무관했다). 같은 패턴이 다른 나라들에서도 관찰되었고, 위궤양이 십이지장궤양보다 10~20년 먼저 정점에 도달하는 경향이 있었다. 연구자들은 그 이유를 설명하려고 골머리를 썩였다. 흡연과 스트레스가 산(酸) 생산을 자극하여 십이지장궤양을 악화한다는 사실이 밝혀졌으며, 일부 연구자는 궤양과 성격을 연관 짓는 장황한 논문을 발표하기도 했다.

답은 예상치 못한 방향에서 찾아왔다. 오스트레일리아의 병리학자 로빈 워런은 1970년대에 위 생체검사를 하다가 세균을 발견했다. 그전에 다른 병리학자들도 위벽에 이런 세균이 서식한다고 보고하긴 했지만—최초 보고는 100여 년 전으로 거슬러올라간다—의학계의 신조는 미생물이 위산 속에서 살아남을 수 없다는 것이었다. 워런의 의사 동료들도 바로 그 이유 때문에 그의 보고서를 외면했다. 그는 이에 굴하지 않고 1981년 임상 연수생과 손잡고 연구 프로젝트를 추진했다. 이들은 생체검사를 거듭하면서 위염에서 궤양에 이르는 질환을 앓는 사람들이 모두 감염된 듯하다는 관찰 결과에 점차 흥분했다. 이 세균들이 항생제에 반응할까?

의학 연구의 영웅적 전통에 따라 워런의 연수생 배리 마셜은 이 가설을 검증하기 위해 환자의 위에서 세균에 감염된 위액을 뽑아 직접 삼켰다. 7일 뒤 욕지기와 구토가 시작되었으며 열흘날 그는 위내시경 시술을 다 끝낸 뒤 스스로에게 위내시경을 실시했다. 그의 위벽은 이전에는 정상이었으나 이젠 부풀고 염증이 생겼으며 세균이 들어차 있었다. 여기에 항생제를 주입했더니 문제가 싹 해결되었다. 저명한 의사들이 대대로 헛다리를 짚었다는 증거는 썩 환영받지 못했지만 이 발견은 거듭거듭 재확인되었고 수수께끼의 나선형 간균은 1987년 헬리코박터 파일로리*Helicobacter pylori*로 재명명되었다.[8]

성공한 기생충의 한 가지 특징은 놈이 거기 있다는 걸 아무도 모른다는 것이다. 헬리코박터는 인류 역사상 단연코 가장 성공한 만성 감염원이며 전 세계 인구의 절반에 침투해 있다. 가난한 곳에서 번성하며, 과밀한 주거지에서는 밀접한 개인 접촉으로 인한 전파가 거의 필연적이다. 하지만 19세기 말엽 생활 여건이 개선되면서 사람들이 감염을 아예 면하거나 감염 시기가 늦어지기 시작했다. 어릴 적에 감염되면 위 합병증이 일어나는 반면에 나이 들어 감염되면 십이지장궤양 위험이 높아지는 듯하다. 부유층에서 십이지장궤양이 먼저 나타난 이유, 1870년과 1900년 사이에 태어난 사람들에게서 십이지장궤양이 급증한 이유, 전 세계의 가난한 지역에서는 위궤양이 여전히 우세한 이유는 위생 개선으로 설명할 수 있을 것이다.

헬리코박터 이야기는 우리가 동료 여행자와 처음 접촉하는 시기가 중요할 수 있음을 보여준다. 또다른 사례는 소아마비다. 소아마비 바이러스는 대변에 들어 있는 정상적 오염물질인데, 과거에는 생애 초기에 주기적으로 접했고 피해를 입지 않았다. 하지만 늦게 접촉하면 신경이 손상되어 몸이 마비된다. 소아마비가 20세기에 처음 발병한 것은 기본 위생이 개선된 탓으로 보인다.

익숙한 진화적 동반자가 제때 도착하지 않거나 아예 찾아오지 않으면 무슨 일이 일어날까? 이에 비견할 만한 흥미로운 사례를 중앙아메리카에서 찾아볼 수 있다. 과일이 먹음직한 것은 그래야 새와 짐승이 씨앗을 퍼뜨려주기 때문이다. 하지만 질긴 껍질, 기름지고 말랑말랑한 과육, 아즈텍인들이 불알에 비유할 만큼 커다란 씨앗을 가진 아보카도는 대체 어떤 짐승이 먹을 수 있었을까? 지금은 존재하지 않는 짐승만이 먹을 수 있었다. 실은 그런 짐승이 한둘이 아니었다. 메가테리움, 톡소돈, 글립토돈, 곰포테리움 같은 거대 포유류에게 아보카도 씨앗은 사과씨만큼이나 식은 죽 먹기였을 것이다. 이 거대 동물들은 마지막 빙기 전에 지구상에서 사라졌다(인류가 한몫했을 가능성이 지대하다). 그렇게 전통적 확산 수단을 잃어버린 아보카도는 '진화의 유령'이 되었으며 아보카도가 살아남은 것은 오로지 우리가 새로운 공진화 동반자가 되어준 덕분이다.[9]

이 이야기가 어떻게 연결되는 걸까? 20세기 전반기에만 해도 우리의 면역계가 우리 자신의 몸을 해칠 수 있다는 생각은 지극히 이단적이었다. 하지만 1950년대가 되자 우리 몸이 자신의 세포에 대항하는 항체를 만들 수 있고 실제로도 만들며, 자신의 세포를 마치

남에게 속한 것인 양 거부할 수도 있음이 분명해졌다. 제1형 당뇨병과 다발경화증 둘 다 면역세포가 스스로를 공격하기 때문에 일어나는데, 이 현상을 **자가면역**autoimmunity이라고 부른다.

자가면역질환은 20세기 전에는 드물었던 것으로 보인다. 이를테면 제1형 당뇨병은 난데없이 나타나 격한 갈증과 체중 감소를 동반하는 매우 독특한 질병이다. 인슐린이 보급되기 전에 이 병에 걸린 아동은 2~3년 안에 목숨을 잃었다. 제1형 당뇨병은 20세기 후반 이전에는 비교적 드물었다(그림 43). 다발경화증도 비슷한 시기에 더 흔해졌다. 이를테면 노르웨이에서는 1961년과 2014년 사이에 제1형 당뇨병 발병이 증가하는 동시에 다발경화증 발병 사례도 네 배 증가했다.[10] 다발경화증은 빈국에서 서구로 이주한 1세대에게는 드물지만 서구에서 태어난 이민자 자녀들은 서구인과 같은 발병 양

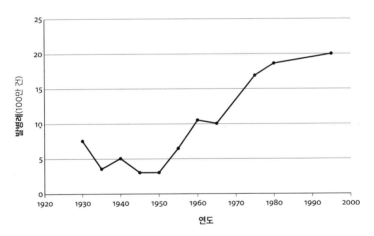

그림 43 1930~1995년 노르웨이의 아동기 발병 당뇨병 증가 추세. 이 수치는 20세기 중엽 유럽 혈통 인구집단에서 증가하기 시작했다.

상을 보인다. 이로 인해 환경에서 새로운 촉발 요인을 찾는 폭넓은 탐색이 벌어졌으나 대개는 수포로 돌아갔다. 최근에야 논의되는 다른 가능성은 **예전에는 언제나 존재하던** 것이 사라진 탓에 면역계가 교란되었다는 것이다.

그레이엄 룩은 우리의 면역계 발달이 프로그래밍되는 데 공진화 동반자들이 중요한 역할을 한다고 설득력 있게 논증했다. 그는 공진화 동반자가 두 가지 기준을 충족해야 한다고 주장했다. 첫째, 포유류 진화의 오랜 기간에 걸쳐 존재했어야 한다. 둘째, 지난 몇십 년간 산업 세계로부터 자취를 감췄어야 한다. 헬리코박터균은 이런 진화의 유령이 어떤 영향을 미치는지 보여주는 예이며, 다른 후보들도 살펴볼 만하다. 이 견해가 옳다면 우리의 면역계 발달 표현형을 안전하고 단순하게 조작함으로써 이상 면역 패턴을 방지할 수도 있을 것이다.

요약하자면 우리의 면역계는 인류가 존재해온 과정에서 구석기 표현형, 농경 표현형, 소비자 표현형에 해당하는 세 가지 사뭇 다른 환경을 맞닥뜨렸다. (최초의 인간보다 수백만 년 앞서는) 기나긴 기간 동안 우리의 동료 여행자들은 한 세대에서 다음 세대로 전달되었다. 옴란의 '역병과 기근의 시대'는 그뒤에 찾아온 농경 국면에만 적용된다. 인간이 만든 환경에 변화가 일어나면서 새로운 유형의 감염병이 인구집단에 들어왔으며 또다른 변화가 그들을 다시 한번 몰아낼 수 있었다.

소비자 표현형에서 보듯 우리가 자연선택으로부터 벗어나는 과정은 진화적으로 눈 깜박할 순간에 진행되었다. 한동안은 생활 여건 개선, 공중 보건 조치, 예방 접종, 항생제 등을 두루 동원하면 전염병에 완승을 거둘 수 있을 것 같았다. 하지만 이 꿈은 금세 사그라들었다. 가난을 박멸하지 않고서는 감염병을 박멸할 수 없기 때문이다. 말라리아, 결핵, 기생충은 여전히 세계 보건을 위협하고 있으며 우리의 번영 아래에 짓눌린 궁핍의 제4세계에서 어슬렁거린다. 우리는 감염병의 새 변종과 옛 변종 둘 다 번성할 수 있는 환경을 만들었으며 이 질병들은 약물로 맞서려는 우리의 시도를 앞서갈 것으로 보인다.

14
최종 한계선

아킬레우스는 길고 보잘것없는 삶 대신 짧고 영광스러운 삶을 택했지만—그는 젊었다—저승으로 찾아온 오디세우스에게 자신이 망자 가운데 으뜸이어도 위로가 되지 않는다고 말했다. 삶은 모든 의미의 총합이다. 그러므로 현대에 삶이 노년까지 연장된 것에는 어마어마한 의미가 있다. 아무도 이것을 예측하지 못했고, 전문가들은 오판했으며, 인구 증가가 빈국들의 골칫거리이듯 고령화는 부자 나라들의 골칫거리다. 그럼에도 경이로운 선물임에는 틀림없다. 이를테면 어떤 과학자가 인간 수명을 30년 늘리는 영약을 발견했다고 상상해보라. 모든 도시에 그의 동상이 세워질 것이다. 우리는 바로 그런 선물을 받았으며 심지어 달라고 요구한 적도 없다.

테오도시우스 도브잔스키는 "생물학에서는 진화를 고려하지 않으면 아무것도 말이 안 된다"라는 명언을 남겼는데, 초고령은 도무지 말이 안 된다. 다윈의 맞수 앨프리드 러셀 월리스는 이렇게 말했다. "하나 이상의 개체가 충분한 수의 후계자를 남긴 시점에서는 그들 자신이 끊임없이 점점 더 많은 영양을 소비함으로써 후계자들에게 해를 끼친다는 것이 명백하다. 따라서 자연선택은 그들을 솎아내며, 많은 경우 후계자를 남긴 직후에 죽는 변종을 선호한다."[1] 정정한 조부모는 손주를 돌볼 수 있지만, 사람이 제 쓸모보다 오래 살 때는 진화적 설명이 갈팡질팡한다. 우리 조상들은 노인을 보살필 수 있을 때는 보살폈지만, 진화적 관점에서 노인은 이미 무의미한 존재였다. 초고령은 인간, 가축, 그리고 갈라파고스땅거북처럼 천적이 전혀 없는 종에서만 볼 수 있다.

우리의 장수 잠재력이 처음 드러난 것은 19세기의 마지막 사분기에 기대 수명이 증가하기 시작하면서였다. 생명보험 회사들은 재빨리 이를 포착했다. 1909년 경제학자 어빙 피셔는 미국 보험 회사 사장들이 모인 자리에서 19세기 첫 세 사분기 동안 기대 수명이 100년당 9년씩 증가했다고 말했다. 유럽 일부 국가에서는 증가율이 100년당 17년으로 늘었고 "예방약의 본고장" 프로이센에서는 100년당 27년으로 급증했다. 그는 수명 증가가 보험 회사에 희소식일 수밖에 없으며 보험 회사들은 이를 도모해야 한다고 지적했다. 적절한 화재 예방 설비가 없는 건물에 대해 보험 회사들이 계약을 거부하자 공장 화재가 줄었듯 건강도 이런 식으로 개선할 수 있다는 것이었다.[2] 시어도어 루스벨트는 이렇게 말했다. "이 정부가 인간보다 돼지와 소의 목숨을 보호하려고 더 애쓴다는 비판을 더는 외면해서는 안 된다." 피셔는 건강 증진과 보건 교육을 목적으로 설립된 '100인 위원회'의 위원장을 맡았으며 식품의약국과 미국 공중 보건 운동도 비슷한 시기에 활동을 시작했다.

피셔는 세 명 중 한 명의 수명을 늘릴 수 있으리라 추정했다. 1915년 그는 미국에서 사망 원인에 포함되는 질환 90개의 목록을 저명한 의료계 권위자들에게 보내어 각 질환을 예방할 가능성을 평가해달라고 요청했다. 그런 다음 각 사망 원인의 전체 빈도에서 예방 가능성을 뺐다. 이를 토대로 신생아의 기대 수명이 49.4년에서 62.1년으로, 60세 노인의 수명이 74.6년에서 77.9년으로 증가할 수 있다고 계산했다.[3]

질병으로 인한 사망은 피할 수도 있지만, 생물학자들은 자연사_{自然死}의 불가피함을 당연하게 여겼다. 유전학자 J. B. S. 홀데인은 1923년 이 가정을 제시하면서 이렇게 말했다. "질병이 근절되면 죽음은 잠과 같은 생리적 사건이 될 것이다. 한 세대는 함께 산 뒤에 함께 죽을 것이다."[4] 질병이 없으면 우리의 삶은 시계태엽처럼 나란히 닳을 것이다. 주요 장기들이 일제히 쇠퇴하는 성공적 형태의 노화는 실제로 존재한다. 그런 사람들은 서서히 무덤으로 걸어 들어간다. 그들의 살은 녹아 없어지며 그들은 자신만의 고요한 장소로 물러나 안식을 취한다. 그들의 사망은 분주한 병동에 짧은 존재론적 침묵을 자아내며 공통의 운명에 대한 찰나적 감각을 일깨운다. 그러면 누군가 사망 진단서에 '심부전'(심장이 멈춘 것은 사실이니까)이나 '폐렴'(노인의 친구)이라고 쓸 것이다. 나는 이런 서류를 적잖이 작성해봤기에 고령자의 사망 진단서 대부분에 허구적 요소가 들어 있음을 안다. 성공적 노화란 사망 진단서에 뭐라고 적어야 할지 의사가 모르는 때를 말한다.

1928년 메트로폴리탄 생명보험회사의 수석 통계학자 루이스 더블린은 자연 수명이 있다고 가정하고 이렇게 추정했다. "현재의 지식에 비추어볼 때 극적인 혁신의 개입이나 생리적 구성의 경이로운 진화적 변화가 일어나지 않는다면—이런 경우를 가정할 이유는 전혀 없다—남녀 모두의 평균 수명이 현재의 57세에서 증가하여 64.75세에 도달할 것이다."[5] 인간 수명에 고정된 한계가 있다는 가정은 노인학자 제임스 프리스가 1980년에 발표한 신중하고 영향력 있는 검토 논문에서 확증되었다. 그는 미국인의 수명이 80년 사이에 47세에서 73세로 증가했으며 이것은 출생 연도가 1년 경과할 때마다 수명이 4개월 늘어난 셈이라고 말했다. 하지만 65세에 도달하면 증가 속도가 느려지는 듯했고, 최대 수명이 증가했다는 증거는 전혀 발견하지 못했다. 이를 토대로 그는 2045년이 되면 생물학과 통계학에서 추정하는 평균 수명이 85세에 수렴할 것이라고 결론 내렸다. 이 마지막 낭떠러지는 우리가 젊을 때 장기들이 보유한 기능적 비축분이 점차 소모되는 것과 맞아떨어진다는 것이 그의 주장이었다.

그는 이에 반해 급성 비우발적 질병은 사실상 정복되었고 만성병과의 싸움에 꾸준한 진척이 보인다고 언급했다. "조기 사망을 근절한다는 의료적·사회적 과제는 대부분 달성되었음이 분명하다." 삶의 수명이 돌에 새겨져 있을지는 몰라도 건강 수명은 늘릴 수 있으며 이를 통해 이환(罹患, 병에 걸림—옮긴이)을 인생 후반부에 '욱여넣을' 수 있다는 것이다. 그렇다면 의료의 과제는 질병과 장애를

표 3 1891~2012년 잉글랜드와 웨일스의 기대 수명(인구조사국 자료)

평균 기대 수명(년)						전체 증가율(퍼센트)
기준 연령	1891-1900	1950-52	1970-72	1990-92	2012	
			남성			
E^0	44.1	66.4	69.0	73.2	78.9	(79)
E^{65}	10.3	11.7	12.2	14.2	18.4	(79)
E^{80}	4.2	4.7	5.7	6.4	8.2	(95)
			여성			
E^0	47.8	1.5	75.2	78.7	82.7	(73)
E^{65}	11.47	14.3	16.1	17.9	20.9	(85)
E^{80}	4.6	5.0	7.3	8.4	9.5	(107)

E^0, E^{65}, E^{80}: 출생시, 65세, 85세의 기대 수명
출처: Tallies (ed.) (1998), p. 2, 2012년 영국 인구조사국 자료 추가

생애의 마지막 시기로 옮기고 그 불가피한 도래의 충격을 완화하는 것이 된다. "높은 수준의 의료 기술을 자연 수명의 막바지에 적용하는 것은 터무니없음의 극치"이긴 하지만 말이다.[6]

장애와 질병을 생애 막바지의 짧은 사망 전 기간에 욱여넣을 수 있으리라는 그의 기대는 온전히 실현되지 못했다. 2013~2015년의 추산에 따르면 잉글랜드의 65세 남녀는 기대 수명이 각각 18.7년과 21.1년 증가했지만 이 기간의 43퍼센트와 47퍼센트는 (스스로 평가하기에) 열악한 건강 상태로 보내게 될 터였다. 게다가 건강하지 않은 기간이 건강한 기간보다 빠르게 증가하고 있었다.[7] 프리스는 만년의 기대 수명 증가 속도가 느려지고 있다고 주장했지만,

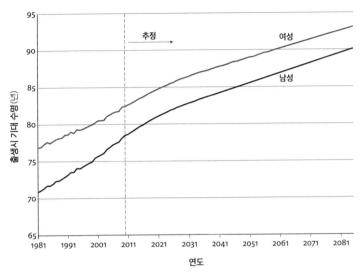

1981~2085년 영국에서 해당 연도의 사망률에 따른
출생시 실제 기대 수명과 추정 기대 수명

그림 44 2010년에 추산한 영국의 출생시 실제 기대 수명과 추정 기대 수명.

표 3에 따르면 기대 수명은 모든 연령 집단에서 고무줄처럼 늘었으며 청년층보다 노년층에서 더 많이 늘었다. 그의 '최종 한계선'인 85세도 곧 정복될 것처럼 보인다. 1998년이 될 때까지는 누구도 그런 한계가 존재하지 않을 거라 감히 주장하지 못했지만.[8]

생물학자들은 수명에 한계가 정해져 있다고 가정한 반면에 통계학자들은 단순히 자료에서 추세를 뽑아냈다. 가령 2010년 영국 통계청은 향후 추정치를 발표했다(그림 44).

이 추정은 자연 수명의 한계에 대해 어떤 가정도 하지 않았으며 2010년에 태어난 여아 세 명 중 한 명, 남아 네 명 중 한 명이 100세까지 살 것이라고 전망했다. 애석하게도 영국과 미국에서는 얼마

지나지 않아 기대 수명 증가 속도가 느려지기 시작했다. 사회복지 제도의 실패가 원인으로 지목되었는데, 그 이유는 일본의 기대 수명은 계속 증가했기 때문이다(일본인은 5년 더 산다). 따라서 핵심 질문은 여전히 해결되지 않았다. 최적의 조건에서 우리는 얼마나 오래 살 수 있을까?

• 노화 유행 •

두 가지 발전이 합쳐져 나이 한계선을 밀어냈다. 첫번째는 아동기의 피할 수 있는 죽음이 사실상 사라졌다는 것이다. 1901년 영국에서는 사망자의 37퍼센트가 4세 이하였고 12퍼센트가 75세 이상이었다. 1994년에 이 비율은 1퍼센트와 58퍼센트였다. 현재 영국에서는 50세 이전에 죽는 사람의 비율이 10퍼센트 남짓이며 이 사망을 모두 없애더라도 평균 기대 수명이 3.5년밖에 늘지 않는다.[9] (대개 감염병으로 인한) 조기 사망률은 20세기 중엽에 이미 낮았기 때문에 20세기 후반에 기대 수명이 꾸준히 증가한 것은 노년의 생존률 증가 덕분임이 틀림없다. 그림 45에서 보듯 과거의 혼란에서 종형 분포가 모습을 드러냈다(사망 연령이 오른쪽으로 치우쳐 있기는 하지만).

일찍 죽는 사람들 때문에 왼쪽으로 길게 늘어진 곡선을 지우면 남는 것은 좌우 한계가 약 65세와 105세인 정규 분포를 닮을 것이다. 다시 말해, 여러 차례 지적되었듯 이제 대부분의 사람들은 자신의 몸속에서 생기는 노화 관련 질환으로 사망한다. 이것은 '질병'일까,

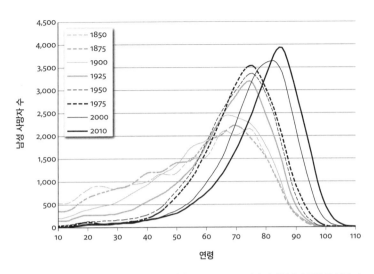

그림 45 1850~2010년 영국 남성의 사망 연령(통계청 자료). 노년의 사망률에서 종형 곡선이 나타나는 것에 주목하라.

아니면 이면의 노화 과정이 드러나는 것일까? 이 물음은 다음 장에서 살펴볼 것이다. 하지만 일단은 죽음에 패턴이 있음에 유의하라.

· 나이의 화살 세례 ·

중세의 군대는 적군을 공격하려고 전진하면 화살 세례를 받았다. 화살은 처음에는 여기저기서 불운한 희생자를 몇 명 솎아낼 뿐 거의 피해를 입히지 않았지만, 공격 부대가 (군사학軍史學 용어로) '살상지대'에 들어서면 시체가 급속히 쌓였다. 부대가 괴멸 지점까지 계속 전진하면 전사자 수는 살상지대에서 절정에 도달했다가 생존자 수 감소에 따라 다시 낮아져 종형 곡선을 이룬다.

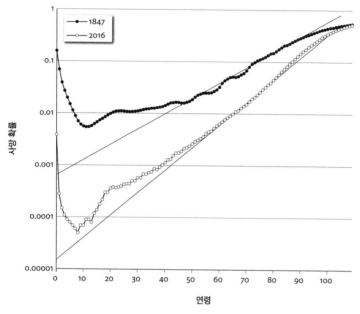

그림 46 1847년과 2016년 잉글랜드와 웨일스에서 해당 나이에 죽을 확률. 곡선의 간격은 1847년의 높은 조기 사망률 때문이다. 출처: www.mortality.org.

반대로 병사가 화살에 맞을 가능성은 궁수에게 다가갈수록 커진다. 이것은 벤저민 곰퍼츠에 의해 통계로 표현되었다. 1825년 수학을 독학으로 공부하고 보험 회사에서 일한 곰퍼츠는 사망률이 30세 이후에 대수적으로 증가하여 8.5년마다 두 배로 는다는 사실을 발견했다(그림 46). 그래프를 보면 우리가 죽음을 향해 점점 빨리 다가가는 것처럼 보일 수도 있지만, 실상은 보이는 것과 다르다. 욕조 마개를 뽑았을 때 물의 양이 절반으로 줄어드는 속도는 대수적으로 증가하지만 물 자체가 줄어드는 속도는 조금도 빨라지지 않는다. 종형 곡선과 곰퍼츠 공식은 같은 것을 다른 식으로 표현할 뿐이다. 두 곡선은 죽는 이유와 무관하게 우리의 죽음에 패턴이 있음을 보여준다.

통계학자들은 기술할 뿐 설명하지 않는다. 집단으로서 우리는 앞서 물었던 질문에 대한 대답을 원한다. 조기 사망의 원인을 모두 없애면 우리는 얼마나 오래 살 수 있을까? 개인으로서 우리는 종형 곡선에서 자신의 위치가 어디인지, 나이를 먹는 속도가 왜 다른지에 더 솔깃하다.

• 우리는 더 느리게 나이를 먹고 있을까? •

하루하루 관찰해보면 사람마다 나이를 먹는 속도가 다르다는 것을 알 수 있다. 노화 속도가 생활 여건에 따라 달라지는 것이라면, 요즘 대부분의 사람이 더 오래 살고 일부 인구집단이 다른 인구집단보다 나이를 더 빨리 먹는 이유를 그것으로 설명할 수 있을지도 모른다.[10]

1998년 10월 은퇴를 앞둔 미국 상원의원 존 글렌은 아흐레간의 임무를 위해 우주왕복선 디스커버리호를 타고 우주로 날아갔다. 그의 나이 77세일 때였다. 글렌(1921~2016)은 미국의 국민 영웅으로, 제2차세계대전과 한국전쟁에 조종사로 참전하여 전투 임무를 띠고 149회 비행했으며 1962년 미국인 최초로 지구 궤도를 돌았다. 많은 사람들이 노인을 우주로 보내는 것이 쇼에 불과하다고 생각했지만 힘겨운 우주 비행을 견뎌낸 그의 능력은 열 마디 웅변보다 힘이 있었다. 기자들은 나이 든 사람들이 점점 젊어지고 있는 데 주목했고, 그 판단은 옳았다. 노인의 우주 비행이 버클리대학교의 물리학·생리학 교수 하딘 B. 존스(1914~1978)에게는 전혀 놀랄 일이 아니었을 것이다. 1955년 그는 1999년이면 75세 노인의 생리적 나이가 60세로 낮아질 것이라고 예견했다. 존 글렌의 노익장은 존스의 예언이 별로 어긋나지 않았음을 보여준다.

존스는 유아 사망률이 높은 지역에서 사는 성인이 유아 사망률이 낮은 지역에서 사는 성인보다 일찍 죽는 데 주목했다. 당시 미국인은 스웨덴, 노르웨이, 네덜란드 같은 장수국 국민들에 비해 어느 나이에든 죽을 가능성이 더 컸다. 통계적으로 말하면 미국인은 그들보다 나이가 다섯 살 많은 셈이었다. 이로부터 존스는 사람들이 저마다 다른 속도로 살아가며 이 속도가 매우 어릴 적에 정해진다고 추론했다. 그는 이것을 간단한 비유로 표현했다. 우리는 일정한 재산을 가지고 삶을 시작하며 삶의 길이는 이 재산을 쓰는 속도에 따라 달라진다. 100만 원을 가지고 삶을 시작한다고 가정해보자. 해마다 1만 원을 쓰면 100년을 살 수 있지만 1만 5000원을 쓰면 67세에 돈이 떨어질 것이다. 물론 지나치게 단순화하긴 했지만, 문제를 이해하기 위해 생각의 물꼬를 트기에는 요긴한 방법이다.[11]

그의 핵심 주장은 생물학적 노화 속도를 생년월일에서 추정할 수 없다는 것이다. 실제로 보험 회사들은 둘의 차이에 판돈을 걸어 수익을 올린다. 이를테면 혈압, 콜레스테롤, 혈당을 노화 과정의 지표로 삼을 수 있으며, 당신의 의사는 정기 건강 검진을 통해 당신의 생물학적 나이를 추정한다. 연구자들은 이 유서 깊은 지표들을 더

그림 47 우주왕복선 디스커버리호에 탑승한 존 글렌(1998).

정교한 노화 측정 방식으로 보완한다. 세포를 (약하긴 하지만) 독성이 있는 화학물질 죽으로 전락시키는 과정인 염증에 관한 지표도 그중 하나다(이 과정은 세세하게 기술되어 있지만 이해 수준은 일천하다). 염증 지표가 노화 가속화의 유용한 측정 기준인 이유는 그것이 만년의 여러 퇴행 조건과 나란히 증가하기 때문이다. 노화 관련 지표가 많을수록 생물학적 나이가 많은 것이며, 이 지표들을 합친 수치는 기대 수명을 연대기적 나이보다 훨씬 정확하게 예측한다.[12]

뉴질랜드 더니딘에서 진행한 연구에서는 1000명의 노화 지표를 출생시부터 38세까지 분석하여 이른바 '노화 속도'를 평가했다. 연구자들은 생물학적 나이가 종형 곡선을 이루며 38세의 경우 연대기적 나이와 최대 7년 차이가 난다는 사실을 발견했다. 점수가 높은 사람들은 자신이 덜 건강하다고 느꼈고 균형 검사 성적이 낮았

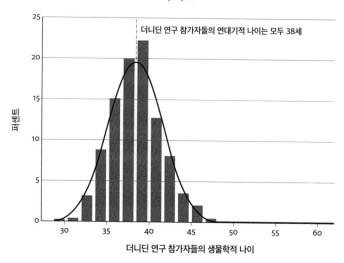

노화 속도

더니딘 연구 참가자들의 연대기적 나이는 모두 38세

더니딘 연구 참가자들의 생물학적 나이

그림 48 38세의 생물학적 나이는 천차만별이며 정규 분포를 이룬다.

으며 지능지수가 감퇴했고 향후 뇌졸중이나 치매를 앓을 위험이 컸다. 더 늙어 보인 것은 물론이다.[13] 더니딘 연구는 노화가 일생에 걸친 과정이고 여러 생물학적 경로에 영향을 미치며 저마다 다른 속도로 진행된다는 존스의 신조를 뒷받침했다.

다른 연구들도 이를 확증한다. 두 건의 미국 국민건강영양조사(3차, 4차)가 각각 1988~1994년과 2007~2010년에 실시되었다. 이 조사에서는 혈압, 콜레스테롤, 포도당 수치, 콩팥 및 간 기능, 날숨 능력, C반응단백질(일반 염증 지표)을 측정했다. 이 지표들을 분석했더니 여성이 남성보다 생물학적으로 젊다는 사실이 확증되었으나, 첫번째 조사와 두번째 조사 사이에 남성의 생물학적 나이가 더 빨리 줄었다는 사실이 드러났다. 두번째 조사에서 20~39세,

40~59세, 69~79세 남성의 생물학적 나이는 각각 한 살, 두 살 반, 네 살 어렸다.[14] 다른 연구에서와 마찬가지로 학력이 높을수록 생물학적 나이가 적었으며, 3차 국민영양조사의 별도 연구에 따르면 흑인은 모든 연대기적 나이에 대해 생물학적으로 세 살 많았다.[15]

하지만 생물학적 나이가 어려졌을 때 미국 인구의 건강 행태가 급격히 달라지고 있었음을 명심해야 한다. 흡연이 줄었지만 몸무게가 늘었으며 혈압 및 콜레스테롤 강하제 투약이 급증했다. 이 모든 요인이 (반드시 인과관계가 있는 것은 아니지만) 생물학적 나이 감소에 한몫했음은 의심할 여지가 없다. 더 새롭고 더 정확한 '생물학적 시계'는 DNA의 메틸화 속도를 기준으로 삼는다. 메틸화는 우리의 유전물질에 표식—포스트잇 쪽지에 해당하는 분자—을 달며 이 표식은 환경과의 직간접적 상호작용을 나타낸다. 이 표식은 해가 갈수록 쌓이며, 표현형이 마모되는 정도를 매우 정확하게 나타낸다.[16]

나이를 먹으면 근육량이 감소하고 동맥이 뻣뻣해지고 콩팥의 여과 능력이 떨어지고 인슐린 생산량이 줄고 인지 능력이 저하하고 조직 재생 능력이 감소한다. 한마디로 노쇠하는 것이다. 근사한 조합은 아니지만, 모리스 슈발리에 말마따나 그래도 반대 경우보다는 낫다. 노화의 '다발성 타격' 가설은 여기에 잘 들어맞으며, 사회·경제적 열악함이 짧은 수명과 관계있는 이유를 이해하는 데 도움이 된다. 가난은 정신적 스트레스, 사고, 폭력, 해로운 행동, 의료 소외, 부실한 식단, 비만 등을 동반하며 이런 손상이 쌓이는 것은 기능적 비축분의 유실이 점점 빨라지는 것이나 마찬가지다. 빈곤층은 인생의 여정에서 똑같은 이정표들을 지나치되 더 빨리 지나친다.

건강하지 못한 환경에서 사는 사람들이 그다지 오래 살지 못한다는 발견은 별로 새로울 것이 없다. 기존의 설명은 이것을 환경 오염 탓으로 돌리거나 부실한 식단과 해로운 습관을 비난한다. 비참하고 고달픈 삶을 살아가는 사람들이 술을 덜 마시거나 담배를 덜 피우면 수명을 연장할 수 있다는 말에는 호소력이 없다(이 방법들이 효과가 있는 것은 분명하지만). 노화의 지표들을 조사하면 더 근본적인 요인이 드러난다. 그것은 열악한 환경이 성장과 발달의 과정 전체에 영향을 미쳐 삶의 궤적 전체를 좌우할 수 있다는 것이다. 달리 말하자면 가난과 궁핍은 나름의 독특한 표현형을 만들어낸다. 이것이 사실이라면—잠시 뒤에 더 많은 증거를 살펴볼 것이다—우리는 개별적 위험 요인보다는 총체적 환경에 주목해야 한다.

• 노화의 페이스메이커가 있을까? •

어떤 사람들은 너무 빨리 늙는다. 아이가 태어나서 14년 안에 노인이 되어 죽는 조로증보다 무시무시한 질환은 드물다. 이 질환은 다행히도 드물어서 1886년 처음 기록된 이후 약 130건만 보고되었다. 조로증 환아는 머리카락이 없고 머리가 동그랗고 얼굴이 불균형적으로 작고 눈이 툭 튀어나오고 코가 뾰족하고 턱이 쑥 들어가고 목소리가 새되다. 제대로 자라지 못하고, 금세 피부가 딱딱해지고 두꺼워지며, 피하지방이 없어지고, 뼈가 약해지고, 관절이 탈구된다. 피부가 안쓰러울 정도로 빨리 노화되며, 진행성 동맥 질환으로 인한 관상동맥 심장마비와 뇌졸중을 겪는다. 조로증은 유전병이 아니라 배아 발달의 초기 단계에 자연돌연변이가 일어나 발병한다. 조로증은 노화를 설명하진 못하지만 하나의 결함이 전반적 노화 과정을 촉발할 수 있음을 보여준다.

베르너 증후군은 노화가 빨라지는 또다른 형태로, 청소년기에 처음 나타난다. 환자는 체구가 작고 몸무게가 가벼우며 코가 뾰족하고 머리카락이 없거나 일찍 세며 피부에 색소가 침착하고 목소리가 걸걸하고 광범위 동맥 질환, 백내장, 골다공증에 시달린다. 칼슘이 피부 밑과 아킬레스건 속에 쌓여 피부가 두꺼워지고 궤양이 생긴다. 이들은 당뇨병을 비롯한 내분비계 질환에 취약하며 뇌는 위축하기 시작한다. 암에 걸릴 위험도 크다. 50대를 넘기는 사람이 거의 없다. 베르너 증후군은 DNA 나선에 영향을 미치는 보통염색체 열성질환이다. 많은 변종이 보고되었으나 가장 흔한 돌연변이는 일본에서 발견되며, 의학 논문의 1487건 중 1128건이 이에 해당한다. 현재 베르너 증후군을 앓는 일본인은 과거보다 더 크게 자라고 오래 산다. 이것은 그들도 환경 변화에 반응했음을 시사한다.[17]

이 달갑잖은 질환들이 연구자에게 흥미로운 이유는 유전적 결함 하나가 노화의 스펙트럼 전체를 촉발할 수 있음을 암시하기 때문이다. 이로부터 두 가지 원리가 확립된다. 첫번째 원리는 노화가 (다양한 모습으로 나타나기는 하지만) 어느 정도 통합적 과정이라는 것이다. 두번째 원리는 만일 어떤 과정이 가속화될 수 있다면 지연될 수도 있으리라는 것이다.

풀리지 않는 미스터리 하나는 왜 여성이 남성보다 오래 사느냐는 것이다. 1763년에 처음 출간된 『고타 연감』은 튜턴인 혈통 유럽인의 최상위 계층에 대해 알려주는 길잡이다. 한마디로 귀족 족보로, 그들이 결혼할 수 있는 하위 혈통에 대한 정보를 담고 있다. 1913년 빅토리아 루이제 프로이센 황녀가 에른스트 아우구스트 하노버 공작과 결혼할 때 악단이 연주한 왈츠는 『고타 연감』 1권에 실린 인물들만 춤추는 것이 허용된 곡이었다. 훗날 귀족 가문들이 시간의 모래밭에 좌초하여 빚과 허세만 남았을 때 『연감』은 신랑감 사냥꾼, 결혼으로 팔자를 고치고 싶은 사람, 사돈의 신분을 따지는 사람, 귀족이 되고 싶은 사람에게 보물 지도가 되었다. 절판된 지 53년이 지난 1998년 뜻밖에 재출간된 『고타 연감』은 가짜 혈통을 몇 개 폭로했지만[18] 약 20만 건의 출생, 결혼, 사망에 대한 꼼꼼한 기록은 타의 추종을 불허하는 자료 출처다.[19]

예상대로 『고타 연감』은 상류층이 더 오래 살고 여성이 남성보다 오래 산다는 사실을 알려주었다. 남성의 평균 사망 연령은 64.6세, 여성은 73.5세였는데, 이례적으로 큰 이 격차는 남성 귀족의 방탕한 행실 때문인지도 모르겠다. 남성의 추잡한 습성은 여성이 더 오래 사는 이유로 종종 제시되지만 왜 다른 종에서도 암컷이 더 오래 사는지는 설명하지 못한다. 한 가지 생각해볼 수 있는 이유는 '어미의 저주'다. 이 가설의 근거는 미토콘드리아 DNA가 모계로만 유전된다는 사실이다. 여성에게 해로운 성 선택 돌연변이는 자연선택에 의해 숨어지는 반면에 남성에게 해로운 돌연변이─이를테면 정자 운동성에 영향을 미치는 미토콘드리아 돌연변이─는 고스란히 축적된다.[20]

1899년 메리 비턴과 칼 피어슨은 장수가 유전되는지 알아보려
했으나 죽음이 무작위적으로 일어나는 탓에 무척 애를 먹었다. 내
어머니는 외삼촌, 이모 (네 명 중) 두 명과 더불어 85세를 넘겨 생존
했으며 외할머니도 마찬가지였지만, 외할아버지는 턱암으로 일찍
돌아가셨는데 아마도 (지크문트 프로이트처럼) 지나친 흡연 때문이
었을 것이다. 남은 외삼촌은 1944년 독일군 저격수에게 사살당했
다. 비턴 말마따나 죽음은 총탄을 마구잡이로 쏘는 사수다. 그녀는
『포스터 귀족 연감Foster's Peerage』과『버크 지주 젠트리 연감Burke's Landed
Gentry』을 가문 기록의 신뢰할 만한 출처로 삼았지만 편견으로부터
결코 자유롭지 않았다. 이를테면 아동기 죽음은 좀처럼 언급되지
않으며 여성의 사망 연령도 마찬가지다. 하지만 비턴은 아버지가
오래 살면 아들도 오래 산다는 사실을 밝혀냈다. 뒤이은 연구들은
장수가 집안 내력임을 확증했으며, 이에 레이먼드 펄은 1920년 장
수하는 최선의 방법은 장수하는 부모를 고르는 것이라고 결론 내렸
다. 나중의 관찰에 따르면 아들의 수명은 아버지보다는 어머니의
수명에 더 큰 영향을 받았는데, 이 또한 (모계로만 전달되는) 미토콘
드리아 유전자가 매우 중요하게 작용할 가능성을 제기한다.

장수의 비결을 알려면 가장 오래 사는 사람들이 있는 장소를 찾
아가야 한다. 영국의 백세인(centenarian, 100년 이상 생존한 사람—
옮긴이) 수는 1837년부터 기록되었는데, 1911년 인구 조사에서는
총 110명(인구 100만 명당 3.6명 꼴)이 확인되었다. 이 업적이 어찌
나 주목받았던지 버킹엄 궁전에서 축전을 보냈을 정도였다. 1908
년 토머스 로드 목사가 받은 전보는 다음과 같았다. "매우 유익한

그림 49 휴스턴 클레어우드하우스 양로원에서 백세인 열 명을 축하하고 있는데, 남성은 두 명 뿐이다. 여성은 100세에 도달할 가능성이 남성의 네 배다.

일생을 보내고 100세를 맞이한 것을 국왕 폐하의 명으로 축하합니다." 축전은 1917년 이후 정기적으로 발송되다가 이후 친서로 대체되었다. 운좋은 백세인은 라임색 드레스를 입은 여왕의 사진을 받는데, 여왕은 모후의 100번째 생일에 선물로 드렸던 브로치를 착용하고 있다. 2015년 영국에는 100만 명당 4.5명의 백세인이 있었으나 일본의 백세인은 (기록이 시작된) 1963년의 153명에서 2018년에는 7만 명 가까이로 증가했다.[21]

왜 어떤 사람들은 초고령에 도달하는지, 또한 이것이 그럴 만한 가치가 있는지의 비밀은 초장수 노인들이 안다. 그중에는 공통된 특징도 있지만—이를테면 백세인의 85퍼센트는 여성이다—어떤 특징은 놀랍도록 제각각이다. 게다가 백세인은 점점 젊어지는 것처

302

럼 보인다. 이전 세대의 백세인에게서 발견되는 유전자는, 하딘 존스의 예측대로 이젠 초백세인(super-centenarian, 110년 이상 생존한 사람―옮긴이)에게서 발견된다. 100세까지 사는 사람들은 세 부류로 나뉜다. **생존자**survivor는 80세 이전에 건강 문제를 겪지만 이겨낸 사람이고, **지연자**delayer는 건강 문제가 뒤늦게 나타나는 사람이며, **면제자**escaper는 임상적으로 명백한 질병을 전혀 앓지 않는 사람이다. 면제자가 될 만큼 운좋은 사람은 약 15퍼센트이며 생존자와 지연자가 비슷한 비율로 나머지를 차지한다.[22] 하지만 일반 법칙은 오랫동안 건강하면 오래 살며 초고령 남성은 같은 나이의 여성보다 건강하다는 것이다. 후자는 아마도 더 혹독한 선택 과정을 거쳤기 때문일 것이다.

백세인은 학력, 재산, 출신, 종교, 민족, 생활 방식 면에서 천차만별이다. 골초였거나 비만했던 사람이 거의 없다는 사실은 놀랍지 않다. 백세인은 성격 검사에서 인간관계와 전반적 회복력의 점수가 높았다. 유머 감각도 유리하게 작용하는 듯하다. 한 104세 여성이 또래 압력이 사라진 것을 노화의 유익한 점으로 꼽았던 예처럼 말이다. 백세인의 약 50퍼센트는 초고령 가족력이 있으며 자녀들도 같은 방향으로 나아가는 듯하다. 장수의 안 좋은 점은 우리의 뇌가 몸만큼 순조롭게 나이를 먹지 않을 수도 있다는 것이다. 백세인을 조사했더니 절반이 치매 증세를 보였는데, 모두가 알츠하이머병 때문은 아니었다. 더 흔한 형태의 치매는 "자신의 개인적 공간 바깥에서 벌어지는 사건들을 인식하는 데 제약을 받아 우주가 수축하는 것이 특징이었다. 그들은 같은 주제를 끝없이 되뇌었"다.[23]

• 재림파가 더 오래 산다 •

더 오래 살고 싶다면 유전자를 바꿔야 할까, 환경을 바꿔야 할
까? 제칠일안식일예수재림교(이하 재림파)는 환경의 손을 들어준
다. 그들의 신앙은 침례교 목사 윌리엄 밀러(1782~1849)의 가르침
에서 비롯한다. 밀러는 1843년 3월 21일 예수가 이듬해에 재림할
것이라고 예언했다. 그의 추종자들이 재림파로 불리는 이유는 예수
의 재림이 임박했다고 믿기 때문이며 명칭에 '제칠일'이 들어 있는
이유는 일주일의 첫날인 일요일이 아니라 일곱째 날인 토요일을 안
식일로 지키기 때문이다. 재림은 예언대로 찾아오지 않았지만 밀러
의 추종자들은 낙담하지 않았다. 『예언이 끝났을 때』라는 책은 이
런 심리를 흥미롭게 설명한다. 이 책에 언급되는 현대 사이비 종교
의 신도들은 지구에 재앙이 닥치면 자신들이 비행접시에 의해 휴거
(예수가 세상을 심판하기 위하여 재림할 때 구원받는 사람을 공중으로
들어올리는 것─옮긴이)를 받을 것이라고 믿었다. 휴거가 일어나지
않자 그들은 의심의 위기에 빠진 채 산에서 내려왔다. 몇몇은 신앙
을 잃었지만 나머지─전 인류의 파멸을 무덤덤하게 숙고하던 사람
들─는 이제 남들을 개종시키기 시작했다.[24]
　재림은 영적 사건으로─일어나긴 했지만 영적 차원에서 일어난
것으로─재정의되었으며 재림파는 1800만 명의 신도와 선교사를
거느린 세계 12위 규모의 종파가 되었다. 이들은 보수적인 사회 관
습을 준수하고 (성경에서 금지한) 돼지고기와 조개류를 금기시하는
것으로 유명하다. 채식주의가 장려되지만 온전한 채식주의자는 35

퍼센트를 넘지 않는다. 흡연과 음주는 금지되며 다른 기호품도 지탄받는다. 무엇이 가장 유익한지는 알 수 없지만, 이들의 습관은 뭉뚱그려 효과가 있다. 캘리포니아 재림파 남성과 여성의 기대 수명은 각각 81.2년과 83.9년으로, 캘리포니아 주민의 평균인 73.9년과 79.5년보다 길다.[25]

유리한 환경이 수명을 늘린다면 불리한 환경은 수명을 줄일 것이다. 1950년대 할렘에 살던 흑인의 수명은 방글라데시 국민과 같았다. 전체적으로 볼 때 1929~1931년 미국의 흑인 남성과 여성은 백인보다 각각 11.5년과 13.2년 일찍 죽었는데, 2003년에는 6.3년과 4.5년으로 격차가 줄었다. 뒤이은 분석에 따르면 흑인은 모든 연령대에서 노화의 징후가 더 많이 나타났다. 빈곤만으로는 이 격차를 설명할 수 없었다. 논문 저자들은 사회적 편견에 시달리는 스트레스와 고초가 불우한 사람들에게서 관찰되는 '풍파 효과weathering effect'를 설명할 수 있다고 결론 내렸다.[26]

환경의 비교는 사회적 불이익의 중요성을 입증한다. 전 세계에서 기대 수명이 상승하고 있으며 선진 10개국의 점수를 합친 것이 국제적 나이 한계선으로 통용된다. 이 척도에 따르면 미국은 남녀 모두 37위다. 미국은 3000여 개의 군郡으로 나뉘는데, 2000~2007년 군 단위 자료를 보니 어떤 군은 국제적 나이 한계선을 햇수로 15년 앞선 반면에 어떤 군은 50년 뒤처졌다. 흑인에 국한하면 남성의 경우 전체 군의 65퍼센트가 50년 이상 뒤처졌고 여성은 22퍼센트 뒤처졌다. 가장 장수하는 지역은 동해안, 서해안, 북부였으며 가장 단명하는 지역은 애팔래치아와 디프사우스(미국 남부의 여러 주를 통틀어 이르는 말―옮긴이)에 있었다.[27] 지도를 흘긋 보기만 해도 기대 수명이 가장 낮은 곳은 공화당이 우세하다는 것을 알 수 있다.

　미국의 20세기가 호시절이었다면 러시아의 20세기는 지독히도 궂은 시절이었다. 20세기 초 남성의 기대 수명은 31세, 여성은 33세였는데, 초기의 상승세는 1930년대의 기근과 제2차세계대전의 살육으로 꺾이고 말았다. 빠른 회복이 뒤따라 1945년부터 1965년까지 기대 수명이 20년 이상 증가했으나 빈곤의 기준인 하루 4달러 이하로 살아가는 사람의 비율이 2퍼센트에서 (공산주의가 무너진 시점에) 50퍼센트까지 치솟았다.[28] 1995년 남성의 기대 수명은 여성보다 13년 짧았는데, 이는 주로 심장병, 알코올, 사고 때문이었다. 소득 불평등은 급여 액수보다 더 해로울 수 있으며 비통과 절망도 건강에 악영향을 끼친다.

• 부는 건강을 뜻할까? •

　역사를 통틀어 가장 안전하게 살고 있는 사람들이 안전에 전전긍긍하는 것, 가장 건강한 사람들이 건강에 집착하는 것, 가장 오래 사는 사람들이 더 오래 살려는 욕망에 사로잡히는 것은 놀랄 일이 아니다. 하지만 늘 그런 것은 아니었다. 나는 젊은 의사 시절 잉글랜드 중부의 쇠락해가는 산업 도시에 있는 공공 병원에서 근무했다. 그곳에서 죽어가는 세대의 사람들을 맞닥뜨렸다. 1920년대부터 1950년대까지 일터에서 살아온 사람들이었다. 그들은 (자신이 그때까지 살리라고 예상하지 않았던) 70세를 지나면서 고된 노동의 일생을, '좋든 나쁘든' 그동안 맺은 온갖 관계를, 자신이 건사한 가족을 돌아볼 수 있었다. 그들은 건강을 자산으로 여기지 않았다. 소진되었지만 패배하지 않은 그들은 어떻게 죽어야 하는가를 내게 보여주었다.

2003년 은퇴를 앞둔 미 국립보건원 국장은 미국인의 기대 수명이 1970년과 2000년 사이에 6년 증가했으며 그중 3년은 의사들 덕분이라고 주장했다(공중 보건의 몫은 1년이라고 했다). 그가 언급하지 않은 것은 국립보건원이 활약하기 전에 기대 수명이 더 빨리 증가했다는 사실이다. 그의 이야기에서 뼈아픈 대목은 미국이 의료에 대규모로 투자했음에도 기대 수명이 22개국에 뒤쳐졌다는 것이었다. 그는 이것이 사회적 불평등 때문이라고 믿는 사람이 있을지도 모르지만 자신이 보기엔 기존 의학 지식을 임상에 적용하지 않은 탓이라고 말했다.[29]

물론 은퇴하는 국장들이 선서를 하는 것은 아니니 그의 말을 무턱대고 믿을 순 없다. 그림 50은 세계 각국에서 부와 기대 수명이 어떤 관계인지 보여준다. 여기서 보듯 GDP가 1인당 약 1만 달러(2005년 환산 가치)의 문턱값에 도달하면 기대 수명이 세계에서 가장 부유한 나라들에 별로 뒤지지 않는다.

이를테면 미국인은 칠레나 코스타리카에 비해 평균 소득이 네 배이고 세계 최고의 의료 시설을 이용할 수 있음에도 그 나라 국민들보다 더 오래 살지 못한다. 현대 의료는 수많은 놀라운 성과를 거두고 있고 그것은 치하할 만한 일이지만, 평균 수명의 증가가 반드시 그중 하나인 것은 아니다. 노인학자 케일럽 핀치는 이렇게 말했다.

"개별적 질병의 발병 면에서 큰 차이가 있음에도 모든 인구집단의 노화 관련 사망률이 비슷한 것을 보면 사망 위험과 관련된 과정들이 개별적인 노화 관련 질병과 밀접하게 연관되지 않았을 뜻밖의 가능성이 제기된다."[30]

평균 소득보다 중요한 것은 소득 불평등일 것이다. 이를테면 미국에서 가장 살기 좋은 군들은 기대 수명 면에서 수위를 차지하는 반면 다른 군들은 사하라 이남 아프리카 수준인 이유를 소득 불평등으로 설명할 수 있을지도 모르겠다. 영국의 평균 기대 수명이 100년 동안 증가하다 이제는 다시 감소하고 있는 것도 이것으로 설명할 수 있을 것이다.

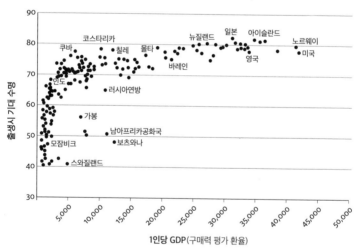

출생시 기대 수명 대 평균 연 소득

그림 50 출생시 기대 수명 대 평균 연 소득. 남아프리카공화국과 러시아연방은 곡선 한참 아래에 있는 반면 노르웨이와 미국은 높은 1인당 GDP가 전혀 유리하게 작용하지 않는다. 출처: https://underpoint05.wordpress.com/2011/10/03/inequality-first-world-problems/

요약하자면 사람들은 과거 어느 때보다 오래 살고 있다. 이것은 무엇보다 20세기 전반기에 조기 사망이 근절된 덕분이다. 반면에 20세기 후반기에 수명이 증가한 것은 노인이 더 오래 살기 때문이다. 이 현상은 예상하지 못한 것이었으며 언제 끝날지도 아무도 모른다. 두 가지 주된 설명은 의학 덕분에 우리의 수명이 연장되었다는 것과 우리가 더 느리게 나이를 먹는다는 것이다. 둘 다 관계있지만, 의료 발전이 반드시 가장 큰 역할을 한 것은 아니다. 어쨌든 부모, 국적, 사회적 지위, 생활 방식을 신중하게 고르면 장수를 기대할 수 있다. 느린 노화는 표현형 전환의 특징으로서 나타났지만 여전히 아리송한 측면이 많다. 우리는 자연적 수명 한계에 접근하고 있을까, 아니면 특권층은 계속해서 수명이 길어질까? 만일 그렇다면 이것은 조너선 스위프트의 스트럴드브럭(『걸리버 여행기』에 등장하는 불사의 존재―옮긴이) 유령을 불러내는 꼴이다. 불사의 선물을 받아 노년의 고통을 고스란히 겪는 사람들 말이다. 아킬레우스와 달리 대부분의 사람들은 영광스러운 죽음보다 긴 삶을 선호하지만, 우리가 정말로 원하는 것은 젊음을 더 오래 유지하는 것이다.

15
죽어가는 짐승에 옭매여

붓다가 임종에서 말했다. "살아 있는 것은 모두 썩게 마련이다." 우리의 늙어가는 몸은 과거에 의해 미리 정해진 미래의 이야기를 들려준다. 현재 가장 주요한 사망 원인인 노화 관련 질환은 각자의 몸속에서 생겨 오랜 세월에 걸쳐 발전하며 유전자, 바깥세상, 우리 자신의 행동 사이에 이루어지는 상호작용이 질환의 진행 속도에 영향을 미친다. 인류 역사의 그 무엇도 우리를 여기에 준비시키지 못했다. 생식 이후의 삶은 자연선택에 구애받지 않기 때문이다. 장수를 '위한' 유전자는 결코 존재하지 않는다. 다른 이유로 진화했는데 우연히 현대적 환경에서 장수의 성향을 갖게 된 유전자가 있을 뿐이다. 노년으로 향하는 우리의 여정을 좌우하는 것은 다른 이유로 진화한 유전자와 이전에는 결코 존재하지 않았던 환경 사이의 상호작용이다. 그렇다면 우리는 노년의 고충을 질병으로 여겨야 할까,

아니면 표현형의 최종 발현으로 여겨야 할까?

몸은 상호 의존적인 세포들의 연합체이며 그 결속력은 수많은 조절―'살림'―기능에 달려 있다. 이 기능 중 상당수가 시간의 흐름에 따라 쇠퇴하므로 노년에는 자기 조절 기능이 점진적으로 상실된다. 그러면 조절 대상 세포에 영향이 누적된다. 여기서 우리의 관심사는 두 가지 유형의 조절 실패다. 하나는 (세포가 의존하는) 체내 환경을 유지하지 못하는 것이고 다른 하나는 세포 자체를 보수하지 못하는 것이다.

실내 온도를 일정하게 유지하는 온도 조절기는 항상성이라는 과정의 대표적 사례다. 우리의 체온 조절 능력은 일반적으로 평생 동안 충분히 잘 작동하며―나이가 들면 효율이 떨어지기는 하지만―같은 기준점을 유지한다. 하지만 그 밖의 항상계는 현대적 삶의 조건에서 그만큼 안정적으로 유지되지 못한다. 이것은 20세기 수렵채집인과 비교하면 알 수 있다. 그들은 수명이 짧았지만 성인기 내내 몸무게가 일정했으며 나이가 들어도 혈압과 혈당이 상승하지 않았다. 그러다 전통적 생활 방식을 버리고 산업사회의 주변부에 흘러들자 비만, 고혈압, 당뇨병이 금세 만연했다.

이에 반해 풍요로운 사회에서 성장하는 사람들은 비만, 고혈압, 당뇨병이 더 느리고 은밀하게 생긴다. 우리는 해마다 1톤에 가까운 음식을 먹는데도 몸무게가 거의 일정하다. 거의 일정하지만 완벽하게 일정한 것은 아니다. 약간의 양에너지 균형(영양소의 요구량보다 공급량이 많은 상태로, 섭취한 영양소의 일부가 체지방 축적에 이용되기 때문에 체중이 증가한다―옮긴이)을 유지하기 때문에 몸무게가 해마다 조금씩 꾸준히 증가한다. 다이어트를 해본 사람이라면 누구나 알겠지만 몸은 무게가 증가할 때마다 금세 이를 '새로운 정상 상태'로 받아들여 우리의 감량 노력에 저항한다. 혈압과 혈당도 우리가 나이를 먹음에 따라 슬그머니 증가하며 우리의 대처 노력에 저항한다. 앞에서 우리는 이러한 사전 대비 방식의 조정을 알로스타시스라고 부른다는 것을 알게 되었다. 이것은 소비사회의 모든 구성원에게 영향을 미치지만 우리는 저마다 다른 속도로 나아간다. 이를테면 누구나 식품을 마음껏 섭취할 수 있지만 어떤 사람들은 남들보다 빨리 살이 찐다. 몸무게가 증가하면 고혈압과 당뇨병의 위험이 커지지만 어떤 사람들은 일찍 발병하고 어떤 사람들은 늦게 발병한다. 하지만 이런 개인적 차이에도 불구하고 알로스타시스는 우리의 표현형에서 으뜸가는 특징이다.

비슷한 환경에서는 비슷한 '밀물' 효과가 발생한다. 소비자 표현형은 '대사 증후군'을 향해 수렴하는데, 이것은 (남성형) 복부 비만으로 인해 고혈압, 동맥 질환, 지질 및 포도당의 대사 교란 등이 일어나는 것을 말한다. 대사 증후군('증후군syndrome'은 문자 그대로 '함께 달리다'라는 뜻이다)은 많은 논란을 불러일으켜왔는데, 한 가지 이유는 여러 정의가 난무하기 때문이고—모든 정의가 다소 자의적이다—또 한 가지 이유는 이 개념의 소유권을 가진 의학계가 표현형과 질병을 뚜렷이 구별하지 않기 때문이다.

• 위험 요인의 부상 •

올더스 헉슬리는 점쟁이가 결코 떼돈을 벌지 못하고 보험 회사는 망하지 않는다고 말했다. 생명보험은 사람들이 얼마나 오래 살 것인가를 두고 내기를 거는 것으로, 그 근거는 당신의 연대기적 나이를 생물학적 나이에 맞게 바로잡는 통계 기법이다. 이 통계 기법은 (법칙이 아니라) 경험의 산물이기는 해도 타당성이 검증되었으며 성별, 민족, 직업, 사회경제적 지위 같은 변수들을 이용하여 당신의 생물학적 나이를 보정한다. 키와 몸무게는 성장과 생활 양식의 지표이고, 혈압, 혈당, 혈중 콜레스테롤은 체내의 마모 정도를 나타내며, 흡연과 음주는 당신이 여기에 얼마큼의 스트레스를 더하는지 알려준다. 삶은 불확실하며 사람들은 그래서 보험에 가입하지만 돈을 따는 쪽은 언제나 카지노다.

생명보험 회사들은 20세기 전반기에 인구집단의 건강에 대해 가장 신뢰할 만한 통계를 작성했으며 위험—당신의 위험이 아니라 **그들**의 위험!—개념을 도입했다. 그들은 위험을 당신의 행동에 따라 달라질 수 있는 무언가가 아니라 고정된 속성으로 간주했다. 그 뒤에는 전염병학이 어엿한 학문으로 떠올라, 1948년에 시작된 프레이밍햄 심장 연구와 더불어 성숙했다. 이 연구는 매사추세츠의 한 소읍 주민 5000명을 장기간 추적 조사했는데, (이름에서 보듯) 연구자들의 주된 관심사는 미국을 휩쓸고 있던 관상동맥 심장병 유행이었다. 프레이밍햄 연구는 (나이를 논외로 하고) 심장병 진행 위험이 혈압, 혈중 콜레스테롤, 혈당과 직접 연관되어 있음을 밝혔으며 '위험 요인'이라는 용어를 임상 어휘목록에 들여왔다.

이 연구는 의료의 모습을 바꿔놓았다. 질병이 아니라 위험에 대처한다는 개념이 당시만 해도 금시초문이었기 때문이다. 프랭클린 D. 루스벨트는 1944년 미국 대통령으로 재선되었을 때 혈압이 위험 수준이었다(200/100). 6개월 뒤 그는 머리를 감싸 쥔 채 대량 뇌출혈로 사망했다. 상세한 기록에 따르면 그때까지 혈압을 치료하기 위한 조치가 전혀 취해지지 않았고, 시판중인 약물은 부작용이 너무 많았으며, 혈압을 낮추면 뇌졸중을 막을 수 있는지도 아직 분명치 않았다. 사람들은 문제가 있다는 생각이 들 때만 병원을 찾아갔고 의료는 오로지 사후 대응에 국한되었다. 반면에 위험 요인을 파악한다는 새로운 개념은 아무 증상이 없는 사람들에게서 의료 문제를 진단할 수 있고 아직 발병하지 않은 질환을 치료할 수 있다는 뜻이었다. 의료는 사후 대처가 아니라 사전 조치가 되었으며 의료의 범위에 포함되는 사람이 점점 늘어갔다.

이것은 현대적 삶의 의료화를 향한 큰 걸음이었으며 그만큼 확실히 정당화할 필요가 있었다. 어떤 위험 요인이 심장병과 **상관관계**가 있음을 지적하는 것과 그것이 심장병의 **원인**임을 밝히는 것은 전혀 다른 일이다. 인과관계를 검증하려면 해당 위험 요인을 조절하면서 어떤 변화가 일어나는지 관찰해야만 한다. 1960년대 미국에서는 대규모 전향적 임상시험들이 진행되었는데 결과는 엇갈렸다. 혈압 치료는 뇌졸중에 대해서는 무척 효과적이어서 시험을 중단해야 했지만(대조군에게도 위약 대신 치료약을 지급하기 시작했다는 뜻―옮긴이) 심장병에 대한 효과는 크지 않았다. 초기 시험에서는 당뇨병 환자의 혈당을 낮추면 심장병 가능성이 오히려 커진다는 결과가 나왔다. 이것이 사실이 아니며 혈당 감소가 당뇨병성 눈·콩팥 질환을 막아준다는 사실은 추가 시험에서야 밝혀졌다. 콜레스테롤 저하 요법 시험에는 한계가 있었는데, 이는 1990년대에 스타틴이 도입되기 전에는 콜레스테롤에 실제로 효과를 발휘하는 요법이 없었기 때문이다.[1]

• 미소생태계 •

우리는 세포가 만들어낸 산물이지만 세포 또한 우리가 만들어낸 산물이다. 생명은 하나의 세포에서 출발하며 그 세포가 200여 가지 전문화된 변이형으로 분화한다. 이 딸세포들은 환경의 단서에 반응하고, 우리와 마찬가지로 자라고 죽는다. 어떤 세포들―이를테면 피부와 창자벽을 형성하는 세포들―은 사멸과 재생을 주기적으로 반복한다. 세포의 복제 메커니즘은 오류가 거의 없지만, 수십억 개의 세포가 복제되다 보면 오류가 일어날 수밖에 없으며 이런 오류를 검출하여 제거하지 않으면 일부가 암으로 진행한다. 암 위험은 복제 속도와 직접적 관계가 있기 때문에 빠르게 교체되는 조직이 가장 위험하며 복제를 조장하는 것―이를테면 염증―은 무엇이든 암 위험을 키운다. 이렇듯 우리가 암에 걸릴 가능성은 복제 오류 위험에 영향을 미칠 수 있는 유전자 변이가 있는지 여부, 해당 세포가 교체되는 속도, 염증을 일으킬 수 있는 외부 요인, 인체가 복제 오류를 검출하여 제거하는 능력 등과 관계있다. 나이가 들수록 암 위험이 커지는 이유는 복제 오류가 시간의 흐름에 따라 누적되고 감시 메커니즘의 효율이 낮아지기 때문이다.

설상가상으로 세포마다 늙는 방식이 다르다. 정기적으로 교체되는 세포는 자신의 세포 순환이 종료되면 자살하지만, 노년에는 늙어가되 죽기를 거부하는 세포들 때문에 이 질서가 교란된다. 이 늙은 세포들은 조직 안에 쌓여 주변 세포들에 해로운 신호를 보낸다. 고장난 세포들을 감시하고 제거하지 못하는 것은 정상적 노화의 특징인지도 모르며, 앞으로 노화 과정 자체에 어떻게 개입해야 하는지에 대해 실마리를 던질 수도 있다.

하지만 일부 세포는 성인기가 되면 복제하지 않는데, 대표적인 예로 신경세포가 있다. 신경세포는 뇌가 성장함에 따라 다량으로 복제되며 뇌가 스스로를 재구성할 때 무더기로 죽는다. 하지만 뇌가 성인의 형태에 가까워지면서 어마어마한 변화가 일어나는데, 이는 자리잡은 세포들이 더는 복제하지 않고 평생 우리에게 봉사해야 하기 때문이다.[2] 또다른 장수 세포는 심장근을 비롯한 근육, 콩팥의 기능 단위인 네프론, 인슐린을 생산하는 췌장 베타세포에서 발견된다. 이 세포들은 어떤 스트레스에 의해서든 생존을 위협받을 위험이 있으며 우리가 나이를 먹어감에 따라 느리게 마모된다. 그 누적 효과로 인해 인체의 체계나 장기가 제 역할을 하지 못하는 것을 질병이라고 부른다. 그렇다면 주요 질병들이 번성했다가 쇠퇴하는 이유는 무엇일까?

• 동맥만큼 늙었다 •

심장병은 오랫동안 우리 곁에 있었지만 그 표현 형태가 항상 똑같은 것은 아니었다. 5300년 전 알프스 빙하에 묻힌 40~50세 남성 외치가 냉동 상태로 발견되었는데, 그의 대동맥에 석회가 침착한 것으로 보건대 "관상동맥 질환이 이미 진행되었"음을 알 수 있다. 콜레스테롤이 장기간 쌓이면 작은 칼슘 조각이 생긴다. 전 세계 여러 사회의 고대 미라를 엑스선으로 촬영했더니 관상동맥에서 칼슘 조각이 검출되었다. 동맥 질환은 노화 과정의 특징이지만, 진행성 관상동맥 질환은 근대 이전에는 드물었다.

관상동맥은 심장 위에 '왕관'처럼 얹혀 심장에 영양을 공급하는데, 이 동맥이 좁아지면 **협심증** 특유의 증상—운동하면 가슴 통증이 목과 팔로 퍼져나가고 휴식하면 사라진다—이 생긴다. 이 증상은 17세기에도 분명히 서술되었지만 무척 이례적인 것으로 치부되었기에 18세기의 한 의사는 협심증을 겪고서 이 문제를 해결하고자 자신의 몸을 부검용으로 기증했다. 윌리엄 헤버든(1710~1801)이 그를 부검했지만 애석하게도 관상동맥을 눈여겨보지 않았다. 그는 그뒤로 더 많은 사례를 관찰했다. 대상은 주로 50대 남성이었으며 "대부분 목이 짧고 뚱뚱한 편"이었다. 협심증이 발생해도 맥박은 일정하기 때문에 그는 심장이 문제가 아니라고 생각했으며, 환자들이 난데없이 갑자기 죽는 바람에 심장을 '열어볼' 기회가 좀처럼 없는 것을 한탄했다. 그러다 1772년 동료가 건넨 자료를 읽고 관상동맥 순환의 역할에 대해 실마리를 얻었으며 이로써 마침내 고리가 연결되었다.

당신의 맥박을 느껴보라. 동맥에는 외막이라는 보호용 외피, 중막이라는 가운데 막, 내막이라는 보들보들한 안쪽 막이 있다. 중막은 큰동맥에서는 탄력이 있으며 가지를 따라 내려갈수록 근육질로 바뀐다. 우리가 일어서도 기절하지 않는 것은 이 근육이 수축하기 때문이다. 동맥은 다양한 손상을 입을 수 있다. 20세기 초반 병리학자들은 중막이 손상되어 동맥이 딱딱해지는 **동맥경화증**을 중시했다. 20세기 후반에는 고콜레스테롤 판이 내막에 침투하는 **죽상경화증**으로 초점이 이동했다. 죽종atheroma('죽'을 뜻하는 그리스어 낱말에서 왔다)은 내막 안에 있는 보잘것없는 고콜레스테롤 침윤물이지만, 부풀어 오르면 혈류를 막을 수 있다. 침전물 때문에 동맥 내벽이 벗겨져나가면 생살에 피떡이 형성될 수 있다.

"동맥만큼 늙었다"라는 표현은 1900년 의사 윌리엄 오슬러가 만든 신조어였다. 그는 협심증을 앓는 중년 남성들이 진료실을 가득 메우는 것에 주목했다. 환자들은 지나치게 과식하고 지나치게 흡연하고 지나치게 과로했다. 그의 조언은 "느긋하게 일하고 경건하게 살고 몸을 혹사하지 말라"는 것이었다. 그는 "초기 퇴행, 특히 동맥과 콩팥의 퇴행이 과식 때문"임을 처음으로 알아차린 사람들 중 한 명이었다. 그는 이렇게 말했다. "장수와 소식의 연관성은 오래된 이야기다." 하지만 정작 본인은 자신의 설교를 실천하지 않았다. 공원에서 환자가 흡연하는 것을 발견하고서 피우지 말라고 훈계하고는, 환자가 버린 담뱃갑을 주워 담배에 불을 붙인 뒤 어슬렁어슬렁 자리를 떴다.[3]

20세기의 관상동맥 심장병 유행이 정확히 언제 시작됐는지 알기는 힘들다. 20세기 초에는 의사들이 이 질환에 익숙하지 않았고 심전도 검사 같은 진단 기법도 쓸 수 없었기 때문이다. '관상동맥 질환'이 사인으로 기록되기 시작한 것은 1930년이었다. 이 용어는 1949년에 '동맥경화 심장병'으로 바뀌었다가 1965년에 '허혈 심장병'으로 다시 바뀌었는데, 그즈음 심장병 사망의 약 90퍼센트가 허혈 심장병으로 분류되었다. 따라서 동맥경화 심장병 유행이 언제 시작되었는지는 불확실하며 우리가 아는 것은 동맥경화 심장병 사망률이 1950년부터 1970년까지 정점에 도달했다가 그뒤로 꾸준히 하락했다는 것뿐이다.

이러한 유행 퇴조의 뚜렷한 증거는 전사한 미군 병사의 부검 결과에서 확인할 수 있다. 한국전쟁에서 사망한 건강한 청년 중 77퍼센트의 관상동맥에서 기름진 줄무늬가 발견되었던 반면 베트남 전쟁 사망자는 그 비율이 45퍼센트, 이라크 전쟁 사망자는 8.3퍼센트에 불과했다.[4] 같은 기간에 65세 이하의 관상동맥 심장병 입원 환자가 절반으로 줄었으며, 더 정밀한 진단법이 도입되어 환자 수가 늘었어야 마땅한 2000년부터 2010년 사이에 감소세가 가장 컸다. 그림 51에서 보듯 서구 전체에서 같은 현상이 관찰되었으며 (출혈로 인한 것을 제외한) 뇌졸중 사망도 같은 기간에 비슷한 정도로 급감했다.[5]

동맥 질환이 하도 빨리 감소하는 바람에 암으로 인한 사망자 수가 65세 이하 관상동맥 및 뇌졸중 사망자 수를 앞질렀다. 프랑스는 1988년에 역전했고 미국은 2002년(그림 52), 이탈리아와 영국은

2011~2012년에 역전했다.[6] 관상동맥 심장병이 이렇게 감소한 요인으로는 흡연 감소와 관상동맥 위험 요인 조절 약물의 투약 증가가 거론되지만, 혈관 관련 사망률은 이 조치들이 시행되기 전부터이미 전면적으로 퇴조하고 있었다. 셜록 홈스는 개dog가 밤에 짖지않은 특이 사례에 대해 논평했는데, 20세기 최고의 공중 보건 성과로 간주할 만한 사건에 대해 보건 감시 단체watchdog들은 이상하리만치 잠잠했다. 어찌 된 영문인지 설명할 수 없었기 때문이다. 오히려 그들은 빠르게 퇴조하고 있던 질환을 예방해야 한다며 북을 울려댔다.

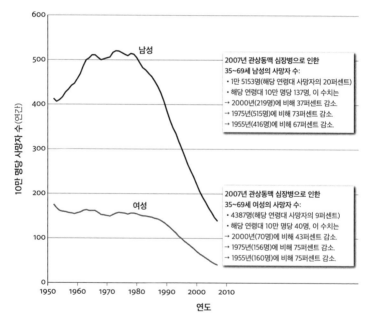

그림 51 영국의 35~69세 남녀의 관상동맥 심장병 사망률은 1980년과 2007년 사이에 70~80퍼센트 감소했다.

흡연은 관상동맥 질환의 주요 위험 요인인데, 이것은 염증을 촉진하기 때문일 것이다. 염증은 조직이 손상되었을 때 자동으로 일어나는 반응이다. 서기 1세기 로마의 의사 켈수스는 염증의 네 가지 주요 증상으로 발열, 통증, 홍조, 부종을 지목했다. 이런 증상이 생기면 염증 조직이 전쟁터가 되고 세포가 화학적 경고 신호로 뒤덮이고 주변의 면역세포가 차출된다. 최근 혈관 질환 연구들에서는 면역세포와 여기서 만들어지는 화학물질(사이토카인)이 동맥 손상에 주도적으로 작용한다는 사실이 밝혀졌다. 관상동맥 질환이 무척 빠르게 감소하고 있다는 점에서, 이 사실은 이때까지 이단으로 치부되던 가능성을 다시 제기한다. 그것은 면역계의 변화가 어떻게든 연루되었을 가능성이다. 이를테면 감염에 노출되는 정도가 달라지

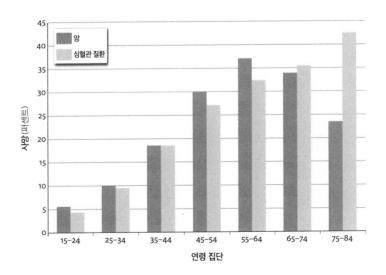

그림 52 역전: 2002년 보고에 따르면 미국의 65세 이하 암 사망률은 심혈관 질환보다 높다.

면 면역 반응의 강도가 달라지고 결국 동맥 질환의 정도가 달라질 것이라 생각해볼 수 있다.[7] 이 연관성은 비만이 현대적 환경에서는 덜 해로워진 듯하다는 관찰 결과와도 일맥상통한다.

질병의 패턴 변화는 설명을 요하는 현상이며 통설에 반할 때는 더더욱 그렇다. 따라서 우리는 동맥 질환의 퇴조를 정확히 예견한 유일한 인물에 주목해야 한다. 앞에서 만난 노르웨이 북부의 일반 의사 안데르스 포르스달은 자신의 지역에서 벌어진 관상동맥 질환 유행이 아동기의 궁핍과 만년의 풍요 사이의 **괴리** 때문이라고 주장했다. 이것이 사실이라면 풍족하게 태어나는 사람이 많아질수록 관상동맥 질환 유행이 사그라들리라는 것이 그의 예측이었다. 같은 맥락에서 풍요가 전 세계에 퍼지면 관상동맥 질환이 급증할 것이었다. 두 예측 다 사실로 드러났다.[8] 관상동맥 심장병은 1950년대와 1980년대 사이에 유럽과 미국에서 가장 극성을 부렸는데, 1900년과 1930년 사이 물질적 빈곤 속에서 태어난 사람들에게서 주로 발병했다. 어쨌거나 이 현상을 어떻게 설명하든 우리가 두세 세대 전에 비해 혈관 질환에 훨씬 덜 걸린다는 사실은 달라지지 않는다. 심장병은 달라지지 않았다. 달라진 것은 우리다.

한때는 유전자를 분석하면 건강과 복합적 질병을 구별할 수 있으리라고 생각한 적도 있었지만 이제 우리는 주어진 상황에서 확률을 추정하는 것이 그나마 최선임을 알게 되었다. 19세기의 교훈을 처음부터 다시 배워야 했던 셈이다. 당시 전문가들은 통계적 기술記述의 위력에 압도되었다. 이를테면 통계 분석은 어느 해에 파리에서 몇 명이 자살할 것인지, 나아가 그들의 나이, 성별, 방법까지도 예측할 수 있었다. 그들은 이런 규칙성에 틀림없이 이면의 법칙이 있을 거라고 추측했지만―그것은 사실이다―그 법칙은 생물학 법칙이 아니라 확률 법칙이다. 통계는 기술할 뿐 설명하지 않는다. 자살하는 사람의 몇 가지 특징을 파악할 수는 있지만 누가 언제 자살할 것인지는 결코 알 수 없다. 마찬가지로 유전체 검사는 대규모 인구 집단에서 복합적 질병의 위험을 매우 정확하게 예측할 수 있지만 개인 차원에서는 예측력을 거의 발휘하지 못한다. 또한 유전적 위험은 환경이라는 맥락 안에서 평가되므로 환경과 별개로 고려해서는 안 된다.

· 게의 집게발 ·

우리는 모든 암이 한 종류라고 생각하기 쉽지만, 전문가들은 각각의 암을 나름의 역사, 역학, 발병 요인을 지닌 독자적 질병으로 여긴다. 현재 암은 부유한 나라에서 65세 이하 남성의 사망 원인 1위인데, 이것은 암의 위험이 증가하고 있기 때문이 아니라―대개는 증가하지 않는다―심장병으로 인한 사망이 감소하고 있기 때문이다. 죽음에는 뭐든 이유가 있기 마련이니까.

우리는 암에 걸리거나 아니거나 둘 중 하나라고 본다. 일상 경험에서는 이것이 옳을지도 모르지만, 암의 씨앗은 언제나 뿌려지고 있으며 노인의 시신을 꼼꼼히 검시하면 암이 흔하게 발견된다. 암은 빠르게 교체되는 세포의 복제 오류에서 발생하기 때문에 세포 교체를 증가시키는 것은 무엇이든 암 위험을 증가시킨다. 담배는 세계에서 손꼽히는 발암인자다. 미국 인구의 1인당 흡연량은 1900년의 평균 54개피에서 1963년에는 4345개피로 증가했는데, 1930년과 1990년 사이에 폐암 사망률은 15배 증가했다.[9] 영국에서는 암의 22퍼센트가 폐암이지만, 1970년대 이래 남성의 폐암 발병이 절반으로 감소했으며 여성도 느리게나마 감소세를 나타냈다. 젊은 층의 흡연률이 감소하면서 폐암 진단 연령이 상향했다. 현재 남성 발병률이 가장 높은 연령대는 85~89세다.

전 세계 암의 20퍼센트가 흡연과 관계가 있다는 것은 놀랄 일이 아닐지도 모르지만, 암의 16퍼센트가 감염과 관계가 있다는 사실을 아는 사람은 많지 않다. 간암은 2012년 남성에게 두번째로 흔한 암이었으며 중국이 전체 발병 건수의 절반을 차지했다. 이중 90퍼센트는 간염바이러스에 의한 무증상 감염 때문에 발병했다. 헬리코박터균과 밀접한 관련이 있는 위암은 저소득 국가에서 간암만큼 흔하며, 인체 유두종바이러스와 연관된 자궁암은 전 세계 빈국 여성들에게 두번째로 흔한 암이다. 다른 여러 암은 흡연, 음주, 식단 같은 생활 양식과 관계있다. 비만은 열한 가지 암의 위험을 높이며 키(성장과 식품 섭취를 보여주는 지표)는 여섯 가지 암의 추가적 위험 요인이다.

암에는 유전적 요소가 있지만 환경도 중요하다. 이를테면 유방암에는 강력한 유전적 소인—악명 높은 BRCA 유전자 등—이 있다. 아이슬란드 여성들을 역사적으로 분석했더니 이 돌연변이가 있는 여성의 현재 유방암 발병 확률은 1920년대에 비해 네 배 크다. 하지만 돌연변이가 없는 여성의 유방암 발병률도 네 배 증가했다. 당뇨병과 심장병에서와 마찬가지로—또한 대체로 밝혀지지 않은 이유로—유전자는 상대적 위험을 결정하지만, 절대적 위험은 생활 양식 및 환경과 관계있다.[10] 이 역시 '밀물' 효과의 사례다.

• 세상은 건강하지 않다: 당신의 표현형을 조정하라 •

우리 사회는 모든 사람에게 젊음의 잣대를 들이대어 건강과 질병의 경계선을 긋는다. 이를테면 몸무게와 혈압 등의 '정상' 범위는 젊고 건강한 성인의 범위로 정의되며 노년의 수치 상승은 건강하지 못한 것으로 간주된다. 이 수치는 나이가 들면서 증가하기 때문에 노령과 질병의 구분은 어찌할 수 없을 만큼 흐릿해졌다. 예를 하나 들자면 2007~2012년 미국에서는 젊은 성인의 10퍼센트 미만이 대사 증후군을 앓는 것으로 추산되었으나 70대 남녀는 그 비율이 약 60퍼센트에 이르렀다.[11] 예를 하나 더 들면, 80세 이상 유럽 여성의 77퍼센트와 유럽 남성 56퍼센트는 혈당 조절 장애나 명백한 당뇨병이 있는 것으로 드러났다.[12] 젊음을 질병의 잣대로 삼는 것은 노년을 병적 상태로 규정하는 것과 마찬가지다. 노년까지 살아남는 사람들은 어느 인구집단에서든 가장 건강한 구성원으로 간주해야 마땅할 것이므로 그들을 환자로 규정한다는 것은 사회가 젊음 자체를 건강과 등치한다는 뜻이다.

이와 같은 문화적 태도는 건강에 해로운 환경에 대처한다며 환경 자체가 아니라 그 속에서 살아가는 사람들을 변형하려는 시도에서도 찾아볼 수 있다. 가령 알약이 일상생활의 일부가 된 것도 이런 까닭이다. 2014년 영국 여성의 50퍼센트와 남성의 43퍼센트가 정식 처방약을 투약했는데, 75세 이상은 그 비율이 70퍼센트까지 올라갔다. 2018년에는 65세 이상의 절반 가까이가 다섯 가지 이상의 의약품을 투약하고 있었다. 한편 건강한 혈당, 혈압, 혈중 콜레스테롤의 문턱값이 낮아지면서 불건강의 범위가 확장되었다. 이에 따르면 미국인 5600만 명(성인 인구 1억 8700만 명에서 세 명 중 한 명)이 치료가 필요한 상태로 분류된다. 고혈압에 대한 최근의 국제 지침에 따르자면 45세 이상의 거의 모든 사람에게 투약이 필요한 실정이다.[13] 이것은 치료의 허깨비를 좇는 꼴이다.

이제 사람들은 나이를 먹으면 으레 약을 달고 산다. 여기에 본질적으로 잘못된 것은 전혀 없다. 의약품은 안경이나 구두만큼이나 자연스럽기 때문이다. 하지만 우리는 '혜택 역전의 법칙'을 감안해야 한다. 이를테면 심장병 위험이 가장 큰 사람들은 젊을 때 발병할 것이며 의료 개입의 혜택을 가장 크게 받을 것인 반면에 위험이 작은 사람들은 만년에 발병하거나 아예 발병하지 않을 것이다. 모든 연령 집단에 똑같은 기준을 적용하는 것은 70세 이상의 대다수를 고혈압, 고콜레스테롤, 고혈당 치료가 필요한 집단으로 규정하는 격이다. 그러나 그들이 개별적으로 받는 혜택은 젊은 연령 집단에 비해 훨씬 적다. 게다가 나이를 먹으면 약물 대사가 느려지기 때문에 부작용을 겪을 가능성도 훨씬 크다. 이것이 혜택 역전의 법칙이다.

내가 보기에 이러한 사례의 대부분은 단지 나이와 질병을 혼동한 탓이다. 노인은 자신에게 필요한 모든 의료 지원을 받을 수 있고 받

그림 53 영국박물관에 전시된 설치 미술 작품 <요람에서 무덤까지Cradle to Grave>(2003)는 알약 1만 4000개로 이루어졌다. 이 숫자는 평균적인 영국 여성이 80대 초에 도달하기까지 복용하는 알약의 개수다.

아야 마땅하지만, 이것은 직접적 혜택의 합리적 증거가 있을 때로 국한된다. 주요 노화 관련 질환은 우리 자신의 몸속에서 발병하고, 그 원인은 불명확하며, 여러 유전적 요인과 환경적 요인이 병의 진행에 영향을 미치고, 노인이라면 누구나 어느 정도는 이런 질환을 앓는다. 그들은 효과적인 관리를 받을 수 있고 받아야 하지만, 치료는 개인의 상황에 맞게 이루어져야 한다. 노인을 뭉뚱그려 치료하려다가는 무력감만 느끼게 될 것이다. 노년은 질병이 아니라 표현형의 최종 발현이며 유머와 존엄이 끝까지 함께해야 한다.

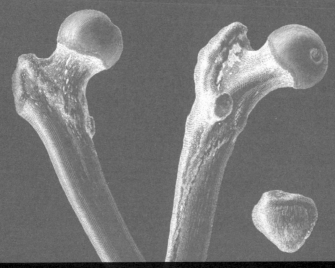

4부

마음의 변화

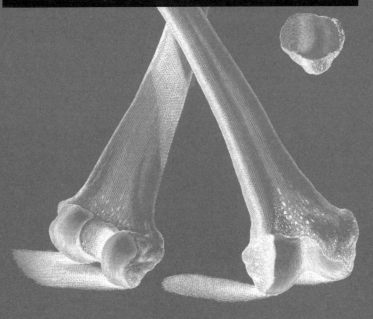

16

인간의 친절함이라는 젖

『일리아스』에서 호메로스는 대학살 와중의 짧은 막간을 빌려 전투를 치른 헥토르가 기진맥진하고 피투성이가 된 채 터덜터덜 트로이로 돌아오는 장면을 묘사한다. 아내 안드로마케가 그를 기다리고 있으며 하녀가 그의 아들 아스티아낙스를 품에 안고 있다. 헥토르가 아들에게 팔을 뻗자 소년은 아버지의 투구에서 흔들리는 말총 장식에 겁먹고 비명을 지른다. 이에 부모는 웃음을 터뜨린다. 헥토르는 투구를 벗고 아들을 안으며 아비보다 위대한 전사가 되게 해달라고 기원한다. 흡족해하는 세 사람에게 어떤 운명이 기다리고 있는지는 보이지 않는 구경꾼인 우리만 안다.*

---

* 헥토르는 전투에서 죽임당하고 안드로마케는 노예가 되고 아스티아낙스는 아버지의 복수를 하지 못하도록 트로이의 성벽에서 내던져져 죽는다.

호메로스의 서술에서 우리를 매혹하는 오묘한 요소는 인류 공통의 성격과 관계있으며, 이 성격은 지금껏 결코 변하지 않았고 앞으로도 결코 변하지 않을 것이다. 인류 공통의 성격과 관계가 있다. 그렇지만 우리 조상들의 생각과 행동은 우리와 사뭇 달랐다. 호메로스의 영웅들은 허영심이 강하고 심술궂고 비합리적이고 극히 폭력적이며 그들의 신도 하등 나을 게 없었다. 호메로스나 노르드 신화의 문자 이전 시대 영웅들은 찰나적 충동에 휘둘리고 공감 능력이 놀랄 만큼 결여되어 있다. 너그러운 심성은 노인 몇 명(호메로스의 네스토르나 『날의 사가』의 주인공)만이 가지고 있다.

우리는 얼마나 다를까? 우리가 그들과 다르게 성장하고 발달한다는 것은 의심할 여지가 없다. 우리는 삶과 죽음을 다르게 경험한다. 우리는 생각과 감정을 주고받고 표현하는 방식에서도 이전 세대들과 다르다. 객관적 비교 수단이 없으므로 이 차이들은 직관적으로 분명하되 측정하기는 불가능하다. 그럼에도 시도하는 것은 중요한 일이다. 나는 우리가 가진 자각과 공감의 범위가 과거와 달라지고 더 넓어졌음을 입증하고자 한다.

우리는 자신이 살아가는 사회에 대해 성찰한다. 얼굴은 우리의 주된 소통 수단이므로, 우선 얼굴이 어떻게 느낌을 드러내는지, 우리가 어떻게 표정을 읽는지, 표정의 표현이 어떻게 달라졌는지 살펴볼 것이다. 그런 다음 우리의 기질, 감정, 공감 능력, 문해력의 영향, 그리고—더 실존적 측면에서—우리가 사회와 우주 안에서 스스로의 위치를 규정하는 방식을 들여다볼 것이다.

• 겉으로 판단하기 •

잉글랜드 민요에서 소녀가 말한다. "얼굴이 저의 재산이에요." 우리는 사회적 수용, 지배력, 서열에 대한 단서에 무척 민감하기 때문에 광고판의 얼굴이나 포즈에 즉각적으로 반응한다. 얼굴은 강렬한 개인적 관심이 집중되는 곳이며, 거울에 비친 자신의 얼굴을 보면 만족에서 좌절까지 다양한 감정이 일어난다. 얼굴의 신호는 신체적 매력부터 매무새, 성별, 사회 계층, 민족까지 다양한 차이를 나타내며 뇌의 운동 및 감각 영역에 있는 엄청나게 방대한 신경세포 다발이 얼굴을 전담하는 것으로 보건대 우리는 표정을 읽는 데 생각보다 더 전문가인 듯하다. 준準언어 소통은 사회적 상호작용의 상당 부분이 이루어지는 수단이며 우리는 그 신호를 해독하는 데―또는 자신이 내보내는 신호를 숨기는 데―능숙하다. 얼굴은 사회적 소통에서 압도적 우위를 차지하기는 하지만 하도 미묘하고 복잡한 탓에 과학의 숫자 놀음으로 번역하기 힘들다.

그렇다면 우리는 어떻게 서로를 판단하는 걸까? 많은 사람들은 방금 처음 만난 사람과 몇 분만 대화를 나눠보면 상대방의 배경, 학력, 성향을 충분히 가늠할 수 있다는 데 동의할 것이다. 신체적 매력과 사회적 지위의 표지들은 쉽게 파악할 수 있으며 그런 뒤에 우리는 상대방의 성격과 붙임성을 전반적으로 평가한다. 더 진지한 선택을 내려야 할 때는―이 사람을 전투나 사업이나 침대에서 곁에 둬도 될까?―신뢰가 무엇보다 중요하게 고려된다. 셰익스피어의 비극은 거의 모두 신뢰와 배신을 중심으로 펼쳐진다. 『줄리어스 시저』("비쩍 말라 배고픈 꼴"),『맥베스』("내가 전적인 신임을 쌓았던 신사"),『리어 왕』("펠리컨 딸들"),『햄릿』("미소 짓는 저주할 악당"),『오셀로』("그러나 죽어야 하니, 더 많은 사내를 속이리라")를 보면 알 수 있다. 얄궂게도 그의 극중 인물 중 가장 신뢰할 수 없는 두 사람인 안토니와 클레오파트라만이 죽을 때까지 서로에게 신의를 지킨다.

『맥베스』에서 덩컨 왕은 "얼굴만 보아서는 마음을 알 수 없다"라고 말했는데, 그의 말은 옳았다. 우리는 타인의 신뢰성을 탐지하는 데 젬병이며 심지어―솔직히 말하자면―자신에 대해서도 마찬가지다. 최근의 한 연구에서 상대방의 얼굴을 보고 신뢰도를 평가하도록 했는데, 참가자들은 유죄 판결을 받은 기업 임원과 그렇지 않은 기업 임원, 군 범죄자와 훈장을 받은 참전 용사, 시험에서 부정행위를 저지른 학생과 그러지 않은 학생을 구별할 수 없었다. 참가자들의 판단은 상당히 비슷했지만 진실과는 거의 무관했다. 즉, 믿음직해 보이는 사람이 신뢰받는다는 사실을 확증했을 뿐이다.[1] 외모에 걸맞게 살려고 노력하는 사람이 있는가 하면 자신에게서 풍기는 신뢰감을 악용하는 사람이 있다. 그들이 '신뢰를 이용하는 사기꾼'이라고 불리는 데는 이유가 있다.

처음 보는 사람의 신의에 기대야 하는 사람들에게는 더 확실한 보장이 필요하다. 과거에는 사업 인맥이 가족, 공동체, 종교로 맺어진 유대 관계를 중심으로 돌아갔다. 사업에서는 법적 제재가 개인적 가치를 대체하지만 사회적 삶에서는 여전히 신뢰가 가장 중요하다. 18세기 사람들은 구원과 저주가 아니라 덕과 악덕의 관점에서

334

생각했으며 덕이 신뢰를 가장 확실하게 보증한다고 여겼다. 결혼 시장은 제인 오스틴 소설들의 핵심 뼈대인데, 그녀의 여자 주인공들은 성실하지만 따분한 신랑감과 매력적이지만 빈털터리인 신랑감을 저울질해야 한다. 한편 그녀의 응접실을 나서면 사람들이 낯선 규칙에 따라 행동하는 낯선 사람들을 맞닥뜨리는 일이 점점 잦아졌다. 19세기 사람들이 이전이나 이후의 대다수 문화에 비해 성품의 외부적 표지를 더 중시한 것은 이 때문인지도 모르겠다. 유명한 예를 들자면 비글호의 피츠로이 선장은 찰스 다윈을 처음 만났을 때 다윈의 커다란 주걱 모양 코를 보고 항해에 필요한 활력와 결단력이 없을까봐 우려했다.[2] 얼굴로 성품을 판단하는 관상술은 여전히 우리에게 생각보다 큰 영향을 미친다. 매력적인 사람들은 더 쉽게 취직하며 능력 있어 보이는 사람들은 면접에서 더 높은 평가를 받는다. 얼굴에 지배욕이 드러나는 군인은 나머지 특징과 무관하게 높은 계급까지 올라갈 가능성이 크다. 더 충격적인 사실은 사진을 1초간 보고 내린 능력 판단이 미국 상하원 의원 선거 결과의 약 70퍼센트를 맞혔다는 것이다.[3]

관상술은 고대 그리스에서도 성행했으며 틀림없이 훨씬 오래전부터 행해졌을 것이다. 소크라테스는 추남으로 유명했다. 한 관상가가 그를 일컬어 "무절제하고 호색적이고 격한 열정에 사로잡혀 있"다고 평가했을 때 제자들이 항의했다. 하지만 그들은 이내 침묵할 수밖에 없었는데, 소크라테스가 자신의 성격이—꼭꼭 억누르고는 있지만—실제로 그렇다고 인정했기 때문이다.[4] 1770년대에 스위스의 성직자이자 관상학의 선구자 요하나 카스퍼 라바터는 관상학에 대한 묵직하고 영향력 있는 대작을 출판했는데, 이 책은 한 세기 넘도록 애독서로 자리잡았으며 디킨스와 샬럿 브론테부터 삼류 통속소설에 이르는 빅토리아시대 소설들에서 인물 묘사의 바탕이 되었다. 왓슨 박사와 셜록 홈스의 첫 모험담『주홍색 연구』에서 피살자의 "좁은 이마와 뭉툭한 코, 돌출한 턱"은 "죽은 이에게 유난히 원숭이 같은 인상을 부여했"다.

라바터는 "평온하거나 휴식하는 상태에서의 성품을 관찰하"는 관상학physiognomy과 "작용 중인 성품을 연구하"는 감정학pathognomy을 구분했는데, 후자는 표정 연출을 의미했다.[5] 그는 이렇게 믿었다. "외모는 영혼이 스스로를 드러내는 극장이다." 모든 사람이 타인에게 인정받고 싶어하기에 위조가 판치지만, 그는 아무리 위장해도 얼굴의 구조를 바꿀 수는 없으며 적절한 기술을 가진 사람이라면 이것을 해독할 수 있다고 주장했다. 그는 칼뱅교의 본고장 취리히 출신인데, 칼뱅교의 교리는 영복永福을 누리는 사람과 영벌永罰을 받는 사람을 뚜렷하게 구분한다. 따라서 선택받은 사람들 중에서 동업자나 결혼 상대를 고르는 일이 무엇보다 중요했다. 라바터는 신앙심을 위조할 수는 있지만 얼굴을 위조할 수는 없다고 주장했다. 관상가들이 그 차이를 구별할 수 있었으며 그들 자신이 호감 가는 이목구비의 소유자여야 했다. 그중 하나가 잘 발달한 코였는데, 라바터도 예외가 아니었다.

라바터는 얼굴 묘사를 화려한 산문으로 뒷받침하는 일에 능했으나―그의 설교는 짐작건대 짧지 않았을 것이다―그의 해석은 노골적으로 심미적이었다. 위대한 자연사학자 조르주 루이 르클레르

그림 54 라바터의 코.

드 뷔퐁 백작은 성격이 감정 표현에 드러난다는 발상을 받아들일 의향은 있었지만, (그가 짓궂게 언급했듯) "잘생긴 코"가 달렸다는 이유로 성품이 더 훌륭하다고 생각하는 사람들을 조롱했다. 그는 관상가들에 대해 이렇게 결론 내렸다. "그들은 관찰자를 자처하지만 그들의 관찰보다 터무니없는 것은 아무것도 없다."[6]

조각은 동결된 관상이다. 인간의 얼굴과 몸을 있는 그대로 묘사하면 대부분은 실망스럽다. 그래서 위대한 조각가들은 시점을 미묘하게 왜곡하는 기법을 도입했으며 이것이 이날까지도 우리에게 영향을 미치고 있다. 신경학의 선구자 찰스 벨 경(1774~1842)은 이렇게 지적했다. "우리가 완벽의 본보기로 간주하는 형태들이 자연에 존재했을 리 만무하다. 이제껏 살았던 어떤 사람의 얼굴도 유피테르, 아폴로, 메르쿠리우스, 베누스의 얼굴선을 가지지 못했다."[7]

그림 55 폼페이우스, 서기 30~50년경. 코펜하겐 글립토테케 미술관 소장.

로마 시대에는 사실적인 묘사가 유행했는데, 여기에는 데스마스크를 만드는 풍습도 한몫했다. 현재 우리가 박물관에서 만나는 석조 얼굴은 진짜 사람의 것으로 세파에 찌들리고 약삭빠르고 강인하며 유능하되 회한에 잠긴 표정이다. 적어도 이 정도가 폼페이우스의 얼굴(그림 55)에 대한 나의 판단이다. 그런데 같은 얼굴에서 역사가 피터 그린은 "연약한 뺨, 돼지 눈, 자기만족에 빠진 능글맞은 미소"를 보고서 미술가(로 추정되는 인물)가 미묘하게 명예 훼손을 저질렀다고 주장했다.[8] 우리 중 어느 쪽이 옳든 진짜 문제는 우리 둘 다 한낱 돌조각 덩어리에 추론의 어마어마한 무게를 기꺼이 부여한다는 것이다.

미술가들이 얼굴을 묘사하는 사실주의 스펙트럼의 한쪽 끝에는 이상화된 묘사가 있고 다른 쪽 끝에는 왜곡과 희화화가 있다. 종교 미술에서는 나이를 알 수 없는 얼굴이 평온한 표정을 짓고 있는데, 이목구비는 대칭을 이루고 입매는 부드러우며 내리깐 눈은 관객의 시선을 피한다. 심란한 세부 묘사는 생략된다. 성인이나 성모는 두 세계의 접점에 위치해 있고 인간적이기만 한 특징은 제거되었기 때문이다. 컴퓨터가 여러 얼굴을 합성한 얼굴은 아름다움과 비개인성 면에서 종교 미술과 신기하리만치 닮은 반면 더 사실적인 묘사는 종교 미술이 외면하는 맥락과 특질을 보여준다. 17세기 네덜란드 초상화를 보면 주인공의 연령대, 사회적 지위, 품행, 종사하는 일을 알 수 있다. 정식 초상화들에서는 대체로 약간 비스듬히 배치하는데, 작품의 3분의 2가 왼쪽 얼굴을 드러내고 있는 것은 오른손잡이 화가의 무의식적 선호도를 보여준다. 성품을 짐작할 실마리도 들어 있다. 남성의 각진 얼굴에 가늘게 뜬 눈은 권력과 유능함을 암시하지만 너무 넓은 얼굴이나 너무 가는 눈은 다른 메시지를 전한다. 오늘날에도 텔레비전 드라마와 광고판에 의해 강화되는 온갖 상투적 이미지가 우리에게 고정관념을 주입한다.

이목구비의 균형은 언제나 높은 평가를 받았다. (여러 얼굴을 합친) 합성 사진이 기묘하게 매력적인 것은 이런 까닭인지도 모르겠다. 이 기법은 프랜시스 골턴이 '가문의 얼굴'이라는 막연한 이미지를 찾으려고 사용했다. 가족 구성원들의 사진을 겹칠수록 독특한 이목구비가 하나도 없는 일반적이고 균형 잡힌 얼굴선이 나왔다. 당사자들은 자신의 개성이 지워졌다고 느꼈다. 마찬가지로 범죄자들의 사진을 겹치면 평균에 가까워지는데, 이렇게 합친 얼굴은 범죄를 저지른 피폐한 개인들보다는 틀림없이 더 준수해 보인다. 골턴의 합성 기법을 쓰면 윤곽선이 흐릿해질 수밖에 없었지만—그는 이 현상을 줄이기 위해 눈 사이의 거리를 똑같이 만드는 등의 방법을 썼다—이제는 컴퓨터로 선명도 손실 없이 얼굴들을 합칠 수 있으며 이렇게 만든 얼굴은 기이한 천상적 외모로, 합성에 쓰인 대부분의 사진들보다 매력적으로 평가된다.

우리가 이런 얼굴을 아름답다고 지각하는 것은 단순히 대칭이 강화된 탓인지도 모르지만 화가 조슈아 레이놀즈 경의 가설과 잘 맞아떨어진다. "아름다움은 개인들이 지닌 다양한 형태의 중간이다. 선들이 중간으로 모이듯 자연은 끊임없이 중간을 향해 나아간다."[9] 현대의 연구자들은 아름다움이 인구집단 내의 특징들을 안정화하기 때문에 진화적으로 중요한 것인지도 모른다고 생각하고 있다. 한 연구에서는 아름다움이 평균을 향하는 회귀라는 가설을 검증하기 위해 여성 60명의 얼굴을 각각 합성하여 남성과 여성으로 하여금 매력도를 평가하도록 했다. 그런데 점수가 가장 높은 열다섯 명의 얼굴을 합친 사진이 모든 사람을 합친 사진보다 매력적으로 평가되었다. 아름다움이 평균에 있다는 통념을 반박하는 결과였다. 이번에는 높은 평균 집단을 나머지와 구분하는 특징을 가려내어 50퍼센트 향상시켰는데(관찰자에게는 거의 감지되지 않는 차이였다), 이 합성 사진은 더욱 높은 점수를 받았다. 우리는 얼굴의 아름다움을 평가할 때 사소한 단서에 반응한다. 서구인뿐 아니라 일본 여성을 대상으로 한 실험에서도 같은 결과가 나왔으므로 이 효과는 특정 문화나 민족에 국한되지 않는다.[10]

과거의 얼굴과 현대의 얼굴이 어떻게 다른지는 척 보면 알 수 있어도 정의하기는 보다 어렵다. 카디프 인근에 있는 한 사진관은 고객의 얼굴을 오래전 사진에 합성하는 서비스를 전문으로 하는데, 아무리 실력이 뛰어난들 그 결과물은 어색해 보일 뿐이다. 미술품 위조범들은 위대한 화가의 뛰어난 기법을 복제하는 것보다 몇백 년 전 얼굴을 재현하는 데 더 애를 먹는다.[11] 프랜시스 골턴은 몇백 년에 걸친 잉글랜드인의 여러 초상화를 연구하고 "우세한 한 가지 얼굴 유형의 명백한 특징들이 다른 유형을 대체하"더라고 주장했지만 이것은 해부학보다는 미술 사조와 관계있는지도 모른다. 달리 생각해볼 수 있는 설명은 얼굴 근육의 습관적 움직임 때문에 기본 표정이 달라지는데 이것을 의식적으로는 관찰할 수 없다는 것이다. 아서 케스틀러는 미국에 정착한 유대인 친구들이 금세 미국인처럼 보이기 시작하더라고 논평했다. 이 관찰은 학생들이 중립적 표정을 하고 있는 흑백 사진을 보고 부자를 우연보다 높은 확률로 가려낼 수 있었다는 연구 결과와도 일맥상통한다.[12]

외부의 단서에서 성품을 추론하려는 시도는 언제까지나 불완전할 것이다. 18세기 사상가들은 신앙심과 덕이 타고난 성품이며 개인의 성품이 덕과 악덕의 선에서 어느 양극단에 위치한다고 믿었다. 애석하게도 덕은 딱히 흥미롭지 않은 반면에 악덕은 끝없는 매력을 발산한다. 초기 소설가들은 이 위험을 피하기 위해 결말에서 모든 등장인물의 진짜 색깔이 드러날 때까진 각 인물의 선악 여부를 독자의 짐작에 맡겼다. 교양소설은 여기서 한발 더 나아갔다. 이제 성품은 고정된 속성으로서가 아니라 시련을 이겨내고 얻는 결실로 묘사되었다. 19세기 소설가들은 선악의 전쟁터를 주인공의 내면으로 옮겼으며 종교적 사유와 전기도 비슷한 변화를 겪었다. 신앙심과 덕행은 더는 구원을 보장하지 않았다. 고뇌에 찬 자기반성의 불로 깨끗해져야만 영혼이 빛을 향해 솟아오를 수 있었다.

지옥의 개념은 19세기 들어 시들해졌으며 통일되고 고정된 성품의 개념도 마찬가지였다. 심리학자 윌리엄 제임스는 1890년에 신생아가 감각의 "떠들썩하고 윙윙거리는 혼란"에 빠진다고 썼으며 요즘 소설가들이 묘사하는 인물은 어마어마한 자기표현 기회에 압도된다. 그들의 행동을 감질나게 엿볼 수는 있지만 존재의 중심 알맹이는 우리처럼 알쏭달쏭하다. '성품'의 시대는 가고 우리는 성격, 특질, 습관적 행동을 움켜쥔다. 이것들은 사람의 코에서 추론할 수가 없다.

· 감정 표현 ·

우리가 느끼는 기쁨이나 고통의 느낌이 시간이 지났다고 해서 달라졌다고 생각할 이유는 전혀 없지만, 우리가 느낌들을 표현하는 방식은 틀림없이 달라졌다. 이 변화는 극장에서 확인된다. 배우와 관객이 멀리 떨어져 있을 때는 얼굴의 역할이 제한적이었고, 고대 그리스의 배우들은 가면까지 쓰고 연기했다. 무대 위 연기자들은 목소리와 감정을 극장 뒷줄까지 전달해야 하기에 초기 영화 작품에 두드러진 연극적 연기 방식을 선호했다. 그에 비하면 클로즈업 영화는 신세계였다. 거의 감지되지 않을 정도로 미묘하게 얼굴 근육을 움직임으로써 오만 가지 감정을 전달할 수 있게 된 것이다. 우리의 얼굴은 사람과 상호작용할 때는 완전히 이완하는 경우가 드물거나 아예 없다. 과거의 유명한 미인들은 핀업 모델로는 별로였을 것이다. 그들의 아름다움은 (사진에 포착되지 않는) 얼굴 표정의 매력, 활력, 풍부함에 있기 때문이다.

말과 표정은 밀접히 연관되어 있다. 얼굴 근육이 입에서 나오는 말을 빚어내며 말에 생생한 뉘앙스를 덧붙이기 때문이다. 여기에 손, 어깨, 몸의 움직임이 의미를 더욱 풍부하게 한다. 다윈은 이렇게 말했다. "언어는 얼굴과 신체 표현 동작의 도움을 받아 그 힘이 배가되었다. 얼굴을 감춘 사람과 중요한 문제를 놓고 대화할 경우, 곧바로 표현 동작이 얼마나 중요한지를 인지할 수 있다." 다윈은 전화나 이메일과 씨름해야 했던 적이 한 번도 없었지만, 우리는 심각한 오해가 얼마나 쉽게 생길 수 있는지 안다. 대면 회의는 결코 대체되지 않을 것이다.

오늘날 라바터식 관상학은 신뢰성을 완전히 잃었지만, 얼굴 근육의 형태가 습관적 표정 연출의 영향을 받는다는 생각은 타당해 보인다. 얼굴의 근육들은 얼굴이라는 가면 아래에서 복잡한 그물망을 형성하며, 신경을 따라 메시지가 전달되면 복잡하고 무한히 섬세하게 동조되어 그에 반응한다. 영장류의 얼굴 근육이 빠른 움직임을 위해 주로 속근速筋 섬유로 이루어진 데 반해 우리의 얼굴 근육은 지근遲筋 섬유로 이루어져 기분과 표정의 느긋한 변화에 더 알맞다.[13] 얼굴 근육은 다른 부위의 근육과 달리 뼈가 아니라 피부에 붙어 있다. 얼굴이 말 그대로 두개골과 분리되어 있다는 뜻이다. 침대에 거울을 놓고 수직으로 내려다보며 얼굴 근육을 이완시켜보라.

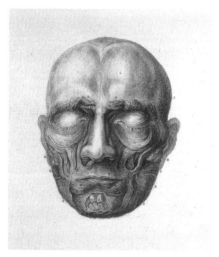

그림 56 찰스 벨의 책에 실린 얼굴 근육 구조.

썩 유쾌한 경험은 아닐 것이다.

찰스 벨은 신경과 근육이 눈과 입의 움직임, 뺨과 이마의 윤곽을 변화시켜 얼굴 겉면을 끊임없이 재조정한다고 말했다. 이 움직임을 조절하는 얼굴 신경의 중요성은 벨 마비Bell's palsy라 불리는 일시적 마비 증상에서 뚜렷이 알 수 있다. 이 마비가 나타나면 얼굴의 절반이 축 늘어져 표정을 알아볼 수 없게 된다.

벨은 다윈에게 감정 연구의 영감을 제공했으며, 인간의 온갖 얼굴 표정을 (미묘하게 얽혀 있긴 하지만) 단 몇 가지의 기본 감정들로 추릴 수 있다고 결론 내렸다. 공포와 분노 같은 기본 감정들은 종의 장벽을 넘어 쉽게 이해될 수 있고 여러 인종 집단, 아동, 맹인에게서 똑같은 기본적 표정이 관찰된다. 이는 자연선택에서의 공통 기원을 암시한다. 벨은 이렇게 지적했다. "표정의 수많은 음영은 의식적 분석 과정 없이도 즉각적으로 인식된다." 이 말은 우리가 비언어적 신호를 주고받도록 미리 프로그래밍되어 있다는 뜻이다.[14]

얼굴과 목소리가 긴밀히 협조하는 것을 보면 언어와 얼굴 인식 둘 다 선천적 능력이라는 것이 놀랍지 않다. 아기는 태어나자마자 사람 얼굴에―심지어 얼굴 그림에도―반응하며 몇 주 지나지 않아 마주 미소 지을 수 있다. 우리는 구름 같은 무작위적 형상에서 얼굴을 보는 성향을 평생 간직한다. 그런가 하면 대부분의 성인은 아기 얼굴을 닮은 물체라면 무엇을 보든 애정이 샘솟는다. 콘라트 로렌츠는 이런 단서에 의해 촉발되는 생득적 촉발 기제innate releasing mechanism가 우리에게 존재한다고 주장했다. 새내기 부모의 얼떨떨한 표정에 나타나는 하릴없는 숭배감이 이것을 잘 보여준다.

감정이 다른 종류의 사고 과정과 다른 점은 신체 반응을 일으킨다는 것이며 이 반응은 놀라운 위력을 발휘할 수 있다. 심리학자 윌리엄 제임스는 이렇게 말했다. "모든 신체 변화는―그것이 무엇이든―발생하는 그 순간에, 예리하게든 막연하게든 느껴진다. [더 나아가서] 그 모든 조각은 무디거나 날카롭거나 유쾌하거나 고통스럽거나 모호한 감정의 박동을 우리 모두가 틀림없이 지니고 있는 인격 감각에 부여한다."[15] 우리가 감정을 표현하는 방식과 그럼으로써―어느 정도―감정을 경험하는 방식은 근대 초기에 뚜렷이 달라졌다.

눈물은 18세기와 19세기 전반기 영국에서 일상적 감정 표현 수단이었으나 남성의 눈물은 19세기 말엽에 엄격한 금기가 되었다.[16] 굳게 다문 윗입술은 제국 신민의 위엄을 나타내는 데 필요한 것으로 여겨졌는데, 혹자는 사립학교 제도가 감정적 고자를 배출했다고 주장했을지도 모르겠다. E. M. 포스터는 자신이 보았던 가장 용감한 행위를 회상했다. 그것은 학부모 초청의 날 학교에서 한 소년이 부모와 여형제를 스스럼없이 알은체하고 심지어 함께 운동장을 걷기까지 한 것이었다.

표정은 사회적 관례를 따른다. 영화에서는 우렁찬 연극적 발성이 얼굴 표정 클로즈업 이미지로 대체되었으나, 텔레비전 드라마나 퀴즈 프로그램에서는 환희나 좌절을 과장해야 하며 이러한 방식이 일상생활의 몸짓에까지 스며들었다. 크리켓 선수는 타자가 아웃되면 정중히 박수갈채를 보내는 게 아니라 통쾌한 듯 손가락질하며 펄쩍펄쩍 뛴다. 또다른 새로운 단점은 치아를 드러내는 미소다. 미술관에 가면 오래된 초상화를 숱하게 볼 수 있는데, 입술을 벌린 현대식 미소는 겨우 1780년대로 거슬러올라가며 당시에는 음란한 표정으로 치부되었다.[17] 짐승은 위협할 때만 이빨을 드러내는데, 당신이 환하게 미소 지었을 때 애완동물이 움츠러드는 것은 이 때문이다. 치아를 드러내는 미소가 금기시된 데는 다른 이유가 있을 수도 있다. 어쩌면 우리 조상들은 충치 때문에 입을 다물고 있었는지도 모른다. 현대식 인사법은 할리우드, 치약 광고, 치아 교정에서 많은 영향을 받았다.

1890년 미술가 존 싱어 사전트는 〈엘리너 브룩스 양Miss Eleanor Brooks〉을 제작하기 위한 습작에서 인물이 따스하고 세련된 미소를 짓는 모습을 그렸다. 하지만 결과에 만족하지 못해 완성작에서는 표정을 더 차분하게 처리했다. 초상화와 옛 사진에서 미소를 찾아

그림 57 마담 비제 르 브룅의 자화상(부분). 그녀는 18세기 후반 은은한 미소 기법을 초상화에 도입하여 논란을 일으켰다. 헝클어진 머리, 벌어진 입술, 커진 눈동자가 청순하고 순진무구한 그림에 관능적인 분위기를 더한다.

볼 수 없는 한 가지 이유는 자연스러운 미소를 오랫동안 유지할 수 없기 때문이다. 남성은 쾌활하기보다는 진지하거나 위압적으로 보이고 싶어했으며 여성은 입매를 (당시 유행하던) 장미꽃 봉오리 모양으로 만들기 위해 '프룬스prunes'(자두)라고 말해야 했다. 미국의 학교 졸업앨범에 실린 사진 100년치를 조사했더니 미소의 빈도와 강도 둘 다 시간이 지나면서 꾸준히 증가했으며 여성이 남성보다 더 선뜻 미소를 지었다.[18]

  뇌의 운동 피질과 감각 피질의 많은 부분이 얼굴의 움직임과 감각을 담당하지만, 얼굴을 구분하는 일은 방추이랑의 한 영역이 도맡는다. 어느 길거리에든 나가서 눈, 코, 입의 사소한 변이가 얼마나 다양한지 본다면 이것이 예삿일이 아님을 알 수 있다. 우리는 얼굴의 바다에서 살아가고 움직이는데, 이 얼굴들은 꽤 비슷하면서도 사뭇 다르다. 얼굴을 구분하는 능력은 정말로 경이로우며 그 덕에 우리는 약 5000개의 얼굴 데이터베이스를 저장할 수 있는데, 이것은 최근까지도 컴퓨터 소프트웨어의 능력을 훌쩍 뛰어넘는 수준이었다. 얼굴을 인식하려면 뇌의 여러 영역이 상호작용해야 하며, 이 체계가 고장나면 얼굴실인증prosopagnosia이 나타난다. 이 증상은 지적 능력과는 무관하며, 극단적인 경우에는 자녀를 알아보지 못하거나 마주한 얼굴의 성별조차 알아맞히지 못한다. 정상인은 숙련된 독자가 문장을 통째로 삼키듯 얼굴을 한눈에 통째로 인식하는 반면에 얼굴실인증 환자는 조각조각 짜맞추느라 애를 먹는다. 한 환자는 이렇게 표현했다. "눈, 코, 입은 뚜렷이 보이지만 도무지 합쳐지지가 않아요. 마치 칠판에 분필로 그린 것처럼 보여요." 이 증상은 한때 뇌 손상이나 뇌졸중으로 인한 신경 이상으로 간주되었으나 이제는 약 쉰 명 중 한 명이 얼굴 인식에 큰 어려움을 겪는다는 게 통설이다. 그중 한 명이 신경학자 올리버 색스로, 그는 『아내를 모자로 착각한 남자』를 쓰려고 조사하던 중 스스로를 얼굴실인증으로 진단했다.[19]

얼굴 인식에 애를 먹는 사람이 많은 것은 놀랄 일이 아니다. 우리의 뇌가 지금만큼 커지는 내내 우리 조상들은 소규모 수렵채집인 무리를 이뤄 살았기 때문이다. 이제 와서 수천 개의 얼굴을 구별하려면 다른 단서를 동원해야 한다. 대부분의 사람은 낯익은 지인을 낯선 환경에서 알아보지 못해 난처한 경험이 있을 것이다. 마땅히 알아야 하는 사람을 알아보지 못하거나 이름을 기억하지 못하는 것은 결례이면 다행이고 자칫하면 모욕이 될 수도 있다. 나는 의료계 행사에서 사람들을 알아보는 데 종종 애를 먹는데, 그럴 때 쓰는 수법은 함께 일하는 사람에게 먼저 물어보고 그 사람도 기억하지 못하면 비로소 상대방에게 이름을 물어보는 것이다. 얼굴을 식별하는 능력은 외국어와 마찬가지로 켜졌다 꺼졌다 할 수 있다. 이를테면 나는 상대방이 느닷없이 프랑스어로 말을 걸면 제대로 응대하지 못하지만 몇 시간 만에 유창하게 대화할 수 있게 되는데 행사가 진행되는 동안 나의 얼굴 인식 시스템에서도 비슷한 현상이 일어난다.

진화의 관점에서 보자면, 적의 얼굴을 알아보지 못하면 치명적일 수 있지만 주변 사람들의 얼굴을 알아보지 못해도 낭패를 겪을 수 있다. 정신병질자(사이코패스)는 얼굴 인식 능력이 없는 경우가 많다. 이를테면 한 정신병질자에게 공포심이 표출된 사진을 보여주었더니 사람들이 자신에게 살해당하기 전에 이런 표정을 짓는다고 응답했다. 스펙트럼의 반대쪽 끝으로 가면 일부 사람들(정신병질자도 있다)은 타인의 표정을 읽는 데 초자연적일 정도로 능숙하다. 타인을 해석하고 감응시키고 기만해야 할 필요성은 우리가 크고 비효율적인 뇌를 가지게 된 이유일 것이다. 지금 우리는 수천 명의 타인을 맞닥뜨리고 있으므로 일상적 결정을 '빠른 생각'이 맡는 것과 마찬가지로 타인을 판단하는 일에서도 즉단卽斷이 필요하다. 즉단은 대체로 무난하게 작용한다. 대부분의 사람들은 자신의 인상이 상대방에게 불러일으키는 기대에 부합하려고 노력하기 때문이다. 하지만 첫인상에 지나치게 의존하면 사회적 포식자에게 판을 깔아주는 꼴이 된다.

나 같은 사람은 안온한 일상 안에 머물지만, 제인 오스틴을—실은 어느 소설이든—읽으면서 느끼는 쾌감의 상당 부분은 사회적 단서를 오해하는 바람에 벌어지는 난감한 상황에서 비롯한다. 숙련된 관찰자는 예사로운 만남에서 훨씬 많은 정보를 끌어낼 수 있다. 셜록 홈스는 "관찰하고 분석하는 훈련을 쌓은 사람을 속이는 것은 불가능하다"라고 주장했으며 지크문트 프로이트는 "눈과 귀가 있는 사람이면 누구나 인간이란 그 어떤 비밀도 숨길 수 없는 존재임을 확신하게 된다. 입이 무거우면 손가락이 대신 말한다. 모든 구멍이 비밀을 누설하는 창구다"라고 말했다. 그의 판단이 얼마나 자주 옳았는지 확인할 길은 없지만.

• 기질 •

'인의仁義를 겸비하다temper justice with mercy'나 '이성을 잃다lose our temper'라는 표현에서 보듯 '기질temperament'의 동사형 'temper'는 본디 '아우르거나 균형을 유지하다'라는 뜻이다. 기질은 성품에 속한 성격 특질들의 혼합물이다. 그리스인들은 네 가지 체액이 어우러져 기질을 형성한다고 믿었다. 네 가지 체액이란 혈액, 점액(맑은 액체), 황담즙, 흑담즙으로, 이중 어느 것이 우세한지에 따라 다혈질, 점액질, 담즙질, 우울질이 된다. 이 학설은 끈질기게 살아남았다. 이를테면 19세기 후반 외과의사 알렉산더 스튜어트의 인기 개론서도 똑같은 네 가지 분류를 다혈질, 림프질, 담즙질, 신경질로 제시했다('우울질'이 '신경질'로 바뀌었다).[20]

그림 58 뒤러의 <네 사도>(1526, 부분). 신교로 개종한 뒤에 그린 작품. 각 사도가 네 가지 기질 중 하나를 나타낸다. 왼쪽에서는 침착하고 우울한 요한이 점액질적인 베드로에게 성경을 보여주고 있다. 베드로는 하느님 말씀에 순종하여 가톨릭 교회의 열쇠를 들고 있다. 오른쪽 끝에서는 담즙질의 바울이 한 손에 책을, 다른 손에 검을 들고 있으며 다혈질의 마가가 미래를 응시한다. 수동적 기질이 왼쪽에, 능동적 기질이 오른쪽에 배치되었다.

프랜시스 골턴은 (예상할 수 있듯) 단순한 묘사에 만족하는 사람들을 경멸했다. 그는 "일반화는 안이한 악덕이다"라고 투덜거렸는데, 그러면 어떻게 해야 우리의 '감정적 기질'을 더 객관적으로 측정할 수 있을까? 그는 유의어 사전을 뒤져 성품과 연관된 형용사 1000개를 찾았는데, 상당수의 의미가 서로 겹쳤다.[21] 50년 뒤 시카고대학교의 L. L. 서스턴이 이 발상을 이어받아 흔히 쓰는 형용사 60개를 추린 다음 사람들로 하여금 그들이 잘 아는 사람을 떠올려 가장 알맞은 형용사를 고르도록 했다.[22] 사람들의 판단은 몇 개의 어휘 집단으로 뚜렷이 나뉘었다. 하나는 사람들을 다정하고 너그럽고 쾌활하다고 묘사했고 다른 하나는 참을성 있고 차분하고 성실하다고 묘사했으며 세번째 어휘군은 끈질기고 근면하다고, 네번째 어휘군은 유능하고 솔직하고 자립적이고 용감하다고 묘사했다. (가장 큰) 다섯번째 어휘군은 순전히 경멸적 비어卑語로만 이루어졌다! 서스턴은 방대한 성격 스펙트럼을 이토록 적은 범주로 뭉뚱그릴 수 있다는 데 깊은 인상을 받았다.

형용사를 나열하여 성격을 평가하는 게 괴상하게 보일지도 모르겠지만, 우리도 그렇게 한다. 심리학자들은 이제 컴퓨터 사전을 이용해 형용사를 나열하며 문화적 차이를 해소하고자 다른 언어들로 연구를 확대했다. 대체로 같은 어휘군이 나타나며, 대부분의 연구자들은 경험적으로 도출된 5대 기본 범주―외향성, 친화성, 성실성, 정서적 안정성, 경험에 대한 개방성―가 있다는 데 동의한다(용어는 다를 수 있다).[23] 모든 문화는 외향성과 친화성을 높이 평가하며 성실성이 그다음이다. 일부 문화에서는 경험에 대한 개방성이 나머지보다 높이 평가되기도 한다. 한 연구진은 '중국 전통' 요소를 거론했는데, 이것은 내면적·사회적인 조화와 연관된 어휘로 규정된다.[24]

'성격 장애'들이 범주적 변인(정상과 종류가 다른 것)인지 계측적 변인(정도가 다른 것)인지를 놓고 논쟁이 있는데, 최근에는 같은 스펙트럼에 놓인다는 것이 통설이다.[25] 영리적으로 더 유망한 분야는 군이나 기업에 알맞은 사람을 선발하는 사업으로, 그 시초는 제1차 세계대전에서 포탄 충격(shell shock, 전쟁 상황에 오랫동안 노출되거나 장기적인 전투에 참가한 것이 원인이 되어 생긴 정신병적 전쟁 신경증―옮긴이)에 취약한 미군 병사를 걸러내기 위해 개발된 우드워스 성격 검사 자료Woodworth Personal Data Sheet다. 마이어스·브리그스 유형 지표(MBTI) 같은 도구를 이용한 성격 검사는 매우 짭짤한 사업이 되었다. 많은 사람들은 MBTI를 유용한 자기 평가 보조 수단으로 여기지만, 이를 통해 직무에 적합한 사람을 선발할 수 있다는 주장에는 종종 의문이 제기되고 있다.[26]

• 마음을 위한 거울 •

우리 조상들은 어떻게 생각했을까? 빅토리아시대 사람들은 인류가 저열한 수준에서 출발하여 위태롭게 상승한다는 관념을 가지고 있었기에, 자신이 만난 '원시' 부족들이 어린아이처럼 생각하고 행동하며 사회가 기술 발전의 사다리를 올라갈수록 생각이 점점 어른스러워진다고 믿었다. 그런데 20세기 들어 두 가지 유명한 사회인류학 연구가 이 믿음에 이의를 제기했다. 프란츠 보아스는 『원시인의 사고와 감정』(1911)에서 그들의 사고 과정이 우리만큼 정교하다고―동등하되 다르다고―주장했다. 클로드 레비스트로스는 『야생의 사고』(1962)에서 같은 논점을 제기했는데, 이를테면 전통사회의 식물학 지식이 근대 전문 용어를 종종 뛰어넘는다고 주장했다. 그런데 신기하게도 보아스와 레비스트로스 둘 다 자신과 연구 대상 부족의 가장 근본적인 차이인 문해력에 대해서는 언급하지 않았다.

소크라테스는 글을 읽을 줄 알았지만 쓰지는 않았기에 그의 목소리는 제자들의 저작을 통해 우리에게 전해진다. 플라톤은 『파이드로스』에서 이집트의 두 신이 글의 발명을 놓고 대화하는 장면을 상상하는데, 거기서 타무스는 이렇게 말한다.

문자는 실은 그것을 익히는 사람들이 건망증에 걸리게 할 것이오. 그들은 글로 씌어진 것을 믿기에 기억력을 활용해 내부로부터 자력으로 기억하려 하는 대신 남이 만든 표시들에 의해 외부에서 기억하려고 하니 말이오. 그러니 그대가 발명한 것은 기억의 영약이 아니라 상기想起의 영약이오. 그대가 제자들에게 주는 것은 지혜가 아니라 지혜처럼 보이는 것이오. 그대의 제자들은 그대 덕분에 제대로 가르침을 받지 않고도 많은 것을 읽을 수 있어 대개는 아무것도 모르면서 자신이 많이 알고 있는 것처럼 보일 테니 말이오. 또한 그들은 실제로 지혜로운 대신 지혜롭게 보이기만 하므로 함께하기가 어려울 것이오.

어디서 들어본 것 같지 않은지? 이거 인터넷에 대해 하는 말 아닌가?

글이 어찌나 몸에 배었는지 우리는 글이 얼마나 부자연스러운지 망각한다. 언어학자 아서 로이드 제임스는 『우리의 구어 Our Spoken Language**』에서 이렇게 말한다.**

소리와 장면, 말과 글, 귀와 눈은 공통점이 전혀 없다. 인간의 뇌가 이룬 업적을 통틀어 언어의 두 가지 형식을 연결하는 이 개념의 융합보다 복잡한 것은 아무것도 없다. 하지만 이 융합의 결과는, 초창기에 이것이 달성된 뒤로 영원히 우리가 문제의 어느 측면에 대해서든 명료하고 독립적이고 확실하게 생각할 수 없게 되었다는 것이다. 글자에 대해 생각하지 않으면서 소리에 대해 생각할 수는 없다. 우리는 글자가 소리를 가지고 있다고 믿는다. 인쇄된 페이지가 우리의 말을 나타내는 그림이라고 생각한다. 쓰는 대로 말해야 한다고, '철자'라는 신비로운 것이 성스럽다고 믿는다.[27]

아이들은 귀로 언어를 익히지만, 읽기와 쓰기를 배울 때는 처음부터 새로 배워야 한다. 우리의 뇌는 구어에 알맞은 구조를 타고나지만, 자연선택은 우리가 글을 쓰도록 대비시켜주진 않았다. 말하고 듣기를 힘들어하는 경우보다 읽기와 쓰기를 힘들어하는 경우가 훨씬 흔하고 다양한 것은 이 때문인지도 모른다.

글 덕분에 기억에 대한 의존도가 줄었지만, 목사와 정치인의 설교는 우리가 좀처럼 이해하지 못하는 정서적 영향력을 청중에게 발휘한다. 라디오는 장황한 연설을 프랭클린 D. 루스벨트의 노변정담이나 아돌프 히틀러의 열변으로 압축했으며 그뒤에 등장한 텔레비전은 구어를 촌철살인의 짤막한 어구로 줄였다. 이 때문에 우리는 시각적 단서 없이 구어 정보를 흡수하는 능력이 이전 세대들에 비해 부쩍 줄었다. 현대의 교과서로 판단컨대 글로 쓰인 정보도 마찬가지 실정이다.

글이 등장하면서 저자와 글 사이에 새로운 형식의 대화가 자리잡았다. 생각하는 사람으로부터 생각을 해방시켜 바깥의 비개인적 영역에 내보냄으로써 일종의 지적 통화通貨가 되게 했기 때문이다. 현대의 독자가 (이 책과 같은) 책을 읽는 솜씨는 과거에는 듣도 보도 못한 것이었다. 필사본은 본디 낭독용으로 제작되었으며 독자는 혼자 있을 때에도 글을 소리내어 읽었다.[28] 글자는 부호에 불과했다. 윌리엄 셰익스피어는 자신의 작품을 인쇄본으로 출간하는 데 별로 관심이 없었던 듯하다. 심지어 자기 이름의 철자에도 신경 쓰지 않았다. 글은 말을 이 사람에게서 저 사람에게로 전달하는 수단에 지나지 않았다. 구텐베르크가 인쇄기를 발명하고서야 글은 '글자 그대로'의 진실이 되었다.

많은 사람들이 읽기의 엄청난 영향력에 관한 생생한 기억을 가지고 있지만 과거에는 이런 기회를 가진 사람이 거의 없었다. 유네스코에서 추산키로는 200년 전에만 해도 세계 인구의 10퍼센트만이 글을 읽을 수 있었다고 한다. 인쇄술은 처음에는 대부분 서구인과 로마자 알파벳에 국한되었으나 금세 다른 지역의 서구화된 엘리트들에게 퍼졌다. 그들은 유럽인들이 자유와 평등을 설파하면서도 정작 스스로 실천하지 않는 것을 보고 어리둥절해했다. 고급 문해력은 처음에는 (유네스코의 표현을 빌리자면) "종교 지도자, 공직자, 원거리 무역상, 전문 길드 조합원, 일부 귀족에 한정되었"으며 대략 20세기 들어서야 나머지 사회 계층에 보급되었다. 유럽식 읽고 쓰기는 비서구인들에게 이질적 사고 패턴을 이질적 언어로 주입했으며 번역될 때조차 독특한 정신적 양식을 유지했다. 이것은 일종의 문화제국주의였다. 동양에서 서양으로의 반대 흐름은 이 새로운 매체에서 순조롭게 이루어지지 않았으며, 오리엔탈리즘—동양에서 깨달음과 통찰을 얻으려는 역작용—이 처음에는 서구에서 밀려드는 체계화된 정보의 물결에 압도되었다.

문해력이 전 세계에 퍼지는 데 또하나 걸림돌이 된 것은 언어와 문자의 다양성이었다. 1971년에 통용되던 언어는 3000개로 추정되는데, 그중에서 기록 문학이 있는 언어는 78개에 불과했다.[29] 유럽어는 19세기 국민국가의 테두리 안에서 표준화되었으며 이 과정은 (일부 언어와 사투리를 강압적으로 배제하며) 1919년 베르사유 조약에서 확장되었다. 반면에 세계의 다른 지역들에서는 다언어 사회가 더 일반적이기에 많은 사람들이 제2언어로 읽고 쓰기를 습득해야 하며, 여덟 살 이후에 배운 언어는 뇌의 다른 부위에 저장된다. 로마자 알파벳이 단순하고 그 기호가 정서적으로 중립이라는 사실은 로마자 알파벳의 전파에 무척 유리하게 작용했다. 이를테면 아랍어 철자는 영어보다 복잡하기 때문에 한눈에 해독하기가 쉽지 않다. 유창한 영어 독자는 글을 읽을 때 뇌의 양쪽을 쓰지만 아랍어 독자는 좌뇌에 훨씬 의존하는데, 이것은 글자를 하나하나 처리해야 하기 때문일 것이다.[30]

1950년에는 세계 인구의 절반가량이 읽고 쓸 줄 알았다. 문해력은 세대를 양분했으며 새로운 문해사회의 옛 구성원들은 내가 우리 아이들에게 컴퓨터 사용법을 알려달라고 부탁하듯 젊은 세대에게 도움을 청했다. 문해력 덕에 독자들은 관찰하는 '나'와 작용의 대상이 되는 자아를 구분할 수 있게 되었는데, 이로써 자기 인식이 더욱 심화했으며 자신의 삶을 일관된 서사로 구성하기가 수월해졌다. 읽고 쓰기 이전 시대의 사람들은 스스로를 이런 식으로 바라보지 않았다. 한 인류학자가 "당신은 어떤 종류의 사람인가요?"라고 묻자 아프리카 부락민은 역정을 내며 말했다. "내가 내 심장에 대해 무슨 말을 할 수 있겠어요? 내 성품에 대해 어떻게 말할 수 있지요?

남들에게 물어보세요. 그들이 나에 대해 말해줄 거예요. 내 입으로는 한마디도 할 수 없다고요."[31]

중세 초기 유럽의 식자층은 결코 사람의 신분과 유머 감각을 사람 자체와 뚜렷이 구분하지 않았다. 아프리카 부락민처럼 바깥의 시선으로 스스로를 바라보았다. 인류학자 루스 베네딕트의 개념을 따르자면 그들은 (내면의 죄책감이 아니라 외부의 손가락질을 의식하는) '수치심' 사회의 일원이었다. 문해력이 자아를 비추는 거울이 된 것은 16세기 르네상스 시대 들어서였다. 이때 사람들은 성경을 모국어로 읽고 신을 개인적으로 대면할 수 있게 되었다. 그로부터 얼마 지나지 않아 수치심이 아니라 죄책감에 사로잡힌 성찰적이고 자율적인 개인이라는 개념이 등장했다.

거의 전 국민이 문해력을 가지게 된 것은 최근 일이다. 제1차세계대전에서 미군 병사들에게 지능 검사를 실시했을 때만 해도 네 명 중 한 명이 (읽기 능력이 필요한) 알파 검사를 받을 수 없어 (그림과 기호를 이용한) 베타 검사로 대체해야 했다.[32] 이제 와 돌아보면 이 검사 절차에는 구제 불능의 결함이 있었다. 읽고 쓰기가 서툰 사람들로 하여금 구체적으로 생각하도록 허용하지 않은 것도 그중 하나다. 문해력은 뇌를 변화시킨다. 소리를 시각 매체로, 시각 매체를 소리로 복잡하게 번역해야 하고, 생각하는 사람을 생각으로부터 분리하며, 새로운 형식의 내적 서사를 필요로 하고, 타인에게 (잠재적으로) 더욱 공감하는 세련된 자의식의 발달을 촉진한다. 이 새로운 이중성은 개인의 유일무이함을 부각했다. 16세기 수필가 미셸 드 몽테뉴는 일생의 대부분을 성곽의 방에서 보내며 살아 있음의 경험을 개인적으로 탐구하는 일에 골몰했다. 그의 좌우명 "크 세 주$_{que}$ $_{scais je}$?"(나는 무엇을 아는가?)는 인간 의식의 새롭고도 중요한 발전을 나타내는 이정표다. 일기, 회고록, 소설 등이 확산되면서 읽고 쓰기가 널리 보급되자 이를 자양분 삼아 자기 인식이 확대되었으며 타인의 내밀한 생각을 접하면서 공감 능력이 커졌다. 자기 인식과 타인에 대한 통찰은 나란히 발전했다.

• 인간의 심장이 초록색으로 바뀌다 •

30년 전 학계 동료 하나가 사우디아라비아에 초청받았다가 주최 측으로부터 특별한 대접을 받았다. 그 '대접'이란 광장에 앉아 참수 광경을 관람하는 것이었다. 이 관행은 18세기 영국에서는 이상해 보이지 않았을지도 모르지만—그때는 부모들이 자녀를 형장에 데리고 갔다—지금은 혐오감을 불러일으킨다. 한 가지 이유는 우리가 생전 짐승을 잡을 일이 없어서 비위가 약해졌다는 것이다. 반면에 18세기 아동은 누구든 짐승이 도살되는 광경을 보았을 것이다. 이전 세대들은 살육을 기특한 행위로 배웠다. 잉글랜드에서는 첫 여우사냥에 참가하는 소년에게 (난도질당한) 희생물의 피를 발랐으며—이 의식을 '블러딩$_{blooding}$'이라고 불렀다—전사 부족은 첫 적을 죽여야 비로소 남자로 인정받았다. 나치 아이자츠그루펜(Einsatzgruppen, 집단 살해를 벌인 나치 준군사 조직—옮긴이)은 신입 부대원에게 살인을 명령했는데, 이 통과의례를 거치면 이후의 살인이 훨씬 수월해지리라는 사실을 알았기 때문이다. 마이클 폴란은

『잡식동물의 딜레마』에서 닭 잡는 법을 배운 과정을 서술한다. "어떤 점에서는 닭을 죽이는 일에 있어서 가장 큰 도덕적 괴로움은 얼마간 시간이 지나면 그것이 더이상 도덕적으로 괴롭지 않다는 데 있었다."[33] 20세기는 평범한 사람이 얼마나 쉽게 살인자로 바뀔 수 있는지를 우리에게 보여주었다.

누군가의 머리가 잘리는 것을 본다는 생각만으로 혐오감을 느끼는 것은 비위가 약하기 때문만은 아니다. 또다른 이유는 수치심이다. 사우디아라비아에서 처형 현장에 참석한 영국인은 두 명이었는데, 둘은 그뒤로 서로를 애써 외면했다. 시카고에서 실시된 악명 높은 밀그램 실험은 사람들이 권위자의 승인하에 타인을 자발적으로 얼마든지 학대할 수 있음을 보여주었으며 그뒤 스탠퍼드에서 실시된 실험들에서는 교도관 역할을 맡은 학생들이 가학적 괴롭힘의 유혹에 쉽게 빠져든다는 사실이 드러났다. 이렇게 보면 공감은 사회 규범에 대한 반응인 듯하다. 공감은 후천적으로 익혀야 하며 사라질 수도 있다.

물론 이게 전부가 아니다. 나의 덴마크 친구는 아버지가 농부였는데, 쥐를 잡으면 헛간 기둥에 산 채로 못 박았다. 비명소리로 다른 쥐들이 접근하지 못하도록 하기 위해서였다. 한 세기 전 읍내에서 시골로 이주한 우리 할머니에게도 쥐 잡는 임무가 주어졌다. 할머니의 쥐덫은 쥐를 헛문으로 유인하여 우리 안에 떨어지게 하는 원리였다. 쥐가 잡히면 물을 채운 양동이에 우리째 담가 익사시켰다. 할머니는 너그럽게도 쥐의 고통을 덜어주려고 언제나 물을 데웠다. 할머니는 당신이 찬물에서 익사하는 광경을 상상할 수 있었지만 농부는 자신이 기둥에 못 박히는 광경을 상상할 수 없었다. 이 차이는 표현형 전환의 전과 후가 어떻게 달라졌는지 보여주며 '공감empathy'이라는 말로 요약된다. 이 용어가 영어에 들어온 것은 20세기 들어서인데, 핵심 의미는 자신을 타인의 입장에 두는 것이다. 이 의미는 여성, 어린이, 빈곤층, 노예, 정신질환자를 더 깊이 이해하는 것은 물론 동물에게 동료 의식을 품는 것까지 확장될 수 있다.

심리학자 스티븐 핑커는 사회에서 폭력이 감소한 이유를 규명한 저작의 첫머리에서 이것이 "인류 역사에서 가장 중요한 사건이었을지도 모르는 현상"이라고 지적하며, 이른바 "인도주의 혁명"을 촉발한 "외생적 변화로서 쓰기와 읽기 능력의 성장이 제일 유력한 후보"라고 논평한다. 그는 이렇게 주장한다. "시공을 불문하고 늘 더 평화로운 사회일수록 더 부유하고, 건강하고, 교양 있고, 건전하게 통치되고, 여성을 존중하고, 통상에 적극 나서는 경향이 있다."[34] 애석하게도 이렇게 되었다고 해서 덜 계몽된 자들에게 폭탄을 떨어뜨리는 일이 중단되지는 않는다.

• 나 홀로 •

표현형 전환의 여명기에는 안정적 사회 질서라는 확실성과 목적이 있는 우주라는 확실성이 쇠퇴하고 개인적 경험의 진정성에 대한 열렬한 호소가 대두했다. 어떤 사람들은 이것을 낭만주의 운동의 질풍노도 열정에서 추구했고 어떤 사람들은 복음주의 종교에서 추구했다. 예리한—종종 고통스러운—자기 분석과 더불어 짓밟힌

자들을 향한 공감이 부쩍 커졌다. 문학 평론가들이 쓰는 표현 중에 감수성이라는 것이 있는데, 이것은 소설가나 일기 작가가 세상을 경험하는 방식을 묘사하는 모호한 개념이다. 관습적 신앙심과 덕행만으로는 영생의 길을 순탄하게 지나가기에 충분하지 않았다. 영혼은 내성內省의 뜨거운 불길에도 그을려야 했다.

사회사 저술가 피터 게이는 부르주아의 내밀한 회고록을 바탕으로 19세기 사람들의 감수성이 어떻게 달라졌는지를 방대하게 서술했다. "19세기는 신경증이라고 말할 수 있을 정도로 자아에 열렬히 집착한 시대였다."[35] 그는 중산층으로 초점을 좁혔다. 그들은 돈과 사실에 대한 관심을 감추지 않았으며 사회적 권력을 점점 강하게 의식했으나 그와 더불어 세계 내에서 자신의 위치에 대한 불안감을 느꼈다. 게이는 빅토리아시대 무의식을 들여다보는 탐험을 적절하게도 지크문트 프로이트로 마무리한다. 삶에 대한 프로이트의 탐구는 내면을 향했다.

자아는 사회적 반응들이 내면화된 집합으로, 일종의 사회적 호문쿨루스다. 프로이트는 마음을 19세기 도시의 소우주로 보았다. 이드는 원초적 에너지, 걷잡을 수 없는 분위기, 용납될 수 없는 욕망을 가진 격동적 군중이었고, 부르주아는 끓어오르는 소란 위에 뚜껑을 꾹 누르는 자아였으며, 초자아는 그렇게 해야 하는 이유를 확립하는 원리였다. 핑커는 이것을 성격에 대한 '내적 압력hydraulic' 견해로 규정했으며, 콘래드의 『암흑의 핵심』에서 골딩의 『파리 대왕』에 이르는 현대 소설은 문명의 제약을 뚫고 들어오는 타고난 야만성을 묘사했다. 프로이트 본인은 성욕을 점점 거세게 억압하지 않고는 개인이 문명화될 수 없다는 비관적 관점을 취했다. 그에 따르면 요법사가 기대할 수 있는 최상의 결과는 "신경증적 고통을 일반적 불만족으로 변화시키"는 것이었다.

20세기 중엽 대중 동물행동학자 로버트 오드리는 '중앙 위치 이론'에서 개인이 사회에 어떻게 적응하는가에 대해 더 상식적인 견해를 제시했다. 이에 따르면 요람 속 아기는 자신을 우주의 주인으로 여긴다. 우주의 유일한 임무는 아기에게 필요한 것들을 대령하는 일이다. 천천히, 최대한 마지못해 아동은 장난감을 양보하고 타인의 의사를 받아들이면서 이 전능함의 한계를 인정한다. 시간이 흐르면서 아동의 공감과 이해는 공동체로, 다시 사회 일반으로 퍼져나간다. 핑커는 이것을 '감정 이입 범위의 확장'이라고 부른다. 자아는 성숙하고 너그러운 사회 구성원으로 확장될 수 있지만 도중에 낙오하기도 쉽다. 그렇게 되면 감정 이입 범위의 확장이 멈춰 다른 인종, 신념, 성 정체성 표현을 외부에 두게 된다.

• 아노미 •

사회적 뿌리이든 종교적 뿌리이든 뿌리의 상실은 현대 생활의 주된 특징이다. 영국의 인류학자 앨프리드 해든(1855~1940)은 1887년 토러스해협(오스트레일리아와 뉴기니 사이)을 처음 방문했을 때 뿌리 상실의 최종 형태를 두 눈으로 목격했다. 해양생물학자로서 그의 관심사는 산호초였으나 한 번의 경험이 그의 삶을 바꿔놓았다. 그 사건이 일어난 곳은 얌 섬이었다.

부잔교 근처에 바람막이 아니면 방풍림 비슷한 것이 있었는데, 아래에 몇 사람이 쪼그리고 있었다. 섬의 전체 주민은 남자 셋과 소년 둘로 줄었다. 여자들은 모조리 죽거나 인근 섬으로 이주했다. 노인들은 가만히 무기력하게 앉아 아무것도 하지 않고 아무것도 돌보지 않은 채, 먼저 간 이들을 따라갈 날만 기다리고 있었다. 그들을 보니 무척 서글퍼졌다.[36]

그는 산호초는 자신을 기다려줄 수 있지만 산호섬에 사는 사람들은 그럴 수 없음을 깨닫고는 주민들이 영영 사라지기 전에 그들의 삶을 최대한 기록하기로 마음먹었다.

친구, 가족, 부족, 문화, 언어의 상실에 반드시 동반되는 완전한 소멸의 감각은 상상으로는 불가능한 것으로, 현대인이 이런 경험을 하는 계기는 집단 전체가 절멸하는 것에서 노년층이 고립되는 것까지 다양하다. 이 황량한 감각은 정체성 상실을 뜻하는 **아노미**anomie라고 불리며 '영원의 질병'으로 알려지기도 했다. 아노미라는 용어는 사회학자 에밀 뒤르켐(1858~1917)이 도입했는데, 그는 '유기적' 사회에서 산업사회로 전환될 때의 상실감을 꼬집어 일컬었다. 더 일반적으로 보자면 이것은 사회적이나 문화적으로 잉여적인 존재가 될 때 경험하는 정체성 상실을 뜻한다.

가장 최근에 등장한 아노미 경험이 노년의 아노미다. 수명이 길어지고 환경이 급변한 탓에 많은 노인들이 언어와 문화를 점점 더 이해하지 못한 채 세상에서 옴짝달싹 못하는 신세가 되었다. 그들은 한물가고 소외되고 의미와 목적을 빼앗긴 느낌을 받는다. 노년의 아노미가 안쓰러운 현상이라면 청년의 아노미는 두려운 현상이다. 소비의 '황금기'―대략 1950년부터 1980년까지―에 서구 나라들에서는 완전 고용이 이루어지고 주택, 자가용, 사회적 역할, 자녀에게 물려줄 수 있는 재산이 보장될 것이라 기대했으나 이 기대는 탈산업사회가 전례 없는 '경험적 진공'을 만들어내면서 물거품이 되었다. 젊은이들은 자신의 사회에 의미 있게 참여할 기회와 단절되었으며, 시작도 하기 전에 퇴물이 되었다.

새로운 의식은 새로운 비탄의 근원을 맞닥뜨렸다. 그것은 신앙의 상실이었다. 18세기 유럽인들은 사회의 가치를 표현하는 신과 공식적 관계를 맺었다. 19세기에는 더 고통스러운 존재론적 고독감이 밀려들었다. 개인은 자신의 마음속에서 신을 찾았으며 많은 사람들이 자신의 가장 내밀한 생각과 열망을 바라보는 신적 목격자를 발견했다. 고통은 나눌 수 없지만 목격될 수는 있었으며, 목격 행위가 고통의 존재를 어느 정도 입증할 수 있었다. 또 어떤 사람들은 무시무시한 공허를 맞닥뜨렸다.

이젠 서구인들 중에서 자신의 생각과 행동이 신적 목격자에 의해 판단된다거나 우리가 지상에서 보내는 시간이 더 숭고한 존재 형태를 허락받기 위한 시험대라고 믿는 사람은 거의 없다. 그렇지만 소수의 사람들은 그러한 믿음을 존재의 중심 의미로 여기며, 신앙은 이전 세대들의 정신적 우주에서 중심적 위치를 차지했다. 우리는 그것을 상실하는 것이 무슨 의미였는지 잊기 쉽다. 그 세계로 다시 돌아가보자.

C. 모리스 데이비스 목사(1828~1910)는 1873년 어느 일요일 저

녁 7시 15분 전 런던 올드 스트리트의 과학관에 들어섰다. 불신앙의 사도 찰스 브래들로의 강연을 듣기 위해서였다. 데이비스는 일찍 도착하려고 서둘렀지만 강당은 이미 입추의 여지가 없었다. 주위를 둘러보니 대부분의 청중은 상인과 장인 계층이었으나 "해군 군복 차림의 군인, 진짜 노동자, 작업복 차림의 인부"도 있었다. 저들은 돈을 주지 않으면 교회에 간다는 것은 꿈도 꾸지 않는 자들인데 하느님이 존재하시지 않는다는 얘길 들으려고 4펜스를 기꺼이 내다니 어찌된 영문일까, 하고 그는 씁쓸하게 생각했다.[37] 한편 브래들로는 빽빽하게 들어찬 군중을 헤치며 딸 앨리스와 하이페이셔를 데리고 단상 위 테이블에 둘러앉은 사람들에게 다가갔다. 데이비스의 눈에 브래들로가 들어왔다. "그는 키가 크고 풍채가 위압적이었으며 얼굴을 말끔하고 면도하고 머리를 이마 위로 빗어 넘겼다. 눈은 기민하고 초롱초롱했으며 큼지막한 턱은 전문 강연자에게서 으레 볼 수 있는 것이었다." 잠시 뒤 브래들로가 일어서서 기대감에 숨죽인 청중을 향해 하느님이 존재하지 않는 것에 대해 하느님 자체를 신랄하게 비난하기 시작했다. 그가 보기에 '신의 섭리'라는 개념은 황당무계한 것이었다. 최근 베수비오 화산이 분화할 때 용암에 집어삼켜진 마을 토레델그레코의 주민들에게 그렇게 말해보시지. 기도로 말할 것 같으면, 12억 명이 매일같이 신에게 탄원하면서 그가 자신의 소원을 이루어주리라 기대하는 것은 얼마나 터무니없는가. 본능적 신심 따위는 없다. ("여기서 그의 요란한 음성이 잦아들어 가장 부드러운 애조를 띠었다") 그 자신이 어릴 적 영혼의 고통 속에서 기도했건만 어떤 응답도 받지 못했으니 말이다.

종교는 수천 년간 사상의 자유를 억압하고 사상의 자유 순교자들을 말뚝에 묶어 불태웠지만 브루노, 셸리, 볼테르, 페인의 목소리를 더는 잠재울 수 없게 되었다는 것이 그의 결론이었다. "우리가 말할 수 있게 된 것은 고작 200년 전이오." 그는 이렇게 마무리지었다. "당신들은 수천 년간 인간의 두뇌를 짓눌렀소." 우레 같은 박수갈채가 쏟아졌다. 연사 두 명이 뒤를 이었다. 젠킨스 씨는 입 닥치라는 고함에 아랑곳없이 기독교를 장황하게 옹호했지만 신학자 윌리엄스 씨는 신의 존재가 증명될 수 없듯 무신론도 증명될 수 없다고 당돌하게 주장하여 산발적으로 박수를 받았다. 저 허수아비 같은 자들 말고는 앞으로 나서서 종교를 옹호할 사람이 아무도 없단 말인가? 데이비스 목사는 곰곰이 생각했다. 저래도 청중이 계속 듣고 앉아 있다고?

모리스 데이비스는 교리의 순수성에 함정이 있음을 알고 있었다. 1851년에 목사로 임명된 그는 '옥스퍼드 운동'(Oxford Movement, 19세기에 영국성공회의 프로테스탄트적 경향을 반대하고 '가톨릭', 즉 로마 가톨릭교의 사상과 전례의식을 새롭게 하기 위해 옥스퍼드대학교를 중심으로 일어난 운동─옮긴이)과 절연하고 일련의 소설을 통해 고교회파(High Church, 옥스퍼드 운동을 옹호하는 사람들─옮긴이)를 조롱하다가 신앙심이 약해지면서 언론계로 돌아섰다. 런던의 영적 미로를 헤매는 그의 탐험이 시작된 것은 1860년대 런던에서 임시직 부목사로 일할 때 예배 사이사이에 아슬아슬한 외도를 감행하면서였다. 빅토리아시대의 여느 탐험가와 마찬가지로 그는 도시가 더 타임스 독자들의 생각보다 더 기이하고 뜻밖임을 금세 깨달았다. 런던에서는 영적 숭배에서 물질 숭배까지, 종교에서 정치까지 온갖 형태의 신앙이 경쟁하고 있었다. 에드워드 기번은 초기 교회가 무수한 종파로 갈라지는 과정을 서술하면서, 각 종파는 신에게 도달하는 저 나름의 직통 파이프라인이 있으며 나머지 종파를 배척하는 데 조금도 망설이지 않는다고 쓴 바 있었다. 데이비스는 불신자 진영도 다르지 않음을 알아차렸다. 그가 보기에 불신앙은 신조면에서 일곱 베일의 춤(살로메가 세례 요한의 목을 얻기 위해 헤롯 왕 앞에서 몸에 걸치고 있던 일곱 개의 베일을 차례로 벗으며 춤을 춘 일화—옮긴이)과 맞먹었다. 각각의 베일은 무엇을 폐기하느냐에 따라 정의되었다. 유니테리언—이름과 달리 다양한 분파가 있었다—은 삼위일체 하느님을 부정했다. 이신론자—일부는 기독교인이었고 일부는 아니었다—는 철저한 불개입 방침 때문에 세상일에 개입하지도 자신을 드러내지도 못하는 불가지의 신을 믿었다. 무신론—19세기 사람들의 눈에는 계시 종교(인간에 대한 신의 은총을 바탕으로 하는 종교로, 기독교, 유대교, 이슬람교 따위가 이에 속한다—옮긴이)보다는 유신론에 반대하는 것처럼 보였다—은 신성 개념 자체를 거부했으며 신이 존재하지 않는 것에 대해 신을 비난했다.

이 집단들의 두드러진 특징 하나는 각 집단이 (당연하게도) 개신교 교회를 본받아 조직을 결성했다는 것이다. 그들은 나름의 회당이 있었고 나름의 설교자가 있었으며—그중 상당수는 초기 감리교도처럼 쉼 없이 전국을 순회했다—나름의 소식지와 소책자가 있었다. 각 집단은 이런 소통 창구를 통해 스스로를 규정했다. 각각의 불신앙 선언은 필연적으로 다른 집단들을 도발했으며 그들은 상대방을 반대하거나 깎아내렸다. 신지학자, 심령주의자, 자유사상가, 사회주의자, 계시 종교를 믿는 자, 계시 종교를 믿지 않는 자를 막론하고 다들 똑같은 조직을 세우고 똑같은 분파로 갈라졌으며 똑같은 권력 투쟁을 애써 감추려 들었다. 자유사상가들은 정통 종교에서 에너지를 얻었으며 저 나름의 성인과 순교자가 있었다. 그들은 조직화된 종교가 후퇴를 목전에 두고 머뭇거릴 때 승승장구했으며 종교가 완전히 괴멸되자 뒤따라 소멸했다.

독실한 불신자의 삶에는 두 가지 커다란 이정표가 있었다. 첫번째 이정표는 신앙의 상실이었고 두번째 이정표는 죽음과의 대면이었다. 윌리엄 제임스는 『종교적 경험의 다양성』에서 개종과 탈종교를 자세하게 묘사한다. 개종은 빅토리아시대 자서전에서 되풀이되는 테마로, 대체로 그전에 절망의 시기, 자신의 무가치함에 대한 뼈저린 자각, 임상적 우울증의 여러 증상을 겪는다. 개종 경험 자체는 기쁜 안도감과 압도적인 소속감을 동반했다. 무신론적 반문화의 탈종교 경험은 신앙이 불신앙으로 바뀌는 순간에 찾아왔다. 제임스는 이것을 '역회심counter-conversion'이라고 부른다. 많은 글이 이 느리고 고통스러운 하강을 서술하고 있다. 불신자는 자신에게 희망과 존재 이유를 부여하던 모든 것을 조금씩 포기한다. 프랑스의 철학자 주프루아는 자신의 불신앙 위기를 이렇게 서술했다.

난파선 선원이 배의 조각에 매달리듯 나는 이 마지막 믿음에 매달렸으나 허사였다. 미지의 공허 속에 떠다니게 될 것이 두려워 이 믿음과 더불어 어린 시절, 가족, 조국, 내게 소중하고 성스럽던 모든 것을 향하여 몸을 돌렸으나 허사였다. …… 너무도 흐 뭇하고 충만한 지난 시절이 불처럼 꺼지는 느낌을 받았으며 내 앞에는 침울하고 고독한 또다른 삶이 열렸다. 앞으로는 나의 파 멸적 생각과 더불어 홀로 살아야 한다. 그 생각이 나를 그곳으로 추방했으며 나는 그 생각을 저주하고 싶은 심정이다. 이 발견 이 후의 나날은 내 삶에서 가장 서글픈 시기였다.[38]

종교적 개종자가 불신앙에 빠질 위험을 맞닥뜨리듯 불신자를 가 려내는 시금석은 구원을 끝까지 부정하는 것이었다. 죽음을 앞둔 무신론자는 불신자를 지옥의 아가리에서 낚아챌 기회를 노리는 복 음주의자들에게 거부할 수 없는 유혹이었다. 그들은 손을 꼭 쥐는 것마저 회개의 징표로 해석하고 이것을 세상에 의기양양하게 선포 하고 싶어했다. 무신론자의 친구들은 그를 복음주의자에게 빼앗길 까봐 노심초사하며 임종을 함께했다.

1874년 4월 모리스 데이비스는 온갖 종교의 산실 런던에서 작성 한 일련의 보고서를 무신론자 오스틴 홀리오크의 장례식에서 마무 리하기로 했다. 홀리오크는 불신앙 서적을 인쇄했고 산아 제한과 공화주의에 찬성했으며 『세속주의자 송가·전례 지침서 Secularist's Manual of Songs and Ceremonies』를 공저했다. 신앙에 충실한 사람들처럼, 더는 말을 못하게 될 때까지 자신의 확고한 불신앙을 아내에게 유 언으로 구술했다. 화창한 봄날 데이비스는 장례식 가는 길에 자연 자체가 부활하며 도처에서 싹과 꽃을 피우고 있는 것을 보았다. 홀 리오크에게는 그런 희망이 없었다. 신문에 실린 추도사 제목은 '먼저 갔을 뿐gone before'이라는 단 두 어절이었다. 여기에 기독교 추도사의 핵심어가 빠져 있는 것을 보고서("**영영 간 것이 아니요, 먼저 갔을 뿐**Not lost but gone before) 데이비스는 "어떤 언어 기호도 〔저〕 부정적 기호만큼 두 세계의 차이를 드러낼 수는 없"음을 곱씹었다. 하이게이트 공동묘지의 '성별되지 않은 땅'에서 실시된 매장에는 기독교 예식조차 뛰어넘는 궁극성이 있었다. 홀리오크 본인이 작성한 예식문이 어땠는가는 아래 발췌문으로 가늠할 수 있을 것이다.

> 인생의 마지막 엄숙한 순간에 그가 자신의 무덤 속을 들여다보듯 응시하자 〔세속주의는〕 가장 완벽한 마음의 평정을 그에게 선사했다. 그를 옳은 길에서 벗어나게 할 어떤 염려도, 의심도, 동요도 없었다. 그는 세상을 떠난 위대한 이들의 땅으로, 고요한 땅으로 의연하게 들어갔다. …… 이 땅의 원자들은 한때 살아 있는 인간이었으며, 죽음은 수많은 세대를 거치며 존재한 우리의 조상들에게 돌아가는 것에 불과하다.

찰스 브래들로는 망자에 대한 마지막 고별사를 읊으면서 "딱딱한 얼굴에서 떨리는 신경"을 억제하느라 애먹었다. 데이비스 말마따나 인간은 자신의 신조보다 훨씬 나은 존재다.

데이비스는 갓 덮은 흙 옆을 홀로 거닐며 망자에게 받은 다정한 편지를 다시 읽었다. 그러는 동안 "단순한 부정의 절대적 절망감이 나를 사정없이 짓눌러 그것이 정말일 리 없다는 확신을 심어주었다. 모든 것이 저 무덤에서 끝난다면 하느님은 냉정한 분이고 삶은 독재자가 가하는 잔혹한 고통일 것이다." 홀리오크도 동의했겠지만, 정반대 의미에서였을 것이다. 데이비스가 자신이 나열한 온갖 믿음의 본거지인 거대한 도시를 향해 돌아섰을 때 부활에 대한 시인 아서 휴 클러프의 시구가 귀에 쟁쟁거렸다.

먹고 마시고 죽으라. 우리는 사별한 영혼이니.
하늘의 넓은 장막 아래에 있는 모든 피조물 중에서
우리는 한때 가장 큰 희망을 품었으나 가장 절망에 빠져 있으며
가장 큰 믿음을 품었으나 가장 깊은 불신에 빠져 있다.
예루살렘의 딸들이여, 떠나라.
그대의 서글프고 피 흘리는 심장을 꼭꼭 동여매라!

과거의 나라를 둘러본 이 짧은 여행을 마무리하는 지금, 우리가 조상들과 (정도를 가늠할 순 없지만) 하릴없이 다른 방식으로 삶을 경험하고 자신을 표현하고 서로 교류한다는 사실이 분명해졌을 것이다. 이 장은 질문에서 출발했다. 그렇다면 우리는 여전히 같을까? 이것은 독자들에게 던지는 질문이다. 나의 답은 이것이다. 영원한 진리는 달라지지 않으며, 우리는 인생에서 같은 이정표들을 지나치지만 그것들을 다른 각도에서 바라본다. 우리는 같은 주제에 의한 변주곡이다. 그런데 그것이 우리의 생각에는 어떤 영향을 미칠까?

17

옛 마음을 이해하는 새 마음

자신의 사고 과정을 들여다보는 것은 만만찮은 일이다. 다른 시대에 살았던 사람들의 사고 과정이라면 더더욱 난망하다. 호메로스는—그가 정말로 시인 한 사람이었다면—자신의 걸작 두 편을 머릿속에서 창작하여 암송했다. 이런 일을 할 수 있는 마음은 우리의 마음과 사뭇 달랐던 것이 분명하다. 우리는 시의 마법적 프리즘을 통해 그의 사고방식을 들여다보는 특권을 누리지만, 우리의 마음은 그에게 도무지 요령부득이었을 것이다. 과거는 정말이지 다른 나라다. 하지만 우리의 마음을 (고대까지는 아니더라도) 최근 세대들의 마음과 견줄 수 있는 잣대가 (논란의 여지가 있긴 하지만) 하나 있다. 그것은 지능 검사다. 지능 검사는 훈련이나 문화적 배경에 영향을 받지 않고 시간, 장소, 환경과 무관한 본래의 지적 능력을 평가한다고 알려져 있다. 우리의 지능 검사 점수는 과거보다 훨씬 높다. 하지만 우리는 정말로 더 똑똑할까?

• 지능의 탐구 •

프랑스의 심리학자 알프레드 비네(1857~1911)는 지능을 이해하려는 탐구를 학생의 두개골을 측정하는 방법으로 시작했는데, 똑똑한 학생과 그렇지 않은 학생 사이에 크기 차이가 거의 또는 전혀 없다는 사실을 금세 발견했다. 설상가상으로 더 유능한 학생의 두개 용량(머리뼈 공간의 부피로, 뇌의 크기에 비례하므로 동물의 지능을 비교할 때 중요한 요소가 된다—옮긴이)을 추정할 때 자신이 무의식적 편향에 치우쳤음을 깨달았다. 그는 여러 차례의 지루한 현장 조사 끝에 이렇게 결론 내렸다. "똑똑한 학생과 덜 똑똑한 학생의 머리 수치 사이에는 종종 단 1밀리미터의 차이도 없었다. 머리통을 측정하여 지능을 측정한다는 발상은 우스꽝스러워 보였다."[1] 그는 정신 기능 분야로 돌아섰지만, 당시의 분류 체계는 극도로 조잡했다. 말하기를 배우지 못하는 아동은 '백치idiot'로 불리고 정신 연령이 세 살 이하로 간주되었다. 쓰기를 배우지 못하는 아동은 정신 연령이 3~7세인 '치우imbecile'로 불렸다(두 용어 다 곧 욕이 되었다). 미국의 심리학자 H. H. 고다드는 정신 연령이 8~11세인 사람을 가리키는 용어인 '노둔moron'을 만들었다.

프랑스는 1904년 전문가 집단을 소집하여 아동의 지능 실태를 조사하도록 했으나 지능을 측정할 실질적 방법은 전무했다. 하지만 비네는 아동을 상대한 오랜 경험을 살려 기억, 이해, 연상, 추론 능력을 측정하여 연령 대비 발달 정도를 평가하는 간단한 검사법을 고안했다. 성적이 예상과 같으면 1점이었으며, 정신 연령에 따라 비율이 높아지거나 낮아졌다. 여기에 100을 곱한 것이 우리에게 익숙한 지능지수 검사의 토대가 되었다.[2]

제1차세계대전 때 미군 병사들은 대규모 심리 검사를 받았는데, 그 결과가 1923년 『미국인의 지능에 대한 연구A Study of American Intelligence』로 발표되었다. 앞에서 언급했듯 병사의 24.9퍼센트는 기능적 문맹으로 간주되었는데, 이는 신문을 읽거나 집에 보낼 편지를 쓸 수 없다는 뜻이었다. 이런 병사들은 그림과 기호를 이용한 검사를 받았다.[3] 지능 검사는 정신 연령을 평가하는 데 쓰였으며, 평균은 백인 장교의 15세에서 흑인 신병의 11세 등으로 다양했다. 백인 미국인의 평균 점수는 13.08점이었는데, 이는 세 명 중 한 명이 노둔으로 분류될 수 있다는 뜻이다. 이 모든 평가가 인종, 성별, 사회 계층이 지능이라는 넘을 수 없는 장벽으로 분리되어 있다는 통념을 반영하고 강화했음은 말할 필요도 없다.

뻔한 말이겠지만, 지능 검사는 지능 검사에서 좋은 성적을 얻는 능력을 평가하며, 검사 점수를 바탕으로 지능을 정의하면 금세 순환 논법에 빠진다. 지능 검사를 정당화하는 논거는 한 유형의 검사에서 좋은 성적을 거두는 정신 능력의 소유자라면 다른 검사에서도 대체로 좋은 성적을 거두고 직업 경쟁에서도 그러리라는 것이다. 하지만 두 논거 다 눈에 띄는 예외가 있다. 스티븐 호킹은 지능지수를 뽐내는 사람들을 루저라고 했는데, 많은 사람이 동의할 것이다. 검사 점수는 우리가 지능으로 인식하는 막연한 성질의 척도로는 요긴하지만 결코 지능 자체를 대체하지는 못한다.

의견이 분분하긴 하지만, 지능 검사가 문화나 교육의 영향을 받지 않은 본래의 지능을 측정한다고 믿는 사람들은 '지능'과 지능지수 검사 사이에 아무런 차이도 보지 못할 것이다. 이 가정에서 중요한 결론이 도출된다. 지능이 정말로 타고난 것이라면, 선천적으로 지능의 덕을 보지 못하는 아동들에게 교육 기회를 제공하는 것은 별 의미가 없을 것이다. 각 아동이 열한 살에 지능지수 검사를 받고 결과에 따라 장인, 점원, 관리자로 육성되는 세상을 상상해보라. 이 것은 과학소설이 아니다. 내 어린 시절이었다.

'일레븐 플러스eleven plus' 시험이 생생하게 기억난다. 이 시험은 내 인생 최초의 중대한 시험이었으며 나는 그 결과가 중요하리라는 것을 알고 있었다. 어머니는 내가 한밤중에 계단을 서성거리는 것을 보고 시험 결과는 중요하지 않다며 나를 안심시키려 했지만, 나는 그렇지 않다는 걸 알았다. 이튿날 받아든 시험지는 숫자, 기묘한 도형, 언어 구사 문제로 빼곡했다. 운좋게도 나는 대비가 되어 있었지만 주변 아이들 몇몇은 이런 것을 한 번도 본 적이 없었다. 그런 다음 우리는 각각 블루칼라 직업, 화이트칼라 직업, 대학 진학을 준비하는 세 가지 수준의 학교에 배정되었다. 나는 제5백분위의 성적으로 간신히 상급 학교에 진학했다. 일레븐 플러스 시험의 취지는 영국의 계급 제도를 능력 기반의 위계질서로 대체하는 것이었지만, 원하는 효과는 전혀 거두지 못했다. 중산층은 자녀를 사립학교에 보냈는데, 그곳에서는 지능지수를 전혀 신경 쓰지 않았다. 그래도 부모들이 개의치 않은 것은 어차피 자녀가 최고의 직업을 얻게 되리라 확신했기 때문이다. 이것은 지극히 영국적인 현상이었다. 이런 선별 절차를 진지하게 고려한 사람이 있다는 사실을 믿기 힘들지만, 그런 일이 실제로 벌어졌다. 마이클 영은 『능력주의』라는 책에서 이 행태를 풍자했지만, 많은 독자들은 풍자적 의도를 알아차리지 못했다. 그러다 필연적인 반발이 일어났다. 아동의 능력이 각각 다를 수 있음을 시사하는 것은 정치적으로 올바르지 않은 일이 되었고, 모든 학생이 같은 교실에서 수학 수업을 받아야 했다. 내가 아는 유능한 교사는 이런 방식의 수업을 시도하다 신경 쇠약에 걸렸다.

지능 검사는 외부 환경, 훈련, 사회 계급 제도, 연대기적 시간에 영향받지 않는다고 알려져 있다. 이것이 틀렸을지도 모른다는 최초의 징후는 스코틀랜드에서 나타났다. 열한 살 학생들로 이루어진 표본 집단이 (지금은 폐지된) 종류의 지능 검사를 1932년에 받았고 이후의 다른 표본 집단이 비교를 위해 같은 검사를 1947년 받았는데, 후자의 점수가 6.3퍼센트 높았다.[4] 지능지수 점수는 어느 인구 집단에서나 종형 곡선을 그리며 각 표본의 평균은 100점이 되도록 조정된다. 당신의 점수는 인구집단 평균에 대해 **상대적**이다. 심리학자 제임스 플린은 1980년대에 지능지수 검사 기관이 이따금 이 평균값을 주기적으로 상향 조정한다는 사실을 알게 되었다. 그의 분석에 따르면 점수는 10년마다 약 3점씩 상승했다. 이 말은 오늘날 **평균적** 십대가 1950년에는 118점을, 1910년에는 130점을 기록하여 상위 2퍼센트에 들었으리라는 뜻이다! 이와 반대로 1917년에 100점을 기록한 미국인은 오늘이라면 저능 기준보다 고작 2점 높

은 72점을 받을 것이다.[5]

우리 인구집단의 지능지수는 왜 이토록 빨리 상승할까? 우리가 실제로 더 똑똑해졌을 가능성은 희박하다. 이에 대해 두 가지 차원의 설명이 자연스럽게 떠오른다. 첫번째 설명은 성적 부진의 원인들이 제거되었다는 것이다. 기능적 문맹인이 어떤 형식의 검사에서도 애를 먹으리라는 사실은 차지하더라도 빈곤은 낮은 인지 기능의 가장 흔한 원인이다. 학습 장애를 겪는 아동의 수는 고소득 국가에서는 1000명당 3~5명인 반면 개발도상국에서는 1000명당 24명에 이른다. 보수적으로 추산하자면, 오늘날 5세 이하 아동 가운데 2억 명이 "빈곤, 불건강, 영양 부족, 돌봄 결여" 때문에 자신의 인지적 잠재력에 도달하지 못할 것이다.[6] 그중 상당수는 신체 발육도 저해될 것이다. 세계보건기구는 1997년 전 세계 15억 명이 (대개 기생충으로 인한) 철분 결핍으로 인지 기능과 업무 효율에 지장을 받고 있으며, 같은 수의 사람들이 (자각되지 않는) 요오드 결핍으로 지능지수 점수가 10~13점 하락했을 가능성이 있다고 추산했다. 아연, 엽산, 비타민 A 및 B_12 결핍도 원인으로 거론되었다. 이와 더불어 (빈곤층에서 더 흔한) 아동기 질병은 종종 감염성 설사의 형태로 나타난다. 지속성 및 재발성 장 감염은 빈국 아동 세 명 중 한 명에게 영향을 미치며 해당 아동은 7~9세 때 신장이 8센티미터 덜 자라고 지능지수가 10점 하락하는 것으로 추정된다.[7]

빈곤과 문맹은 20세기 전반기 서구사회에서 흔했으며, 따라서 생활 여건 개선이 인구집단 규모에서의 지능지수 상승에 한몫했을지도 모른다. 그럼에도 이것으로는 지능 점수가 꾸준히 상승한 이유를 설명할 수 없다. 점수 상승이 언어 능력이나 계산 교육의 향상 때문이라고 짐작할 법도 하지만, 실제로 점수가 오른 분야는 주로 추상적 추론(X일 때 Y이면 A일 때는 무엇인가?)으로, 이것은 전반적 지능을 측정하는 것으로 간주된다. 플린은 이러한 향상을 기술이 발전하고 기호가 풍부한 환경에 노출되고 다양한 문제 해결 과제를 접한 것과 더불어 전前과학(전문자)적 추론이 감소한 탓이라고 생각한다. 읽고 쓰기 이후에 등장한 기술은 한발 물러서 개념화하고 추상적으로 생각하는 능력—과거 세대들에서 읍내 주민과 시골 사촌을 구분하던 차이—과 관계있다. 하지만 부유한 사회에서 사회 경제적 집단 간에 지능지수 차이가 사라지지 않는 이유는 여전히 설명하기 힘들다. 이중 일부는 사회 유동성(똑똑한 개인은 상위 계층으로 올라갈 가능성이 크고 지능이 낮은 개인은 하위 계층으로 내려갈 가능성이 크다)으로 설명할 수 있겠지만, 이 점에서 마찰이 하나도 없는 사회는 존재하지 않는다. 사회적 박탈은 우리의 표현형에 폭넓은 영향을 미치는데, 이중 일부는 아직도 제대로 규명되지 않았으며 지능 검사 성적도 그중 하나일 가능성이 있다.

• 가소성 •

뇌는 인체 장기 중에서 가소성이 가장 크다. 면역계도 학습하고 기억할 수 있지만 생각은 오직 뇌만이 할 수 있다. 이에 우리는 앨프리드 러셀 월리스의 질문으로 돌아간다. 우리는 왜 애초에 뇌가 이렇게 크게 진화했을까? 큰 뇌를 유지하려면 생물학적으로 막대한 투자를 해야 한다. 신경생물학의 창시자 시모어 S. 케티는 진화적으로 오래된 뇌 부위에서 새로운 뇌 부위로 갈수록 뇌세포의 에너지 소비량이 커진다는 사실을 밝혀냈다. 이로 인한 불운한 결과 중 하나는 일정 시간 동안 산소나 포도당이 결핍되었을 때 고등 중추는 사멸하더라도 기초 기능은 고스란히 살아남는다는 것이다. 이것은 영혼 없는 육신에 가장 가까운 상태다. 나는 자살하려고 인슐린을 투약했다가 고등 중추가 파괴된 소녀를 본 적이 있다. 그때의 적막, 초점 없는 시선, 병실 시계가 똑딱거리는 사이사이 영원처럼 느껴지는 시간이 아직도 잊히지 않는다. 신경은 이온을 세포막 너머로 펌프질하여 전하를 유지하는데, 이 활동은 고에너지 ATP를 끝없이 소비한다. 이런 탓에 우리 몸무게의 약 2퍼센트에 불과한 뇌가 성인 에너지 섭취량의 약 25퍼센트를 소비하는 것이다. 신생아의 경우는 60퍼센트를 넘는다. 헨델은 『메시아』를 두 주 만에 작곡했다고 전해지는데, 그의 뇌는 그 기간에 자기 무게만 한 포도당(거의 1500그램)을 소비했을 것이다.

우리의 먼 조상들은 뇌가 커진 덕에 더 많은 식량 에너지를 조달할 수 있었다. 이 상승 작용 덕에 장이 단순해지고 뇌가 더 커졌다. 월리스는 우리가 이 먹이 사다리의 꼭대기에 도달했을 때 진화적 래칫이 멈춰야 했다고 주장했지만, 이렇게 결론 내린 근거는 다른 종과의 경쟁이었다. 인간끼리의 경쟁에서 뇌가 하는 역할은 고려하지 않은 것이다. 유전자를 다음 세대에 전달하는 데 사회적 지위가 얼마나 큰 영향을 미치는지는 남아메리카 야노마뫼족의 분석에서 밝혀졌다. 성공한 야노마뫼족 남성은 여성의 산도에 특별 입장할 자격을 얻었다. 그리하여 적어도 한 명의 성인 손주를 둔 남성 114 명 중에서 84명은 손주가 10명 미만이었고 평균은 4.3명이었던 데 반해 나머지 30명은 평균 23.7명이었다. 한 족장은 성년에 이른 손 주가 62명이었는데[8] 칭기즈칸이 남겼다는 남성 후손 1600만 명 앞 에서는 명함도 못 내민다.[9] 사회적 성공이 성적 성공과 관계있고 여 기에 지능이 중요하게 작용하므로—이것을 의심할 사람은 거의 없 을 것이다—우리의 유전자 전달 방식은 두뇌의 능력을 증가시키는 방향으로 오래전부터 치우쳐 있었다.

대부분의 권위자들은 사회적 상호작용이야말로 우리가 값비싼 뇌세포를 축적하게 된 계기라는 데 동의한다. 네덜란드의 역사가 요한 하위징아는 우리를 **호모 루덴스**(놀이하는 인간)로 규정했다. 놀이는 가상의 상황을 탐구하고 남을 흉내낼 수 있는 안전한 공간에 서 이루어지며 이야기는 이를 위해 선택된 수단이다. 복잡한 사회에 서 사는 사람들은 동료들의 반응을 예측하는 법을 배워야 한다. 이 를 위해서는 2차 추측(second-guessing, 타인의 의도를 미루어 짐작하 는 것—옮긴이)이 필요하며, 그러자면 다른 사람들의 사고 과정을 세심하게 들여다볼 수 있어야 한다. 공감과 타인 조작 능력은 성인 聖人과 정신병질자를 가르는 동전의 양면이다. 타인을 해석하고 감 응시키고 기만해야 할 필요성은 우리가 크고 비효율적인 뇌를 가지 게 된 이유일 것이다. 이것을 '마음 이론theory of mind'이라 한다.

마음 이론의 훌륭한 사례는 스탕달의 『적과 흑』 21장에서 찾아볼 수 있다. 프랑스의 한 도시 시장인 레날 씨는 방금 충격적인 첩보를 입수했다. 그는 비천한 출신의 현지 청년 쥘리앵 소렐을 자녀들의 가정교사로 고용했는데, 주목적은 지역사회에서 자신의 위신을 높이기 위해서였다. 그런데 레날 부인이 쥘리앵에게 푹 빠져 두 사람이 연애를 시작했다. 한편 쥘리앵에게 연정을 고백했다가 퇴짜 맞은 하녀 엘리자는 지역 유지 발르노 씨에게 레날 부인과 쥘리앵의 불륜 사실을 알렸는데, 발르노 씨는 오래전부터 레날 부인에게 눈독을 들이던 터였다. 격분한 그는 레날 시장에게 부인을 비난하는 편지를 익명으로 보냈으니, 그것이 바로 앞에서 말한 첩보다. 레날씨는 분노로 실성할 지경이 되었으나 마음을 추스르고 두 가지 신중한 판단을 내린다. 첫번째 판단은 이 사실이 알려지면 그가 지역사회에서 영영 웃음거리가 되리라는 것이고 두번째 판단은 아내가 고모 사후에 막대한 유산을 받기로 되어 있는데 이혼하면 이것이 날아가리라는 것이다. 위험을 알아챈 쥘리앵은 레날 부인을 위해 그녀의 남편에게 보여줄 익명 편지를 꾸민다. 그녀의 불륜을 비난하는 내용이다. 그녀의 남편은 두번째 익명 편지를 읽고 첫번째 편지를 의심한다. 아내가 유죄라면 자신에게 편지를 보여줬을 리 만무하다고 여겨서다. 그녀는 낯을 붉히며 남편에게 엘리자가 쥘리앵을 연모하다가 퇴짜를 맞았다고 귀띔하고는 (첫번째 익명 편지의 발신인으로 짐작되는) 발르노 씨 본인이 자신에게 연서를 여러 통 썼다고 지나가는 말로 언급한다. 남편이 편지를 보여달라고 요구하자 그녀는 완곡하게 거절한다. 그는 권위를 내세우며 아내의 잠긴 서랍을 후려쳐 편지들을 낚아채는데, 과연 아내의 말대로다. 레날 부인은 남편의 분노를 무사히 다른 쪽으로 돌릴 수 있었으며 부부는 손을 맞잡고서 다음 조치를 궁리한다.

촘촘하게 짜인 이 서사는 다섯 인물의 지략을 한 사람과 맞세운다. 각 인물은 나름의 꿍꿍이가 있으며 각자 상대방의 의중을 이중 삼중으로 추측하느라 바쁘다. 우리의 뇌는 이런 심리 게임에 사족을 못 쓰는데, 여기에 발전한 언어 능력과 지식의 문화적 전달이 더해져 우리의 뇌를 더욱 발달시켰을 것이다.

가소성이 뛰어난 우리의 뇌는 우리가 태어나기 전에는 고이 잠들어 있다가 미리 프로그래밍된 일단의 반응과 게걸스러운 학습 욕구를 지닌 채 세상에 뛰어든다. 뇌의 크기는 생후 400그램에서 12개월 만에 1000그램으로 커진다. 아이가 사회적 환경에서 온전한 역할을 맡을 수 있으려면 10년간 훈련을 받아야 하며 그 환경을 성인만큼 능숙하게 헤쳐가기까지는 더 오랜 기간이 필요하다. 이 훈련은 어떻게 진행될까? 여느 복합 형질과 마찬가지로 지능은 다양한 유전자가 부여하는데, 우리 뇌를 구성하는 것은 이 유전자들에 의해 확립되는 규칙 기반 절차들이다. 이 절차들은 중요한 발달 시기에는 외부 영향에 취약하지만—이를테면 산모가 알코올을 지나치게 섭취하는 경우—부모가 자녀에게서 목격하는 놀라운 다양성은 대개 우연의 산물이다. 아동에게서 발달하는 소질이나 천직은 종종 자기 충족적 예언처럼 작동한다. 운동선수가 훈련을 통해 전문 기술을 발달시키는 것은 평범한 사람이 자전거 타기나 피아노 연주나 시계 수리를 배우는 것과 같은 과정이다. 우리의 뇌는 학습 프로그램을 업로드하는 게 아니라 **창조**하며 학습한 기술을 자동화될 때까지 재구성한다.

우리 조상들은 아프리카를 떠날 때 내면에 미답의 세계를 품고 떠났다. 우리의 마음─뇌의 표현형─은 문화적 진화에 대응하여 단계별로 구성되었다. 우리는 조상들보다 조금도 더 똑똑하지 않지만, 훨씬 많은 정보를 처리하는 법을 배웠다. 우리가 문화적·기술적 유산을 내면화하는 데 인생의 수십 년을 바치는 데는 그럴 만한 이유가 있다. 이런 훈련을 못 받은 사람은 어느 사회에서든 안타까운 불이익을 당한다.

· 고요한 대륙 ·

신경계는 위쪽으로 올라갈수록 복잡해진다. 맨 아래에서 뇌로 연결되는 척수는 구식 전화망을 닮았다. 집에 연결된 전화선을 자르면 전화가 먹통이 되는 것도 마찬가지다. 후뇌 속으로 올라가 연결이 더 많아지면 전화 교환수는 함부르크를 경유하도록 통화 경로를 수정할 수 있다. 더 위로 올라가 대뇌피질에 들어가면 모든 것이 나머지 모든 것과 연결되어 있다. 마치 유선 전화선에서 인터넷으로 도약하는 것과도 같다. 대뇌피질은 여분의 처리 용량이 어마어마하게 남아 있기에 초기 신경학자들은 대뇌피질의 실제 역할을 파악하기 힘들었다. 초기 지리학자들처럼 그들은 이 고요한 대륙의 지도를 상상 속 짐승으로 채웠다. 전체가 부분보다 크다는 사실, 피질이 놀랍도록 유연하게 작동할 수 있다는 사실을 신경학자들이 깨닫기까지는 오랜 세월이 걸렸다.

시대를 통틀어 가장 유명한 뇌 손상이 우리의 피질이 인터넷처럼 작동한다는 사실을 입증했다. 스물다섯 살의 피니어스 게이지는 건장하고 잘생겼으며 버몬트 철도 건설 회사의 작업반장으로 존경받는 사람이었다. 1848년 9월 13일 수요일에 그의 작업반이 암석을 발파하고 있었다. 작업 순서는 깊은 구멍을 파서 화약을 채우고 모래를 다진 다음 뒤로 물러나 폭발시키는 것이었다. 다짐용 쇠막대는 길이가 1미터, 지름이 3센티미터, 무게가 6킬로그램이었으며 위쪽이 뾰족했다. 게이지가 한창 모래를 다지고 있을 때 불꽃에 화약이 폭발하여 쇠막대가 그의 머리를 관통했다. 광대뼈 아래로 들어온 쇠막대는 두개골 위쪽으로 빠져나가 20미터나 날아갔다. 게이지는 왼눈을 실명했지만 의식은 잃지 않았다. 이것은 보기만큼 특이한 사례는 아니다. 베트남전쟁에서 뇌 관통상을 입은 병사들 중에도 제 발로 야전병원을 찾은 사람들이 있었다. 게이지는 소달구지에 실려 숙소에 돌아갔는데, 숙소로 달려온 젊은 의사 존 할로와 정상적으로 대화를 나눌 수 있었다. 관이 준비되었으나 게이지는 놀랍게도 살아남았다.

그의 이후 삶에 대해서는 알려진 것이 거의 없으며 모두가 아는 그 이야기는 와전된 것으로 보인다. 속설에 따르면 그는 부상당한 이후 성격이 달라졌고, 게으르고 못 미더운 사람이 되었으며, "게이지는 예전의 게이지가 아니"게 되어 결국 일자리도 구하지 못했다고 한다. 하지만 최근 연구에서 밝혀진 사실은 게이지가 한동안 순회 서커스에 출연하다가 말 대여소에서 18개월간 일했다는 것이다. 그런 다음 (하고많은 나라 중) 칠레에서 역마차 회사를 설립하는 일을 맡았다. 그는 1852년이나 1854년 칠레에 도착하여 애꾸눈으로 역마차를 몰고 형편없는 도로를 13시간 동안 달렸다. 1859년 샌

그림 59 자신의 머리를 관통한 쇠막대를 들고 있는 피니어스 게이지.

프란시스코에 돌아가 가족과 재회했을 땐 건강이 악화했지만 농사일은 능히 할 수 있었다. 그러다 1860년 2월 잇따른 간질 발작이 일어났고 석 달 뒤 사망했다.[10] 역마차를 탄 피니어스 게이지는 여러 세대의 의학 연구자들이 묘사한 퇴행적 난봉꾼보다는 1848년의 존경받던 작업반장에 더 가까웠을 것이다. 그의 사진은 정말로 그렇게 보인다(그림 59). 그는 머리에 커다란 구멍이 뚫린 사람치고는 잘 산 게 틀림없다.

이것을 비롯한 19세기 일화들에서 보듯 대뇌피질은 넓은 영역이 손상되어도 뚜렷한 영향이 나타나지 않을 수 있는 한편 특정 부위가 손상되면 운동 기능이나 감각 기능이 파국적으로 상실될 수 있다. 오른손잡이의 좌뇌에는 브로카 영역과 베르니케 영역이라는 작은 부위가 있는데, 이곳은 말과 언어에서 매우 구체적인 역할을 하는 것으로 밝혀졌다. 비非우세 대뇌 반구의 해당 부위에 손상을 입었을 때는 그런 효과가 나타나지 않은 것을 보면 두 반구가 각각 특수한 기능을 수행한다는 사실을 알 수 있다. 이후의 뇌 영상 연구에서는 몇몇 일반적 기능을 뇌의 특정 부위에서 담당한다는 사실이 밝혀졌다. 이를테면 공감과 공간 지각 같은 비언어적 능력은 비우세 대뇌 반구에 집중되어 있다. 하지만 이런 경계에는 융통성이 있으며, 복잡한 작업을 수행할 때는 피질의 많은 영역이 상호작용한다. 이 융통성 덕에 뇌는 심각한 장애를 우회하는 방법을 찾아낼 수 있다.

내가 이 책을 쓰느라 바쁠 때 우리 지역의 전기 기사(웨일스의 이 근방에서는 '전력망 톰Tom the Grid'이라고 부른다)가 아버지가 되었다. 눈 밝은 초음파 기사가 아기의 두 반구가 정상적으로 연결되지 않았다는 사실을 출생 전에 알아차렸다. 본디 두 대뇌 반구를 형성하는 두 가닥의 가지는 중뇌 위쪽에서 Y자의 위쪽처럼 둘로 갈라졌다가 정중선에서 호두의 두 반쪽처럼 딱 붙는다. 두 반구를 결합하는 것은 약 2억 개의 신경 다발로 이루어진 교량으로, '뇌량'이라고 부른다. 태아 4000명 중 한 명은 이 구조에 부분적이거나 완전한 결손이 있는데, 전력망 톰의 아들도 그중 하나였다. 아이가 앞으로 어떻게 될 것 같으냐고 그가 내게 물었다.

나는 유명한 뇌 분리 실험을 어렴풋하게 기억하고 있었다. 1950년대에 신경외과 의사들은 간질 환자를 치료하는 최후의 수단으로 뇌량을 절단했다. 다행히도 환자들은 (이 연구로 노벨상을 공동 수상한 로저 스페리의 말을 빌리자면) "말, 언어 지능, 계산, 운동 조절, 언어 추론 및 기억, 성격, 기질이 놀라울 정도로 고스란히 보전되었"다. 그렇다고 해서 환자들이 멀쩡했다는 말은 아니다. 우려한 만큼 심각하지는 않았다는 뜻일 뿐이다. 남은 문제들은 복잡한 추론, 대인 관계, 감정 표현에 영향을 미쳤다.

스페리는 수술로 분리된 각각의 반구가 실험자와 따로따로 소통할 수 있을 것이라고 생각했다. 이것이 가능한 이유는 우뇌가 좌측 시야를 처리하고 좌뇌가 우측 시야를 처리하기 때문이다. 뇌가 분리되면 좌측 시야에 있는 물체는 우반구에서 볼 수 있지만 영상을 좌반구로 전달할 수는 없다. 뇌의 한쪽만이 언어를 처리하기 때문에 언어를 담당하는 뇌 부위에 사과를 보여주면 올바르게 인식하지만 반대쪽 뇌에 사과를 보여주면 피험자는 아무것도 못 봤다고 말하면서도 쟁반에 놓인 여러 물건 중에서 사과를 (촉감으로) 고를 것이다. 당신의 비우세 대뇌 반구는 무슨 일이 벌어지고 있는지 알지만 그 경험을 소통할 언어 능력이 없다. 뇌가 분리된 사람은 감정을 느끼지만 말로 표현하지 못한다. 이 감각은 뇌가 분리되지 않은 사람은 알 수 없다.

그렇다면 전력망 톰의 아기는 어떻게 될까? 뇌가 분리된 채 태어나는 사람들은 분리 수술을 받은 환자보다 훨씬 적은 영향을 받는데, 그 이유는 아마도 뇌가 발달하면서 적응하기 때문일 것이다. 또한 그들은 앞연결부라는 작은 교량을 훨씬 적극적으로 활용한다. 선천적 뇌량 결손은 "일반적 인지 능력에 놀랄 만큼 제한적인 영향을 미치"며 생각보다 훨씬 많은 사람들이 자기가 분리 뇌라는 사실을 모른 채 살아간다. 하지만 행동에 문제가 발생하는 경우가 적지 않은데, 환자는 양반구가 긴밀히 협력해야 하는 복잡한 정신적 과제에 애를 먹으며 복잡한 사회적 상황이나 대인 관계를 파악하지 못하기도 한다.[11]

이런 예에서 보듯 가소성은 대뇌피질의 주된 특징이다. 대뇌피질의 작동은 자유롭고 비교적 유연하며 상호적이다. 이 덕분에, 일부 영역이 손상되어도 별다른 피해를 입지 않을 수 있으며 두 반구가 거의 독립적으로 작동할 수 있다. 대뇌피질의 기능 중에서 분화가 가장 잘 이루어진 것 중 하나는 말과 언어다. 이 기능은 오른손잡이의 95퍼센트에서 우세 반구에 위치하지만 왼손잡이는 그 비율이 72퍼센트에 불과하며 드물긴 하지만 양쪽에 다 있는 경우도 있다. 가장 유명한 사례로 영화 〈레인맨〉의 모델이 된 킴 피크가 있다. 피크는 뇌량 결손을 비롯한 여러 신경 이상이 있었으며 양 반구에서 언어를 처리할 수 있었다. 그는 탐독가로, 1만 2000권의 책을 읽었고 그 내용을 꽤 정확히 기억했다. 그의 독서 습관은 왼눈으로 왼쪽 페이지를, 오른눈으로 오른쪽 페이지를 읽는 것이었다. 그가 두 페이지를 어떻게 합치는지는 수수께끼다.

• 모든 것을 번역하는 뇌 •

당신이 텔레비전을 볼 때는 놀라운 일이 일어나고 있다. 카메라가 대상을 촬영하면 그 이미지가 픽셀로 변환되어 저장되고 위성에 전송되었다가 텔레비전 수신기에 전달되어 시각 이미지로 재조립된다. 이 이미지가 당신의 망막에 포착되면 신호 전달 화학 물질이 신경 신호로 변환된다. 이 신호들은 당신 머리 뒤쪽의 회백질에 도달하여 시각 이미지로 바뀐 뒤 뇌에서 반전反轉되어 당신에게 제시된다. 그와 동시에 청각 메시지도 똑같이 복잡한 방식으로 처리된다. 그렇게 보는 게 한낱 광고라는 게 아쉬울 뿐.

우리의 현재 경험 폭은 감각 수용체에 의해 제한된다. 곤충은 열熱 이미지를 '볼' 수 있으며 박쥐는 소리를 시각으로 변환할 수 있다. 날 때부터 맹인인 사람들은 시각 피질의 일부를 청각에 쓸 수 있으며 여분의 피질은 새로운 역할을 배우거나 원래 능력을 잃어버리기도 한다. 고전적이고 잔인한 생리학 실험 하나로, 새끼 고양이의 시각 경험에서 중요한 첫 몇 주 동안 한쪽 눈을 가리는 것이 있었다. 고양이는 그뒤로 영영 눈이 멀게 된다. 이 실험 덕분에 외과 의사들은 아동이 회복 가능한 시각 상실을 타고났을 경우 일찍 수술해야 한다는 사실을 알게 되었다. 어릴 적 맹인이 된 사람들의 시력을 회복시키는 일도 이따금 가능했는데, 시력을 되찾는 것보다 큰 선물은 상상하기 힘들 것이다. 그런데 꼭 그런 것만은 아니다. 시력을 되찾은 사람들 중에서 일부이기는 하지만 오히려 혼란이 커지고 불행해진 경우도 있기 때문이다. 그들의 뇌는 감각 입력을 어떻게 처리해야 할지 모른다.

로알드 달의 단편소설 「윌리엄과 메리」에서는 못된 남편이 고분고분한 아내를 기겁하게 한다. 자신이 죽은 뒤에도 뇌가 여전히 살아서 한쪽 눈에 연결되도록 한 것이다. 아내는 그의 뇌를 집에 둘

권리를 주장하고는 철저한 비흡연자였던 남편의 눈에 담배 연기를 뿜으며 고소해한다. 당신이 완전히 고립된 뇌라고 상상해보라(이것은 완전한 감각 박탈이다). 그런 뇌에 감각을 회복하려면 어떻게 해야 할까? 이론상으로는 가능하다. 신경계가 유입되는 감각 정보를 자극으로 변환하여 감각 피질에 전달하면 이것이 양파 냄새나 베토벤 5번 교향곡 도입부로 전환되기 때문이다. 당신은 이 기적을 일으키는 감각 피질의 세포들이 고도로 전문화되어 있을 거라 상상하겠지만, 전부 똑같은 여섯 계층의 신경세포들이 무엇이든 처리할 수 있는 듯하다. 뇌를 분리하여 영구적으로 살려두는 게 정말로 가능하다면 여전히 몸속에 있는 것처럼 뇌를 속이는 것도 가능할 것이다. 그러면 뇌는 끝없는 활극 모험이나 환각 체험을 경험할 수 있을 것이다. 눈에 담배 연기를 쐬거나 똑같은 옛날 영화를 끊임없이 봐야 하는 것보다는 훨씬 나을 것이다. 뇌는 인체 장기 중에서 가소성이 가장 크다.

• 은유의 쓰임새 •

많은 사람들은 호모 사피엔스가 뇌를 다르게 쓰기 시작한 시기가 약 5만 년 전이라고 생각한다. 이 변화를 '행동 측면의 현대성'이라고 부른다. 해부학적으로나 유전학적으로는 결코 설명되지 않으므로 아마도 기능적 변화였을 것이다. 한 가지 표준적 설명은 사회적 경쟁으로 뇌가 복잡해졌고 이것이 임계점에 도달했을 때 뜻밖의 가능성이 나타나기 시작했다는 것이다. 그렇다면 놀라운 잠재 능력이 발견을 기다리고 있던 셈이다. 위대한 수학자와 음악가(가 될 수도 있었을 사람)들은 사회가 표현 수단을 만들어내기 오래전에는 돌을 깨서 연장을 만들며 일생을 보냈다. 표현 수단이 생겨난 뒤에야 새로운 개념이 등장할 수 있었으며 새로운 생각이 떠올라 미래 세대에 전달될 수 있었다.

고생물학자 스티븐 제이 굴드는 아테네 공항에서 **메타포로스** metaphoros가 수하물 카트를 가리키는 그리스어 이름인 것을 알고서 무릎을 쳤다. 은유는 낯익은 개념을 한 경험 영역에서 다른 영역으로 옮기며, 은유가 없으면 우리는 주변 세상을 이해할 엄두도 내지 못한다. 문제는 올바른 은유를 찾는 것이다. 르네 데카르트가 인체를 기계에 비유하면서 염두에 둔 기계는 파이프와 레버로 작동했다. 두 세기 뒤 과학적 은유는 전기, 연소, 증기기관을 동원할 수 있었으며 그 이후에는 전화 교환기와 컴퓨터가 등장했다.

진보—스스로 지속되는 지적·기술적 성장—개념은 18세기 전에는 사실상 존재하지 않았다. 에드워드 기번은 안토니누스 왕조의 로마를 문명의 정점으로 보았다. 인류가 실수로부터 교훈을 얻는 유일하게 타당한 신뢰할 만한 방법인 과학이 기술과 접목되자 과거의 은유들은 금세 한물갔다. 미래의 과학자들은 말 그대로 상상을 뛰어넘는 은유를 구사할 것이며 우리 문명이 그때까지 살아남는다면 후손들은 우리가 생각할 엄두도 못 내는 것들을 이해할 것이다. 그때 어떤 잠재 능력이 탄생할지 누가 알겠는가?

요약하자면 우리가 세상을 생각하고 느끼고 교류하고 경험하는 방식이 달라졌음은 의심할 여지가 없어 보인다. 이 차이는 지능 검사 성적을 제외하면 측정하기 힘들지만 광범위한 영향을 미친다. 우리는 스스로 만든 환경의 피조물이다. 이것을 이해하지 못하면 우리는 몽유병 환자처럼 멍하니 미래를 맞이할 것이다.

5부

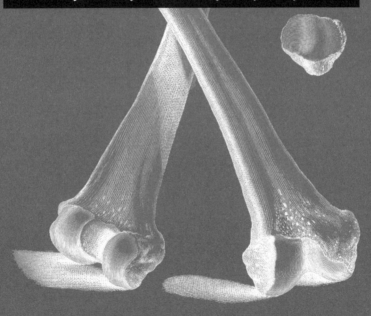

함께 살아가기

18
인류 길들이기

얼마 전 축산 공장을 방문하여 젖짜기 과정을 참관했다. 젖통이 부푼 암소들이 자진해서 전자 출입구로 이동하자 센서가 암소 목에 걸린 칩을 판독하여 준비가 된 소들을 들여보냈다. 착유장 안에서는 로봇이 젖을 짰으며, 착유량이 기록된 뒤 소들은 울안으로 돌아가 하루를 보냈다. 이튿날 슈퍼마켓 쇼핑객들이 계산대로 이동하여 전자 인식표를 대고 대금을 치르는 과정을 목격했다. 높은 수준의 순응은 현대사회의 삶의 조건이자 가축화된 종의 삶의 조건이다. 블루멘바흐는 인간이 길든 짐승과 닮은 점이 무척 많은 것을 보면 우리 또한 길든 게 아닐까 하고 생각했다. 이에 내놓을 수 있는 대답의 윤곽들이 이제 드러나고 있다.

다윈의 외사촌 프랜시스 골턴은 가축화된 대형 포유류가 너무 적은 이유를 궁리했다(최근 추산에 따르면 148종의 초식동물 중 14종만

이 가축화되었다). 그는 사람들이 어린 짐승을 사로잡아 기르는 것을 보고 길들일 수 있는 짐승은 이미 길든 상태라고 결론 내렸다. 포획 상태의 삶에 알맞은 특징이 이미 진화되었다는 뜻이다.[1]

다윈은 자연에서 작용하는 자연선택과 육종가들이 실시하는 인위선택을 구별했다. 인위선택(나중에는 '체계적 선택'으로 불렸다)은 비교적 최근의 혁신이었으며 초기 가축화 과정에 작용한 '무의식적' 선택과 대조되었다. 무의식적 선택은 유난히 강인하고 온순하고 포획 상태에서 번식할 수 있는 개체가 금세 나머지 개체보다 수가 많아진다는 뜻으로, (최근 도입된) 미리 정한 목표를 추구하는 번식 방법보다 수천 년 전에 등장했다.[2] 실제로 우리는 해부적 측면과 행동적 측면에서 가축과 수많은 특징을 공유한다. 과연 이것이 무의식적 선택 과정에 의해 수천 세대에 걸쳐 진화할 수 있었을까?

• 가축화에 이르는 길 •

세 갈래 큰길이 짐승의 가축화로 이어졌다. 첫번째 큰길은 '식구'였다. 식구는 "한집에서 함께 살면서 끼니를 같이한"다. 청소동물들이 초기 정착민에게 끌린 것은 틀림없이 이런 까닭이었을 것이다. 붙잡힌 강아지는 방범견으로서—길든 개는 짖지만 그들의 조상은 짖지 않았다—또한 사냥과 목축에서 쓰임새를 발휘했을 것이다. 고양이는 쥐가 들끓는 것에 이끌려 찾아왔다가 쥐잡기 능력 덕에 눌러앉을 수 있었을 것이다. 개는 서열을 선뜻 받아들이며, 무리 행동과 비언어 신호 수용 능력을 겸비한 덕에 우리와 밀접한 관계를 맺을 수 있었다. 한편 고양이는 가축화를 자신에게 유리하도록 받아들인 독거성 동물이기에—고양이가 우리를 가축화했다고 말할 수도 있을 것이다—피치 못할 상황에서는 야생에서도 얼마든지 살아갈 수 있다.

가축화에 이르는 두번째 큰길은 솥단지를 통해 이어져 양, 염소, 젖소, 돼지가 이 길로 우리에게 도달했다. 무리 동물은 대체로 우두머리 한 마리를 따르기에 다루기 수월하다. 최초의 식용 동물은 밤에는 우리에 갇혔을 테지만 낮에는 자유롭게 돌아다닐 수 있었을 것이다. 유목과 방목이 오래전 나뉜 것은 일부 무리 동물이 더 많이 이동하기 때문이다.

세번째이자 더 다양한 범주에는 고기나 젖 이외의 이유로 가축화된 짐승이 포함된다. 이를테면 일소는 수레를 끌었으며 말과 낙타는 짐을 날랐다. 양은 처음에 가축화되었을 때는 털이 짧았지만 북슬북슬한 복부에서 긴 털이 진화했다. 양털은 기원전 3000년경부터 귀한 대접을 받았다.

최초의 가축은 작았다. 그래서 그리스인과 (호메로스가 "말들을 몰고 말을 길들이는 트로이아인"이라고 부른) 트로이인들은 말이 아니라 전차를 타고 싸웠다. 가축의 크기가 조금씩 커진 것은 중세 정주지의 유해에서 알아볼 수 있지만, 계획 번식이 시작된 18세기 들머리에도 농장 가축은 작달막했다.[3] 양은 고기보다는 털을 얻으려고 사육되었으며 "뼈대가 작고 활동적이고 강인하고 먹이가 아무리 부족해도 목숨을 부지할 수 있고 굶주림을 잘 참으며 …… 수세기 동안 먼 거리를 이동하고 척박한 목초지에서 풀을 바짝 뜯어

그림 60 중세의 가축은 지금보다 작았다.

먹고 겨울에 건초로 연명하면서 품종이 형성되었다". 앞에서 보았듯 스미스필드 시장에서 팔린 양은 1710년의 약 13킬로그램에서한 세기 남짓 만에 36킬로그램으로 늘었다.[4] 현대 암양은 몸무게가45~100킬로그램이나 나간다.

길든 짐승은 체격과 행동 면에서 놀랍도록 유연한 반면에 야생동물은 크기와 형태가 무척 안정적인데, 이는 야생동물이 자연선택을통해 특정 환경에서 생존하는 최선의 방식에 수렴했음을 보여준다.종을 유연한 발달 경로로 이끌려면 우선 이 단단한 틀을 깨야 한다.가축화의 역사를 보면 틀 깨기가 대체로 단 한 번 일어났으며 백지에서 시작하기보다는 이미 길들인 종을 재활용하는 편이 수월하다는 것을 알 수 있다. 20세기의 몇몇 고전적 실험은 가축화를 향한 이 첫 단계가 어떻게 일어났는지 암시한다.

· 시궁쥐와 은여우 ·

1919년 미국 위스타연구소의 헬렌 킹 박사는 실험실에서 번식시킨 쥐와 야생 쥐를 비교했다. 고위도 지역의 우세 야생종은 노르웨이 쥐라고도 하는 시궁쥐로, (이름과 달리) 아시아 어딘가에서 발원하여 18세기 전반기에 유럽에 쳐들어와 많은 서식처에서 검은쥐*Rattus rattus*를 몰아냈다. 킹 박사는 이렇게 썼다. "야생 시궁쥐는 더 쉽게 흥분하고 훨씬 야생적이다. 우리까지 쏠아버린다." 그녀의 들쥐는 스물다섯 세대 만에 20퍼센트 무거워지고 번식력이 늘었으며—한배의 새끼가 3.5마리에서 10.2마리로 증가했다—안전하게 취급할 수 있었다. 뇌, 부신, 갑상샘도 작아졌다.[5] 이 과정에서 무의식적 유전자 선택이 이루어졌을까? 시베리아의 연구자들은 이 질문에 답하기 위해 야생 쥐를 잡아다 번식시키면서 가장 공격적인 표본과 가장 온순한 표본을 추렸다. 그들은 쥐에 손대지 않았으며 순전히 온순한 행동만을 기준으로 선택했다. 마침내 가축화된 종이 생겨났는데, 이것을 보면 초기 가축화에서도 비슷한 과정이 무의식적으로 진행되었을 것 같다. 게다가 어떤 훈련도 실시되지 않았기에 이 실험은 가축화 능력이 유전 형질임을 보여주었다.

시베리아의 연구자들은 새끼 여우를 가지고 더 유명한 실험을 실시했다. 은여우는 붉은여우의 이색異色 변종으로, 서로 교배할 수 있다. 은여우는 러시아 및 북아메리카의 북부 지방에 널리 분포하며 일반적으로 검은색과 회색의 줄무늬가 있다. 하지만 네 마리 중 한 마리는 은색 일색인데, 캐나다 모피 업계에서는 그 가죽 한 장의 값이 비버 가죽 마흔 장과 맞먹었다. 균일한 은색 털가죽은 근친교배로 생산되며 이를 위해 북아메리카에서 은여우를 사육했다. 1924년에는 에스토니아로 수출되었고 이후 소련에 퍼졌다. 여우는 포악하기로 악명 높았기에 아무도 길들일 엄두를 내지 못했다.

시베리아 노보시비르스크의 유전학자 드미트리 벨랴예프는 1959년 류드밀라 트루트의 도움을 받아 바로 그 일에 착수했다. 이들의 선택 기준은 오로지 행동이었다. 장갑을 단단히 낀 손을 우리에 넣어 공격성을 기준으로 어린 여우들을 가려냈다. 다정한 관심을 조금이라도 보인 여우는 거의 없었지만 폭넓은 조사를 통해 그런 여우를 130마리 찾아내어—대부분 암컷이었다—후속 실험을 실시했다. 사람과의 접촉은 장갑 검사에 국한되었으며 검사를 통과한 여우를 대상으로 지속적 교배가 실시되었다. 여섯 세대 뒤 새끼 213마리 중 네 마리가 꼬리를 흔들고 낑낑거리고 냄새를 맡고 혀로 핥는 등 막연하게나마 개와 비슷한 방식으로 인간과의 접촉에 반응했다. 서른 세대가 지나자 49퍼센트가 극도로 온순해졌으며 마흔 세대 뒤에는 완전히 길들었다.[6] 이 변화는 여우의 행동에만 영향을 미친 것이 아니다. 무엇보다 주둥이가 길어졌고 털색이 얼룩덜룩해졌으며 귀가 처졌고 짖는 법을 배웠다.

벨랴예프의 실험은 가축화 성향이 유전적임을 보여주었다. 이를 설명하려는 그의 첫 시도들은 겁의 상실이라는 한 가지 특징에 초

그림 61 드미트리 벨랴예프와 은여우들.

점을 맞췄다. 갓 태어난 짐승은 처음에는 겁이 없지만 성숙하면서 공격·도피 반응이 발달한다. 이것은 발달 과정에서 부신의 스트레스 호르몬이 분출하기 때문으로, 대부분의 짐승은 이 현상이 일어난 뒤에는 접근이 불가능하다. 이를테면 길고양이는 일찍 손을 타지 않으면 야생화되어 되돌릴 수 없지만 그 새끼들은 쉽게 길들일 수 있다. 야생 새끼 여우는 생후 6주에 부신 호르몬이 대량으로 분비되어 겁 반응이 발달하는 반면에 가축화된 새끼 여우는 반응이 늦게 발달하고 정도도 약하다. 헬렌 킹의 쥐와 벨랴예프의 여우는 둘 다 부신이 야생 개체보다 작았는데, 이는 부신 반응의 감소가 가축화의 유전적 토대일 가능성을 암시한다.

하지만 정답은 그렇게 간단하지 않았다. 벨랴예프의 성과에 고무된 연구에서는 가축화의 첫 단계가 해부적, 생리적, 행동적 변화의 총체적 연쇄와 관계있다는 사실이 뚜렷이 드러났기 때문이다. 더 주목할 만한 사실은 전혀 무관한 종들이 놀랍도록 비슷한 발달 경로로 각각 수렴했다는 것이다. 이 수렴은 **길들임 증후군**domestication syndrome 으로 불리게 된다.

• 길들임 증후군 •

가축은 여러 면에서 야생 조상과 다르다. 해부학적으로 말하자면 그들은 뇌가 작고 뼈가 연약하고 주둥이가 납작하고 갸름한 턱에 작은 이빨이 빽빽히 모여 있고 뿔 같은 방어 무기가 없어졌다. 털색은 더 다양해지고 귀는 처졌다(다윈은 귀가 자연적으로 처진 짐승은 코끼리밖에 없다고 지적했다). 일찍 성 성숙에 도달하며 연중 짝짓기를 한다.[7] 이 모든 현상들은 어떻게 연결되어 있을까?

신체적 차이를 제외하면 행동의 변화는 가축화의 핵심 특징이다. 길들임 증후군과 연관된 차분한 기질은 스트레스 호르몬의 수치 감소와 관계가 있으며, 행복감을 일으키는 신경전달물질 세로토닌 수치 증가를 비롯한 뇌 화학 조성의 변화를 동반한다. 가축의 또 다른 핵심 특징은 특히 애완동물에게서 선호되는 것으로, 피터팬처럼 결코 어른스러워지지 않는다는 것이다. 이 짐승들은 순진하고 쾌활하고 다정한 성격을 유지하며, 행동과 외모 둘 다에 영향을 미치는 청소년기의 특징을 성년기까지 간직한다.

유아기적 특징의 지속은 가축화의 핵심 특징이며 스티븐 제이 굴드는 미키 마우스의 진화를 흥미롭게 들여다보면서 이 주제를 탐구했다.[8] 미키 마우스는 1928년 첫선을 보였을 때만 해도 영락없는 설치류였지만 점점 주둥이가 짧아지고 머리통이 둥글어지고 눈이 커지고 눈썹이 생겼다. 이 효과는 미키 마우스를 아이 같은 외모로 탈바꿈시켜 우리에게 풍성한 호의를 불러일으키거나 콘라트 로렌츠가 묘사한 생득적 촉발 기제를 자극하기 위한 것이었다. 아이 같은 형질을 성년기까지 간직하는 현상을 유형성숙幼形成熟이라고 부르는데, 굴드는 인간이 '발달 지체 유인원'일 가능성도 논했다. 이 논증에 따르면 우리의 커다란 뇌는 생후에도 계속 자라야 하며, 이를 위해 초기 발달의 속도가 느려진 덕에 기능적 유연성이 커질 수 있었다.

전반적 발달 지연이 길들임의 토대라는 발상은 솔깃하지만 여기에 너무 매달리면 안 된다. 그보다 더 정확한 용어는 **이시성**heterochrony으로, "원형적 발달 패턴의 속도와 시기가 달라져 발생하는 형태적 변화"로 정의된다.[9]

길들임 증후군이 발달 과정 초기에 하나의 세포군이 변형되어 일

그림 62 미키 마우스의 발달 과정.

어났다는 주장도 있다. 우리 몸에는 200여 가지의 전문화된 세포가 있는데, 저마다 다른 조상 세포에서 기원하며 이 조상 세포가 관련된 성질을 지닌 후손들을 낳았다. 그런 세포군 중 하나는 배아의 일부인 신경능선neural crest으로 거슬러올라간다. 이 세포들은 기원이 공통되지만 기능은 매우 다양하다. 어떤 것들은 아드레날린에서 신경전달물질에 이르는 화학적 전령을 만들고 어떤 것들은 멜라닌 같은 색소를 만들며 또 어떤 것들은 얼굴과 두개골의 발달에 관여한다. 이 특징들이 아이 같은 외모, 온순함, 그 밖의 행동 변화가 지속되는 것과 관계있을지도 모른다. 요약하자면 두려움과 공격성에 대한 반응의 수위를 낮추는 선택이 사실상 전체 발달 꾸러미를 풀었다고 말할 수 있다.[10]

길들임 증후군은 인류에게 얼마나 큰 영향을 미칠까? 발달의 측면에서 우리는 매우 유연하다. 우리는 과밀을 견딜 수 있으며 아무 때나 짝짓기를 할 수 있다. 해부학적으로 보자면 연약한 뼈대, 무방비함, 작은 턱과 치아 등은 가축을 닮았다. 남성의 얼굴은 안와상융기, 뺨, 턱이 튀어나와 여성보다 우락부락한데, 이러한 발달은 사춘기 호르몬 급증과 때를 같이한다. 지난 8만 년에 걸친 두개골을 분석했더니 남성의 얼굴은 안와상융기가 작아지고 얼굴 중반 부위가 납작해지는 등 점차 여성화되었다. 논문 저자들은 이를 안드로겐 반응 감소와 (추론컨대) 안드로겐 생산 감소로 해석하며 이것이 덜 공격적이고 더 사회적인 남성에 대한 성 선택의 결과라고 주장한다.[11] 이렇듯 무의식적 선택은 인류의 형성에서도 길들임 증후군의 요소들을 선호했다.

・함께 살기・

발달 꾸러미는 풀리기 전에 이미 존재해야 하므로 여기에는 모종의 진화적 쓰임새가 있으리라 예상할 수 있다. 이 개념을 뒷받침한 것은 독립생활을 하는 개와 늑대를 비교한 연구였다. 둘 다 무리를 이뤄 살지만 차이가 있다. 늑대 무리는 확고한 서열과 정교한 소통 능력을 갖춘 가족이다. 이에 반해 개는 동성同性 무리를 이뤄 다니고 무리 내에서 공격성을 보이며 새끼를 따로 기른다. 늑대 무리는 포획 상태에서 먹이를 나눠 먹지만 개는 으르렁거리고 지배와 복종의 몸짓을 드러낸다. 말하자면 늑대의 서열은 암묵적인 반면 개의 서열은 명시적이며 끊임없이 도전받는다.[12]

오스트리아에서 실시된 연구에서는 포획 상태로 사육된 개 무리와 늑대 무리를 비교하여 훈련이 무리의 각 구성원에게 어떤 영향을 미치는지 검사했다. 초기에 손을 탄 개와 늑대는 일대일 훈련에서 조련사의 손짓에 복종하는 법을 금세 배웠다(배고플 때는 그 속도가 더욱 빨랐다). 타액의 코르티솔 수치를 검사하여 이 상호작용으로 인한 스트레스 정도를 측정했는데, 얼마 지나지 않아 특정 조련사와 상호작용할 때 짐승이 더 차분해지는 것으로 드러났다.[13] 이 연구에서는 늑대가 스트레스를 별로 겪지 않으며 효율적으로 협력하는 반면에 개는 지위를 놓고 다투는 데 더 많은 시간을 쓰는 것으로 드러났다. 늑대가 인간에게 반응하는 정도가 개에 비해 조금밖에 뒤떨어지지 않았다는 사실은 늑대가 무리 생활을 통해 고급 소통 기술을 익혔음을 암시한다. 이 기술 덕에 그들은 개의 조상이 될 수 있었다.

사회적 동물은 공격성을 다스릴 수 있어야 한다. 수컷의 공격성은 무리를 방어하거나 지배 서열을 정할 때 요긴하지만 무리에 큰 피해를 입힐 수도 있다. 영장류학자 리처드 랭엄은 선제 공격과 대응 공격을 구분한다.[14] 선제 공격은 집단이 딴 집단을 공격하거나 개인적 경쟁자를 괴롭히거나 살해할 때처럼 계획적이고 의도적이다. 이에 반해 대응 공격은 위협적 상황에 대한 무계획적이고 비의도적인 반응이다. 랭엄은 두 가지 패턴이 서로 다른 신경 경로에 의해 활성화되며 자연선택에 의해 형성되었다고 주장한다. 우리의 법 체계에서도 대응 공격과 선제 공격을 비슷하게 구분한다. 19세기에 한 오스트레일리아인이 오지에서 돌아왔다가 아내가 외간 남자와 잠자리에 있는 것을 발견했다. 그는 동네 가게로 달려가 권총을 구입하여 연적을 죽이려고 돌아왔다. 그에게는 불운하게도, 악명 높은 구두쇠이던 그는 무기 값을 깎으려고 가게 주인과 흥정을 벌였다. 이 사건 때문에 배심원단은 범죄가 계획적이라고—대응적이 아니라 선제적이라고—판단하여 그를 교수대로 보냈다.

공격성은 일부 영장류 사회의 특징이기도 하다. 침팬지는 다른 무리와 죽기로 싸우며 지위와 짝짓기 기회를 차지하려고 무리 안에서도 곧잘 싸움을 벌인다. 수컷은 암컷보다 크며 암컷들에게 폭력성을 드러내는 일도 흔하다. 랭엄은 침팬지를 보노보와 대조하는데, 보노보는 침팬지와 아주 가까운 근연종이어서 1933년까지는 별도의 종으로 분류되지도 않았다. 보노보는 훨씬 사회적이며 공격성의 강도가 낮고 암수의 크기와 행동이 더 비슷하며 사회적 갈등

의 배출구로 난교를 적극적으로 활용하는 것으로 유명하다.[15]

　인간의 행동이 훨씬 복잡하다는 것은 말할 필요도 없다. 선제 공격과 대응 공격의 차이는 흐려질 때가 많으며 아무리 뻔뻔한 선제 공격을 가한 사람이라도 피해자를 비난하여 자신의 행동을 정당화한다. 선제적이고 목표 지향적인 공격은 목적을 달성할 수 있지만 대응 공격은 대부분 비생산적이다. 랭엄은 우리가 높은 수준의 선제적 폭력성에 보노보 같은 대응 공격 금지를 접목했다고 주장한다. 우리가 외부인으로 규정한 집단에 대해서는 살인적 적개심을 품지만 자신과 동일시하는 집단에 대해서는 친절과 관용을 베푸는 놀라운 능력을 이것으로 설명할 수 있을지도 모르겠다.

• 인류 길들이기 •

　2018년 『세계 행복 보고서』는 안녕, 소득, 건강 기대 수명, 사회 안전망, 자유, 신뢰, 아량에 따라 각국에 점수를 매겼다. 최상위 10개국은 스칸디나비아의 네 나라와 아이슬란드, 네덜란드, 스위스, 캐나다, 뉴질랜드, 오스트레일리아였다. 이 나라들은 모두 사회민주주의를 채택했고 세율이 높으며 부패와 불평등 수치가 낮다. 문명화되고 인도적이고 관용적이고 친절하고 자유롭다. 정치인들은 다행히도 존재감이 없다. 폭력, 경제적 냉혹함, 착취는 딴 나라 얘기다. 당신은 이 나라 사람들과 이웃이 되고 싶을 것이다. 그들은 세상에서 가장 키가 크고 가장 오래 산다. 당신이 그들을 부러워할 만도 하다. 하지만 이 모든 장점에도 불구하고 (이런 말을 하는 것이

내키진 않지만) 높은 수준의 개인적 자유를 위해서는 높은 수준의 순응이 필요하다. 요약하자면 우리의 행동에는 길들임 증후군의 특징들이 있는데, 온순함(선제적 공격성이 아니라 대응적 공격성의 감소)과 서열 수용도 그중 하나다.

하지만 우리는 다른 사회적 동물과 달리 개인 차원에서 보면 사람마다 천차만별이다. 모든 부모는 자녀들이 다르게 자라리라는 것을 알며 개인적 다양성은 집단의 힘을 뒷받침한다. 우리는 소집단을 이뤄 살도록 진화했는데, 똑같이 복제된 개인들의 집단은 생존 능력에 제약이 있을 것이다. 우리에게는 생각하고 행동하는 사람, 이야기꾼과 계획가, 모험가와 신중한 사람, 약삭빠른 추격자와 장사壯士가 필요하다. 관건은 이 사람들을 하나로 뭉치게 하는 일이다.

다양성이 크고 일사불란하게 행동하고 서로를 위해 모든 것을 내걸 각오가 된 집단은 으레 다른 집단을 압도한다. 이타주의가 진화적으로 유리한가를 놓고 많은 논쟁이 벌어졌지만 사회적 응집력의 장점은 의심할 여지가 없다. 혹자는 이타적 개인의 유전자가 집단에서 사라지는 반면에 이기적 개인의 유전자는 살아남는다고 주장했다. 이것은 족외혼 집단에서는 참이지만, 자녀를 위해 희생하는 어머니의 유전자는 살아남을 것이며 같은 유전자를 공유하는 소집단에서도 마찬가지다.[16] 그들에게는 집단이 먼저다. 우리는 개인적 성공에 찬사와 보상을 퍼붓지만 수렵채집인 집단은 그러지 않는다. 큰 짐승을 잡는 쿵족 사냥꾼은 부족 전체를 먹여 살리면서도 사냥 성공에 대해 엄격한 자기비하적 태도를 취하도록 요구받는다. 기록에 따르면 "그는 마을에 돌아오면 조용히 걸어가 불가에 앉아 사람

410

들에게 인사한 뒤에 기다린다. 천천히 다른 사람들이 사냥에 대해 한마디씩 하지만 그가 조금이라도 뻐기거나 잘난 체하면 '낯선 농담과 조롱으로 혼쭐을 낸'다".[17] 지배역전사회reverse dominance society라고 부르는 이러한 사회에서는 집단이 개인의 공치사를 억누르고 집단 내 폭력이 사실상 전무하다. 대응적 공격성은 이런 사회에서는 파멸적 성향이므로 끝없는 세대 전승 과정을 통해 인류에게서 감소했을 것이다(애석하게도 완전히 사라지지는 않았다).

우리는 사회적 동물로서 진화했기에 서로 조화롭게 살아가고 공동의 위협에 맞서 함께 행동하는 능력을 높이 평가한다. 이로 인해 사회 안에서 효과적으로 제 역할을 하는 능력이 무의식적으로 선택되고 사교성을 우대하게 됐을 것이다. 이렇게 본다면 우리가 더 길든 변종을 향해 진화하고 있다고 생각할 만도 하다. 하지만 뒤집어 생각하면 남들의 인정을 받는 것이든 사회적 계층 사다리 위로 올라가는 것이든 자신이 점찍은 섹스 상대를 쟁취하는 것이든 자신이 처한 사회적 상황을 스스로에게 유리하도록 주무르려는 성향은 누구에게나 있다. 이 점에서 우리는 모두 사회적 포식자이며 순응과 협력을 강조하는 지배적 압박은 우리에게는 사냥터를 제공한다.

이 복잡하고 모순된 행동은 유전적 다양성에서 비롯한다. 한 방향을 가리키는 유전자 변이―이를테면 공격성―가 공동체의 일부 구성원들에게서 우세하긴 하지만 너무 널리 퍼지면 자멸의 계기가 된다. 따라서 인구집단 내에서 불관용이나 복종으로 이어지는 특징들 사이에는 전반적으로 균형이 존재하며 이로써 평형다형성balanced polymorphism이라는 동적 평형이 생겨난다. 여기에는 다양한 유전자가 결부되기 때문에 각 사람 안에서도 비슷한 긴장이 조성될 것이다. 우리는 사회적 삶의 제약들 탓에 서열을 기꺼이 받아들이면서도 다양성을 통해 사회적 삶을 꽃피운다. 따라서 이상적인 사회는 다양성이 장려되면서도 모두가 협력하는 사회다. 하지만 이 이상이 제대로 구현되는 일은 드물다. 그래서 플라톤은 프로메테우스가 우리에게 실용적 기술만 가르치고 정치술은 가르치지 못했다고 개탄했다. 우리 사회는 겉으로는 순응적으로 보이지만 표면 아래서 갈등이 들끓고 있다.

그래서 말인데, 우리는 길들었을까? 행동과 해부 구조의 측면에서 보자면 그렇다. 우리가 교배되진 않았을지라도, 사회적 형질의 무의식적 선택은 여러 세대를 거치면서 교배와 같은 결과를 달성했을 것이다. 서열의 수용, 사회적 압박에 대한 순응, 대응 공격에 대한 혐오감은 이 판단에 부합한다. 그럼에도 우리 사회의 표면 아래에서, 또한 각 구성원의 내면에서 갈등이 지속된다. 은밀하게든 노골적으로든 우리는 자기주장과 복종심, 집단의 이익과 개인의 이익, 사랑과 증오가 균형을 이루는 동적 평형 상태에서 살아간다. 다양성을 우대하지만 다양성이 우리를 위협하는 것은 용납하지 않는다. 소속 집단의 구성원들과 경쟁하지만 외부의 위협에 대해서는 긴밀히 협력한다. 충동을 억제하려 들지만 선제적 폭력의 위협에는 (아무리 내키지 않을지언정) 대응한다. 우리는 건설하고 우리는 파괴한다. 우리가 길들었느냐고? 아직은 아니다.

19
표현형의 변화, 사회의 변화

여정의 종점이 가까워지는 지금, 걸음을 멈추고 현대의 뚜렷한 발전상 두 가지를 들여다보아야 한다. 첫번째 발전상은 개인적 삶에서 일어난 변화가 어떻게 사회를 탈바꿈시켰는가이고 두번째 발전상은 우리 사회가 구성원의 표현형 형성에 대해 어디까지 책임지는가다.

• 표현형 전환의 사회적 영향 •

예의—사람들이 서로를 대하는 방법—는 최근 몇백 년간 변화했으며, 이 변화는 특권층에서 시작되었다. 사회사학자 로런스 스톤에 따르면 17세기 서구사회에서 기혼 여성은 노예와 다를 바 없었다. 아내와 자식은 남편의 식솔로 간주되었으며 생사여탈이 남편에게 달렸다. 종교적 삶의 본보기인 존 버니언의 『천로역정』에서 주인공은 영생을 얻으려고 일말의 망설임도 없이 처자식을 버린다. 철학자 장 자크 루소는 자신의 저작들을 통해 아동기를 감상적으로 찬미하는 유행을 만들어냈지만 정작 자신의 자녀들을 보육원에 넘기는 데는 일말의 거리낌도 없었다.

스톤은 1660년과 1800년 사이에 잉글랜드에서 자녀 양육에 대한 믿음과 실천에 변화가 일어났다고 주장한다. 이로 인해 나타난 새로운 행동 방식을 그는 "모성적이고 자녀 중심적이고 자상하고 관대한" 태도라고 일컫는다.[1] 우애결혼(companionate marriage, 우애를 기초로 하여 피임과 이혼의 자유를 인정하는 결혼—옮긴이)은—노예를 거느린 사람들에게 더 수월한 일이었다—자녀와 가정생활에 새로이 초점을 맞춤으로써 지금 우리가 당연하게 여기는 생각과 행동 패턴을 탄생시켰다. 하지만 영국에서 으레 그러듯 이 문제에도 계급이 결부되었다. 새의 죽음을 애달파하는 부자의 딸과 아기를 또 한 명 묻은 뒤에 공장에 출근하려고 줄 서 있는 어머니 사이에는 하늘과 땅만큼의 차이가 있었다. 하지만 시간이 지나면서 감상주의가 사회의 하층에까지 스며들기 시작했으며 반대로 노동자들의 상냥함과 현실주의는 위로 번져갔다.

여성과 아동은 18세기 사회 상류층에서 자율적 존재로 떠올랐다. 특권층 여성은 아기를 유모에게 맡기지 않고 직접 젖을 먹이기 시작했다(유모 관행은 아기가 어차피 죽을 가능성이 매우 큰 상황에서 산모가 아이에 대해 너무 밀접한 애착 관계를 형성하지 못하도록 하기 위한 것으로, 더 현실적으로는 수유 중인 여성과의 성관계를 금기시하는 풍습을 회피하기 위한 것 등으로 설명된다). 어머니는 자녀와 호혜적 유대 관계를 맺었으며 아버지의 관여도 커졌다. 이를테면 두 정치인의 어릴 적 경험을 비교해보자. 훗날 총리가 된 로버트 월폴(1676~1745)은 여섯 살에 기숙 학교에 들어가 스물두 살에 영지의 상속자인 형이 사망하여 케임브리지대학교를 그만두고 귀향할 때까지 집에서 보낸 기간이 몇 주밖에 안 됐다. 이에 반해 또다른 저명 정치인 찰스 제임스 폭스(1749~1806)의 아버지 홀런드 공은 놀랍도록 너그러웠다. 한번은 성대한 만찬의 와중에 크림이 든 커다란 사발이 식탁에 놓여 있었는데, 아기 폭스가 사발 안에 들어가고 싶어했다. 그러자 홀런드 경은 사발을 바닥에 내려놓아 아들이 마음껏 놀게 했다.[2]

빈곤층은 감상주의를 표현할 여유가 별로 없었다. 끝없는 고역과 거듭되는 출산이 그들의 팔자였으며 자녀는 가족을 건사하는 데 필요한 존재였다. 어떤 아이들은 일곱 살부터 탄광에 내려가야 했다. 빅토리아시대 부유층과 빈곤층의 간극을 생생하게 보여주는 작품으로 찰스 킹즐리의 『물의 아기들The Water-Babies』이 있다. 이 환상 소설에서 어린 굴뚝 청소부 톰은 엉뚱한 굴뚝으로 내려갔다가 천사 같은 어린 소녀가 잠들어 있는 화려한 방에 들어선다. 이 장면을 보고 뒤로 돌아선 그는 눈이 흐리멍텅하고 새하얀 치아를 드러내며 미소 짓는 추하고 시커먼 몰골을 보고 겁에 질린다. 난생처음 거울을 본 것이다. 빈곤층에게는 아동기가 거의 존재하지 않았지만 훗날 중산층의 안락한 공간에서는 아동기를 상상할 수 있었다. 이 묘사가 절정에 이른 것은 20세기 초로, 피터 팬, 두꺼비집의 두꺼비

그림 63 『물의 아기들』의 한 장면.

Toad of Toad Hall, 곰돌이 푸의 안전한 전前사춘기 세계가 찬미되었다. 아동기는 제2의 에덴동산으로 간주되었으며 추방은 필연적이었다.

아동은 소비 문화의 상징이 되었으며 부모는 자녀에게 행복한 삶을 선사하려고 노력했다. 아동기의 기간도 짧아졌다. 여아의 출생 연도가 1년 경과할 때마다 사춘기가 1~2주 앞당겨지면서 빅토리아시대 여아의 전사춘기 목가牧歌 시대는 점점 쪼그라들었다. 신체적 성숙이 빨라지고 의무교육 기간이 늘면서 성숙에 이르는 새로운 이행기인 청소년기가 탄생했다. 성장하는 아동은 더는 노동의 의무 때문에 가족에 얽매이지 않게 되자 신체적으로는 성숙했으되 사회로부터는 자유로웠다. 이로 인해 생겨난 청소년 또래 집단은 나름의 행동 양식을 만들어냈다. 피임약 덕분에 자유분방한 성행위의 문이 열리고, 자녀 양육 부담이 연기되고, 자유로우면서도 흥청거리는 청년 문화가 탄생하면서 이 추세는 한층 강화되었다. 하지만 풍족한 청년기라는 현상은 단명했다. 서구 나라들의 산업 기반이 약해지면서 불완전고용 청년의 불안정한 인구집단이 생겨났기 때문이다. 전 세계 부자 나라들에서 청소년기는 목적지가 보이지 않는 삶을 대신할 장기 주차장이 되어갈 조짐이 보이며, 다른 나라들에서는 좌절한 청년들의 잉여 인구가 화약고처럼 배출되고 있다.

한편 노인들은 연령 스펙트럼의 반대쪽에 차곡차곡 쌓였다. 근대 이전에는 60세 이상이 전체 인구의 약 5퍼센트를 차지하여 큰 부담이 되지 않았으며 자산―과 그에 따르는 사회적 책무―이 한 세대에서 다음 세대로 빠르게 순환했다. 1891년에는 영국 인구의 35퍼센트가 15세 미만이었고 7퍼센트가 60세 이상이었다. 1991년이 되자 그 비율이 19퍼센트와 21퍼센트로 역전되었다. 이 변화는 서구 특유의 것이다. 15세 미만이 40퍼센트, 60세 이상이 6퍼센트를 차지하는 현대 이집트의 인구 피라미드는 1891년 영국과 무척 비슷하다. 노령화로 인해 부, 자산, 책무의 세대 이전이 지연되고 있으며, 의존도가 커짐에 따라 노동하는 인구의 부담이 증가하고 있다. 첨단 의술로 수명이 연장되고 죽음의 비용이 비싸지고 있다. 노인 돌봄 비용으로 인해 부의 세대 이전이 감소하고 있으며 부유층과 나머지 계층의 간극이 벌어지고 있다. 번창한 나라들조차 이러한 부담에 허덕이고 있다.

한마디로 우리는 개인적 안전, 행복, 성취에 대해 훨씬 높은 기대를 가지고 있으며 이런 기대가 무산되면 배신감을 느낀다. 실로 우리의 세계는 '멋진 새사람'이 거주하는 '멋진 신세계'다.

• 책임지는 사회의 부상 •

사회에는 규칙이 있다. 어떤 사람들은 규칙을 제정하고 다른 사람들은 규칙을 준수한다. 이 막중한 차이는 한때 신의 명령에 의해 정당화되었다. 국왕은 신이 임명한 관리인이고 신민은 국왕에게 복종해야 한다고 여겨졌다. 하지만 국왕도 규칙을 따라야 한다는 생각이 뿌리를 내리고 상호 의무의 관념에서 법적 계약으로 발전했다. 그런 다음 (허구적 대상에 대해 일가견이 있는) 법률이 사람들에게 **권리**가 있다는 새로운 원칙을 확립했다. 이 토대에서 잉글랜드인들은 자신들의 국왕이 "이 나라 국민의 공익, 공민권, 자유, 정의, 평화에 반하여" 사익을 추구한다는 이유로 1649년 그를 처형했다(이 행위는 급조한 의회법에 의해 사후에 정당화되었다).

인권 같은 추상적 관념은 지폐와 같아서 모든 당사자가 그 효력을 받아들일 때만 유통될 수 있다. 사회 계약은 국민의 국민에 의한 국민을 위한 통치를 지향하는 민주주의 대원칙으로 진화했다. 이에 대한 우리의 느낌은 서구 문명에 대한 마하트마 간디의 느낌("아주 좋은 발상이라고 생각합니다")과 같을지 모르지만 문제는 이론이 아니라 실천에 있다. 법 앞에서의 평등이라는 대원칙이 수많은 난관에도 우뚝 선 것은 그것이 우리가 가진 최상의 도덕적 나침반인 황금률의 다른 표현일 뿐이기 때문이다.

정치인들은 유권자의 소망에 겉치레일지언정 부응해야 한다. 이 소망들은 천천히, 하지만 확실하게 달라져왔다. 찰스 디킨스는 아동기와 빈곤을 묘사하면서 점점 증가하는 식자 대중의 정서에 호소했으며 벤저민 디즈레일리는 『시빌, 두 나라Sybil: or The Two Nations』(1845)라는 소설에서 계급이 영국을 둘로 나눴다고 주장했다(독자들은 이 가능성을 고려해본 적 없는 것으로 상정된다). 이런 개념들은 여론의 주류에 흘러들었으며 여론의 흐름은 이제 관용, 포용, 공감이라는 방향을 향하기 시작했다.

끊임없는 출산의 굴레에서 벗어난 여성들은 이제 공적 삶에서 훨씬 큰 역할을 맡기 시작했으며 남성이 지배하던 사회는 새로운 생물학적 현실에 적응했다(또는 적응하는 데 실패했다). 얼마 지나지 않아 19세기 여성주의자들은 과거에 언급된 적 없는 주제인 성병을 관심사로 삼았다. 영국 의회 의원들은 성병을 여성의 탓으로 돌리기 일쑤였으며 이런 행태의 절정은 기지촌 매춘부들에 대한 강제 건강 검진이었다. 그럼에도 검진은 시급한 과제였다. 제1차세계대전 영국군 중에서 독가스에 중독된 병사가 18만 8000명인 데 반해 성병 치료를 받은 병사는 40만 명에 달했으니 말이다. 가장 효과적인 매독 치료제인 살바르산을 독일이 독점하고 있었기에 애국적 제조업체들이 공백을 메우려고 달려들었다. 의사들이 진단 결과를 기록으로 남기려 들지 않는 행태도 성병의 전파를 부추겼다. 지금도 달라진 것은 거의 없다. 몇 해 전 『옥스퍼드 인명 사전』에서 '매독' 항목을 찾아보니 예상대로 저명한 영국인은 사실상 한 명도 보이지 않았다. 참정권 운동가들은 납득하지 못했다. 크리스타벨 팽크허스트는 『대재앙과 그 종식 방법The Great Scourge and How to End It』(1913)에서 남성의 20퍼센트가 매독 보균자이며 70~80퍼센트가 임질 보균자라고 주장했다. 경악할 만한 수치이지만 현대 의학 문헌에 따르면 근거가 없지 않다. 줄잡아도 각각 10퍼센트와 20퍼센트로 추산되기 때문이다.[3] 팽크허스트는 성병을 끝장내려면 남성의 짐승 같은 욕구에 굴레를 씌워야 한다고 생각했다. 여성 참정권 운동이 인구 변천 직후에 대두했고 여성 해방 운동이 피임약 보급과 때를 같이 한 것은 결코 우연이 아니다.

• 표현형의 관리 •

두 세기 전 사람들은 계절의 태곳적 장단에 맞춰 살았다. 햇빛이 노동 시간을 규정하고 계절이 활동을 규정했으며 화폐 교환은 일주일의 활동에서 필수적이기는 하지만 사소한 부분을 차지했다. 읽고 쓸 줄 아는 사람은 거의 없었다. 사람들은 태어난 곳에서 15킬로미터 이내에 살았으며 묘비 없는 무덤에 매장되어 망각되었다. 교구 교적부만이 그들의 존재를 알려주는 유일한 기록이었다. 그들을 지배한 법률 체제는 현지 지주들의 손아귀에 있었다. 지주들은 판사 역할을 겸했고 병역을 기피했으며 세금은 도리가 없을 때만 냈다. 이것을 제외하면 그들은 국가와 볼일이 전혀 없었으며 국가도 그들과 볼일이 전혀 없었다.

이 관행이 달라진 것은 유럽 나라들이 근대 국민국가로 탈바꿈하기 시작하면서였다. 국가는 정보에 굶주려 있기 때문이다. 국가는 인구가 얼마나 되는지, 그들이 무슨 언어를 쓰는지, 어느 종교를 믿는지, 경제에서 어떤 역할을 하는지 알고 싶어한다. 국가 정보―'통계'―가 중요한 정치적 요소가 되었다. 찰스 디킨스의 『어려운 시절』에서 그래드그라인드 씨는 상상력을 부정하고 사실을 고집하는 인물로 풍자되지만 통계에는 해방적 성격도 있었다. 통계는 근거 없는 편견의 압제를 무너뜨렸으며 (많은 함정이 있긴 하지만) 진실의 새로운 기준을 확립했다. 어떤 패턴도 보이지 않던 곳에서 패턴이 나타났는데, 그중에는 빈곤이 삶과 건강에 영향을 미친다는 명백한 증거도 있었다. 이런 관찰은 완강한 저항이 없지 않았으나 사회 개혁가의 효과적 무기가 되었으며 때가 무르익으면 개입 조치로 구현되었다. 그 결과를 평가한 것 또한 통계였다.

가장 뚜렷한 결과는 돈이었다. 18세기에 부정한 수단으로 영국 재무장관에 오른 인물을 두고서는 식당의 계산서조차 그의 지적 능력에는 버거웠으리라는 말이 돌았다. 현대 정부의 주된 임무는 수지 균형을 맞추는 것이지만, 그의 몇몇 후계자들을 보면 갸우뚱할 법도 하다. 세계에서 가장 부유한 나라였던 영국은 나폴레옹 전쟁 비용으로 총수입을 훌쩍 뛰어넘는 4억 2550만 파운드를 지출한 것으로 추산되며 1816년 11월 국가 채무가 8억 1600만 파운드에 이르렀다. 그해 국가 수입 6280만 파운드 중에서 이자만으로 3290만 파운드가 지출되었다. 1912년 『이코노미스트』 편집인은 영국이 향후 어떤 분쟁에도 휘말리지 않더라도 2160년에야 나폴레옹 전쟁 비용을 전부 갚을 수 있으리라고 추산했다.[4] 1849년이 되자 조세는 국가 수입 중 970만 파운드를 차지한 반면에 관세와 소비세는

3460만 파운드에 이르렀다. 교훈은 분명했다. 나라의 부는 필요시에 자금을 융통할 수 있는 능력에 좌우되었으며 나라의 신용도를 떠받치는 것은 무역과 산업이었다. 정치인의 첫번째 책무는 경제를 관리하는 것이었다.

노동자 대중은 두려움의 대상이었지만 그들을 무시할 수는 없었다. 그들의 노동이 경제를 지탱했고 그들이 경찰과 군대에 인력을 공급했으며 그들이 새로 얻은 투표권은 지배자들의 행동에 영향을 미치기 시작했다. 비스마르크의 독일을 필두로 19세기에 사회보험 원리가 뿌리내렸다. 비스마르크는 지극히 반동적인 인물이었으나 영리하게도 사회주의자들이 주창하던 개혁을 단행하여 그들의 세력을 꺾었다. 자발적 상호부조 제도가 이미 효과를 입증했지만 비스마르크는 이 제도를 의무화하고 고용주들에게 기금 출연을 요구했다. 건강보험은 1883년에 도입되었으며 1889년 국가 보조 노령보험이 등장했다. 다른 나라의 정치인들은 비스마르크의 '국가사회주의'에 담긴 강제적 요소에 치를 떨었지만 제1차세계대전이 발발할 즈음 서유럽 많은 나라에 사회보장의 기본 제도가 정착되어 있었다.

사회 보장의 한 가지 원리는 불운을 예방하는 비용이 그 결과에 대응하는 비용보다 값싸다는 것이다. 병든 인구집단보다는 건강한 인구집단에 보험을 제공하는 것이 비용 대비 효과적이다. 건강한 노동자들은 생산성이 높고 건강한 산모는 건강한 아기를 낳으며 건강한 아기는 잘 싸우는 군인이 된다. 사회 보험의 논리에 따라 근대 국가들은 국민의 표현형에 대해 점점 많은 책임을 떠안았으며 정당들은 이 책임을 맡는 조직으로서 스스로를 정의했다.

정치를 누가 하든 현대 국가는 산전 돌봄에서 상속세까지, 예방 접종에서 교육까지, 건강에서 질병까지, 고용에서 궁핍까지 국민 생활의 거의 모든 측면에 관여한다. 이를 위해서는 감시하는 쪽에서 감시 수준을 높여야 하고 감시당하는 쪽에서도 순응 수준을 높여야 한다. 비인간적이고 단순한 컴퓨터의 권위가 행정 관료 군단을 대체했으며 정보 기술은 국가와 국민 간의 보이지 않는 계약을 사이버공간으로 옮겼다. 한때 전체주의 나라들은 자기네 윈스턴 스미스(조지 오웰의 『1984』 주인공)를 감시하는 데 한계가 있었으나 지금의 자유사회는 그 나라의 통치자들이 꿈도 꾸지 못한 상시적 감시 체제를 보유하고 있다.

『세계 행복 보고서』에 따르면 전 세계에서 가장 행복한 사람들은 사회민주주의 체제에서 살아가는 사람들이다. 드물지만 운좋은 이 사회에서 정치인의 임무는 국민의 안녕을 증진하는 것이다. 영국에서는 대중 정서와 정치적 현실이 맞아떨어져 전후에 복지국가 입법이 시행되었다. 요람에서 무덤까지 사회적 뒷받침을 제공한다는 이 야심찬 기획의 근거는 완전 고용, 경제 성장, 제한된 기대 수명, 철저한 징세였고 이 조건들이 충족되지 않자 어려움에 처했다. 애석하게도 국가가 국민의 복리를 위해 존재한다는 관념은 적극적 외교 정책을 추진하지 않고 경제가 건강한 나라에서만 구현될 수 있다. 이에 해당하는 나라는 소수에 불과하며 영국은 그중 하나가 아니었다. 국가 안녕은 금세 국가 수입에 가려 뒷전으로 내몰리기 시작했는데, 그 근거는 개개인의 부가 모두에게 유익하다는 미심쩍은 가정이었다. 하지만 현실은 다르게 말한다. 부자와 나머지 국민의 격차가 벌어지면 우리의 생물학적 특성에도 그에 해당하는 변화가 일어날 것이다. 수명 감소를 놓고 보자면 그 과정은 이미 시작되었다.

후기

2만~3만 년 전에 살던 사람들은 우리보다 더 마르고 튼튼했으며 우리가 좀처럼 감당할 수 없는 조건에서도 생존할 수 있었다. 어떤 사람들은 빙기 이후 유럽을 누비던 대형 무리 동물을 사냥했으며 키가 우리와 맞먹었다. 그들도 사랑, 신의, 친족애, 죽음의 신비를 알았다. 한 세대 만에 현대사회로 전환한 아메리카 원주민 야히족 이시의 이야기가 뇌리에서 떠나지 않는다. 그의 부족은 수렵채집인 이었으나 백인 정착민들에게 사냥당해 절멸하다시피 했다. 생존자 다섯 명이 캘리포니아 황무지에서 20년간 살다가 결국 그만 남았 다. 그는 1911년 발각되는 즉시 살해당할 것을 예상하며 한 농장에 들어섰다. 예상과 달리 그는 샌프란시스코의 한 민족학 박물관에 수위로 채용되었다. 지구상에서 가장 고독한 이 50세 남성은 인류 학자 앨프리드 크로버, 언어학자 에드워드 사피어와 친구가 되었다. 그는 전차와 식당에 놀랄 만큼 훌륭히 적응했으며 자신처럼 활쏘기에 심취한 의사와 가까워졌다. 결핵균에 면역력이 없었던 이시는 당시 창궐한 결핵에 걸려 1916년 사망했다. 의사는 이렇게 탄식했다. "그는 저의 가장 친한 친구였습니다."[1]

비슷한 일이 반대 방향으로도 일어났다. 1978년 헬리콥터 한 대가 외딴 시베리아 황무지에서 경작의 흔적을 포착했다. 일단의 지질학자들이 육로로 가서 보니 한 러시아인 가족이 42년간 완전히 고립된 채 살고 있었다. 부모는 볼셰비키에게 박해받다 1930년대에 시베리아로 이주한 종파인 복고신앙파였다. 카르프 리코프는 1936년에 형제가 사살되자 아내와 두 어린 자녀를 데리고 황무지로 달아났다. 씨앗과 감자 말고는 거의 빈털터리였다. 1978년 사람들과 접촉했을 당시 그 가족은 자녀 두 명이 늘었지만 어머니는 사망한 뒤였다. 지질학자들은 조잡한 난로로 난방한 지저분한 나무 움막에서 다섯 사람을 발견했다. 그들은 옷을 직접 만들어 입었고 총이나 활, 물을 끓일 금속 용기도 없었다. 나이 어린 두 명은 빵을 한 번도 보지 못했다. 1940년에 태어난 드미트리는 시베리아의 겨울에 맨발로 사냥했으며 사슴이 기진맥진할 때까지 달음질로 쫓아다닐 수 있었다.[2] 구석기 조상들과 우리는 한 세대밖에 차이가 나지 않는다.

우리 조상들의 유전자는 우리와 같지만(사소한 변이는 존재한다) 그들의 몸과 마음은 우리와 같지 않았다. 우리가 그들과 다른 이유는 우리의 유전자가 성장과 발달을 우리가 살아가는 세상에, 우리가 스스로의 노력으로 탈바꿈시킨 세상에 적응시켰기 때문이다. 한

그림 64 마지막 야히족 이시.

사람이 탄생할 때마다 유전적 변이의 주사위가 던져지지만 자연선택은 비슷한 상황에 대해 엇비슷한 방식으로 반응하도록 우리를 프로그래밍했다. 이것은 (어려움에 처한 태아가 스트레스 상황에서 동원하는) '생존 표현형' 같은 극단적 상황에서, 또 우리가 기아에 대응하는 일반적 방식에서 가장 뚜렷이 드러난다. 이런 규격화된 반응은 우리에게 새겨져 있는 듯하며, 리하르트 볼테레크가 '반응 규범'이라고 부른 종 차원의 변이 패턴을 닮았다. 이 규범 중 어떤 것들—구석기 표현형, 농경 표현형, 특권층 표현형, 소비자 표현형등—이 인류의 여정을 특징지었다.

춤에서 음악이 무용수와 하나 되듯 유전자와 환경도 하나로 어우러진다. 둘을 구별하려 해봐야 헛수고다. 음악이 달라져도 춤은 멈추지 않는다. 이 상호작용의 생물학적 원리는 복잡하고 논쟁적이고 여전히 수수께끼다. 내가 서술에 초점을 맞춘 것은 이 때문이다. 나

의 요점은 우리가 달라졌고 여전히 달라지고 있으며 이것이 인간
존재의 의미에 대해 중요한 무언가를 알려준다는 것이다.

• 계시록의 네 기사 •

우리는 적응력이 매우 뛰어난 종이며 우리의 뇌, 우리가 하는 일,
우리의 문화 전통에 이 적응력이 깃들어 있음을 당연하게 여긴다.
우리는 달라지는 조건이 우리의 생물학적 특성에도 반영된다는 사
실을 망각한다. 표현형 전환을 접하고 놀라지 않는 사람이 없는 것
은 이 때문일 것이다. 20세기 전반기의 선도적 사상가나 생물학자
중 그 누구도 우리가 이토록 오래 살고 키가 커지고 비만 유행병을
앓으리라고 예견하지 못했다. 이 책의 주장은 우리의 변화하는 몸
과 마음이 우리가 살아가는 조건에 대한 통합적 표현형 반응이라는
것이다. 이런 탓에 각각의 발현을 고립된 현상으로 취급하려는 시
도는 무력하고 비합리적이고 막무가내였다. 이를테면 비만과 극단
적 노령은 의료 문제로 규정되며—그리하여 해당 집단을 나머지
인구집단으로부터 소외한다—평생 건강을 지향하는 정책 대신 값
비싸고 효과 없는 치료법이 제공되는데 그마저도 때를 놓치기 일
쑤다.

우리가 걸어온 진화적 여정의 태반은 아프리카 평원에서 펼쳐졌
다. 그 바탕은 식량을 구하려는 활동이었으며 익혀 먹기의 발명은
크나큰 변화를 가져왔다. 또다른 양자적 도약은 동식물 길들이기와
함께 찾아왔으며 이는 경작과 도시의 상호작용을 위한 여건을 조성

했으니 우리는 이를 운명이라고 부른다. 경작 방법은 수천 년에 걸쳐 느릿느릿 개선되었으며 기근과 역병이 인구를 억제했다. 하지만 최근 몇백 년간 과학, 산업, 값싼 에너지 덕에 우리는 이러한 자연선택의 요인들을 뛰어넘어 토끼섬에서 탈출할 무대를 마련할 수 있었다.

발달 가소성 개념은 20세기 후반기에 등장했으며 그 매체는 여성 신체였다. 그전까지만 해도 과학의 보이지 않는 성차별은 산모의 역할을 대체로 무시했다. 이제야 산모와 자녀가 동일한 기능 단위의 일부이며 생명의 첫 1000일이 자녀의 삶에 영구적 자국을 남긴다는 사실이 인정되었다. 우리는 어머니의 몸 안에서 빚어지며 우리 표현형의 최근 변화는 대체로 여성이 영양 상태가 좋아지고 건강해지고 임신을 계획할 수 있게 된 덕분이다. 그들의 자녀는 더 빨리 성장하고 더 일찍 성 성숙에 도달하고 신체의 구성과 비율이 달라졌다. 더 놀라운 사실은 초기 조건이 성장 속도뿐 아니라 노화 속도에까지 영향을 미친다는 것이다. 현재 부자 나라 국민 중 약 90퍼센트가 60세를 넘겨 생존한다. 생물학적 표지로 보건대 우리는 정말로 저마다 다른 속도로 늙으며 이 속도는 삶의 경험에 의해 좌우된다. 우리의 표현형이 걷는 궤적은 유연하다. 우리는 예전보다 훨씬 오래 살며 노화 표현형과 연관된 퇴행성 질환으로 사망한다. 이 표현형은 수정될 수 있으며 더 오래 살 수 있는 잠재력이 있다.

우리의 면역계는 나름의 표현형 전환을 겪었다. 구석기시대에 우리의 면역 표현형은 이동하는 소규모 집단에 적응한 기생충 및 감염병과 장기간의 공진화적 대화를 나누며 이에 대응하여 발달했다.

농업으로 인해 새로운 감염병들이 밀집 거주 지역에 들러붙고 이 지역들을 연결하는 교역로를 따라 전파될 수 있었다. 생활 여건의 변화는 유행병을 인류에 들여왔는데, 이 병들은 대개 생활 방식의 간단한 변화로도 얼마든지 퇴치할 수 있었다. 하지만 오래된 공진화 동반자들은 쉽게 몰아낼 수 없었으며 이들은 오늘날 전 세계에서 손꼽히는 사망 원인이다. 다른 태곳적 동반자들은 모습을 감춤으로써 우리를 알레르기나 자가면역 같은 이상 면역 패턴에 점차 취약해지게 했는지도 모른다.

우리는 사회적 동물이며 시간을 가로지르는 우리의 여정은 사회적 조건에 무척 민감하다. 잉글랜드 북부의 한 초등학교 교장이 2018년에 한 말을 들어보라.

> 이곳에서 지역 중등학교로 올라간 우리 아이들은 피부가 잿빛이고 치아가 부실하고 머리카락이 푸석푸석하고 손톱이 거칩니다. 키가 작고 체구도 깡말랐습니다. 운동 경기에서 같은 연령대의 부자 동네 아이들과 비교하면 우리 아이들이 정말 작다는 생각이 드실 겁니다. 이런 사실이 눈에 띄지 않는 것은 여러분이 늘 아이들과 함께 지내시기 때문입니다. 하지만 부유한 지역의 같은 연령대 아이들과 나란히 세워놓으면 확실히 작아 보입니다.

그녀의 아이들은 작기만 한 게 아니라 체질도 다르다. 단순히 **사회적**으로 불우한 게 아니라 **생물학적**으로도 불우하다. 그들은 더 빨리 나이를 먹고 더 일찍 죽을 것이며 이 사실은 초등학교 단계에서부터 명백하다. 이미 그들 앞에서 문이 닫혀버린 것이다. 사회경제적 신장 차이는 없애기 힘든 것으로 드러났지만 이제는 초과 체중이 단신을 대체하여 사회적 불이익의 지표가 되었으며 격차가 점점 벌어지고 있다.[3] 사회적 불평등의 영향을 똑똑히 보여주는 것은 영국과 미국 같은 나라에 존재하는 막대한 기대 수명 격차다.

사회는 구성원들의 생물학적 특징에 영향을 미치지만 우리의 변화하는 생물학적 특징도 사회에 자국을 남긴다. 여성성은 출산력을 조절하는 능력에 의해 달라졌고, 아동기는 빨라진 성장과 앞당겨진 성 성숙에 의해 달라졌고, 청소년기라는 새로운 현상이 등장했고, 인체의 구성은 넘쳐나는 식량과 육체노동 감소에 의해 달라졌고, 미국 대법관들의 장수는 중요한 정치적 문제가 되었고, 늙지만 죽을 수 없는 조너선 스위프트의 스트럴드브럭이 우리를 심란하게 한다. 우리가 가진 발달 가소성의 전모가 온전히 밝혀진 것은 불과 한 세대 전이며 여기서 도출되는 메시지는 전혀 새롭진 않아도 인상적이다. 우리는 부자가 자신의 뇌보다 오래 살게 해주는 기술을 발명해야 할까, 아니면 수십억 명에게 더 오래 살고 더 충만한 삶을 누릴 기회를 선사해야 할까?

체격 변화에 발맞춰 여러 다른 차원에서도 변화가 일어났다. 우리의 생계는 더 탄탄해졌으며 이로 인해 삶과 죽음의 경험, 사회적 관계, 종교의 위안 추구에서도 폭넓은 변화가 일어났다. 우리는 전반적으로 공감 능력이 더 커졌으며 거의 전 국민이 읽고 쓸 줄 알고 드라마를 시청하면서 공감의 범위가 확대되었다. 우리는 지능 검사에서도 더 나은 성적을 올리며—이것의 의미는 아직 논란의 여지가 있지만—우리의 마음이 다르게 작동한다는 것은 의심할 여지가 적어 보인다.

우리가 길든 종이라는 블루멘바흐의 주장은 길들임 증후군의 발견 덕분에 새로운 생명을 얻었다. 우리는 길들임 증후군의 특징들을 여러 가축과 공유한다. 이는 인류가 가장 밀집한 조건에서도 서로 관용하고 협력하는 놀라운 능력 이면에 공통의 유전적 경로가 있을 가능성을 제기한다. 애석하게도 이것은 전례 없는 선제 공격 성향과 맞물려 있다.

• 우리는 똑같을까? •

풍부한 문학적 유산 덕에 우리는 트로이 벌판에서 무거운 청동 창을 던지는 것이나 제인 오스틴의 응접실에 앉아 멋진 신랑감을 꿈꾸는 것이 어떤 경험이었을지 상상할 수 있다. 우리는 조상들의 삶을 엿볼 수 있지만, 그들에게는 우리가 매우 낯설어 보일 것이다. 활쏘기는 야히족 남자 이시와 20세기 의사를 맺어주었지만 이시의 전기에서 자아 성찰적 발언은 찾아볼 수 없다. 우리는 그가 생각한 것처럼 생각하지 않는다.

그리하여, 저 질문에 답하자면 우리는 달라졌을까? '인간 본성'이라는 것에 대해 수많은 글이 쓰였으며 이 글들은 대체로 "인간 본성은 바꿀 수 없다"라고 결론 내린다. 내 생각에 유일하게 확실한 것은 인간 본성을 정의할 수 없다는 것이다. 인간 본성은 사람들이 생각했거나 행한 모든 것에 걸쳐 있으며 이로부터 유익한 결론을 하나라도 끌어낼 수 있다면 운이 좋은 것이다. 인간 본성을 이해하려는 유서 깊은 탐구는 나름의 방식으로 에덴동산을 찾아 우리의 현재 생활 방식을 판단할 잣대로 삼으려는 탐색이다. 이 유서 깊은 서사의 최근 버전은 우리가 아프리카 사바나에서의 삶에 알맞도록 설계되었고 그곳에서 진화한 유전자가 21세기의 삶에 맞지 않으며 그로 인해 현대의 여러 질병이 생겼다는 것이다.

이 책은 사뭇 다른 결론에 도달한다. 그것은 자연선택이 결코 대비할 수 없었던 삶에 우리가 놀랍도록 훌륭히 적응했다는 것이다. 우리는 과거 어느 때보다 오래 살고 더 건강하다. 오랫동안 현대적 삶에 대한 자연의 복수로 일컬어진 심혈관 유행병이 인구집단에서 물러나고 있다. 암이 많아 보이는 것은 우리가 다른 원인으로 죽지 않기 때문이다. 비만 유행은 여러 달갑잖은 결과를 가져왔지만 예언된 파국은 결코 닥치지 않았다. 만성적 영양 과잉은 새로운 규범이 되었으며 우리는 여기에 적응하는 법을 배우고 있다. 옛 유전자가 정말로 우리의 나쁜 행동을 처벌하려고 하는 것이라면 무척 기묘한 방법을 쓰는 셈이다. 그럼에도 우리는 자연선택에서 탈출한 뒤 과거의 그 무엇으로도 대비할 수 없었던 난제를 맞닥뜨렸다. 그것은 무엇보다 만성적 영양 과잉과 극단적 노령이다.

• 영원의 질병 •

우리는 사치와 안락의 환상 세계에 들어섰지만 미래는 아슬아슬하다. 정치 지도자들은 한때 더 나은 미래의 상을 제시했으나 이제는 이 주제에 대해 놀랍도록 침묵한다. 그들은 미래보다는 영광스러운 과거를 주워섬기고 싶어한다. 고대 로마를 연구한 역사가 제롬 카르코피노는 이렇게 말했다. "당대의 불행을 헤쳐나가기 위해서는 사회 구성원들이 미래에 대한 믿음을 가져야만 하는 법이다."[4] 비슷한 공허감이 21세기에 우리를 막아선다.

사회학자 에밀 뒤르켐이 아노미를 '영원의 질병'이라고 부른 이유는 그것이 결코 충족할 수 없는 욕망을 자극하기 때문이다. 더 일반적인 용법에서 이 단어는 사회 질서의 변화로 인한 무의미 감각이나 목적 상실을 가리킨다. 아노미는 만연한 질병이다. 나이 든 사람들은 기술의 급격한 발전 때문에 자신의 가치와 경험이 평가절하되는 것을 본다. 그들이 쌓아온 지식은 연결이 모든 것인 젊은이들에겐 거의 무의미하다. 젊은이들이 힘들게 얻은 기술과 훈련은 금세 한물가고 일자리 전망은 전산화에 위협받고 다른 사고방식을 가진 연장자들이 권력과 부를 소유하고 있으며 직업 사다리를 올라가 주택을 소유한다는 전통적 열망의 실현은 난망하다. 그들은 자신이 속한 사회에 의해 밀려나고 있다는 느낌을 받는다.

그렇다면 미래는 어떨까? 미래에 대한 글을 써서 돈을 버는 사람들은 매우 극단적인 시각을 내놓는다. 생태 붕괴가 그중 하나이며 모종의 환경 위기 가능성도 커 보인다. 이에 반해 새로운 세대의 사회개량론자들은 무한한 경제 성장의 전망을 제시하며 유전공학과 전자 뇌 이식의 미래를 그린다. 여느 유토피아주의자와 마찬가지로 그들은 제정신인 사람이라면 누구도 살고 싶어하지 않을 미래를 상상한다. 유전공학은 단일 유전자 결함을 바로잡을 수는 있지만 여

러 유전자에 의해 조절되는 복잡한 형질을 재구성하기까지는 아직
까마득하다. 정보 기술은 감각의 범위를 확장할 잠재력이 있지
만―현재의 주된 역할은 감각의 범위를 좁히는 것이다―연산 속
도가 빨라진다고 해서 인간의 이해 범위가 확대될 것 같지는 않다.

더 현실적 측면에서 보자면 우리에게는 표현형을 개조할 기회가
있다. 이를 위한 가장 효과적인 최선의 방법은 성장, 교육, 기회가
모두에게 고루 돌아가도록 하는 것이다. 이 목표가 실패하면 더 많
은 사람들이 약물을 동원한 표현형 개조에 의지할 것이다. 표현형
공학의 궁극적 형태는 약물에 의한 배아 조작이며, 태어나지 않은
아기의 지방 구성을 개조하려는 시도는 (비록 성공하진 못했지만)
이를 향한 첫걸음이었다.

가소성은 인간이 만든 환경을 반영하기에, 환경을 통제하는 사람
들은 고의로든 아니든 미래 세대의 표현형을 좌우할 것이다. 그렇
다면 통제하는 자는 누가 통제할 것인가? 국민국가는 한때 전 국민
의 보편적 부모로 간주되었으나 자본의 이탈로 인해 여지없이 약화
되었다. 부는 한때 유형의 재화였다. 은행 금고에 보관하거나 부동
산의 형태로 보유할 수 있었으며 혁명 세력과 중앙정부의 요구에
똑같이 취약했다. 이제 화폐는 사이버공간으로 이주하여 거래인의
마음속과 컴퓨터에만 존재한다. 인터넷이 단절되고 세계 무역이 붕
괴하면 화폐는 꿈처럼 사라질까? 생존주의자들은 새로 시작한다는
환상을 품을지 모르지만 두번째 시작은 있을 수 없다. 우리의 삶을
지탱하는 연결망이 정말로 무너지면 우리의 후손들은 가용한 모든
광물 자원과 화석연료가 바닥났으며 남은 것은 현재 기술로는 채굴

할 수 없게 되었음을 금세 깨달을 것이다. 그들은 산업 시대 이전의 세계에서 영영 살아가게 될 것이다.

마지막으로 강조하고 싶은 것은 우리가 자연적 종이 아니라는 것이다. 우리는 나름의 문화를 지닌 인공적 존재이며 우리가 만든 세상에 적응하고 불확실한 미래를 받아들이려고 분투한다. 우리가 추구해야 할 '자연적' 존재 방식 같은 것은 없다. 우리는 과거의 성과를 바탕으로 몽유병 환자처럼 끊임없이 미래로 나아갈 것이며 그 미래는 끊임없이 우리의 예측을 비켜 갈 것이다. 그럼에도 개인적 차원에서 결론을 내리자면, 내가 죽음을 앞둔 많은 사람들의 곁을 지키면서 그 마지막 순간들로부터 얻은 교훈이 하나 있다. 그것은 우리가 스스로를 자랑스러워해야 마땅하며 인류를 위해 싸우는 것은 의미 있는 일이라는 것이다.

감사의 글

발단은 4년 전 호텔 조식 식당에서 프랜시스 애슈크로프트를 우연히 만난 일이었다. 그녀에게 집필 작업이 어떻게 되어가느냐고 물으며 나도 책 아이디어를 하나 구상하고 있다고 말했다. 그녀는 내게 아이디어를 적어서 보내달라고 하고는 자신의 저작권 대리인 펠리시티 브라이언에게 전달했다. 4주 뒤 출판 계약을 맺었다. 그 뒤로 알게 된 사실은 매사가 늘 그렇게 수월하지는 않다는 것이었다. 살아생전 전설이던 펠리시티는 이 책을 준비하다 세상을 떴지만, 그녀와 프랜시스가 내게 도움을 베푼 일은 평생 감사할 것이다.

여느 사람들처럼, 나도 책 쓰는 법쯤은 안다고 생각했다. 여느 사람들처럼, 틀린 생각이었다. 로라 스티크니, 홀리 헌터, 로언 코프의 가르침, 서실리아 매카이의 도판 작업, 데이비드 왓슨과 제작팀이 보여준 전문가의 진면목에 한없이 감사한다.

이 책의 중심 테마는 수년간 머릿속을 맴돌았기에, 그 과정에서 나를 도와준 사람들에게 일일이 감사하기는 불가능할 것 같다. 라로슈푸코가 "사람들은 비판을 청해놓고 칭찬만 바란다"라고 말했던가. 그러니 버나드 키건 피셔와 피터·비키 발라반스키의 솔직한 비판에 진심으로 감사한다. 피터 던, 마이크 린, 애슐리 모펫, 고든 윌콕은 선별된 장을 읽어주었다. 이메일로만 알고 지낸 루커스 스텔퍼스는 충성스러운 독자이자 지지자이자 비평가였다. 존 커쇼도 그랬다.

개인적 사연을 밝히자면 이 책은 두 마리 고양이와 함께했다. 톰 속스와 소피는 책이 무르익는 동안 책상 서랍에서 평화롭게 잠을 잤다. 에밀리, 리베카, 존은 집필 기간 내내 건전한 회의주의와 유익한 통찰력을 발휘했으며 이 책의 가치를 높여주었다. "강박에 시달리는 남자를 데려오면 행복한 남자를 보여주겠다"라는 말이 있다. 아내에게 이 말을 했더니 이렇게 받아쳤다. "그리고 나는 당신에게 불행한 여자를 보여줄 테고!" 이 말이 현실이 되지 않았다고 확언해줘서 고마워, 주디스, 이 책은 당신 거야.

삽화 설명

그림 1 *Luilekkerland* in *The Land of Cockaigne*. Engraving after Pieter Breughel the Elder, 1567. (Metropolitan Museum of Art, New York. Harris Brisbane Dick Fund, 1926 (Acc. No. 26.72.44).)

그림 2 인간과 영장류의 대장/소장 비율.

그림 3 기원전 2만 5000년경 이탈리아 그리말디 '아이들의 동굴' 제4호에서 출토된 그라베트인 유골. (ⓒ Museum of Prehistoric Anthropology, Monaco.)

그림 4 차탈회위크: 미술가가 재구성한 그림. (Dan Lewandowski.)

그림 5 마름의 지시에 따라 낫으로 밀을 수확하는 중세 농노들. Miniature from *Queen Mary's Psalter*, c.1310-20. (ⓒ British Library Board. All Rights Reserved / Bridgeman Images (Ms. Royal 2. B. VII, fol. 78v).)

그림 6 친차제도에서 채취한 구아노를 홍보하는 19세기 미국의 광고. (Mystic Seaport, Mystic, CT.)

그림 7 〈농민들이여, 의무를 다하라! 도시가 굶주리고 있다.〉 Poster by Heinrich Hönich, Munich, 1919. (Library of Congress Prints and Photographs Division, Washington DC.)

그림 8 우유를 마시는 아이들. 1929년 램버스 홀리트리니티 학교. (EUD / TopFoto.)

그림 9 1270~2014년 영국의 밀 생산량.

그림 10 1960년과 2010년 인간과 육류 공급원 3종의 생물량 추정치.

그림 11 인류 두개골의 서열. Illustration from Johann Friedrich Blumenbach, *De generis humani varietate nativa*, 3rd edition, 1795. (Wellcome Collection, London.)

그림 12 1914년경 웨스트오브잉글랜드 밴텀 부대 모병 포스터. (개인 소장.)

그림 13 1907년 엘리스 섬에서 미국 의사들에게 검사받는 이민자들. (Universal History Archive / Getty Images.)

그림 14 1919년 3월 캐나다 앨버타주 스탠드오프 지구의 후터파 공동체에서 살아가는 주민들. Photograph by Friedrich Zieglschmid, 1946. (Courtesy of Glenbow Library and Archives, Archives and Special Collections, University of Calgary.)

그림 15 전통 문화권과 현대 문화권에서 여성의 출산력.

그림 16 위: 생선 장수의 아내와 자녀들. 아래: 거푸집 장인의 아내와 자녀들. Photographs from Women's Co-operative Guild, *Maternity: Letters from Working-Women*, 1915.

그림 17 1880~1980년 영국의 분만 중 사망률.

그림 18 모계의 제약: 샤이어 수말과 셰틀랜드 암말의 교배로 얻은 망아지와 샤이어 암말과 셰틀랜드 수말의 교배로 얻은 망아지. Illustration from A. Walton and J. Hammond, *Proceedings of the Royal Society B*, vol. 125 (1938).

그림 19 파키아로티의 유골. Photograph from A. Zanatta et al., 'Occupational markers and pathology of the castrato singer Gaspare Pacchierotti (1740–1821)', *Scientific Reports* 6, 28463 (2016).

그림 20 〈진 골목〉(부분). Engraving by William Hogarth, 1750–51. (개인 소장.)

그림 21 1835년 벨기에 소년의 신장과 체중을 현대 성장 도표에 나타낸 것.

그림 22 왼쪽: Adah Menken, photograph, 1860s. (Billy Rose Theatre Division, The New York Public Library Digital Collections.) 가운데: Drawing by Albrecht Durer from *Four Books on Human Proportion*, 1528, p. 240. 오른쪽: Cheryl Cole. Photograph from *The Cheryl Cole Official Calendar 2010*, Danilo Promotions Limited, 2019.

그림 23 왼쪽: *Young Couple Threatened by Death*, engraving by Albrecht Durer, c.1498. (National Gallery of Victoria, Melbourne. Felton Bequest, 1956 (Acc. No. 3508-4).) 오른쪽: *Peasant Couple Dancing*, engraving by Albrecht Durer, 1514. (Metropolitan Museum of Art, New York. Bequest of Ida Kammerer, in memory of her husband, Frederic Kammerer, MD, 1933 (Acc. No. 33.79.1).)

그림 24 실제 인체 비율과 과장된 인체 비율. Drawing by Andrew Loomis from *Figure Drawing for All It's Worth*, 1943, p. 28. (© The Estate of Andrew Loomis.)

그림 25 1890년대 백인 미국인 남녀 학생들의 치수를 조합한 조각상. *Typical Man and Woman*. Sculptures by Henry Hudson Kitson and Theo Alice Ruggles, 1890s. (© President and Fellows of Harvard College, Peabody Museum of Archaeology and Ethnology (PM20-3-10/59929.0 and 20-3-10/59930.0). Gift of Dr Dudley A. Sargent, 1920.)

그림 26 1943년 젊은 백인 미국인들의 치수를 조합한 조각상. *Normman and Norma*. Sculptures by Abram Belskie and Robert Latou Dickinson, 1943. (Cleveland Museum of Natural History.)

그림 27 남자 100미터 달리기 기록.

그림 28 왼쪽: 우사인 볼트, 2011. (Andy Lyons/Getty Images.) 오른쪽: 마이클 펠프스, 2011. (AP/Rex/Shutterstock.)

그림 29 왼쪽: 바비 인형. (David Hare/Alamy.) 오른쪽: 캔디스 스워너풀, 2013. (WireImage/Getty Images.)

그림 30 암퇘지 거세꾼. Engraving after Marcellus Laroon from *The Cryes of London Drawne after the Life*, 1688. (© Trustees of the British Museum (1972, U.370.2).)

그림 31 보디빌더. (Shutterstock.)

그림 32 왼쪽과 오른쪽: 빌렌도르프의 비너스, 기원전 3만 년. (Naturhistorisches Museum, Vienna/Interfoto/Alamy.) 가운데: 복부 비만이 있는 33세 여성. Photograph from *Obesity and Leanness* by Hugo R. Rony, 1940, p. 167.

그림 33 1835년, 1885~1900년, 2007년 남성의 연령에 따른 체중 변화.

그림 34 1913~2010년 20~29세 연령 집단과 50~59세 연령 집단의 BMI 차이 (여성).

그림 35 1970~2010년 미국의 1인당 열량 소비량.

그림 36 비만한 남성. (Shutterstock.)

그림 37 BMI가 같은 유럽인과 인도인의 체지방 비교. (Courtesy of Professors

Yajnik and Yudkin.)

그림 38 미국 국가 조사 세 건에서 드러난 비만 관련 초과 사망.

그림 39 머리카락에 매달린 머릿니. Engraving from Robert Hooke, *Micrographia: or Some Physiological Descriptions of minute bodies made by magnifying glasses*, 1665.

그림 40 1915년 참호에서 이를 잡는 독일 병사들. (Bettmann/Getty Images.)

그림 41 새뮤얼 래버스를 기리는 명판(런던 우체부 공원).

그림 42 1838~1970년 영국의 결핵 사망률.

그림 43 1930~1995년 노르웨이의 아동기 발병 당뇨병 증가 추세.

그림 44 1981~2085년 영국의 출생시 실제 기대 수명과 추정 기대 수명.

그림 45 1850~2010년 영국 남성의 사망 나이.

그림 46 1847년과 2016년 잉글랜드와 웨일스에서 해당 나이에 죽을 확률.

그림 47 1998년 우주왕복선 디스커버리호에 탑승한 미국 상원의원 존 H. 글렌 2세. NASA.

그림 48 38세의 생물학적 나이.

그림 49 2018년 텍사스주 휴스턴 클레어우드하우스 양로원의 백세인들. (Mark Mulligan/*The Houston Chronicle*.)

그림 50 출생시 기대 수명 대 1인당 GDP.

그림 51 35~69세 영국 남녀의 관상동맥 심장병 사망률.

그림 52 미국 전체 인구의 암 및 심혈관 질환 사망률.

그림 53 *Cradle to Grave*, art installation at the British Museum, London, by Pharmacopoeia, 2008. (Flickr Creative Commons.)

그림 54 요한 카스파르 라바터. Drawing by Thomas Holloway, c.1793. (Wellcome Images.)

그림 55 폼페이우스. Sculpture, c. AD 30-50. (Ny Carlsberg Glyptotek, Copenhagen.)

그림 56 '정면에서 보이는 얼굴 근육'. Illustration by Charles Bell from his *Essays on the Anatomy of Expression in Painting*, 1806, plate II.

그림 57 *Self-portrait*(부분). Painting by Elisabeth Louise Vigee Le Brun, 1790. Gallerie degli Uffizi, Florence. (Peter Horree/Alamy.)

그림 58 *Four Apostles*(부분). Painting by Albrecht Durer, 1526. Alte Pinakothek, Munich. (Art Library/Alamy.)

그림 59 자신의 머리를 관통한 쇠막대를 들고 있는 피니어스 게이지. Cabinet card after an original daguerreotype, 1850s. (Gage Family of Texas Photo Collection/Wikimedia Commons.)

그림 60 *The Month of April*. Miniature by Simon Bening from the *Da Costa Hours*, c.1515. (The Morgan Library and Museum, New York (MS M.399, fol. 5v, 172 × 125 mm). Purchased by J. Pierpont Morgan, 1910. Image courtesy of Akademische Druck- u. Verlagsanstalt, Graz, Austria.)

그림 61 1984년 러시아 노보시비르스크에서 은여우들과 함께 있는 드미트리 벨랴예프. (Sputnik/Alamy.)

그림 62 월트 디즈니 미키 마우스의 진화. Illustration from Stephen Jay Gould, *The Panda's Thumb*, 1983, pp. 82-3.

그림 63 '아니, 그녀가 더러울 리 없어. 한 번도 더러웠을 리 없다고.' Illustration by Jessie Willcox Smith from Charles Kingsley, *The Water-Babies*, 1916. (Prints & Photographs Division, Library of Congress, Washington DC.)

그림 64 마지막 아메리카 원주민 야히족 이시. Photograph by Louis J. Stellman, c.1915. (California State Library, Sacramento, California.)

주

머리말

1. Isaiah 65:20, New International Version translation.
2. Hinrichs (1955).
3. Pleij (2001).
4. Johannsen (1911).
5. Schwekendiek (2009); NCD Risk Factor Collaboration (2016).
6. Shapiro (1939).
7. Clark (2007).
8. Broadberry et al. (2010).
9. Stone (1977).
10. UNESCO Fact Sheet #45, September 2017.
11. Flynn (2012).

1장: 프로메테우스적 순간

1. Plato (1958), p. 53.
2. Boas (1911), p. 83.
3. Wrangham (2009).
4. Wallis (2018); Tyson (2018).

5. Milton (2003).
6. Lee (1968), p. 33.
7. Organ et al. (2011).
8. Ponzer et al. (2016).
9. Klein (1999), pp. 512ff.
10. Gould (1983a), p. 49.
11. Eaton and Eaton (1999), p. 450.
12. Holt and Formicola (2008).
13. Formicola and Giannecchini (1999).
14. Childe (1942), p. 22.
15. Green (1981).
16. Cannon (1932), p. 69.
17. Mithen (2003).
18. Hodder (2004).
19. Cohen (1977).
20. Lobell and Patel (2010).
21. Tacitus (1948), p. 122.
22. Khaldun (1969), p. 94.
23. Koepke and Baten (2005).
24. James (1979).
25. Mays (1999).
26. Scott (2017), p. 83.
27. Macintosh et al. (2017).

2장: 샤를마뉴의 코끼리

1. Einhard and Notker the Stammerer (1969).
2. Pirenne (2006), Introduction.
3. Pomeranz (2000).
4. Hoskins (1955), p. 56.
5. McKeown (1979)에서 인용.
6. Read (1934).
7. Linklater (2014).
8. Trevelyan (1942), p. 165.
9. Ernle (1936), p. 177.
10. Braudel (1981), p. 196.

11. Schwartz (1986), pp. 41-2.

12. Ernle (1936), pp. 188-9,

13. Broadberry et al. (2010).

3장: 토끼섬으로 가는 길

1. Gurven and Kaplan (2007).

2. Finch (1990), p. 150.

3. James (1979).

4. James (1979).

5. Smith (1991).

6. Stone (1977), p. 476.

7. Malthus (1985).

8. Darwin (1958), p. 120.

9. Wrigley (1969).

10. Harris (1993), p. 44.

11. Carr-Saunders (1936), p. 30.

12. Wrigley (1969), p. 197.

13. Thompson (1929).

14. Davis (1945).

4장: 세계를 먹여 살린 발명

1. Giffen (1904), vol. 2, pp. 274, 275.

2. Crookes (1917), p. 11.

3. Leigh (2004), p. 69.

4. Cushman (2013).

5. Sohlman (1983).

6. Tuchman (1994).

7. Grey (1925), vol. 2, p. 289.

8. Smil (2001), p. 103.

9. Prescott (n.d.), p. 296.

10. Stern (1977), p. 469.

11. Smil (2001).

12. Jones (1920).

13. Collingham (2013), p. 416.

14. Consett (1923).

15. Offer (1989).
16. Charles (2005).
17. Borkin (1979).
18. Smil (2001).
19. Nystrom (1929).
20. Boyd-Orr (1966).
21. Smil (2001), p. 113.
22. Rehm (2018).
23. McNeill and Engelke (2014).
24. Smil (2004), p. 102.
25. Food and Agriculture Organization of the United Nations (1975), paras 77–82.
26. Walpole et al. (2012); Thornton (2010).
27. Van Ittersum et al. (2016).
28. Thomas (2003).

5장: 인간 가소성의 발견

1. Blumenbach (1865).
2. Poliakov (1971), p. 173에서 재인용.
3. Ripley (1899), p. 453.
4. Keynes (1936).
5. Lamarck (1963), p. 108.
6. Wallace (1880).
7. Darwin (1922).
8. Boas (1909).
9. Jordan (1993), p. 171.
10. Anon (1904).
11. Himmelfarb (1984), p. 350에서 재인용.
12. Barnardo and Marchant (1907).
13. MacMillan (2001), pp. 318–21.
14. Ripley (1899), p. 52.
15. Boas (1912).
16. Hulse (1981).
17. Bateson et al. (2004).
18. Planck (1949).

19. American Anthropological Association (1998).

6장: 자궁

1. Steinach and Loebel (1940).
2. Vogel and Motulsky (1997), p. 377.
3. Potts and Short (1999).
4. Eaton and Mayer (1953).
5. Frisch (1978).
6. Eaton and Mayer (1953).
7. Smith et al. (2012).
8. Ellison (2001), pp. 145-60.
9. Women's Co-operative Guild (1915).
10. Chamberlain (2006).
11. Chamberlain (2006).
12. Molina et al. (2015).
13. Kaunitz et al. (1984).
14. Mitteroecker et al. (2016).
15. Walton and Hammond (1938).
16. Cameron (1979)에서 재인용.
17. Lawlor (2013).
18. Brudevoll et al. (1979).
19. Tanner (1981), pp. 106-12.
20. Moller (1985).
21. Barbier (1996), p. 91.
22. Zanatta et al. (2016).
23. Hochberg et al. (2011).
24. Potts and Short (1999), p. 162.
25. Short (1976).
26. Belva et al. (2016).
27. Barclay and Myrskylä (2016).
28. Kong et al. (2012).
29. Aviv and Susser (2013).
30. Bordson and Leonardo (1991).
31. Eisenberg and Kuzawa (2018).
32. Barclay and Myrskylä (2016).

33. Dratva et al. (2009).

7장: 출생 이전의 삶

1. George (1925), p. 34.
2. Sullivan (2011).
3. Ballantyne (1904).
4. Gale (2008).
5. Smith (1947).
6. Stein et al. (1975).
7. Lenz (1988).
8. Forsdahl (1978).
9. Barker (2003).
10. Gluckman and Hanson (2005).
11. Hayward and Lummaa (2013).
12. Roseboom et al. (2006).
13. Schlichting and Pigliucci (1998).
14. Waddington (1957).

8장: 키가 커지다

1. Stanhope (1889).
2. Tanner (1981), p. 114.
3. Komlos (2005).
4. Julia and Valleron (2011).
5. Tanner (1981), p. 162.
6. Tanner (1981), p. 163.
7. Tanner (1981), p. 122.
8. Quetelet (1835).
9. NCD Risk Factor Collaboration (2016).
10. Jantz and Jantz (1999).
11. Bakewell (2011).
12. Leitch (2001).
13. Pawlowski et al. (2000).
14. Ives and Humphrey (2017).
15. Amherst data from UNCG digital collections, http://libcdm1.uncg.edu/cdm/compoundobject/collection/PEPamp/id/3067/rec/2.

16. Bowles (1932).
17. Morton (2016).
18. O'Brien and Shelton (1941), p. 28.
19. Shapiro (1945).
20. Rose (2016).
21. Jantz and Jantz (2016).
22. http://www.scientificamerican.com/article/the-power-of-the-human-jaw/.
23. Keith (1925), vol. 2, p. 671.
24. Katz et al. (2017).
25. Lieberman (2013), p. 306.
26. Zeuner (1963), p. 68.
27. Weiland et al. (1997).
28. Sun et al. (2015).

9장: 스포츠 기록

1. Sargent (1887).
2. Morris (2001), pp. 84 and 129.
3. Norton and Olds (2001).
4. Day (2016).
5. Tanner (1964), p. 108.
6. http://www.bbc.co.uk/news/magazine-34290980.
7. Sedeaud et al. (2014).
8. Syed (2012).
9. Bejan et al. (2010).
10. Charles and Bejan (2009).

10장: 설계자 표현형

1. http://www.lostateminor.com/2013/04/26/infographic-of-barbie-doll-vs-
   human-woman/.
2. Norton and Olds (2001).
3. Sharp (2009).
4. Saner (2018).
5. Cochrane (2016).
6. Finch (1990), p. 90.
7. *Early Eighteenth-Century Newspaper Reports: A Sourcebook*, rictornorton.co.uk/

grubstreet/gelder.htm.

8. Holt and Sönksen (2008).

9. http://www.businessinsider.com/nfl-players-arrested-2013-super-bowl-2013-6.

10. Perkins (1919).

11. Olshansky and Perls (2008).

12. Levine et al. (2017).

13. Cooper et al. (2010).

14. Skakkebaek et al. (2016).

15. Colborn and Clement (1992).

16. Gore et al. (2015).

11장: 뚱보 세상

1. Brink (1995).

2. Komlos and Brabec (2011).

3. West (1978), p. 275.

4. Association of Life Insurance Medical Directors and the Actuarial Society of America (1912).

5. Schwartz (1986).

6. Sun et al. (2012).

7. Collingham (2013).

8. Hawkes (2005).

9. De Vogli et al. (2014).

10. Monteiro et al. (2004).

11. Howel et al. (2013).

12. Strøm and Jensen (1951).

13. Trowell (1974).

14. Franco et al. (2008).

15. Komlos and Brabec (2011).

16. USDA: What we eat in America: NHANES 2007-2010.

17. Neel (1962).

18. Neel (1994).

19. Ó Gráda (2009), p. 99.

20. Loos and Yeo (2014).

21. Hales and Barker (2001).

22. Chiswick et al. (2015).

23. Kuczmarski et al. (1994).

24. Flegal (2006).

25. German (2006).

26. Prentice and Jebb (2001).

27. Kuczmarski and Flegal (2000).

28. Blüher (2014).

29. Flegal (2006).

30. Kuulasmaa et al. (2000).

31. Gregg et al. (2005).

12장: 다중우주, 제2의 보금자리

1. Brock (1961), p. 11.

2. Rosebury (1969), p. 10.

3. Dubos (1965).

4. Rook (2013).

5. Omran (2005).

6. Brooks and McLennan (1993), p. 5.

7. Roberts and Janovy (2000).

8. Nunn et al. (2003).

9. Dounias and Froment (2006).

10. Stoll (1947).

11. Chan (1997).

12. Brooks and McLennan (1993), p. 405에서 재인용.

13. Cowman et al. (2016); Loy et al. (2017).

14. Zinsser (1935), p. 185.

15. Maunder (1983).

16. Stedman (1796), p. 5.

17. Maunder (1983).

18. Van Emden and Piuk (2008), p. 196.

19. Bonilla et al. (2009).

20. Donoghue (2011).

21. Dubos and Dubos (1952), p. 185.

13장: 감염병의 퇴조

1. Dowling (1977), p. 40.
2. Dubos (1976), p. 23.
3. Charlton and Murphy (eds.) (1997).
4. McKeown (1988).
5. Lancaster (1990), p. 90에서 재인용.
6. Dubos and Dubos (1952).
7. Dormandy (1999), p. 387.
8. Marshall (ed.) (2002).
9. Barlow (2000).
10. Grytten et al. (2015).

14장: 최종 한계선

1. Wallace, Beeton and Pearson (1899)에서 재인용.
2. Fisher (1909).
3. Pearl (1920), pp. 161-5.
4. Haldane (1923).
5. Dublin (1928).
6. Fries (1980).
7. GOV.UK Health profile for England, 13 July 2017, https//www.gov.uk/government/publications/health-profile-for-england.
8. Oeppen and Vaupel (2002).
9. Olshansky and Carnes (2001), p. 86.
10. Levine and Crimmins (2018).
11. Jones (1956).
12. Sebastiani et al. (2017).
13. Belsky et al. (2015).
14. Levine and Crimmins (2018).
15. Levine and Crimmins (2014).
16. Field et al. (2018).
17. Goto et al. (2013).
18. Hardman (2001).
19. Gavrilov et al. (2002).
20. Gemmell et al. (2004).
21. McCurry (2018).

22. Evert et al. (2003); Ailshire et al. (2015).
23. Powell (1994).
24. Festinger et al. (1956).
25. Fraser and Shavlik (2001).
26. Geronimus et al. (2006).
27. Kulkarni et al. (2011).
28. Stiglitz (2001).
29. Lenfant (2003).
30. Finch (1990), p. 161.

15장: 죽어가는 짐승에 옭매여
1. Greene (2007).
2. Kole et al. (2013).
3. Bliss (1999), pp. 274, 372.
4. Dalen et al. (2014).
5. Lawlor et al. (2002).
6. Townsend et al. (2016).
7. Hansson (2005).
8. Gaziano et al. (2010).
9. Centers for Disease Control (1999).
10. Tryggvadottir et al. (2006).
11. Moore et al. (2017).
12. DECODE Study Group (2003).
13. Godlee (2018).

16장: 인간의 친절함이라는 젖
1. Rule et al. (2013).
2. Nichols (2003), p. 120.
3. Todorov et al. (2005).
4. Godwin (1834).
5. Lavater (n.d.), p. 11.
6. Buffon (1797), vol. 4, pp. 94-5.
7. Bell (1885), p. 54.
8. Green (1990), p. 578.
9. Bell (1885), p. 58.

10. Rhodes (2006).
11. McNeill (1998).
12. Bjornsdottir and Rule (2017).
13. Burrows et al. (2014).
14. Darwin (1965), p. 359.
15. James (1890), vol. 2, p. 451.
16. Dixon (2015).
17. Jones (2014).
18. Ginosar et al. (2015).
19. Sacks (2010).
20. Stewart (1892).
21. Galton (1884).
22. Thurstone (1934).
23. Goldberg (1993).
24. Nisbett (2003), p. 122.
25. Trull and Widiger (2013).
26. Emre (2018).
27. James (1938).
28. Chaytor (1945).
29. Edmonson (1971).
30. Ibrahim and Eviatar (2009).
31. Ong (1982).
32. Brigham (1923).
33. Pollan (2006), p. 233.
34. Pinker (2011), p. xxii.
35. Gay (1998).
36. Quiggin (1942).
37. Davies (1969).
38. James (1902).

17장: 옛 마음을 이해하는 새 마음

1. Gould (1984).
2. Gould (1984).
3. Brigham (1923).
4. Scottish Council for Research in Education (1949).

5. Flynn (2012).
6. Bergen (2008).
7. Guerrant et al. (2013).
8. Neel (1970).
9. Zerjal et al. (2003).
10. Macmillan (2008).
11. Anderson et al. (2017).

18장: 인류 길들이기
1. Galton (1865).
2. Darwin (1905), vol. 2, pp. 231-3, 332.
3. Thomas et al. (2013).
4. Ernle (1936), p. 177.
5. Castle (1947).
6. Dugatkin and Trut (2017).
7. Leach (2003).
8. Gould (1983b).
9. Shea (1992), p. 104.
10. Wilkins et al. (2014).
11. Cieri et al. (2014).
12. Range et al. (2015).
13. Vasconcellos et al. (2016).
14. Wrangham (2018).
15. Wrangham (2018).
16. Hare (2017).
17. Wilson (1988), p. 38.

19장: 표현형의 변화, 사회의 변화
1. Stone (1977).
2. Trevelyan (1928).
3. Pankhurst (1913).
4. Porter (1912), pp. 617, 622.

후기
1. Kroeber (1961).

2. Peshkov (1994).
3. Bann et al. (2018).
4. Carcopino (1941), p. 88.

참고 문헌

Ailshire, J. A. et al. (2015). Becoming centenarians: disease and functioning trajectories of older US adults as they survive to 100. *The Journals of Gerontology Series A: Biological Sciences and Medical Sciences* 70(2): 193-201.

American Anthropological Association (1998). *Statement on Race.* www. americananthro.org / ConnectWithAAA / Content.aspx?ItemNumber=2583.

Anderson, L. B. et al. (2017). Emotional intelligence in agenesis of the corpus callosum. *Archives of Clinical Neuropsychology* 32(3): 267-79.

Anon. (1904). The report of the Privy Council upon physical deterioration. *Lancet*, 6 August 1904, 390-92.

Anon. (1949). *The Trend of Scottish Intelligence: A Comparison of the 1947 and 1932 Surveys of the Intelligence of Eleven-year-old Pupils.* University of London Press.

Association of Life Insurance Medical Directors and the Actuarial Society of America (1912). *Medico-Actuarial Mortality Investigation.* New York.

Aviv, A. and Susser, E. (2013). Leukocyte telomere length and the father's age enigma: implications for population health and for life course. *International Journal of Epidemiology* 42: 457-62.

Bakewell, S. (2011). *How to Live: A Life of Montaigne in One Question and Twenty*

Attempts at an Answer. Vintage Books. 한국어판은 『어떻게 살 것인가』(책읽는수요일, 2012).

Ballantyne, J. W. (1904). *Manual of Antenatal Pathology and Hygiene: The Embryo*. William Green and Sons.

Bann, D. et al. (2018). Socioeconomic inequalities in childhood and adolescent body-mass index, weight and height from 1953 to 2015: an analysis of four longitudinal, observational, British birth cohort studies. *Lancet Public Health* 3: e194-e203.

Barbier, P. (1996). *The World of the Castrati: The History of an Extraordinary Operatic Phenomenon*. Souvenir Press.

Barclay, K. and Myrskylä, M. (2016). Advanced maternal age and offspring outcomes: reproductive aging and counterbalancing period trends. *Population and Development Review* 42(1): 69-94.

Barker, D. (2003). The midwife, the coincidence, and the hypothesis. *BMJ* 327: 1428-30.

Barlow, C. (2000). *The Ghosts of Evolution: Nonsensical Fruit, Missing Partners and Other Ecological Anachronisms*. Basic Books.

Barnardo, Mrs and Marchant, J. (1907). *Memoirs of the Late Dr Barnardo*. Hodder and Stoughton.

Bateson, P. et al. (2004). Developmental plasticity and human health. *Nature* 430: 419-21.

Beeton, M. and Pearson, K. (1899). Data for the problem of evolution in man. II. A first study of the inheritance of longevity and the selective death-rate in man. *Proceedings of the Royal Society of London* 65: 290-305.

Bejan, A. et al. (2010). The evolution of speed in athletics: why the fastest runners are black and swimmers white. *International Journal of Design and Nature* 5: 199-211.

Bell, C. (1885). *The Anatomy and Philosophy of Expression: As Connected with the Fine Arts*. 7th edn, George Bell.

Belsky, D. W. et al. (2015). Quantification of biological aging in young adults. *PNAS* 112(30): E4104-10.

Belva, F. et al. (2016). Semen quality of young adult ICSI offspring: the first results. *Human Reproduction* 31(12): 2811-20.

Bergen, D. C. (2008). Effects of poverty on cognitive function. *Neurology* 71: 447-51.

Bjornsdottir, R. T. and Rule, N. O. (2017). The visibility of social class from facial cues. *Journal of Personality and Social Psychology* 113(4): 530-46.

Bliss, M. (1999). *William Osler: A Life in Medicine*. Oxford University Press. 한국어판은 『윌리엄 오슬러 경』(메디안북, 2013).

Blüher, M. (2014). Are metabolically healthy obese individuals really healthy? *European Journal of Endocrinology* 171(6): R209-19.

Blumenbach, J. F. (1865). *The Anthropological Treatises*. Trans. Thomas Bendyshe. Longman, Green, Longman, Roberts & Green.

Boas, F. (1909). Race problems in America. *Science*, New Series, 29: 839-49.

Boas, F. (1911). *The Mind of Primitive Man*. Macmillan Co.

Boas, F. (1912). *Changes in Bodily Form of Descendants of Immigrants*. Columbia University Press.

Bonilla, D. L. et al. (2009). *Bartonella quintana* in body lice and head lice from homeless persons, San Francisco, California, USA. *Emerging Infectious Diseases* 15(6): 912-15.

Bordson, B. L. and Leonardo, V. S. (1991). The appropriate upper age limit for semen donors: a review of the genetic effects of paternal age. *Fertility and Sterility* 56(3): 397-401.

Borkin, J. (1979). *The Crime and Punishment of I.G. Farben: The Birth, Growth and Corruption of a Giant Corporation*. André Deutsch.

Bowles, G. T. (1932). *New Types of Old Americans at Harvard*. Harvard University Press.

Boyd-Orr, Lord (1966). *As I Recall*. MacGibbon and Kee.

Braudel, F. (1981). *Civilization and Capitalism 15th-18th Century*, vol. 1: *The Structures of Everyday Life*. Collins. 한국어판은 『물질문명과 자본주의 I: 일상생활의 구조』(까치, 1995).

Brigham, C. C. (1923). *A Study of American Intelligence*. Princeton University Press.

Brink, P. J. (1995). Fertility and fat: the Annang fattening room. In de Garine, I. and Pollock, N. J. (eds.), *Social Aspects of Obesity*, Gordon and Breach, 71-86.

Broadberry, S. et al. (2010). British economic growth, 1270-1870. https://warwick.ac.uk/fac/soc/economics/staff/broadberry/wp/britishgdplongrun8a.pdf.

Brock, T. (1961). *Milestones in Microbiology*. Prentice Hall.

Brooks, D. R. and McLennan, D. A. (1993). *Parascript: Parasites and the Language of Evolution*. Smithsonian Institution Press.

Brudevoll, J. et al. (1979). Menarcheal age in Oslo during the last 140 years. *Annals of Human Biology* 6: 407-16.

Buffon, G.-L. (1797). *Natural History*. Translated from the French in 10 volumes. Vol. 4. H. D. Symonds, Paternoster Row.

Burrows, A. M. et al. (2014). Human faces are slower than chimpanzee faces. *PLOS One* 9(10): e110523.

Cameron, N. (1979). The growth of London schoolchildren 1904-1966: an analysis of secular trend and intra-county variation. *Annals of Human Biology* 6: 505-25.

Cannon, W. B. (1932). *The Wisdom of the Body*. W. W. Norton. 한국어판은 『인체의 지혜』(동명사, 2009).

Carcopino, J. (1941). *Daily Life in Ancient Rome*. Peregrine Books.

Carr-Saunders, A. M. (1936). *World Population: Past Growth and Present Trends*. 2nd impression. Frank Cass and Co.

Castle, W. E. (1947). The domestication of the rat. *PNAS* 33: 109-17.

Centers for Disease Control (1999). Tobacco use-United States, 1900-1999. *Morbidity and Mortality Weekly Report*, 5 November, 48(43): 986-93.

Chamberlain, G. (2006). British maternal mortality in the 19th and early 20th centuries. *Journal of the Royal Society of Medicine* 99: 559-63.

Chan, M.-S. (1997). The global burden of intestinal nematode infections-fifty years on. *Parasitology Today* 13(11): 438-43.

Charles, D. (2005). *Between Genius and Genocide: The Tragedy of Fritz Haber, Father of Chemical Warfare*. Jonathan Cape.

Charles, J. D. and Bejan, A. (2009). The evolution of speed, size and shape in modern athletics. *Journal of Experimental Biology* 212: 2419-25.

Charlton, J. and Murphy, M. (eds.) (1997). *The Health of Adult Britain 1841-1994*. Office for National Statistics, London.

Chaytor, H. J. (1945). *From Script to Print: An Introduction to Medieval Literature*. Cambridge University Press.

Childe, V. G. (1942). *What Happened in History*. Pelican Books.

Chiswick, C. et al. (2015). Effect of metformin on maternal and fetal outcomes in obese pregnant women (EMPOWaR): a randomised, double-blind, placebo-controlled trial. *Lancet Diabetes and Endocrinology* 3(10): 778-86.

Cieri, R. L. et al. (2014). Craniofacial feminization, social tolerance, and the origins of behavioral modernity. *Current Anthropology* 55: 419-43.

Clark, G. (2007). *A Farewell to Alms: A Brief Economic History of the World.* Princeton University Press. 한국어판은 『맬서스, 산업혁명 그리고 이해할 수 없는 신세계』(한스미디어, 2009).

Clarke, E. M. et al. (2014). Is atherosclerosis fundamental to human aging? Lessons from ancient mummies. *Journal of Cardiology* 63(5): 329-34.

Cochrane, J. (2016). Indonesia approves castration for sex offenders who prey on children. *New York Times*, 25 May 2016.

Cohen, M. N. (1977). *The Food Crisis in Prehistory: Overpopulation and the Origins of Agriculture.* Yale University Press.

Cohen, S. and Cosgrove, C. (2009). *Normal at Any Cost: Tall Girls, Short Boys, and the Medical Industry's Quest to Manipulate Height.* Jeremy P. Tarcher/ Penguin.

Colborn, T. and Clement, C. (1992). *Chemically-Induced Alterations in Sexual and Functional Development: The Wildlife/Human Connection.* Princeton Scientific Publishing Company.

Collingham, L. (2013). *The Taste of War: World War II and the Battle for Food.* Penguin.

Consett, M. W. W. P. (1923). *The Triumph of Unarmed Forces (1914-1918): An Account of the Transactions by Which Germany during the Great War Was Able to Obtain Supplies Prior to Her Collapse Under the Pressure of Economic Forces.* Williams and Norgate.

Cooper, T. G. et al. (2010). WHO reference values for human semen characteristics. *Human Reproduction Update* 16: 231-45.

Corner, G. W. (1964). *A History of the Rockefeller Institute 1901-1953: Origins and Growth.* Rockefeller Institute Press.

Cowman, A. F. et al. (2016). Malaria: biology and disease. *Cell* 167(3): 610-24.

Crookes, W. (1917). *The Wheat Problem: Based on Remarks Made in the Presidential Address to the British Association at Bristol in 1898.* 3rd edn. Longmans, Green and Co.

Cushman, G. T. (2013). *Guano and the Opening of the Pacific World: A Global Ecological History.* Cambridge University Press.

Dalen, J. E. et al. (2014). The epidemic of the 20th century: coronary heart disease. *American Journal of Medicine* 127: 807-12.

Damon, A. (1968). Secular trend in height and weight within Old American families at Harvard, 1870-1965. *American Journal of Physical Anthropology* 29: 45-50.

Darwin, C. (1905). *The Variation of Animals and Plants Under Domestication.* 2 vols. John Murray (first published 1868).

Darwin, C. (1922). *The Descent of Man and Selection in Relation to Sex.* John Murray (first published 1871). 한국어판은 『인간의 유래』(한길사, 2006).

Darwin, C. (1958). *The Autobiography of Charles Darwin 1809-1882.* Ed. Nora Barlow. Reprinted Collins (first published 1887). 한국어판은 『나의 삶은 서서히 진화해왔다』(갈라파고스, 2018).

Darwin, C. (1965). *The Expression of the Emotions in Man and Animals.* Phoenix Books (first published 1872). 한국어판은 『인간과 동물의 감정 표현』(사이언스북스, 2020).

Davies, C. M. (1969). Mr Bradlaugh *versus* God. In *Heterodox London, or Phases of Free Thought in the Metropolis.* Augustus M. Kelley (first published 1874).

Davis, K. (1945). The world demographic transition. *Annals of the American Academy of Political and Social Science* 237: 1-11.

Day, J. (2016). Hang up your running shoes. *London Review of Books*, October, 23-4.

De Vogli, R. et al. (2014). Economic globalization, inequality, and body mass index: a cross-national analysis of 127 countries. *Critical Public Health* 24(1): 7-21.

Deaton, A. (2013). *The Great Escape: Health, Wealth and the Origins of Inequality.* Princeton University Press. 한국어판은 『위대한 탈출』(한국경제신문사, 2015).

DECODE Study Group (2003). Age- and sex-specific prevalences of diabetes and impaired glucose regulation in 13 European cohorts. *Diabetes Care* 26(1): 61-9.

Din-Dzietham, R. et al. (2007). High blood pressure trends in children and adolescents in national surveys, 1963-2002. *Circulation* 116(13): 1488-96.

Dixon, T. (2015). *Weeping Britannia: Portrait of a Nation in Tears.* Oxford University Press.

Donoghue, H. D. (2011). Insights gained from palaeomicrobiology into ancient and modern tuberculosis. *Clinical Microbiology and Infection* 17: 821-9.

Dormandy, T. (1999). *The White Death: A History of Tuberculosis.* Hambledon

Press.

Dounias, E. and Froment, A. (2006). When forest-based hunter-gatherers become sedentary: consequences for diet and health. *Unasylva* 57: 26-33.

Dowling, H. F. (1977). *Fighting Infection: Conquests of the Twentieth Century.* Harvard University Press.

Dratva, J. et al. (2009). Is age at menopause increasing across Europe? Results on age at menopause and determinants from two population-based studies. *Menopause* 16(2): 385-94.

Dublin, L. I. (1928). *Health and Wealth.* Harper.

DuBois, T. D. and Gao, A. (2017). Big meat: the rise and impact of mega-farming in China's beef, sheep and dairy industries. *Asia-Pacific Journal* 15(17/1): 1-20.

Dubos, R. (1965). *Man Adapting.* Yale University Press.

Dubos, R. (1976). *The Professor, the Institute and DNA: Oswald T. Avery, His Life and Scientific Achievements.* Paul and Co.

Dubos, R. and Dubos, J. (1952). *The White Plague: Tuberculosis, Man and Society.* Victor Gollancz.

Dugatkin, L. A. and Trut, L. (2017). *How to Tame a Fox (and Build a Dog).* University of Chicago Press. 한국어판은 『은여우 길들이기』(필로소픽, 2018).

Eaton, J. W. and Mayer, A. J. (1953). The social biology of very high fertility among the Hutterites: the demography of a unique population. *Human Biology* 25: 206-64.

Eaton, S. B. and Eaton, S. B., III (1999). Hunter-gatherers and human health. In Lee, R. B. and Daly, R. (eds.), *The Cambridge Encyclopedia of Hunters and Gatherers,* Cambridge University Press.

Edmonds, T. R. (1835). On the mortality of the people of England. *Lancet* 24: 310-16.

Edmonson, M. S. (1971). *Lore: An Introduction to the Science of Folklore and Literature.* Holt, Rinehart and Winston.

Einhard and Notker the Stammerer (1969). *Two Lives of Charlemagne.* Trans. Lewis Thorpe. Penguin.

Eisenberg, D. T. A. and Kuzawa, C. W. (2018). The paternal age at conception effect on offspring telomere length: mechanistic, comparative and adaptive perspectives. *Proceedings of the Royal Society B* 373: 20160442.

Ellison, P. T. (2001). *On Fertile Ground: A Natural History of Human Reproduction*. Harvard University Press.

Emre, M. (2018). *What's Your Type? The Strange History of Myers-Briggs and the Birth of Personality Testing*. William Collins.

Ernle, Lord (1936). *English Farming: Past and Present*. 5th edn. Longmans, Green.

Evert, J. et al. (2003). Morbidity profiles of centenarians: survivors, delayers and escapers. *The Journals of Gerontology Series A: Biological Sciences and Medical Sciences* 58: 232-7.

Festinger, L. et al. (1956). *When Prophecy Fails: A Social and Psychological Study of a Modern Group that Predicted the Destruction of the World*. University of Minnesota Press. 한국어판은 『예언이 끝났을 때』(이후, 2020).

Field, A. E. et al. (2018). DNA methylation clocks in aging: categories, causes and consequences. *Molecular Cell* 71(6): 882-95.

Finch, C. E. (1990). *Longevity, Senescence and the Genome*. University of Chicago Press.

Fisher, I. (1909). Economic aspect of lengthening human life. Address delivered before the Association of Life Insurance Presidents, February 5, 1909, New York. Available via www.Forgotten.Books.com.

Flegal, K. M. (2006). Commentary: the epidemic of obesity-what's in a name? *International Journal of Epidemiology* 35: 72-4.

Floud, R., Fogel, R. W., Harris, B. and Hong, Sol Chul (2011). *The Changing Body: Health, Nutrition and Human Development in the Western World since 1700*. Cambridge University Press.

Flynn, J. R. (2012). *Are We Getting Smarter? Rising IQ in the Twenty-First Century*. Cambridge University Press.

Food and Agriculture Organization of the United Nations (1975). The state of food and agriculture 1974. FAO Library AN:129636.

Formicola, V. and Giannecchini, M. (1999). Evolutionary trends of stature in Upper Palaeolithic and Mesolithic Europe. *Journal of Human Evolution* 36(3): 319-33.

Forsdahl, A. (1978). Living conditions in childhood and subsequent development of risk factors for arteriosclerotic heart disease: the cardiovascular survey in Finnmark 1974-75. *Journal of Epidemiology and Community Health* 32: 34-7.

Franco, M. et al. (2008). Obesity reduction and its possible consequences: what can we learn from Cuba's special period? *CMAJ* 178(8): 1032-4.

Fraser, G. E. and Shavlik, D. J. (2001). Ten years of life: is it a matter of choice? *Archives of Internal Medicine* 161(13): 1645-52.

Fries, J. F. (1980). Aging, natural death, and the compression of morbidity. *New England Journal of Medicine* 303(3): 130-35.

Frisch, R. E. (1978). Population, food intake and fertility. *Science* 199: 22-30.

Frisch, R. E. (1987). Body fat, menarche, fitness and fertility. *Human Reproduction* 2(6): 521-33.

Gale, E. A. M. (2008). Congenital rubella: citation virus or viral cause of type 1 diabetes? *Diabetologia* 51(9): 1559-66.

Galton, F. (1865). The first steps towards the domestication of animals. *Transactions of the Ethnological Society of London* 3: 122-38.

Galton, F. (1884). Measurement of character. *Fortnightly Review* 36: 179-85.

Gavrilov, L. A. et al. (2002). Genealogical data and the biodemography of human longevity. *Social Biology* 49(3-4): 160-73.

Gay, P. (1998). *Pleasure Wars: The Bourgeois Experience, Victoria to Freud.* HarperCollins.

Gaziano, T. A. et al. (2010). Growing epidemic of coronary heart disease in low- and middle-income countries. *Current Problems in Cardiology* 35(2): 72-115.

Gemmell, N. J. et al. (2004). Mother's curse: the effect of mtDNA on individual fitness and population viability. *Trends in Ecology and Evolution* 19(5): 238-44.

George, M. D. (1925). *London Life in the XVIIIth Century.* Kegan Paul, Trench, Trübner.

German, A. J. (2006). The growing problem of obesity in dogs and cats. *Journal of Nutrition* 136: 1940S-1946S.

Geronimus, A. T. et al. (2006). 'Weathering' and age patterns of allostatic load scores among blacks and whites in the United States. *American Journal of Public Health* 96(5): 826-33.

Giffen, R. (1904). *Economic Inquiries and Studies.* 2 vols. George Bell and Sons.

Ginosar, S. et al. (2015). A century of portraits. A visual historical record of American High School Yearbooks: people.eecs.berkeley.edu/ ~shiry/ projects/ yearbooks/ yearbooks.html.

Gluckman, P. and Hanson, M. (2005). *The Fetal Matrix: Evolution, Development and Disease.* Cambridge University Press.

Godlee, F. (2018). Pills are not the answer to unhealthy lifestyles. *BMJ* 362: doi: 10.1136/bmj.k3046.

Godwin, W. (1834). *Lives of the Necromancers*. F. J. Mason.

Gold, E. B. (2011). The timing of the age at which natural menopause occurs. *Obstetrics and Gynecology Clinics of North America* 38(3): 425-40.

Goldberg, L. R. (1993). The structure of phenotypic personality traits. *American Psychologist* 48(1): 26-34.

Gore, A. C. et al. (2015). Executive summary to EDC-2: the Endocrine Society's second scientific statement on endocrine-disrupting chemicals. *Endocrine Reviews* 36(6): 593-602.

Goto, M. et al. (2013). Werner syndrome: a changing pattern of clinical manifestations in Japan (1917-2008). *Bioscience Trends* 7(1): 13-22.

Gould, S. J. (1983a). Natural selection and the human brain: Darwin vs Wallace. In *idem*, *The Panda's Thumb*. Pelican (first published 1980). 한국어판은 『판다의 엄지』(사이언스북스, 2016).

Gould, S. J. (1983b). A biological homage to Mickey Mouse. In *idem*, *The Panda's Thumb*. Pelican (first published 1980).

Gould, S. J. (1984). *The Mismeasure of Man*. Pelican. 한국어판은 『인간에 대한 오해』(사회평론, 2003).

Grant, M. (1916). *The Passing of the Great Race*. Charles Scribner's Sons.

Green, P. (1990). *Alexander to Actium: The Hellenistic Age*. Thames and Hudson.

Green, S. (1981). *Prehistorian: A Biography of V. Gordon Childe*. Moonraker Press.

Greene, J. A. (2007). *Prescribing by Numbers: Drugs and the Definition of Disease*. Johns Hopkins University Press. 한국어판은 『숫자, 의학을 지배하다』(뿌리와 이파리, 2019).

Gregg, E. W. et al. (2005). Secular trends in cardiovascular disease risk factors according to body mass index in US adults. *JAMA* 293: 1868-74.

Grey, E. (1925). *Twenty-Five Years 1892-1916*. 3 vols. Hodder and Stoughton.

Grytten, N. et al. (2015). Time trends in the incidence and prevalence of multiple sclerosis in Norway during eight decades. *Acta Neurologica Scandinavica* 132 (Suppl. 199): 29-36.

Guerrant, R. L. et al. (2013). The impoverished gut-a triple burden of diarrhoea, stunting and chronic disease. *Nature Reviews Gastroenterology and Hepatology* 10(4): 220-29.

Gurven, M. and Kaplan, H. (2007). Longevity among hunter-gatherers: a cross-cultural examination. *Population and Development Review* 33(2): 321-65.

Haldane, J. B. S. (1923). *Daedalus, or Science and the Future*. Kegan Paul, Trench, Trübner.

Hales, C. N. and Barker, D. J. (2001). The thrifty phenotype hypothesis. *British Medical Bulletin* 60: 5-20.

Hansson, G. K. (2005). Inflammation, atherosclerosis and coronary artery disease. *New England Journal of Medicine* 352: 1685-95.

Hardman, R. (2001). Family almanac will unmask the noble pretenders. *Daily Telegraph*, 19 June.

Hare, B. (2017). Survival of the friendliest: *Homo sapiens* evolved via selection for prosociality. *Annual Review of Psychology* 68:155-86.

Harris, J. (1993). *Private Lives, Public Spirit: Britain 1870-1914*. Penguin.

Hawkes, C. (2005). The role of foreign direct investment in the nutrition transition. *Public Health Nutrition* 8(4): 357-65.

Hayward, A. D. and Lummaa, V. (2013). Testing the evolutionary basis of the predictive adaptive response in a preindustrial human population. *Evolution, Medicine and Public Health* 2013(1): 106-17: doi: 10.1o93/emph/eot007.

Himmelfarb, G. (1984). *The Idea of Poverty: England in the Early Industrial Age*. Faber and Faber.

Hinrichs, H. (1955). *The Glutton's Paradise: Being a Pleasant Dissertation on Hans Sachs's 'Schlaraffenland' and Some Similar Utopias*. Peter Pauper Press.

Hochberg, Z. et al. (2011). Evolutionary fitness as a function of pubertal age in 22 subsistence-based traditional societies. *International Journal of Pediatric Endocrinology* 2: http://www.ijpeonline.com/content/2011/1/2.

Hodder, I. (2004). Women and men at Catalhöyük. *Scientific American*, January: 77-83.

Holt, B. M. and Formicola, V. (2008). Hunters of the Ice Age: the biology of Upper Palaeolithic people. *Yearbook of Physical Anthropology* 51: 70-99.

Holt, R. I. G. and Sönksen, P. H. (2008). Growth hormone, IGF-I and insulin and their abuse in sport. *British Journal of Pharmacology* 154(3): 542-56.

Hoskins, W. G. (1955). *The Making of the English Landscape*. Penguin. 한국어판 은 『잉글랜드 풍경의 형성』(한길사, 2007).

Howel, D. et al. (2013). Are social inequalities widening in generalised and abdominal obesity and overweight among English adults? *PLOS One*, 8 November, https://doi.org/10.1371/journal.pone.0079027.

Howells, W. (1959). *Mankind in the Making: The Story of Human Evolution*. Pelican.

Hulse, F. S. (1981). Habits, habitats, and heredity: a brief history of studies in human plasticity. *American Journal of Physical Anthropology* 56: 495-501.

Ibn Khaldun (1969). *The Muqaddimah: An Introduction to History*. Trans. F. Rosenthal, edited and abridged by N. J. Dawood. Bollingen Series, Princeton University Press. 한국어판은 『무깟디마』(소명출판, 2020).

Ibrahim, R. and Eviatar, Z. (2009). Language status and hemispheric involvement in reading: evidence from trilingual Arabic speakers tested in Arabic, Hebrew and English. *Neuropsychology* 23(2): 240-54.

Ives, R. and Humphrey, L. (2017). Patterns of long bone growth in a mid-19th century documented sample of the urban poor from Bethnal Green, London, UK. *American Journal of Physical Anthropology* 163: 173-86.

James, P. (1979). *Population Malthus: His Life and Times*. Routledge and Kegan Paul.

James, W. (1890). *The Principles of Psychology*. 2 vols. Macmillan and Co. 한국어판은 『심리학의 원리』(아카넷, 2005).

James, W. (1902). *The Varieties of Religious Experience*. Longmans, Green & Co. 한국어판은 『종교적 경험의 다양성』(한길사, 2000).

Jantz, L. M. and Jantz, R. L. (1999). Secular changes in long bone length and proportion in the United States, 1800-1970. *American Journal of Physical Anthropology* 110: 57-67.

Jantz, R. L. et al. (2016). Secular changes in the postcranial skeleton of American whites. *Human Biology* 88(1): 65-75.

Jantz, R. L. and Jantz, L. M. (2016). The remarkable change in Euro-American cranial shape and size. *Human Biology* 88(1): 56-64.

Johannsen, W. (1911). The genotype conception of heredity. *American Naturalist* 45: 129-59.

Johnson, W. et al. (2012). Eighty-year trends in infant weight and length growth: the Fels Longitudinal Study. *Journal of Pediatrics* 160(5): 762-8.

Jones, C. (2014). *The Smile Revolution in Eighteenth Century Paris*. Oxford University Press.

Jones, G. (1920). Nitrogen: its fixation, its uses in peace and war. *Quarterly Journal of Economics* 34(3): 391-41.

Jones, H. B. (1956). A special consideration of the aging process, disease, and life expectancy. *Advances in Biological and Medical Physics* 4: 281-337.

Jordan, T. E. (1993). *The Degeneracy Crisis and Victorian Youth.* State University of New York Press.

Julia, C. and Valleron, A. J. (2011). Louis-René Villermé (1782-1863), a pioneer in social epidemiology: re-analysis of his data on comparative mortality in Paris in the early 19th century. *Journal of Epidemiology and Community Health* 65(8): 666-70.

Katz, D. C. et al. (2017). Changes in human skull morphology across the agricultural transition are consistent with softer diets in preindustrial farming groups. *PNAS* 114(34): 9050-55.

Kaunitz, A. M. et al. (1984). Perinatal and maternal mortality in a religious group avoiding obstetric care. *American Journal of Obstetrics and Gynecology* 150: 826-31.

Keith, A. (1925). *The Antiquity of Man.* 2nd edn. 2 vols. J. B. Lippincott Co.

Keynes, J. M. (1936). *The General Theory of Employment, Interest and Money.* Macmillan & Co. 한국어판은 『고용, 이자, 화폐의 일반이론』(필맥, 2010).

Klein, R. G. (1999). *The Human Career: Human Biological and Cultural Origins.* 2nd edn. University of Chicago Press.

Koepke, N. and Baten, J. (2005). The biological standard of living in Europe during the last two millennia. *European Review of Economic History* 9(1): 61-95.

Kole, A. J. et al. (2013). Mature neurons: equipped for survival. *Cell Death and Disease* 4: e689.

Komlos, J. (2005). On English pygmies and giants: the physical stature of English youth in the late 18th and early 19th centuries. Discussion papers in economics, University of Munich.

Komlos, J. et al. (2009). The transition to post-industrial BMI values among US children. *American Journal of Human Biology* 21: 151-60.

Komlos, J. and Brabec, M. (2011). The trend of BMI values of US adults by deciles, birth cohorts 1882-1986 stratified by gender and ethnicity. *Economics and Human Biology* 9(3): 234-50.

Kong, A. et al. (2012). Rate of *de novo* mutations and the importance of father's age to disease risk. *Nature* 488: 471-75.

Kroeber, T. (1961). *Ishi in Two Worlds: A Biography of the Last Wild Indian in North America.* University of California Press.

Kuczmarski, R. J. et al. (1994). Increasing prevalence of overweight among US adults: the National Health and Nutrition Examination Surveys, 1960 to 1991. *JAMA 272(3): 205-11.*

Kuczmarski, R. J. and Flegal, K. M. (2000). Criteria for definition of overweight in transition: background and recommendations for the United States. *American Journal of Clinical Nutrition* 72: 1074-81.

Kulkarni, S. C. et al. (2011). Falling behind: life expectancy in US counties from 2000 to 2007 in an international context. *Population Health Metrics* 9(1): 16: doi: 101186/1478-7954-9-16.

Kuulasmaa, K. et al. (2000). Estimation of contribution of changes in classic risk factors to trends in coronary-event rates across the WHO MONICA Project populations. *Lancet* 355(9205): 675-87.

Lamarck, J.-B. (1963). *Zoological Philosophy: An Exposition with Regard to the Natural History of Animals.* Trans. Hugh Elliot. University of Chicago Press (first published 1809).

Lancaster, H. O. (1990). *Expectations of Life: A Study in the Demography, Statistics, and History of World Mortality.* Springer-Verlag.

Lavater, J. C. (n.d.). *Essays on Physiognomy.* Trans. Thomas Holcroft. 18th edn. Ward Lock and Co.

Lawlor, D. A. (2013). Developmental overnutrition-an old hypothesis with new importance? *International Journal of Epidemiology* 42(1): 7-29.

Lawlor, D. A. et al. (2002). Secular trends in mortality by stroke subtype in the 20th century: a retrospective analysis. *Lancet* 360: 1818-23.

Leach, H. M. (2003). Human domestication reconsidered. *Current Anthropology* 44(3): 349-68.

Lee, R. B. (1968). What hunters do for a living, or, how to make out on scarce resources. In Lee, R. B. and DeVore, I. (eds.), *Man the Hunter*, Aldine Publishing Company, 33.

Leigh, G. J. (2004). *The World's Greatest Fix: A History of Nitrogen and Agriculture.* Oxford University Press.

Leitch, I. (2001). Growth and health. Reprinted in *International Journal of Epidemiology* 30: 212-16 (first published 1951).

Lenfant, C. (2003). Shattuck Lecture. Clinical research to clinical practice-lost in translation? *New England Journal of Medicine* 349(9): 868-74.

Lenz, W. (1988). A short history of thalidomide embryopathy. *Teratology* 38:

203-15.

Levine, H. et al. (2017). Temporal trends in sperm count: a systematic review and meta-regression analysis. *Human Reproduction Update* 23: 646-59.

Levine, M. E. and Crimmins, E. M. (2014). Evidence of accelerated aging among African Americans and its implications for mortality. *Social Science and Medicine* 118: 27-32.

Levine, M. E. and Crimmins, E. M. (2018). Is 60 the new 50? Examining changes in biological age over the past two decades. *Demography* 55(2): 387-402.

Lieberman, D. E. (2013). *The Story of the Human Body: Evolution, Health and Disease*. Vintage Books. 한국어판은 『우리 몸 연대기』(웅진지식하우스, 2018).

Linklater, A. (2014). *Owning the Earth: The Transforming History of Land Ownership*. Bloomsbury.

Lloyd James, A. (1938). *Our Spoken Language*. Thomas Nelson and Sons.

Lobell, J. A. and Patel, S. S. (2010). Bog bodies rediscovered. *Archaeology* 63(3): archive.archaeology.org/1005/bogbodies/.

Loos, R. J. and Yeo, G. S. (2014). The bigger picture of FTO: the first GWAS-identified obesity gene. *Nature Reviews Endocrinology* 10(1): 51-61.

Loy, D. E. et al. (2017). Out of Africa: origins and evolution of the human malaria parasites *Plasmodium falciparum* and *Plasmodium vivax*. *International Journal for Parasitology* 47: 87-97.

Macintosh, A. A. et al. (2017). Prehistoric women's manual labor exceeded that of athletes through the first 5500 years of farming in central Europe. *Science Advances* 3: eaao3893.

MacMillan, M. (2001). *Paris 1919: Six Months that Changed the World*. Random House.

Macmillan, M. (2008). Phineas Gage-unravelling the myth. *The Psychologist* 21: 828-31.

Maixner, F. et al. (2018). The Iceman's last meal consisted of fat, wild meat and cereals. *Current Biology* 28: 2348-55.

Malthus, T. R. (1985). *An Essay on the Principle of Population*. 1st edn. Penguin (first published 1798). 한국어판은 『인구론』(동서문화사, 2016).

Marshall, B. (ed.) (2002). *Helicobacter Pioneers: Firsthand Accounts from the Scientists Who Discovered Helicobacters, 1892-1982*. Blackwell.

Maunder, J. W. (1983). The appreciation of lice. *Proceedings of the Royal Institution of Great Britain* 55: 1-31.

Maurice, F. (1903). National health: a soldier's study. *Contemporary Review* 83: 41-56.

Mays, S. A. (1999). Linear and appositional long bone growth in earlier human populations: a case study from mediaeval England. In Hoppa, R. D. and FitzGerald, C. M. (eds.), *Human Growth in the Past: Studies from Bones and Teeth*. Cambridge University Press.

McCurry, J. (2018). Japanese centenarian population edges towards 70,000, *Guardian*, 14 September.

McKeown, T. (1979). *The Role of Medicine: Dream, Mirage or Nemesis?* Princeton University Press. 한국어판은 『의학의 한계와 새로운 가능성』(한울, 1994).

McKeown, T. (1988). *The Origins of Human Disease*. Blackwell. 한국어판은 『질병의 기원』(동문선, 1996).

McNeill, D. (1998). *The Face: A Guided Tour*. Hamish Hamilton.

McNeill, J. R. and Engelke, P. (2014). *The Great Acceleration: An Environmental History of the Anthropocene since 1945*. Belknap Press.

Milton, K. (2003). The critical role played by animal source foods in human (Homo) evolution. *Journal of Nutrition* 133(11 Suppl. 2): 3886S-3892S.

Mithen, S. (2003). *After the Ice: A Global Human History, 20,000-5000 BC*. Phoenix. 한국어판은 『빙하 이후』(사회평론아카데미, 2019).

Mitteroecker, P. et al. (2016). Cliff-edge model of obstetric selection in humans. *PNAS* 113(51): 14680-85.

Molarius, A. et al. (2000). Educational level, relative body weight, and changes in their association over 10 years: an international perspective from the WHO MONICA project. *American Journal of Public Health* 90(8): 1260-68.

Molina, G. et al. (2015). Relationship between Caesarean delivery rate and maternal and neonatal mortality. *JAMA* 314(21): 2263-70.

Moller, H. (1985). Voice change in human biological development. *Journal of Interdisciplinary History* 16(2): 239-53.

Monteiro, C. A. et al. (2004). Socioeconomic status and obesity in adult populations of developing countries: a review. *Bulletin of the WHO* 82(12): 940-46.

Moore, J. X. et al. (2017). Metabolic syndrome prevalence by race/ethnicity and sex in the United States, National Health and Nutrition Survey, 1988-2012.

Preventing Chronic Disease 14.

Morris, E. (2001). *Theodore Rex*. HarperCollins.

Morton, E. (2016). 100 years ago, American women competed in intense Venus de Milo lookalike contests: https://www.atlasobscura.com/articles/100-years-ago-american-women-competed-in-serious-venus-de-milo-lookalike-contests.

NCD Risk Factor Collaboration (2016). A century of trends in adult human height. *eLife* 5: e13410.

Neel, J. V. (1962). Diabetes mellitus: a 'thrifty' genotype rendered detrimental by 'progress'? *American Journal of Human Genetics* 14(4): 353-62.

Neel, J. V. (1970). Lessons from a 'primitive' people. *Science*, 170: 815-22.

Neel, J. V. (1994). *Physician to the Gene Pool: Genetic Lessons and Other Stories*. John Wiley and Sons.

Nichols, P. (2003). *Evolution's Captain*. Perennial.

Nisbett, R. E. (2003). *The Geography of Thought: How Asians and Westerners Think Differently ... and Why*. Free Press. 한국어판은 『생각의 지도』(김영사, 2004).

Norton, K. and Olds, T. (2001). Morphological evolution of athletes over the 20th century. *Sports Medicine* 31: 763-83.

Nunn, C. L. et al. (2003). Comparative tests of parasite species richness in primates. *American Naturalist* 162(5): 597-614.

Nystrom, P. H. (1929). *Economic Principles of Consumption*. Ronald Press Co.

Ó Gráda, C. (2009). *Famine: A Short History*. Princeton University Press.

O'Brien, R. and Shelton, W. C. (1941). *Women's Measurements for Garment and Pattern Construction*. US Department of Agriculture Miscellaneous Publication No. 454. US Government Printing Office.

Oeppen, J. and Vaupel, J. W. (2002). Broken limits to life expectancy. *Science* 296: 1029-31.

Offer, A. (1989). *The First World War: An Agrarian Interpretation*. Clarendon Press, Oxford.

Olshansky, S. J. and Carnes, B. A. (2001). *The Quest for Immortality: Science at the Frontiers of Aging*. W. W. Norton and Co. 한국어판은 『인간은 얼마나 오래 살 수 있는가』(궁리, 2002).

Olshansky, S. J. and Perls, T. T. (2008). New developments in the illegal provision of growth hormone for 'anti-aging' and bodybuilding. *JAMA* 299(23): 2792-4.

Omran, A. R. (2005). The epidemiologic transition: a theory of the epidemiology of population change. *Milbank Quarterly* 83(4): 731-57.

Ong, W. J. (1982). *Orality and Literacy: The Technologizing of the Word*. Methuen. 한국어판은『구술문화와 문자문화』(문예출판사, 2018).

Organ, C. et al. (2011). Phylogenetic rate shifts in feeding time during the evolution of *Homo*. *PNAS* 108: 14555-9.

Pankhurst, C. (1913). *The Great Scourge and How to End It*. E. Pankhurst.

Pawlowski, B. et al. (2000). Tall men have more reproductive success. *Nature* 403: 156.

Pearl, R. (1920). *The Biology of Death*. J. B. Lippincott.

Perkin, H. (1989). *The Rise of Professional Society: England since 1880*. Routledge.

Perkins, R. G. (1919). A study of the munitions intoxications in France. *Public Health Reports* 34(43): 2335-74.

Perry, G. H. (2014). Parasites and human evolution. *Evolutionary Anthropology* 23: 218-28.

Peshkov, Y. (1994). *Lost in the Taiga: One Russian Family's Fifty-Year Struggle for Survival and Religious Freedom in the Siberian Wilderness*. Doubleday.

Pinker, S. (2011). *The Better Angels of Our Nature: Why Violence Has Declined*. Viking. 한국어판은『우리 본성의 선한 천사』(사이언스북스, 2014).

Pirenne, H. (2006). *An Economic and Social History of Medieval Europe*. Routledge (first published 1936).

Planck, M. (1949). *Scientific Autobiography and Other Papers*. Philosophical Library.

Plato (1958). *Protagoras and Meno*. Penguin. 한국어판은『프로타고라스』(아카넷, 2021).

Pleij, H. (2001). *Dreaming of Cockaigne: Medieval Fantasies of the Perfect Life*. Trans. Diane Webb. Columbia University Press.

Poliakov, L. (1971). *The Aryan Myth: A History of Racist and Nationalist Ideas in Europe*. Barnes and Noble.

Pollan, M. (2006). *The Omnivore's Dilemma: A Natural History of Four Meals*. Penguin. 한국어판은『잡식동물의 딜레마』(다른세상, 2008).

Pomeranz, K. (2000). *The Great Divergence: China, Europe, and the Making of the Modern World Economy*. Princeton University Press. 한국어판은『대분기』(에코리브르, 2016).

Ponzer, H. et al. (2016). Metabolic acceleration and the evolution of human brain size and life history. *Nature* 533: 390-92.

Porter, G. R. (1912). *The Progress of the Nation in Its Various Social and Economic Relations from the Beginning of the Nineteenth Century*. F. W. Hirst (ed.). New edn. Methuen and Co.

Potts, M. and Short, R. (1999). *Ever since Adam and Eve: The Evolution of Human Sexuality*. Cambridge University Press.

Powell, A. L. (1994). Senile dementia of extreme aging: a common disorder of centenarians. *Dementia* 5(2): 106-9.

Prentice, A. M. and Jebb, S. A. (1995). Obesity in Britain: gluttony or sloth? *BMJ* 311: 437-9.

Prentice, A. M. and Jebb, S. A. (2001). Beyond body mass index. *Obesity Reviews*, 2: 141-7.

Prescott, F. (n.d.). *Modern Chemistry: The Romance of Modern Chemical Discoveries*. Sampson Low, Marston and Co.

Quetelet, A. (1835). *Sur l'homme et le développement de ses facultés, ou Essai de physique sociale*. Bachelier, reprinted in Elibron Classics.

Quiggin A. H. (1942). *Haddon the Head Hunter: A Short Sketch of the Life of A. C. Haddon*. Cambridge University Press.

Range, F. et al. (2015). Testing the myth: tolerant dogs and aggressive wolves. *Proceedings of the Royal Society B* 282: 2015.0220.

Read, A. W. (1934). The history of Dr Johnson's definition of 'oats'. *Agricultural History* 8: 81-94.

Rehm, J. (2018). 'Green revolution' crops bred to slash fertilizer use, *Nature News*, 15 August.

Rhodes, G. (2006). The evolutionary psychology of facial beauty. *Annual Review of Psychology* 57: 199-226.

Ripley, W. Z. (1899). *The Races of Europe*. Kegan Paul, Trench, Trübner.

Roberts, L. S. and Janovy, J., Jr (2000). *Foundations of Parasitology*. 6th edn. McGraw-Hill.

Rook, G. A. (2012). Hygiene hypothesis and autoimmune diseases. *Clinical Reviews in Allergy and Immunology* 42: 5-15.

Rook, G. A. (2013). Regulation of the immune system by biodiversity from the natural environment: an ecosystem service essential to health. *PNAS* 110(46), 18360-67.

Rose, T. (2016). *The End of Average: How to Succeed in a World that Values Sameness*. Allen Lane. 한국어판은 『평균의 종말』(21세기북스, 2021).

Roseboom, T. et al. (2006). The Dutch famine and its long-term consequences for adult health. *Early Human DevelopmentK* 82: 485-91.

Rosebury, T. (1969). *Life on Man*. Secker and Warburg.

Rule, N. O. et al. (2013). Accuracy and consensus in judgments of trustworthiness from faces: behavioral and neural correlates. *Journal of Personality and Social Psychology* 104(3): 409-26.

Sacks, O. (2010). Face-blind: why are some of us terrible at recognizing faces? *New Yorker*, 30 August.

Saner, E. (2018). Why there are more gym supplements in a London fatberg than cocaine and MDMA. *Guardian*, 24 April.

Sargent, D. A. (1887). The physical proportions of the typical man. *Scribner's Magazine* 2(1): 3-17.

Schlichting, C. D. and Pigliucci, M. (1998). *Phenotypic Evolution: A Reaction Norm Perspective*. Sinauer.

Schwartz, H. (1986). *Never Satisfied: A Cultural History of Diets, Fantasies and Fat*. Free Press.

Schwekendiek, D. (2009). Height and weight differences between North and South Korea. *Journal of Biosocial Science* 41: 51-5.

Scott, J. C. (2017). *Against the Grain: A Deep History of the Earliest States*. Yale University Press. 한국어판은 『농경의 배신』(책과함께, 2019).

Scottish Council for Research in Education (1949). *The Trend of Scottish Intelligence: A Comparison of the 1947 and 1932 Surveys of the Intelligence of Eleven-year-old Pupils*. University of London Press.

Sebastiani, P. et al. (2017). Biomarker signatures of aging. *Aging Cell* 16: 329-38.

Sedeaud, A. et al. (2014). BMI, a performance parameter for speed improvement. *PLOS One*, 25 February: e90183.

Shapiro, H. L. (1939). *Migration and Environment: A Study of the Physical Characteristics of the Japanese Immigrants to Hawaii and the Effects of Environment on their Descendants*. Oxford University Press.

Shapiro, H. L. (1945). Americans yesterday, today, tomorrow. *Natural History* (publication of the American Museum of Natural History), June 1945.

Sharp, R. J. (2009). Land of the giants. *Growth Hormone and IGF Research* 19: 291-3.

Shea, B. T. (1992). Neoteny. In Jones, S. et al. (eds.), *Cambridge Encyclopedia of Human Evolution*, 104.

Short, R. V. (1976). The evolution of human reproduction. *Proceedings of the Royal Society B* 195: 3-24.

Shryock, R. H. (1948). *The Development of Modern Medicine: An Interpretation of the Social and Scientific Factors Involved* Victor Gollancz. 한국어판은『근세 서양의학사』(위드, 1999).

Sims, E. A. H. and Horton, E. S. (1968). Endocrine and metabolic adaptation to obesity and starvation. *American Journal of Clinical Nutrition* 21(12): 1455-70.

Skakkebaek, N. E. et al. (2016). Male reproductive disorders and fertility trends: influences of environment and genetic susceptibility. *Physiological Reviews* 96(1): 55-97.

Smil, V. (2001). *Enriching the Earth: Fritz Haber, Carl Bosch, and the Transformation of World Food Production.* MIT Press.

Smil, V. (2004). *China's Past, China's Future: Energy, Food, Environment.* Routledge.

Smith, A. (1991). *The Wealth of Nations.* Everyman's Library (first published 1776). 한국어판은『국부론』(비봉출판사, 2007).

Smith, C. A. (1947). The effect of wartime starvation in Holland upon pregnancy and its product. *American Journal of Obstetrics and Gynecology* 53: 599-608.

Smith, K. R. et al. (2012). Effects of *BRCA1* and *BRCA2* mutations on female fertility. *Proceedings of the Royal Society B* 279: 1389-95.

Sohlman, R. (1983). *The Legacy of Alfred Nobel.* Bodley Head.

Stamatakis, E. et al. (2010). Time trends in childhood and adolescent obesity in England from 1995 to 2007 and projections of prevalence to 2015. *Journal of Epidemiology and Community Health* 64: 167-74.

Stanhope, P. (1889). *Notes of Conversations with the Duke of Wellington (1831-51).* Longmans.

Stedman, J. (1796). *Expedition to Surinam.* Folio Society.

Stein, Z. et al. (1975). *Famine and Human Development: The Dutch Hunger Winter of 1944-1945.* Oxford University Press.

Steinach, E. and Loebel, J. (1940). *Sex and Life: Forty Years of Biological and Medical Experiments.* Faber and Faber.

Stern, F. (1977). *Gold and Iron: Bismarck, Bleichröder and the Building of the German Empire.* Alfred A. Knopf.

Stewart, A. (1892). *Our Temperaments: Their Study and Their Teaching: A Popular*

Outline. 2nd edn. Crosby Lockwood and Son.

Stiglitz, J. E. (2001). Foreword to Polanyi, K., *The Great Transformation*. Beacon Press. 한국어판은 『거대한 전환』(길, 2009).

Stoll, N. R. (1947). This wormy world. *Journal of Parasitology* 33: 1-18.

Stone, L. (1977). *The Family, Sex and Marriage in England 1500-1800*. Weidenfeld and Nicolson.

Strøm, A. and Jensen, R. A. (1951). Mortality from circulatory diseases in Norway 1940-1945. *Lancet* 257(6647): 126-9.

Sullivan, W. C. (2011). A note on the influence of maternal inebriety on the offspring. *International Journal of Epidemiology* 40: 278-82. First published 1899.

Sun, H. P. et al. (2015). Secular trends of reduced visual acuity from 1985 to 2010 and disease burden projection for 2020 and 2030 among primary and secondary school students in China. *JAMA Ophthalmology* 133(3): 262-8.

Sun, S. S. et al. (2012). Secular trends in body composition for children and young adults: the Fels Longitudinal Study. *American Journal of Human Biology* 24(4): 506-14.

Syed, M. (2012). Genetic advantage? It's not that black and white in sport. *The Times*, 9 August.

Tacitus (1948). *On Britain and Germany*. Penguin. 한국어판은 『게르마니아』(숲, 2012).

Tallis, R. (ed.) (1998). *Increasing Longevity: Medical, Social and Political Implications*. Royal College of Physicians of London.

Tanner, J. M. (1964). *The Physique of the Olympic Athlete*. George Allen and Unwin.

Tanner, J. M. (1981). *A History of the Study of Human Growth*. Cambridge University Press.

Thomas, D. E. (2003). A study on the mineral depletion of the foods available to us as a nation over the period 1940 to 1991. *Nutrition and Health* 17: 85-115.

Thomas, R. et al. (2013). 'So bigge as bigge may be': tracking size and shape change in domestic livestock in London (AD 1220-1900). *Journal of Archaeological Science* 40(8): 3309-25.

Thompson, W. S. (1929). Population. *American Journal of Sociology* 34: 959-75.

Thornton, P. K. (2010). Livestock production: recent trends, future prospects.

Philosophical Transactions of the Royal Society B 365(1554): 2853-67.

Thurstone, L. L. (1934). The vectors of mind. *Psychological Review* 41(1): 1-32.

Todorov, A. et al. (2005). Inferences of competence from faces predict election outcomes. *Science* 308: 1623-6.

Townsend, N. et al. (2016). Cardiovascular disease in Europe: epidemiological update 2016. *European Heart Journal* 37: 3232-45.

Trevelyan, G. M. (1942). *English Social History*. Longmans.

Trevelyan, G. O. (1928). *The Early History of Charles James Fox*. Longmans, Green and Co.

Trowell, H. (1974). Diabetes mellitus death-rates in England and Wales 1920-70 and food supplies. *Lancet* 304(7887): 998-1002.

Trull, T. J. and Widiger, T. A. (2013). Dimensional models of personality: the five-factor model and the *DSM-5*. *Dialogues in Clinical Neuroscience* 15(2): 135-46.

Tryggvadottir, L. et al. (2006). Population-based study of changing breast cancer risk in Icelandic BRCA2 mutation carriers, 1920-2000. *Journal of the National Cancer Institute* 98(2): 116-22.

Tuchman, B. W. (1994). *The Guns of August*. Ballantine. 한국어판은 『8월의 포성』 (평민사, 2008).

Tyson, E. (2018). The answer of Dr Tyson to the foregoing letter of Dr Wallis, concerning man's feeding on flesh. *Philosophical Transactions (1683-1775)* 22: 774-83. First published 1700.

Van Emden, R. and Piuk, V. (2008). *Famous 1914-18*. Pen and Sword Military.

Van Ittersum, M. K. et al. (2016). Can sub-Saharan Africa feed itself? *PNAS* 113(52): 14964-9.

Vasconcellos, A. da Silva et al. (2016). Training reduces stress in human-socialised wolves to the same degree as in dogs. *PLOS One*, 9 September: doi: 10.1371/journal.pone.0162389.

Vogel, F. and Motulsky, A. G. (1997). *Human Genetics: Problems and Approaches*. 3rd edn. Springer.

Waddington, C. H. (1957). *The Strategy of the Genes: A Discussion of Some Aspects of Theoretical Biology*. George Allen and Unwin.

Wallace, A. R. (1880). Degeneration. *Science* 1: 63.

Wallis, J. (2018). A letter of Dr Wallis to Dr Tyson, concerning mens feeding on flesh. *Philosophical Transactions (1683-1775)* 22: 769-73. First published

1700.

Walpole, S. C. et al. (2012). The weight of nations: an estimation of adult human biomass. *BMC Public Health* 12: 439.

Walton, A. and Hammond, J. (1938). The maternal effects on growth and conformation in Shire horse-Shetland pony crosses. *Proceedings of the Royal Society B* 125(840): 311-35.

Weiland, F. J. et al. (1997). Secular trends in malocclusion in Austrian men. *European Journal of Orthodontics* 19(4): 355-9.

Wells, J. C. K. (2015). Between Scylla and Charybdis: renegotiating resolution of the 'obstetric dilemma' in response to ecological change. *Philosophical Transactions of the Royal Society B Biological Sciences* 370: 20140067.

West, K. M. (1978). *Epidemiology of Diabetes and its Vascular Lesions*. Elsevier.

White, T. H. (1993). *The Age of Scandal*. Folio Books (first published 1950).

Wilkins, A. S. et al. (2014). The 'domestication syndrome' in mammals: a unified explanation based on neural crest cell behavior and genetics. *Genetics* 197: 795-808.

Wilson, P. J. (1988). *The Domestication of the Human Species*. Yale University Press.

Women's Co-operative Guild (1915). *Maternity: Letters from Working-Women*. Reissued as Llewelyn Davies, M. (ed.), *Maternity: Letters from Working Women*, Virago, 1978.

Wrangham, R. (2009). *Catching Fire: How Cooking Made Us Human*. Profile Books. 한국어판은 『요리 본능』(사이언스북스, 2011).

Wrangham, R. W. (2018). Two types of aggression in human evolution. *PNAS* 115: 245-53.

Wrigley, E. A. (1969). *Population and History*. Weidenfeld and Nicolson.

Zanatta, A. et al. (2016). Occupational markers and pathology of the castrato singer Gaspare Pacchierotti (1740-1821). *Scientific Reports* 6, article no. 28463.

Zerjal, T. el al. (2003). The genetic legacy of the Mongols. *American Journal of Human Genetics* 72: 717-21.

Zeuner, F. E. (1963). *A History of Domesticated Animals*. Hutchinson.

Zhou X. et al. (2009). The factor structure of Chinese personality terms. *Journal of Personality* 77(2): 363-400.

Zinsser, H. (1935). *Rats, Lice and History*. Little, Brown and Co.

창조적 유전자: 풍요가 만들어낸 새로운 인간

초판 인쇄 2023년 7월 21일
초판 발행 2023년 8월 3일

지은이 에드윈 게일 | 옮긴이 노승영
책임편집 이경록 | 편집 오윤성
디자인 김하얀 최미영 | 저작권 박지영 형소진 최은진 서연주 오서영
마케팅 정민호 한민아 이민경 안남영 김수현 왕지경 황승현 김혜원 김하연
브랜딩 함유지 함근아 고보미 박민재 김희숙 정승민 배진성
제작 강신은 김동욱 이순호 | 제작처 천광인쇄사

펴낸곳 (주)문학동네 | 펴낸이 김소영
출판등록 1993년 10월 22일 제2003-000045호
주소 10881 경기도 파주시 회동길 210
전자우편 editor@munhak.com | 대표전화 031) 955-8888 | 팩스 031) 955-8855
문의전화 031) 955-3576(마케팅) 031) 955-3572(편집)
문학동네카페 http://cafe.naver.com/mhdn
인스타그램 @munhakdongne | 트위터 @munhakdongne
북클럽문학동네 http://bookclubmunhak.com

ISBN 978-89-546-9428-5 03470

www.munhak.com